MW01121902

Tout sur la psychologie du chien

JOËL DEHASSE

Tout sur la psychologie du chien

15, RUE SOUFFLOT, 75005 PARIS

www.odilejacob.fr

ISBN : 978-2-7381-2317-6

SOMMAIRE

Introduction

PREMIÈRE PARTIE

Vivre avec un chien

Le chien biologique

Le chien social

DEUXIÈME PARTIE

Le monde du chien

Le chien psychologique

Le chien culturel

Le chien conscience

TROISIÈME PARTIE

Cahier pratique

Bien vivre avec son chien

Introduction

POURQUOI CE GUIDE ? ET POUR QUI ?

Être heureux de vivre ensemble

Tout dire sur la psychologie du chien en un livre, alors qu'on a écrit des bibliothèques entières sur le sujet, est un défi presque impossible à relever. Le chien est polymorphe tant dans sa morphologie que dans ses comportements ; le chien est polyvalent : il peut faire tellement de choses différentes qu'un livre ne peut les raconter toutes.

Si je ne peux tout expliquer sur la psychologie du chien, je peux, en revanche, raconter l'essentiel du chien de famille, d'une façon nouvelle et originale. Le but de cet ouvrage est de percer les mystères de notre ami le chien, d'aider à le comprendre, de gérer et – si nécessaire – de lui faire changer certains de ses comportements*.

Mon envie est de vous permettre de connaître au mieux votre chien, de prendre conscience de ses potentiels, afin de mieux communiquer avec lui, afin d'être, vous et lui, heureux de vivre ensemble.

Une pensée qui doit rester en permanence en arrière-plan dans votre esprit quand vous lisez ce livre est : qu'est-ce que je possède, en tant que propriétaire de chien, qui va améliorer la vie de mon chien ? Et comment être bien ensemble ?

Être heureux de vivre ensemble.

* Ce n'est pas un livre de psychopathologie. Même si j'explique un grand nombre de troubles du comportement, le but n'est pas de faire un traité de thérapie.

Les différentes façons de lire ce livre

Tout sur la psychologie du chien se veut un ouvrage de référence pour les propriétaires de chien de famille. Qui dit ouvrage de référence dit aussi beaucoup d'informations à structurer et à classer. Comment s'y retrouver ?

Il y a plusieurs façons de lire ce livre.

La lecture classique

La première façon de parcourir ce livre est de le lire de la première à la dernière page, en se laissant guider par la pensée – la stratégie – de l'auteur, sans se poser de questions.

Ce guide compte trois grandes parties, chacune divisée en sections traitant d'un thème complémentaire. Les cinq thèmes principaux sont, par ordre d'importance et d'influence sur les comportements du chien :

- La biologie.
- La socialité.

} Première partie (« Vivre avec un chien »)

- La psychologie.
- La culture.
- La conscience.

} Deuxième partie (« Le monde du chien »)

En troisième partie (« Bien vivre avec son chien »), un cahier pratique est là pour vous accompagner, jour après jour, dans votre vie à tous les deux.

La lecture thématique et la résolution de problème

Comme ce livre est très volumineux, il n'est pas aisé de le lire comme un roman. Si vous êtes intéressé par des thèmes spécifiques, vous pouvez parcourir le sommaire détaillé pour les repérer.

À chaque rubrique correspond un thème comportemental particulier. Chacune se termine par les troubles de comportement se rapportant spécifiquement à ce thème. Par exemple, si un chien est sale, il vous faudra vous reporter à la rubrique « Les comportements d'élimination », page 88 ; si votre chien est agressif, c'est à la rubrique « Les comportements d'agression », page 186, que vous vous reporterez ; si votre chien a des problèmes d'apprentissage, vous irez chercher les réponses dans la rubrique « L'apprentissage », page 326.

La lecture aléatoire

Prenez le livre et ouvrez-le au hasard ; lisez ce qui vous tombe sous les yeux. Vous pouvez prendre cela comme le message du jour, celui sur lequel laisser ses pensées errer et réfléchir.

La lecture hermétique

Il y a d'autres façons de lire ce livre, pour en trouver le contenu hermétique. La structure de ce livre n'est pas faite au hasard (voir « Le coaching assisté par chien », page 427).

PETITE HISTOIRE DU CHIEN AVEC L'HOMME

À l'origine, le chien est un loup autodomestiqué

Le chien descend d'un loup ancestral. Chiens (*Canis familiaris*) et loups (*Canis lupus*) ont une génétique commune, tout comme le chacal et le coyote : ils peuvent se reproduire entre eux et avoir une descendance fertile. Le chien et le loup sont, dans la définition du biologiste, la même espèce. Néanmoins un chien n'est pas un loup.

Le chien et le loup ont probablement le même ancêtre, aujourd'hui disparu. N'ayant pas de nom pour ce canidé ancestral, nous l'appelons « loup » ; mais il n'a rien à voir avec le loup gris actuel, même si on raconte que le loup gris existe depuis 300 000 ans[1].

Mais évitons de généraliser. Un loup arctique n'est pas un loup des Alpes ; on dénombre une quinzaine de variétés actuelles de loups, et il y en a eu jusqu'à 50, la plupart ayant été exterminées par l'homme. Les loups sont très différents les uns des autres, en fonction de leur niche écologique : certains sont sociables, d'autres solitaires. Il y a de nombreuses lignées de loups partageant la même génétique de base mais organisés dans des structures sociales très différentes.

Le loup gris.

L'occupation de niches écologiques différentes définit, pour l'écologiste, des espèces différentes[2]. Le loup et le chien occupent des niches environnementales différentes. Spontanément, chiens et loups se mélangent peu et se reproduisent peu, sauf en bordure des niches écologiques. Dès lors, chiens et loups sont des espèces différentes.

Dans ces lignées de loups ancestraux, certains individus ont exprimé un ensemble de caractéristiques qui auraient pu être défavorables dans la nature, mais se sont montrées favorables dans un environnement très particulier, à proximité de l'homme, le jour où celui-ci est devenu sédentaire il y a près de 5 000 ans. Le loup est un prodigieux chasseur et il fuit l'homme. Imaginons un loup moins bon chasseur et qui serait plus tolérant de la proximité de l'être humain ; ces deux caractéristiques devraient en faire un loup mort à brève échéance dans la nature, sauf si la meute le nourrit ; mais en cas de famine, il serait vite mort. À moins que... cela ne lui donne certains avantages, comme se nourrir des surplus de table de l'homme[3]. Avec une source de nourriture stable, ces loups marginaux ont eu une descendance (fertile) qui a reproduit leurs caractéristiques sociales. En somme, certains loups se sont autodomestiqués[4]. Ces loups ont évolué dans leur niche environnementale en acquérant une taille plus petite, des dents plus petites et un cerveau plus petit, mais avec les compétences nécessaires pour les orienter dans la direction de l'homme[5] ; ils sont devenus domesticables et éducables. Ils sont devenus des chiens.

L'origine du chien fait l'unanimité des scientifiques ; le chien descend du loup ; le chien est une variété du loup ; on l'appelle désormais *Canis lupus familiaris*. Pourtant, il serait préférable de l'appeler *Canis familiaris*, pour le différencier du loup (*Canis lupus*) dont il partage moins de comportements et d'organisations sociales qu'on ne l'admet habituellement.

Le chien originel est un commensal

Un loup qui ne fuit pas, qui est plus tolérant et reste près du campement humain, dont la femelle met bas à proximité des humains, dont les chiots peuvent se socialiser à plusieurs espèces, ce loup est par définition un chien. Plus un loup a perdu sa peur viscérale de l'homme et ses compétences de chasseur social, nerveux et intelligent, plus c'est un chien. Plus le loup a perdu son autonomie, son savoir-faire et sa liberté dans la nature, plus c'est un chien comme on imagine le chien familier.

Ce loup autodomestiqué a changé d'aspect : il ressemble à un chien errant, un chien de rue, un corniaud. Il est de petite taille, de pelage multicolore, les oreilles tombantes ; il est sexuellement précoce, présente plusieurs périodes de fertilité par an ; il est psychologiquement infantile, curieux, tolérant, et vit en famille ou seul ; il est grégaire, mais ne vit pas dans une hiérarchie structurée et coopérante.

Le chien originel est un commensal de l'homme : il vit dans son environnement sans lui porter préjudice. Il apporte même quelques avantages : il nettoie les restes, il avertit en cas d'intrusion – mais en fuyant plutôt qu'en défendant – et, s'il est très sociable, il tient chaud la nuit.

Une louve désœuvrée ronge une branche.

Le développement des races de chiens

Ce chien originel, commensal, ressemble comme deux gouttes d'eau à un chien errant, un chien de village indigène ; l'homme s'est mis à le façonner en sélectionnant les caractéristiques physiques et comportementales qui l'intéressaient. Certaines caractéristiques sont désormais – et définitivement – bannies chez le chien : la peur des humains et la liberté (dans le sens d'indépendance et d'autodétermination).

Pour parler de races de chiens, au sens actuel du terme, il suffit d'une homogénéité d'aspect pendant plusieurs générations ; il existe des milliers de races spontanées de chiens, qui se sont développées dans des habitats particuliers et isolés.

Au cours des quelques milliers d'années vécues avec des chiens, les habitats humains ont été très diversifiés, entraînant des sélections sur les races spontanées de chiens commensaux. La famine ou l'abondance alimentaire, les maladies, les conditions climatiques, l'isolement de reproduction... ont permis à telle ou telle typologie de chien de se manifester et de s'épanouir. Chaque niche écologique a permis le développement d'une race originelle différente.

Ensuite nos ancêtres ont montré une préférence, l'un pour un chien d'une couleur particulière, l'autre pour un chiot particulièrement sociable et tolérant au contact, un autre encore pour un chien faisant face aux loups. On a croisé et recroisé les (soi-disant) races de l'époque et cela a créé des formes nouvelles : des chiens très grands, ou très petits, à face très longue, ou très courte, à poil tressé ou sans poil. Certaines de ces formes (physiques et comportementales) nouvelles[6] ont été appréciées, comme les pattes tordues de l'achondroplasique, la face courte au point de s'étouffer du bouledogue, la fixation oculaire précoce du border collie...

Ces formes et ces comportements nouveaux ont donné un avantage (artificiel) à certains chiens sur d'autres ; et ces caractéristiques ont été transmises.

Et, après ces milliers d'années d'évolution naturelle, depuis quelques siècles au plus, l'homme a pris la sélection volontaire en main. Il a sélectionné – et croisé entre eux – des chiens de petite taille pour aller dans des terriers, de grande taille pour défendre la maison et faire la guerre, des chiens rapides pour chasser, des chiens à poil long pour la décoration, des chiens blancs pour ne pas confondre le chien et le gibier chassé[7], des chiens à pattes palmées pour mieux nager, des chiens puissants et psychopathes pour s'amuser à les voir combattre d'autres chiens ou des taureaux, des chiens courageux pour protéger les troupeaux d'herbivores domestiques (incapables de se défendre seuls) contre les loups, les ours, les léopards, et d'autres chiens habiles (et obnubilés de poursuite) pour rassembler les troupeaux...

Toutes les races pures viennent de croisements ; seule l'hybridation a permis une telle diversification aussi rapide des races de chiens. Les races sont pures à partir du moment où un club de race interdit les croisements, ce qui entraîne de la consanguinité à très brève échéance et l'apparition de troubles génétiques physiques et psychologiques.

Récemment, la sélection est devenue surtout esthétique, pour le plaisir des yeux et le faire-valoir[8]. Et comme on a oublié de sélectionner en même temps pour des caractéristiques sociales et une adaptation à un environnement urbain à faible niveau d'activité, on observe de nombreux problèmes de comportement, que les spécialistes doivent tenter de résoudre ou qui entraînent l'abandon du chien dans une société (dite) de protection animale.

Du chien commensal au chien symbiotique

Revenons quelques milliers d'années en arrière. Nous sommes au néolithique (5000 av. J.-C.) ; l'homme a commencé à cultiver la terre, à élever du bétail, à construire des cités. Comment a-t-on pu demander à un loup, même autodomestiqué et commensal, de défendre les troupeaux contre d'autres loups ?

Avec l'autodomestication sont apparues de nombreuses modifications physiques, physiologiques et comportementales. La période d'imprégnation est passée de 2 à 3 semaines (chez le loup) à 3 à 12 (voire 16 ou plus) semaines chez le chien, ce qui a permis au chiot de se socialiser facilement à d'autres espèces. Comme cette socialisation précoce réduit le risque de prédation sur les types d'individus auxquels le chiot a été socialisé, il s'est ensuivi que le chien originel – tout comme le pourraient nos chiens de famille aujourd'hui – ne chassait pas les types d'animaux, y compris humains, qu'ils côtoyaient avant 12 (à 16) semaines : humains de différents types, volailles, moutons et autre bétail herbivore domestique.

Élever un chiot à partir de 3 à 5 semaines au milieu des moutons est une recette millénaire pour développer un chien gardien de moutons. Il suffit de sélectionner – et reproduire – ceux qui se montrent les plus aptes à garder le bétail, les moins aptes à le chasser, et qui sont suffisamment grands[9] pour inquiéter un prédateur, et on crée une race de chiens de berger (de garde)[10]. Et voici que le chien protège les moutons, au lieu de les manger, contre ses cousins les loups, qui ne voient dans les moutons qu'une proie facile à capturer et appétissante.

Tout chien, comme ce boxer, peut protéger les moutons ; pour cela il faut qu'il vive avec eux dès l'âge de 5 semaines.

D'autre part, puisque l'homme cultive, chasse, transforme les aliments et crée des réserves afin de sécuriser son approvisionnement alimentaire pour toute l'année, il devient l'objet d'intérêt de parasites qui voudraient partager ces réserves : rats, singes, renards... Il chasse cette vermine, accompagné de quelques chiens qui prennent goût à ce plaisir social collectif. Ces chiens donneront les chiens de chasse en groupe, les chiens *courants*.

Dès ce moment, le chien passe du stade commensal au stade symbiotique : la coopération mutuelle est avantageuse pour les deux espèces, l'homme et le chien.

LE CULTE DU CHIEN

Au fil des époques

Les premières traces

On a retrouvé en Irak des ossements d'un canidé (chien ou loup ?) dans un habitat humain (une caverne) ; ces ossements ont été datés de 12000 av. J.-C., à la fin du paléolithique. D'autres traces de la même époque ont été découvertes en Israël, en Amérique du Nord (Idaho) (10400 av. J.-C.), en Angleterre (9500 av. J.-C.), en Anatolie et en Russie (9000 av. J.-C.), en Australie (8000 av. J.-C.), en Chine (6500 av. J.-C.). Dès cette période mésolithique, on retrouve des chiens associés aux habitats humains partout dans le monde.

C'est étrange qu'à peu près en même temps partout dans le monde, le chien devienne un commensal de l'homme. Il y a deux hypothèses. La première, c'est que le chien (le loup mutant) est apparu il y a 15 000 à 35 000 ans en Eurasie et qu'il a émigré avec les populations nomades vers l'Amérique ; il serait alors le descendant du loup indien ou du loup tibétain[1].

La seconde hypothèse est plus bizarre : ce ne serait pas un loup mutant qui aurait envahi la terre de sa descendance, c'est vraiment comme si le chien apparaissait partout dans le monde en même temps. Dans cette hypothèse, l'autodomestication du loup se fait partout en même temps. C'est comme s'il y avait une intention d'espèce, ce que ni la biologie ni l'évolution ne peuvent expliquer[2].

Le culte et la diabolisation du loup et du chien

Dès que l'homme se met à gribouiller, dessiner, écrire, le chien (le loup, le chacal.) se retrouve dans ses iconographies : Anubis, le dieu à tête de chien (ou de chacal) en Égypte pharaonique, une statue de chien dans le temple de Huanca au Pérou pré-Inca... L'homme porte un culte au chien depuis la Mongolie jusqu'aux Indiens d'Amérique du Nord et en Amérique du Sud, sans oublier la Rome antique (la louve qui allaite Romulus et Remus), exception occidentale à la règle. En Europe, on est plutôt rapidement antiloup et antichien. Le loup Fenrir des Vikings monte à l'assaut du domaine d'Odin ; il a expulsé les dieux, détruit l'ordre du monde et, en plus, il dévore l'espèce humaine[3]. Les Grecs ont inventé le loup-garou. Et les Romains ajoutèrent à la réputation criminelle du loup, en attendant du jeune soldat qu'il se comporte comme le loup, en conquérant, vivant de rapines et de violence.

Anubis, le dieu à tête de chien ou de chacal.

Les années passant, rien ne change vraiment en Occident. Le Moyen Âge voit la diabolisation du loup. L'Église chrétienne utilise le symbole de l'agneau, la victime du loup (le diable) qu'il faut exterminer. Même le chien paie un lourd tribut à l'idéologie chrétienne : on associe aussi le chien à la rage et la rage à la peste ; on fait du chien le partenaire de la magie noire et du chien noir l'aspect du diable dans les soirées de sorcières. Dans cette époque ténébreuse, François d'Assise (1182-1226), parfois représenté avec une tête de chien, a fort à faire pour montrer que tout ce qui nous entoure – et le monde animal dont il s'entoure y compris – est une voie vers Dieu.

Charlemagne, au VIIIe siècle, crée le corps de louveterie, afin de détruire les loups. Le loup-garou (ou homme-chien) est à la mode et la bête du Gévaudan terrorise la France au XVIIIe siècle.

Avec la perte des privilèges de chasse de la noblesse après la Révolution, le peuple, interdit de chasse auparavant, se met à massacrer les loups ; l'extermination est quasi acquise à la fin du XIXe siècle.

Le chien, utile à l'homme, survit au loup. Il fait mieux que survivre, il se multiplie.

De l'usage du chien

Le chien commensal du néolithique, un chien omniprésent mais qui ne se laisse pas toucher – un peu comme les pigeons de nos villes – et avec qui on forme peu de lien affectif, est une source de nourriture aisément disponible. La chair du chien a été consommée autant dans l'Europe néolithique qu'en Amérique précolombienne et elle l'est encore dans certains pays d'Asie. Il n'y a pas si longtemps, on mangeait du chien en France et en Allemagne ; la dernière boucherie canine a fermé ses portes à Munich un peu avant 1940.

Les poils de chien ont été utilisés pour couvrir l'homme ; ils étaient encore filés et tissés dans les Pyrénées au XIXe siècle.

Le monde antique a connu les chiens de garde de troupeaux, les chiens de chasse et les chiens de guerre, mais aussi les chiens de compagnie. Ce n'est qu'à l'époque moderne que le chien s'est vu façonné dans des tâches plus spécialisées : tracter des traîneaux ou des carrioles, faire tourner les broches et les moteurs des rémouleurs, chasser la vermine... Et cela fait à peine quelques dizaines d'années que le chien nous aide dans la recherche de disparus, de drogue, de truffes, à guider les aveugles, à entendre pour les sourds, à faire les courses pour les handicapés moteurs, à soigner les déprimés, à responsabiliser les enfants, à aimer et être aimé[4].

La mode de l'animal de compagnie

C'est au XIXe siècle que l'animal de compagnie devient à la mode. On connaissait bien les chiens (et singes) de compagnie des Romains à l'époque de César et les chiens de manchon des impératrices chinoises. Mais, s'il n'avait pas un travail intéressant l'homme, le chien restait partout ailleurs un animal ubiquitaire et parasite. Jusqu'à ce que tout change dans l'Occident industrialisé où la taille des familles se réduit et où le manque affectif entraîne que le chien entre dans la maison, dans la chambre et dans le lit.

Dans les sociétés de haute technologie, médicalisées, hygiéniques, on prend le chien dans les maisons. Dans les autres sociétés, plus pauvres, le chien reste banni hors du foyer. Pour former une relation étroite entre l'animal et l'homme, il faut que la menace éventuelle pour la santé humaine de la part d'un animal de compagnie (zoonose) soit réduite à un degré extrêmement faible et qu'il y ait un avantage pour l'homme : le chien vient remplir un vide, un manque affectif (qui est colossal).

Le chien médiateur social

Dans les années 1960, de larges campagnes de presse jugèrent immoral l'attachement aux animaux alors qu'il y avait tant de pauvreté dans le monde. On argumente que les milliards dépensés pour l'alimentation et les soins des animaux familiers pourraient être redirigés vers les pauvres de ce monde. On ne se rend pas compte que ce sont souvent les mêmes personnes empathiques qui s'attachent aux animaux et s'occupent des pauvres.

Après les années 1970, le vent tourne et on se rend compte que l'attachement aux animaux familiers est un facteur de santé psychologique dans nos sociétés modernes fortement urbanisées. Chiens et chats entrent dans les prisons, les hospices, les homes pour handicapés, les maisons pour cas sociaux, les hôpitaux, sans compter les chiens éduqués pour aider les aveugles, les sourds, les handicapés physiques, etc. L'animal est devenu un activateur, un facilitateur, un catalyseur de la communication et de la santé psychique et physique. La zoothérapie était née ; ainsi que les chiens d'assistance. Le chien avait retrouvé une utilité.

Le chien psychanalysé

Dans la foulée du développement de l'éthologie, du béhaviorisme et de la psychologie, on veut comprendre ces chiens qui vivent désormais dans nos familles et squattent nos divans. Comprendre pour apaiser nos incertitudes, pour rendre prévisible, pour manipuler et contrôler le chien, comprendre pour nous sécuriser contre le chien, un peu loup dans le fond. L'étude du comportement du chien a débuté timidement dans les années 1950 et a ensuite progressé de façon exponentielle. Aujourd'hui, tout le monde parle de psychologie du chien ; chacun a des conseils à donner aux autres pour mieux comprendre ou mieux éduquer son chien.

De nombreux propriétaires ont des problèmes de comportement avec leur chien, mais peu s'engagent à y changer quelque chose. Pourtant le monde cynologique lui offre désormais tous les spécialistes en comportement, vétérinaires ou non, conseillers et psychologues, coaches, spécialistes du chien ou de la relation homme-chien, professionnels diplômés ou autoproclamés. L'univers professionnel des comportementalistes canins est né.

Le chien, menace pour la société ?

Ayant dit beaucoup – ou trop ? – de bien sur les bienfaits du chien pour l'être humain, on a sans doute idéalisé le chien. On vit aujourd'hui le revers de la médaille, en parlant excessivement des menaces que le chien porte à la société. Le public, avide de sensationnalisme et d'horreur, consulte les médias qui parlent d'accidents : et quoi de plus touchant qu'un chien qui mord, qu'un chien qui tue ? Le Moyen Âge avait ses loups et ses lycanthropes, nous avons nos pit-bulls et rottweilers tueurs d'enfants. Est-ce la peur atavique du loup, modifiée en peur du chien-loup-tueur ?

Remarquons bien que pour éviter de noircir le chien en tant qu'espèce, on a choisi certaines races à pointer du doigt et qu'on veut rayer de la carte. Derrière cette médiatisation, il y a de gros intérêts financiers (on parle de milliards d'euros) : l'industrie du chien (aliments, soins, gadgets) gagne à ce que le chien soit populaire et idéalisé, les médias gagnent à vendre de l'audimat et des magazines à sensation parlant de chiens psychopathes et dangereux. Dans l'aventure, quelques chiens, voire quelques races, seront sacrifiés sur l'autel du dieu argent.

Il y a près d'un millier de personnes mordues par des chiens tous les jours en France. Toutes ne font pas la une des journaux. Heureusement, les médias distillent à bonne dose les accidents. À trop en parler, les gens se lasseraient. Déjà que le politique s'en est mêlé, et que son seul effet fut de multiplier par dix l'effectif des races incriminées et le nombre d'accidents rapportés par les médias...

Mais le monde du chien se serre les coudes : « Touche pas à mon chien[5]. » La population canine n'a pas changé. Et peut-être la population humaine a-t-elle enfin pris conscience que le chien était un être vivant, soumis à du biologique et du psychologique. Qui sait, peut-être va-t-on enfin respecter le chien comme sujet ?

Le chien objet

On observe que les professions de service ont ciblé le chien, après la femme, l'homme et l'enfant. Prêt-à-porter, bijouterie, buggies, coiffure chic, maquillage et peinture corporelle se disputent l'accès au portefeuille des propriétaires de chien. C'est la dog-attitude, la dog-tendance. C'est cool de voir un chihuahua dans le décolleté d'une dame. Mais cela reste marginal dans le monde du chien de famille. Même si on noue un bandana au cou de son golden retriever, il a encore l'occasion de marcher sur ses propres pattes, dans de la vraie herbe des parcs, sur les mousses et les feuilles de la forêt, sur le sable des plages. Et de nombreux chiens continuent de travailler pour leur plaisir à notre service.

Le chien objet.

L'homme est indispensable au chien, le chien est accessoire pour l'homme

Comme l'écrit Coppinger[6] : « Si tous les chiens mouraient, la vie humaine ne serait pas menacée ; en revanche, si tous les humains mouraient, le chien ne pourrait pas survivre dans sa forme actuelle. »

Les chiens de famille, du moins la grande majorité d'entre eux, ont perdu toute intelligence de survie, en dehors d'un environnement d'humains. Sans la nourriture qu'on leur distribue (restes de table ou alimentation spécialisée), la protection contre le chaud, le froid et la douleur, nos chiens ne seraient plus que l'ombre d'eux-mêmes. Ne survivraient que les rares chiens capables de tuer, ceux-là qu'aujourd'hui on houspille et qu'on tue et qu'on voudrait exterminer à force de législations.

LES MODÈLES DE COMPRÉHENSION DU CHIEN

Déchiffrer le comportement du chien

Le chien est interprété par des modèles de décodage

Le chien est un mystère. Pour le comprendre, nous avons besoins de modèles de lecture. Tout ce que nous racontons sur le chien est hypothèses ; tout est un peu vrai, rien n'est totalement compris.

Le regard que nous portons sur le chien est une interprétation. Même les scientifiques interprètent. Tout ce que nous écrivons est hypothèses. Longtemps on a vu le chien sous le modèle d'un loup domestiqué, vivant en groupe social hiérarchisé. L'hypothèse du jour est que le chien n'est pas un loup et que la hiérarchie n'est pas une obligation incontournable. Il n'est plus utile de retourner son chien sur le dos pour lui apprendre de bonnes manières, sauf si on veut se faire croire qu'on le domine. Punir n'est guère efficace pour apprendre à bien faire, mais cela permet à l'éducateur de se défouler (sadiquement) sur plus faible que lui.

Le monde – et le chien – tel que nous le percevons, tel que nous le croyons bien réel, est une illusion. Nous ne percevons de ce monde qu'une carte, un modèle. Nous avons quelques cartes ; ces cartes nous aident à communiquer avec le chien, mais elles ne sont pas le chien. Le chien restera toujours un être mystérieux. Mais qu'importe ; ce qui compte n'est pas de connaître l'essence du chien, mais de pouvoir vivre au quotidien avec nos chiens, de la façon la plus harmonieuse possible.

La science du comportement est une science imprécise

Nous vivons au milieu de phénomènes vagues, de situations variables dans lesquelles il nous faut décider ou pas d'agir. Si vagues soient-elles pourtant, toutes ces choses apparaissent à notre conscience comme des objets conceptuels que nous nommons, sur lesquels nous faisons des opérations mentales d'abord, pratiques ensuite, à nos risques et périls. Vivre, c'est se confronter avec des choses vagues[1]. C'est à partir du flou, du vague et de l'imprécis que nous allons élaborer ce que nous croyons être objectif et scientifique. Gardons en mémoire que même l'élément le plus objectivable (et mesurable) est une croyance.

Le chien vit au milieu des mêmes phénomènes vagues et imprécis. Ses comportements sont une série d'éléments mystérieux et chaotiques, que nous allons décoder, avec le risque de croire qu'on a bien compris et ses intentions et les fonctions de ses actions. Nous interprétons chaque mouvement au travers d'un modèle. Cela va même plus loin : nous percevons uniquement ce que nos modèles, nos croyances, nous permettent de percevoir. C'est comme pour voir : chaque personne (myope, astigmate, presbyte) a besoin de ses propres lunettes ; elle ne voit rien avec les lunettes des autres. Pour voir de loin, des jumelles vont nous aider. Et pour voir un film en relief, il faut des lunettes spéciales permettant à chaque œil d'avoir une image individuelle et au cerveau de reconstruire le relief ; sans ces lunettes, nous ne verrons que du flou. Chaque paire de lunettes est un modèle qui permet de voir quelque chose d'une réalité floue et imprécise. Pour voir le chien avec une certaine précision, il nous faudra aussi des lunettes particulières, les modèles de compréhension de ses comportements. Et comme pour la vision, notre cerveau va recréer les images et les interpréter.

Les différents modèles de compréhension

Il y a de nombreuses sciences qui donnent un aperçu du monde psychologique du chien. Sans les revoir toutes, je vais prendre quelques exemples.

L'atomisme et la méthode structurale

Ce modèle propose de découper ce que l'on perçoit en éléments simples et de les recombiner avec une formule. En chimie, le monde est découpé en atomes puis reconstitué avec les lois de la biochimie. En imagerie, l'image est découpée en pixels et recomposée par des lois d'agrégation en nombre de millions de couleurs.

En comportement et en psychologie, on va découper le monde en éléments simples, comme les actes moteurs, les émotions, les cognitions, les humeurs, les perceptions... et recombiner l'ensemble avec des hypothèses.

Tous les modèles comportementaux existants sont basés sur la méthode structurale. Chaque modèle a ses propres atomes et ses lois de structuration afin de reproduire une idée de la réalité. Chaque modèle a son utilité et son efficacité. Certains modèles cherchent à comprendre le monde, d'autres à agir sur lui. Ces modèles peuvent être très divergents. Ils ne doivent pas être mis en compétition, chacun ayant sa fonction propre.

Ces modèles sont décrits ci-après.

Le béhaviorisme

« Le béhaviorisme est une approche de la psychologie, à travers l'étude des interactions de l'individu avec le milieu, qui se concentre sur l'étude du comportement observable et du rôle de l'environnement en tant que déterminant du comportement[2]. » Le comportement du chien est observé, avec les stimuli (contextes) qui le déclenchent et ses conséquences sur l'environnement.

La formule de base est S > R > C : Stimulus > Réponse > Conséquence.

Le béhaviorisme n'étudie pas la psychologie (émotions, cognitions, humeurs...) ; il ne la nie pas pour autant ; il n'en a pas besoin dans son modèle.

Toute l'éducation et tout le dressage du chien sont fondés sur ce modèle (voir « L'apprentissage », page 326).

La génétique comportementale

Ce modèle étudie les relations entre le phénotype comportemental (l'expression objectivable) et le génotype (l'ensemble des gènes), il est donc du domaine du comportement (et du tempérament) qui est héritable et prédictible[3]. On sait actuellement que l'intelligence, de nombreux patrons-moteurs, et des pathologies psychiques sont sous forte influence génétique.

Par exemple, si un chien border collie possède une hypertrophie du patron-moteur de poursuite (un des patrons-moteurs du comportement de chasse mais aussi du travail de berger), l'expression de ce comportement sera irrépressible ; dès lors, si ce chien ne peut poursuivre des moutons, il poursuivra autre chose de mobile, comme un frisbee, un cycliste, une voiture...

En coaching en comportement animal, nous sommes confrontés à de nombreux comportements issus de patrons-moteurs génétiquement programmés et donc peu modifiables, mais que l'on peut éventuellement rediriger dans d'autres activités plus satisfaisantes pour l'homme et le chien.

L'éthologie

« L'éthologie[4] signifie étymologiquement "science des mœurs" (*ethos* : "mœurs" et *logos* : "étude/science"). Il s'agit en fait de l'étude du comportement animal tel qu'il peut être observé chez l'animal sauvage en milieu naturel, chez des animaux en captivité, ou chez l'animal domestique. » Le principe de base de l'éthologie est d'utiliser une perspective *biologique* pour expliquer le comportement, cette science est aussi appelée « biologie du comportement ». On peut dire que l'éthologie est l'étude des comportements communs à une espèce, indépendants de l'apprentissage.

Si l'éthologie décrit les comportements (éthogramme) des espèces et de leurs mécanismes d'adaptation à des environnements changeants, elle ne s'occupe cependant pas des variations individuelles, et surtout pas des troubles comportementaux.

Pour prendre un exemple, si un chien est agressif avec tous les chiens, ses capacités de se reproduire seront réduites ; il sera perdu pour (l'avenir de) l'espèce, mais peut très bien vivre sa vie dans un environnement humain. Son cas n'est pas du ressort de l'éthologue qui s'intéresse à la majorité des chiens et à leurs performances reproductrices, mais il est du ressort du coach, du vétérinaire, du psychologue animal qui va s'occuper de son éventuel mal-être social et sexuel individuel.

Le modèle activité

Le modèle de la formule d'activité que je propose dans *Mon chien est heureux*[5] se fonde (1) sur le modèle éthologique des besoins biologiques (énergétiques ou mécanismes innés de déclenchement) des différentes activités chez l'animal, (2) sur l'observation que ces besoins varient individuellement et (3) sur l'observation que ces besoins ne sont généralement pas satisfaits chez les chiens familiers.

En effet, en tant que vétérinaire psy, je vois essentiellement des chiens dits « hyper ». « Hyper » est une catégorie qui englobe les chiens qui produisent trop de comportement au goût de leurs propriétaires : les chiens hyperactifs, mais aussi les agressifs, les destructeurs, les vocalisateurs, les fugueurs, des obsessifs compulsifs... Ces chiens « hyper » totalisent plus de 80 % des consultations de comportement. Mes observations ont montré que les chiens qui ont suffisamment d'activité structurée semblent bien et ne montrent pas de problèmes comportementaux acquis. Ils peuvent souffrir de problèmes génétiques, mais même ces problèmes sont améliorés par une activité structurante[6].

Dans ce modèle, je propose une formule : l'activité générale est égale à la somme de ses composantes :

$$A_G = A_{Séc} + A_{Ali} + A_{Ch} + A_{Sex} + A_{Soc} + A_{Ag} + A_L + A_V + A_M + A_J + A_I$$

La formule d'activité générale est un modèle hypothétique. J'émets l'hypothèse que toutes ces formes d'activités s'additionnent. Si l'activité générale est stable, si on veut réduire un groupe d'activité, il suffit d'augmenter un autre groupe d'activité. Alors, dans l'exemple du chien qui aboie plusieurs heures par jour, si on veut réduire les aboiements, il suffirait d'augmenter une autre forme d'activité ? C'est exact. Donc, par exemple, donner un os à ronger ? Oui, le temps que le chien passe à ronger un os, il n'aboiera pas. Ou bien, si on lâche le chien en forêt pendant deux heures, il aboiera d'autant moins après.

Le grand avantage de ce modèle est de permettre d'élaborer des solutions simples pour réduire de nombreux problèmes de production comportementale chez l'animal familier.

Le chien est un animal actif. Ce colley saute à travers un pneu de vélo. Le pire pour lui serait de ne rien faire.

La psychologie

Étymologiquement, la psychologie[7] est l'étude de l'âme ou psyché, c'est-à-dire des fonctions végétatives (psychophysiologie), sensitives (perceptions, motivation, motricité), intellectives (psychologie cognitive). L'objet de la psychologie est le comportement et sa genèse, les processus de la pensée, les émotions et le caractère ou encore la personnalité et les relations humaines. Pendant longtemps, le rapport entre la psychologie et la philosophie a été très étroit, voire indiscernable puisque la psychologie était autrefois une partie de la philosophie, partie qui était souvent – dans l'Antiquité surtout – tenue elle-même pour une partie de la physique au sens ancien (la morale, la conscience, l'action, etc., sont des thèmes traditionnellement philosophiques que l'on rencontre en psychologie). Certains courants en psychologie fondent explicitement leurs postulats sur des thèses philosophiques telles que le personnalisme, l'humanisme, le biologisme, etc.

La psychologie est devenue davantage une science du mental (de l'esprit et du comportement) qu'une science de l'âme. C'est souvent une approche matérialiste du sujet, laissant de côté l'aspect spiritualiste. J'utilise des notions de psychologie pour explorer ce que les béhavioristes ont appelé la boîte noire, tout cet aspect subjectif des émotions, cognitions, perceptions, humeur et personnalité[8].

Le modèle hiérarchique

Actuellement, le modèle le plus répandu est celui de la hiérarchie. Chaque comportement du chien est interprété en termes de hiérarchie de pouvoir, en termes d'autorité. On parle de dominance et de soumission. Et même si on ne parle pas d'esclave, on parle de maître.

Que ce soit en Europe, en Amérique du Nord ou du Sud, en Asie, dans certains pays d'Afrique, dans le monde dit développé, industrialisé et riche, nous voyons le chien comme vivant en hiérarchie. Le mot d'ordre est de dominer son chien, de ne lui laisser aucun privilège qui pourrait faire de lui un dominant. C'est une obsession chez les anciens cynophiles. Et c'est le message dont ils voudraient convaincre le monde : dominez votre chien, ne vous laissez jamais dominer par lui. Prenez-le par la peau du cou et roulez-le sur le dos afin qu'il sache qui est le maître ! C'est devenu une religion : soumettre le chien à son autorité personnelle.

Ce modèle est fondé sur l'observation de certaines meutes de loups nord-américains qui chassent en groupe coordonné des proies de grande taille (cerf, caribou, élan...) et qui doivent se partager la proie. Cette meute a comme noyau d'organisation une famille avec des enfants de plusieurs générations. Dans cette meute, la hiérarchie structure et réduit les conflits transgénérationnels.

Mais le loup change d'organisation sociale en fonction des niches écologiques et des proies. Dans certains cas, le loup est solitaire, en dyade de frères ou sœurs, ou encore vit en bande désorganisée.

Comme nous savons que le chien n'est plus un loup, ou qu'il est un loup autodomestiqué qui a perdu ses capacités d'autodétermination et d'autonomie, il est devenu inutile d'utiliser le modèle de hiérarchie de pouvoir. Ce modèle est largement dépassé.

Le modèle de la théorie des jeux

La théorie des jeux constitue une approche mathématique de problèmes de stratégie tels qu'on en trouve en recherche opérationnelle et en économie. Elle étudie les situations où les choix de deux protagonistes – ou davantage – ont des conséquences pour l'un comme pour l'autre. Le jeu peut être à somme nulle (ce qui est gagné par l'un est perdu par l'autre, et réciproquement) ou, plus souvent, à somme non nulle[9].

Sans rien connaître à la théorie des jeux, on peut dire : « Il y a plusieurs types de jeux suivant l'issue : Tout le monde perd / Un gagne et l'autre, en conséquence, perd / Tout le monde gagne[10]. »

En appliquant le principe béhavioriste simple de l'extinction des comportements non renforcés positivement, on peut comprendre que tout comportement conduisant à une « perte » sera abandonné à plus ou moins long terme. Au contraire, si les conséquences sont positives (gagnant), les comportements ont une plus grande probabilité de persister.

L'application de cette théorie en coaching comportemental est intéressante. Je propose de découvrir des stratégies qui permettront tant au propriétaire (le client qui fait la demande) qu'à son animal (la cible qui doit changer de comportement) de gagner. Il suffit de trouver les activités dans lesquelles tout le monde gagne.

Le modèle de la théorie du chaos

La théorie du chaos[11] traite des systèmes dynamiques rigoureusement déterministes, mais qui présentent un phénomène fondamental d'instabilité appelé « sensibilité aux conditions initiales » qui, modulant une propriété supplémentaire de récurrence, les rend non prédictibles en pratique sur le « long » terme.

Cela signifie simplement qu'une petite erreur dans l'appréciation des conditions initiales va s'amplifier très rapidement, de façon exponentielle ; elle entraîne des conséquences imprévisibles. Les sciences comportementales et sociales sont des sciences imprécises ; l'erreur de départ y est obligatoire ; les effets de cette appréciation imprécise de départ sont imprévisibles. On peut toujours trouver *a posteriori* des explications logiques (et apaisantes pour le mental humain, même si elles dépendent d'un modèle de croyances) mais, quel que soit le modèle utilisé, l'avenir est imprévisible pour un élément (particule, individu) alors qu'il est prévisible statistiquement pour un ensemble d'éléments (courbe de Gauss, attracteur étrange[12]).

Cette théorie est bien connue sous le nom de « métaphore du papillon ». Il est bien évident que le battement d'ailes d'un papillon ne peut causer une tornade, mais il peut être une de ces (micro)conditions initiales par lesquelles les mécanismes de développement d'une tornade peuvent être influencés.

Il n'est pas nécessaire d'en connaître plus sur la théorie du chaos pour accepter que la prédictibilité des comportements soit quasi impossible.

Le modèle systémique

En simplifié, la systémique[13] (en sociologie et en psychologie) considère que les individus vivant ensemble composent un système (famille, entreprise, groupe de travail...) et que ce système est une entité en soi avec ses mécanismes de régulation (et de survie). Par exemple, dans un couple, les deux individus forment le couple, et celui-ci est entité réelle mais intangible. Dans ce système, tout mouvement (changement) d'un individu va entraîner un déséquilibre, qui va tenter de retrouver son équilibre en changeant d'autres paramètres dans les individus ou le système même. En systémique, on considère que le symptôme présenté par un individu est le résultat d'un dysfonctionnement de l'ensemble du système dont il fait partie.

Le chien familier fait obligatoirement partie d'un système (familial) ; il ne peut y échapper. En psychologie du chien familier, on fait nécessairement de la systémique. Une personne fait une demande de changement d'une relation dans la famille (le système) (entre humain et animal) ou d'un comportement d'un individu du système (l'animal) à son profit ou au profit du système.

En corollaire, il est impossible de changer un individu sans changer le système, sans causer une crise dans le système, crise ou déséquilibre qui va se rééquilibrer par d'autres modifications systémiques. Le coach catalyse la crise (le déséquilibre) et accompagne ces modifications.

En systémique, la communication est réciproque et la responsabilité partagée. Si une personne joue le rôle de victime, elle induit le rôle de harceleur et/ou sauveur chez une autre personne du système[14]. La systémique redonne à chacun la coresponsabilité des événements de la vie.

La psychopathologie et la psychiatrie

La psychopathologie est l'étude scientifique des troubles mentaux ou psychologiques. Ce mot est dérivé des racines grecques *psukhê* qui signifie esprit et *pathos* qui signifie maladie. La psychopathologie[15] est l'objet d'étude de la psychologie clinique et de la psychiatrie.

Les classifications anglo-saxonnes et internationales (DSM et CIM) tendent à circonscrire leur champ d'étude à la faveur d'une approche purement descriptive et n'ayant pas de visée étiologique des troubles mentaux qui sont alors vus comme des maladies au sens strict. C'est cette approche qui est utilisée dans ce livre pour décrire les troubles du comportement.

La psychopathologie invente la notion de maladie mentale ou psychologique, ou de trouble du comportement ; elle permet à cet ensemble de signes comportementaux d'être soignés comme toute maladie en médecine ; elle en fait un domaine médical. Trois conséquences : (1) le développement de la psychiatrie et de la médecine vétérinaire comportementale, (2) le développement de traitements médicamenteux, et (3) l'application de l'exclusivité légale du médecin ou du médecin vétérinaire dans ce domaine d'activité.

Le modèle quantique

J'appelle modèle (ou approche) quantique une vision du monde spiritualiste dans laquelle l'autre n'est perçu (n'existe) (1) que là où on s'attend à le percevoir et (2) tel qu'on se le représente (et non tel qu'il est réellement).

La physique quantique a démontré qu'une particule existait à de nombreux endroits en même temps mais n'était visible qu'à un seul endroit par un expérimentateur[16]. Contrairement aux atomes qui sont régis par le temps et l'espace, les particules subatomiques (et la conscience) sont insensibles au temps et à l'espace. Et plus on va au cœur des particules, moins on trouve de matière ; en fait les particules ne sont qu'énergie, information. En fin de compte, la matière est une illusion composée de particules d'information.

Il est intéressant d'observer que l'analyse scientifique de la matière aboutit à (une idée de) la conscience ; la vision matérialiste jusqu'au-boutiste conduit inexorablement à une vision spiritualiste.

Dans cette approche, l'autre (quel qu'il soit) est un miroir de soi-même, de sa propre vision, de ses propres attentes et croyances. L'animal peut ainsi être un miroir de ses propriétaires. Par exemple : la crise de panique, de colère, de tristesse... d'un chien dit-elle quelque chose sur la psychologie du propriétaire ?

Il peut être amusant de constater ces miroirs ; et ce pourrait être pour le propriétaire une occasion de prise de conscience personnelle. Ceci relève du coaching humain, inclus dans le coaching en comportement animal.

La métamédecine et la métapsychologie

Ce modèle est spiritualiste et émet l'hypothèse que le sujet (la conscience) est préalable à l'objet (le corps), et que ce dernier est façonné en miroir du sujet et s'exprime de façon métaphorique. La pensée, qui est sécrétée par le cerveau – comme la culture est sécrétée par l'humanité –, est moins fiable que le corps comme miroir de la conscience.

Le corps va exprimer par ses douleurs et affections diverses des messages de la conscience. C'est tout le domaine de la métaphysique des maux, malaises et maladies. Celle-ci se base sur la (perte de) fonction des organes, mais aussi sur la signification des méridiens et points d'acupuncture. Le message n'est pas à prendre à la lettre mais il s'agit plutôt d'une façon de discuter avec sa conscience.

Dans cette vision, le corps exprime la conscience ; les incidents, accidents et maladies sont des expériences décidées par la conscience pour vivre des sensations et discuter avec le mental (le conscient).

J'utilise ce modèle en coaching assisté par le chien pour, et quand, la personne veut prendre conscience des messages que le chien pourrait lui envoyer (voir « Le chien conscience », page 411).

Le modèle du chien familier

Tous les modèles qui précèdent vont nous aider à percevoir des facettes de la psychologie du chien.

Pour mieux cerner le chien familier, voici quelques paramètres qui vont nous guider :

- Le chien familier est le descendant direct du chien commensal. L'étymologie de commensal signifie « à la même table ». Humains et chiens partageaient leurs repas, l'homme mangeant les bons morceaux et les chiens se partageant les restes. Mais désormais, les chiens partagent les bons morceaux du repas, et aussi l'environnement intime, y compris le lit.
- Le chien familier a perdu les capacités d'autodétermination de son ancêtre loup : il faut lui dire quoi faire, sinon il est soumis à ses pulsions internes et à ses patrons-moteurs[17] instinctifs. Le chien a besoin d'un guide – un leader, un coach –, pas d'un maître.
- Le chien familier est néoténique : il a gardé des manifestations physiques et psychologiques infantiles, y compris un état de dépendance.
- Le chien familier a une période d'imprégnation allongée qui s'étend en général de deux-trois semaines jusqu'à douze-seize semaines. C'est cette période d'imprégnation qui permet au chien de se prendre d'amitié pour les humains et leurs animaux domestiques et, donc, de ne pas les chasser ni les manger.
- Le chien familier se présente sous un kaléidoscope de morphologies. À partir de tous ces types morphologiques différents, on a développé la majorité des races actuelles. Quelques races sont issues d'une sélection de travail, plus que d'esthétique. Ces races ne sont pas polyvalentes, elles ont une tendance à la spécialisation. Elles ne feront *a priori* pas de bons chiens de famille parce qu'elles sont soumises à des patrons-moteurs hypertrophiés comme, par exemple, la poursuite de ce qui bouge (chiens de chasse, chiens de berger...) ou l'agression de distancement et par peur (chiens de défense).

Un bon chien de famille est n'importe quel chien corniaud ou de race non spécialisée qui a vécu ses 16 premières semaines de vie au milieu des gens (de typologies variées), dans la niche écologique dans laquelle il vivra une fois adulte. Mais s'il n'a pas vécu sa prime enfance avec une multitude de personnes de tous types, il ne sera jamais un bon chien de famille.

Première partie

Vivre avec un chien

Le chien biologique

Besoins et instincts

Un chien n'a pas de larynx vertical comme celui d'un être humain ; dès lors un chien ne parlera jamais comme nous. Un chien n'a pas de pouce opposable aux autres doigts ; il a un ergot : il ne peut pas prendre des objets avec une patte ; il doit les prendre avec sa gueule. Mais le chien a un odorat entre un et cent millions de fois supérieur au nôtre. Nous voyons le monde avec des couleurs plus vibrantes que lui, mais lui sent le monde avec des perceptions plus vibrantes que nous. Par contre, ni le chien ni l'humain ne peuvent respirer sous l'eau ; nous sommes des animaux terrestres, même si nous sommes capables de nager et de rester plusieurs minutes sous l'eau.

C'est en cela que la biologie définit nos limites, mais aussi nos potentiels. Être humain signifie aussi que nous ne sommes qu'« humain », tout comme le chien n'est que « chien ». Nous ne pouvons pas échapper à la pensée, tout comme le chien ne peut échapper à son odorat. Ces limites sont inscrites dans la génétique. Le corps y est fortement soumis ; l'esprit en est bien plus libre. Néanmoins, s'il n'existe pas un seul comportement qui ne soit pas influencé par la biologie, aucun ne lui est totalement soumis.

LES CARACTÉRISTIQUES BIOLOGIQUES

Une caractéristique biologique s'exprime par une courbe de Gauss dans une population

Quand on analyse scientifiquement le chien, on isole des caractéristiques, comme la taille, le poids, la fréquence cardiaque, le comportement de garde, la sociabilité… Il y a un nombre incalculable de caractéristiques analysables, tout autant dans l'aspect physique (somatique) que dans l'aspect comportemental. On retrouve certaines caractéristiques dans les standards des races : couleur, taille, longueur du poil…

Une caractéristique biologique est un élément analysable et mesurable. Le poids du chien varie entre moins d'un kilo et plus de cent kilos, suivant la race. Mais dans chaque race, chaque individu n'a pas le même poids. Il y a une variation autour d'un poids standard, estimé idéal.

Dans une population, la caractéristique biologique peut être décrite par une courbe en cloche, dite courbe de Gauss. Cette courbe ressemble à la section (en deux dimensions) d'une cloche. On peut mettre une ligne verticale à la moitié de cette courbe ; cette ligne donne la moyenne de la caractéristique biologique.

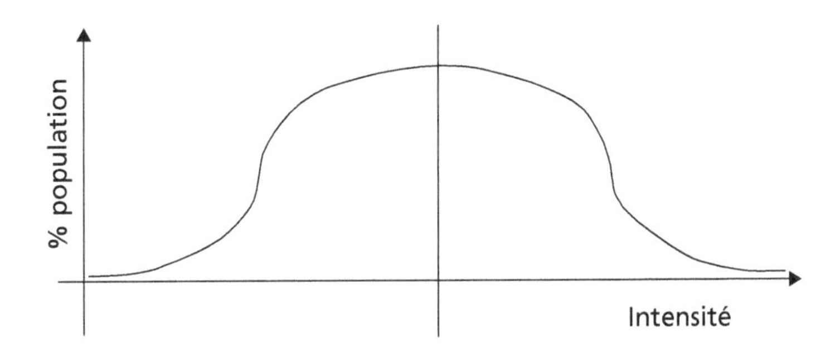

Pour compléter le graphique, il faut dire que la hauteur de la courbe donne le pourcentage de population qui exprime la caractéristique biologique. La largeur, ou ligne horizontale, donne l'intensité de la caractéristique biologique : le poids, la taille, etc.

Les caractéristiques d'un chien ne sont pas celles de tous les chiens

Quand je parle des caractéristiques biologiques et psychologiques du chien dans ce livre, je parle d'un chien qui exprimerait les moyennes. Votre chien sera différent de cette moyenne à bien des égards. Par exemple, si je dis que le chien a besoin de 3 à 5 heures d'activité par jour, cela ne signifie pas que votre chien a besoin de 3 à 5 heures d'activité par jour : il a peut-être besoin de 2 heures seulement, ou plutôt de 10 heures.

Chaque chien varie par rapport au standard du chien. Et heureusement ! Sans cette grande variabilité, nous n'aurions pas pu créer des centaines de races à l'aspect différent, chaque chien serait prévisible comme l'est un robot, et il manquerait à notre relation avec lui des éléments essentiels qui sont typiques du monde du vivant : les difficultés, les joies, les peines de la relation entre deux êtres qui ont des objectifs de vie différents mais créent ensemble des expériences enrichissantes.

Éviter les généralisations raciales et racistes

Ce n'est pas parce que le border collie est champion d'agitily que tous les border collies seront champions ; certains border collies sont pantouflards et n'ont pas le drive nécessaire pour faire du sport. Ce n'est pas parce que le labrador est guide d'aveugle que tous les labradors ont cette compétence. Ce n'est pas parce qu'un rottweiler a agressé un enfant que tous les rottweilers agressent les enfants.

Les lois raciales contre les chiens (dits) dangereux sont racistes ; elles visent à l'interdiction de certaines races comme si tous les individus de cette race étaient les mêmes, des clones, ce qui est une aberration scientifique. Tous les individus sont différents.

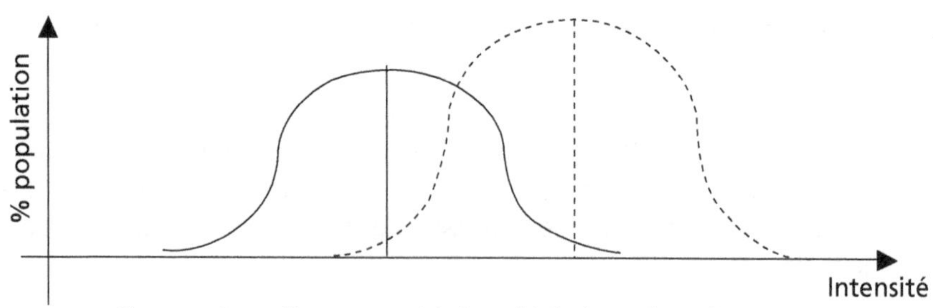

Comparaison d'une caractéristique biologique dans deux races.

Si on avait des analyses quantitatives objectives des différents types d'agressivité, on pourrait établir des courbes de Gauss et des moyennes pour chaque race ; on verrait ainsi les différences d'une race à l'autre. On observe que les courbes sont différentes, ainsi que leurs moyennes, mais surtout que ces courbes se chevauchent ; cela signifie que toutes les races ont chacune des caractéristiques biologiques, à un degré différent ; toutes les races ont des points communs. Cela signifie aussi qu'avec la sélection génétique, on peut diminuer l'incidence de n'importe quelle caractéristique biologique – qu'il s'agisse d'agression, de peur, de calme, ou de taille... – dans n'importe quelle race, ou l'augmenter.

Si on veut réduire la dangerosité des chiens, il suffit d'imposer la sélection génétique des individus moins agressifs. Mais interdire ou exterminer une race n'a aucun sens.

GÉNÉTIQUE ET MOTIVATIONS BIOLOGIQUES

Génétique et instincts

Génotype, phénotype et génétique quantitative

Ce que l'on observe – les comportements, la personnalité, l'aspect – est le *phénotype*. Il dépend, en partie, d'un code, écrit dans un programme simple, l'ADN, placé dans les chromosomes situés dans le noyau de chaque cellule. Les chromosomes sont de longs fils d'ADN, que l'on peut découper en petits éléments appelés gènes. L'ensemble de ce code s'appelle *génotype*.

Comment ce code, situé au sein de chacune des milliards de cellules, engendre un être avec une personnalité unique, reste un mystère que la science n'a pas fini de décoder.

Le chien a 39 chromosomes. Il a aussi 88 % de son matériel génétique en commun avec l'homme. Cela ne le rend pas à 88 % humain, loin de là ; la souris, le rat, partagent aussi avec le chien et avec nous le même pourcentage de gènes.

Un gène, ce petit bout de chromosome constitué de quelques lignes de code, va influencer entre un et plusieurs dizaines de paramètres physiologiques, qu'il s'agisse de la synthèse de protéines ou de la production de comportements ; on appelle cet effet pléiotropie. Et un comportement spécifique est bien plus souvent influencé par des dizaines (voire des centaines) de gènes que par un seul. L'effet de tous ces gènes s'additionne ou se module. Il est rare qu'un trait psychologique s'exprime en « tout ou rien » ; son expression sera distribuée de façon continue. On parle de *génétique quantitative*. Par exemple, le besoin d'activité n'est pas soit 0, soit 20 heures par jour, mais il est distribué de façon continue entre ces extrêmes, la plupart des chiens ayant besoin de 3 à 5 heures d'activité par jour. Il en est de même pour l'agressivité : le chien n'est pas agressif ou non agressif, mais son agressivité est quantifiable subjectivement entre « non perceptible, perceptible, un peu, moyen, beaucoup, considérable » ou objectivement par une échelle chiffrée, si on disposait d'un test quantitatif précis – ce qui n'est pas le cas[1].

Il y a très peu de relations entre le phénotype physique (morphotype) et le phénotype comportemental : en d'autres mots, le comportement n'a rien à voir avec l'aspect extérieur. Pire, on a pu mettre en évidence que, sous le même aspect physique, peuvent se cacher deux phénotypes comportementaux complètement différents : c'est le cas du border collie de travail et de show[2]. C'est aussi très certainement le cas dans toutes les races qui ont des sous-groupes de travail et de show. Et on peut aussi affirmer que la différence phénotypique comportementale entre les chiens d'une même race doit être supérieure à la différence des moyennes des phénotypes comportementaux des races. Cela veut dire que deux labradors peuvent avoir des comportements bien plus différents que la moyenne des labradors et des rottweilers, par exemple. Ce qui veut aussi dire que le comportement d'un chien de race ne ressemblera pas spécialement à la description qu'on en donne dans un livre, même si sa morphologie est parfaitement conforme à celle décrite dans ledit livre.

Génétique des patrons-moteurs comportementaux

Le patron-moteur est une séquence comportementale innée

Un patron-moteur est une posture, un mouvement, ou une séquence de mouvements instinctive et autorenforcée (autosatisfaction lors de la réalisation du comportement). Trotter, galoper, poursuivre un objet mobile, pointer, fixer un objet avec une posture basse (comme le border collie), rapporter, chercher un chiot égaré sont des patrons-moteurs.

Un patron-moteur existe sans apprentissage. Il a une base génétique. Le chien ne peut pas y échapper. On ne sait pas comment les gènes génèrent les patrons-moteurs, mais on peut sélectionner les chiens sur l'existence et l'intensité de leurs patrons-moteurs. C'est ainsi qu'on a créé des chiens de berger, des chiens de garde, des chiens de chasse. Ce sont tous des chiens, mais ils diffèrent par leurs patrons-moteurs, pas par leur intelligence.

Le patron-moteur est inéchappable. Si le chien possède le « pointer » de la patte, on ne peut pas le lui enlever ; si le chien possède la « poursuite » d'objet mobile, on ne peut pas la lui enlever. Il faut comprendre cela. Trop de gens achètent un border collie pour vivre en maison, mais leur chien poursuit les vélos, les joggers : on ne peut pas lui enlever ce comportement de poursuite, on peut le rediriger, on peut l'atténuer, mais pas le supprimer.

Le patron-moteur a une intensité propre individuelle

Le patron-moteur a une intensité propre.

Si on prend le comportement de poursuite, on pourrait différencier tous les chiens en fonction de ce critère : certains l'ont 2 minutes par jour, d'autres 15 heures, avec toutes les situations intermédiaires. Pour reprendre l'exemple du border collie, si votre border collie a un besoin de 10 heures de poursuite par jour, vous ne pouvez pas l'enlever : vous pourrez rediriger cette activité de poursuite dans une autre activité, mais il restera toujours un minimum de poursuite à exprimer par jour ; c'est incompressible : ce minimum est l'intensité minimale inéchappable du comportement.

Il en est de même pour tous les patrons-moteurs : le léchage corporel, la mastication d'objets, le besoin de courir, etc. Chacun a son intensité propre chez chaque chien.

Le patron-moteur a une phase de début et de fin

Certains patrons-moteurs existent à la naissance. Ce sont les réflexes d'orientation du nouveau-né. D'autres apparaissent au cours de la croissance ou à des moments déterminés de la vie. Les patrons-moteurs de l'agression de défense de l'espace apparaissent autour de la puberté (voir « L'agression de distancement », page 198 et « L'agression territoriale », page 200).

Le patron-moteur du « rapport au nid du chiot égaré » commence après la naissance du dernier chiot et se termine 4 semaines plus tard[3]. C'est dire que si le chiot premier-né s'égare et crie sa détresse, sa mère n'ira pas le chercher tant que le cadet n'est pas né ; de même, si un chiot de 5 semaines s'égare, sa mère n'ira plus le chercher, malgré ses cris. Ce comportement a l'air stupide et dysfonctionnel, mais il n'est pas assez dysfonctionnel pour avoir été éliminé de la génétique du chien. On dira que la mère qui ne va pas chercher son chiot égaré pleurnicheur est insensible, sans empathie ou stupide. Mais elle ne répond qu'à sa génétique. Elle ne peut pas y échapper. On dira d'une autre mère qu'elle est douce et maternante parce qu'elle va chercher ses chiots égarés, alors qu'elle ne répond, elle aussi, qu'à sa génétique ! Tout dépend où on se trouve par rapport à la phase de début et de fin du patron-moteur.

Le débat nature-culture

Chaque comportement est quantifiable. Parents et enfants se ressemblent mais sont aussi différents. Comment savoir ce qui appartient à la génétique – la nature – et ce qui appartient au non-génétique, l'apprentissage, l'effet de l'environnement – la culture ? Pour le savoir, en génétique humaine, on compare des vrais jumeaux, qui sont des clones, et des faux jumeaux, dans des environnements différents. On peut ainsi calculer que le quotient intellectuel (QI) humain s'explique à 50 % par la génétique. Les vrais jumeaux sont rarissimes chez le chien ; dès lors ce type d'évaluation ne nous est pas possible. Les clones n'existent pas non plus ; pour obtenir un clonage par reproduction sexuée, il faut des accouplements consanguins pendant trente générations, ce qui n'a jamais été réalisé avec des chiens. Alors on compare les frères et les sœurs, les parents et les enfants. Et on peut calculer l'héritabilité, le pourcentage d'expressions lié au génotype, pour différents comportements. Elle varie d'un comportement à l'autre, avec une moyenne de 40 %.

Environnement partagé et héritabilité changeante

Un environnement commun et partagé influence les comportements des individus qui y vivent, du moins pendant un certain temps. Plus l'individu s'approche de l'âge adulte, plus l'influence de cet environnement diminue et celui de la génétique s'accroît. On pourrait écrire que plus on prend de l'âge, plus on ressemble à ses parents.

Mais la génétique joue un rôle dès le plus jeune âge, puisque les chiots d'une même portée ont des tempéraments différents. Chaque tempérament va modeler l'environnement de développement. Un chiot impulsif et agressif empêchera sa mère de le coucher sur le dos et il apprendra moins aisément les postures d'arrêt d'interaction sociale (soumission) ainsi que le contrôle de sa motricité et de ses morsures. Dès lors on pourrait écrire que l'on crée ses propres environnements en partie pour des raisons génétiques. De plus, dans un même environnement, le vécu de chaque enfant est perçu différemment.

La génétique donne une prédisposition à des environnements particuliers. Un environnement de développement enrichi favorise plus les chiots génétiquement incompétents que les chiots génétiquement compétents (voir « Le développement du chiot », page 136).

La génétique des races de chiens

Les races de chiens ont une génétique différente

Il est certain que les races de chiens ont une génétique différente, dans le sens où cette génétique implique une modification de la façon dont le cerveau est organisé, ce qui entraîne l'absence ou la présence et la modification d'intensité de patrons-moteurs.

Par exemple, un pointer va prendre une posture typique : immobile, l'avant-main dressée, une patte antérieure pliée. Un border collie va prendre une posture très différente : fixation de l'objet (mouton), avant-main baissée, les deux antérieurs au sol, la tête allongée dans l'alignement du dos. Ces postures sont des patrons-moteurs, dérivés d'une séquence du comportement de chasse : tous les deux ont la fixation oculaire, mais le pointer s'arrête là, dressé, tandis que le border collie va une étape plus loin et fixe une posture d'avancée en rampant.

Génétique et dangerosité

Les races chez qui l'homme a hypertrophié la dernière séquence du comportement de chasse, la morsure pour tuer, ont un potentiel de dangerosité plus grand que celles chez qui l'homme a tenté de supprimer l'expression de ce patron-moteur. On trouve donc :

- Des chiens avec augmentation d'incidence et d'intensité de la « morsure pour tuer » : chiens courants (chasse), chiens de combat, chiens de garde, terriers, etc.

- Des chiens avec réduction d'incidence et d'intensité de la « morsure pour tuer » : tous les autres chiens – par exemple, les retrievers, les chiens de berger, les pointers, etc.

Toutefois, ce n'est pas parce qu'une race a une hypertrophie de la « morsure pour tuer » que tous les individus de cette race présentent ce patron-moteur. Et, réciproquement, ce n'est pas parce qu'une race a une réduction de la « morsure pour tuer » que tous les individus de cette race ne présentent pas ce patron-moteur.

En d'autres mots, la race rottweiler présente ce patron-moteur statistiquement plus que la race golden retriever ; mais cela ne veut pas dire que tous les rottweilers présentent cette morsure et qu'aucun retriever ne la présente ; des retrievers peuvent tuer et des rottweilers en sont incapables. Néanmoins, le chiffre statistique des accidents de morsures fortes et mortelles sera plus grand avec des rottweilers qu'avec des golden retrievers. Pour réduire ce chiffre, il faudrait choisir comme chien de famille une race qui n'exprime pas le patron-moteur « morsure pour tuer » ou sélectionner des lignées de rottweilers (ou autres chiens de garde, de terrier) qui n'expriment pas le patron-moteur « morsure pour tuer ».

Génétique des pathologies comportementales

L'élevage consanguin a permis de sélectionner une lignée de pointers peureux en Arkansas. On connaît aussi la tétée du flanc chez le doberman, le tournis (en toupie) du berger allemand et du bull terrier, la chasse aux mouches (inexistantes) du cavalier king-charles et la chasse des ombres et des reflets du rottweiler, et plus récemment les labradors, tervueren, bergers des Pyrénées... hyperactifs.

De nombreuses pathologies comportementales apparaissent autour de la puberté sous l'influence de gènes à expression différée : certains chiots très équilibrés changent complètement pour devenir craintifs, ou agressifs, ou produire des TOC au moment de la puberté ; et cette prédisposition se retrouve dans des lignées spécifiques.

Limites et destin

Les effets des gènes représentent des probabilités de prédispositions comportementales ; il ne s'agit pas d'un programme déterminé d'avance et auquel on ne peut pas échapper. On peut toujours y faire quelque chose ; mais ce n'est pas toujours aisé : un pointer va toujours pointer et un border collie va toujours poursuivre...

Le message des gènes est que chacun de nous – chiens comme humains – est un individu ; chacun nécessite un environnement individualisé pour satisfaire ses besoins et ses développements. Satisfaire cette nécessité est bien sûr utopique ; mais c'est un idéal auquel on peut tendre.

Par exemple, si vous désirez acquérir un chien de famille, auquel vous donnerez une heure de promenade urbaine en laisse, n'achetez pas un chien (border collie, teckel...) d'une lignée de travail, dont les parents s'exercent, sans fatigue apparente, 10 heures par jour. Un chiot ressemble à la moyenne de ses parents ; un chiot d'une lignée de travail aura besoin, comme ses parents, de 10 heures d'activité par jour ; ne lui donner qu'une heure d'activité serait de la maltraitance.

Les gènes représentent une structure de base, que l'environnement peut façonner dans certaines limites. Mais les gènes changent. On appelle cela *mutation*. Certaines mutations sont défavorables, d'autres sont bénéfiques. On peut les utiliser pour changer la structure. On peut sélectionner sur le comportement ; c'est aussi efficace que sur les critères physiques. Pour des critères qui n'auraient que quelques gènes responsables, les changements se feraient en quelques générations. C'est ainsi qu'on aboutit à des lignées très dissemblables dans une même race. Si les critères ont des centaines de gènes responsables – et c'est le cas de nombreux comportements –, la famille, la lignée, la race, gardera une très grande hétérogénéité. Cette grande variabilité est un critère d'adaptation de l'espèce canine à tous les environnements qu'elle a colonisés.

Les éleveurs de qualité sélectionnent sur les comportements. On le fait pour les chiens de travail, de sport. Pourquoi ne pas le faire sur les chiens de famille ? La tendance à avoir peur, être craintif, phobique, présenter des crises de panique, a une forte héritabilité de près de 50 %[4]. Avec ce niveau d'héritabilité, il serait facile de réduire l'expression de ce comportement dans les lignées de chiens. On peut faire de même pour obtenir des chiens moins agressifs, plus sociables, moins actifs, plus intelligents aussi.

Éthogramme, fonction et classification

L'éthogramme

L'éthogramme est la description de l'ensemble des comportements observables d'une espèce, en ce qui nous concerne, le chien de famille.

Si l'on dispose d'un éthogramme pour le loup, ce travail n'a toujours pas été finalisé pour le chien de famille. Et, même si le loup et le chien ont le même nombre de chromosomes et peuvent se reproduire ensemble en ayant des descendants fertiles – c'est ainsi qu'on définit une *espèce* –, le chien n'est plus un loup, mais très probablement le descendant d'une lignée de loups autodomestiqués[5], dont les caractéristiques biologiques devaient être : moins autonome (plus dépendant), moins chasseur, moins nerveux, moins actif, moins peur de l'homme, plus débrouillard, plus petit... que leur congénère loup chasseur en meute.

Disposer d'un éthogramme pour le chien est utopique : il faudrait décrire les comportements et leur expression dans chaque race ; et il y a plusieurs centaines de races de chiens, et chacune de ces races varie d'un pays à l'autre, en termes de comportements.

La fonction des comportements

Les comportements cherchent à s'autosatisfaire

Si on observe un chien sauvage chasser dans la nature, capturer un lapin, le tuer et le manger, on pensera qu'il chasse pour manger. Le chien domestique, qui est nourri à la maison, peut chasser, capturer et tuer, sans manger sa proie. On comprend que deux mécanismes se mettent en place : le chien chasse pour chasser et il mange pour rassasier sa faim. Quand le chien a faim, il cherche de la nourriture, que ce soit dans les poubelles ou en chassant, suivant la facilité et ses propensions naturelles. Si le chien n'a pas faim, il peut très bien chasser le lapin, ou toute autre proie en mouvement, si l'envie le prend. Le chien chasse pour rassasier son besoin de chasser.

Donnez à votre chien une cuisse de poulet et observez-le tenter de la cacher sous une couverture dans la maison ou sous des feuilles dans le jardin. Les chiens enterrent leurs os ; ils cachent leur nourriture. Pourquoi ? La viande cachée pourrit rapidement et donc devient immangeable. Et dans la nature, les réserves de viande sont vite découvertes par d'autres prédateurs ou nécrophages ; la cachette n'est jamais efficace très longtemps. Mais imaginons une chienne avec 3 chiots de 9 semaines ; elle doit chasser ; elle capture un chevreuil, mais elle ne peut l'emporter dans le terrier où sont dissimulés ses chiots ; elle pourrait très bien cacher la carcasse du chevreuil et amener ses chiots jusqu'au lieu du repas. À ce moment, le comportement de cacher la proie a du sens. Sinon, le comportement est non fonctionnel. Si le chien cache sa nourriture au point de mourir de faim, le comportement sera jugé dysfonctionnel.

Dans la population des chiens de famille, quelle que soit leur race, on observe ce comportement de cacher l'aliment : certains chiens le font de temps en temps, d'autres semblent obnubilés et le font tout le temps, et d'autres ne le font pas du tout. Le comportement existe ; il s'exprime pour satisfaire le besoin interne, instinctif, de cacher la nourriture. Il n'a guère de fonction qui rendrait le chien plus adapté, plus compétent, plus intelligent.

La seule fonction des comportements est l'*autosatisfaction*, c'est-à-dire la satisfaction, la satiété de l'instinct, de la pulsion, qui donne la motivation à ce comportement, même si ce comportement ne sert apparemment à rien.

Hédonisme et égoïsme

En fait tout comportement est égoïste et a pour intention de se faire plaisir (hédonisme). Il y a deux façons de se faire plaisir et d'accroître son bien-être : la première façon est de se donner de la joie et de la jouissance, la seconde est de supprimer une souffrance ou un mal-être. La première agit directement sur les centres du plaisir, la seconde rétablit l'équilibre (homéostasie) de l'organisme. Si un chien a faim, il souffre d'un déséquilibre et d'un léger mal-être ; manger lui permet de rétablir son équilibre et de supprimer son mal-être ! Si ce qu'il mange lui plaît, en plus il accroît son bien-être ! Dans les deux cas, il se fait du bien.

Sélection des comportements non dysfonctionnels

Selon Darwin, les animaux les plus adaptés ont une descendance plus nombreuse et plus viable ; leurs caractéristiques génétiques se transmettent. Pour se reproduire, il faut avoir de l'énergie et donc il faut avoir à manger. Le chien sauvage qui chasse a plus de chance de manger que celui qui ne chasse pas, et qui mourra sous peu, sauf s'il se nourrit de détritus de l'homme ou s'il est nourri par l'homme. Si, en plus, l'homme contrôle sa reproduction, on comprend vite que le chien actuel n'est pas le plus adapté pour la nature, mais bien pour l'environnement – la niche écologique – dans lequel l'homme va le faire vivre.

Les troubles comportementaux observés chez le chien de famille ne sont possibles que parce que l'homme a sélectionné génétiquement des chiens inadaptés et qu'il les a aussi fait vivre dans des environnements inadaptés. Si désormais un chien tourne des heures sur lui-même[6], cherchant ou non à capturer sa queue, c'est parce que l'homme a sélectionné cette caractéristique génétique et que le chien n'a rien d'autre de mieux à faire.

Actuellement, comme la nature ne sélectionne plus les chiens les plus adaptés pour favoriser leur descendance, ce sont désormais les chiens les moins inadaptés – ceux qui n'ont pas de comportement létal – qui peuvent se reproduire. En somme, tant qu'un chien n'a pas été euthanasié à cause d'un problème de comportement grave, et tant qu'il est conforme au standard morphologique de sa race, et tant qu'il n'est pas castré, il peut se reproduire et propager toutes ses qualités et ses tares comportementales.

Il est impossible de trouver une fonction à chaque comportement

En raison de ce qui précède, il est impossible de trouver une fonction à tous les comportements du chien. Certains comportements sont fonctionnels et, donc, intentionnels ; d'autres comportements sont non fonctionnels – sans être trop dysfonctionnels – et non intentionnels.

Gardons en mémoire qu'un chiot – tout comme un bébé humain – tète pour téter (et boire du lait) ; s'il a bu au biberon et est rassasié de lait, il continue de téter pour être rassasié de tétée. Un chien chasse pour chasser, se faire plaisir et, éventuellement, manger. Un chien agresse pour agresser, mais aussi pour s'amuser, se défendre. Un chien tourne deux fois à gauche, une fois à droite, avant de se coucher dans son panier ; et on ne sait pas pourquoi.

Un chien court pour courir, se défouler, atteindre un objectif... Dans chaque comportement, il peut y avoir, ou non, une intention, une fonction, et, de toute façon, une autosatisfaction d'avoir accompli ledit comportement.

Vous, lecteur, vous aimeriez savoir pourquoi votre chien fait telle ou telle chose. C'est une particularité humaine que de chercher à connaître le pourquoi des choses. C'est comme si nous avions un instinct qui nous poussait à nous mettre en quête du pourquoi des choses ; et une réponse satisfaisante nous apaise, elle rassasie notre curiosité. Eh bien, vous serez frustré car nous n'avons pas les réponses à chacune de vos questions ; même plus, quand nous donnons une réponse, il n'est pas certain qu'elle soit une vérité pour le chien ; néanmoins, elle nous apaise quand nous la croyons correcte.

Classification des comportements

Le besoin de classifier

L'éthogramme est un répertoire des différents comportements observés. Mais que les comportements soient décrits ou simplement filmés, il faudra bien les classer. Chaque auteur utilise son propre système de classification.

Quand le chien guette, rampe, court et saute en relation avec un autre animal (chat, lapin, chevreuil...), on dira qu'il chasse. La chasse, ou prédation, regroupe tous les comportements qui sont en relation avec un animal qui pourrait être capturé et, éventuellement, mangé. Quand le chien guette, rampe, court et saute en relation avec un autre chien, un congénère, conduisant à la fuite ou à des blessures, on dira qu'il agresse. L'agression fait partie des comportements de résolution des conflits, les comportements agonistiques. Quand le chien guette, rampe, court et saute en relation avec un autre chien, sans fuite ni blessure, on dira qu'il joue. Et pourtant, on observe toujours la même chose : le chien guette, rampe, court et saute ! En effet, ce sont toujours les mêmes petites séquences de mouvements avec quelques différences : le contexte, les conséquences, les postures, les mimiques, la motivation... Ainsi, il nous faut combiner les comportements, les contextes, les conséquences et les éléments de communication pour arriver à décoder une fonction éventuelle et pour classer de façon logique et compréhensible.

La classification par contexte

Les comportements du chien adulte seront classés par *contexte*. Ce sera notre modèle de classification ! Nous aurons les rubriques suivantes :

- Biologique
  — les comportements de chasse, de prédation,

— les comportements alimentaires,
— les comportements d'élimination,
— les comportements liés au bien-être, au confort,
— les comportements de repos et de sommeil,
— les comportements de déplacement, locomoteurs,
— les comportements liés aux différents rythmes.

- Sociale
  — les comportements liés à l'attachement,
  — les comportements liés à la communication,
  — les comportements liés à l'espace, l'orientation et le territoire,
  — les comportements agonistiques, liés à la gestion des conflits, dont les agressions,
  — les comportements sexuels et érotiques,
  — les comportements reproducteurs et parentaux.
- Psychologique
  — les émotions,
  — les humeurs,
  — la personnalité,
  — les perceptions,
  — la cognition,
  — l'apprentissage,
  — les jeux.
- Culturelle
  — les comportements liés à la gestion des relations sociales,
  — les organisations sociales.

Certains comportements n'ont pas une fonction précise, mais sont classés suivant leur contexte d'âge :

- Les comportements du chiot en développement jusqu'à l'âge adulte.
- Les comportements du chien âgé.

Le besoin biologique d'activité

L'activité est un besoin biologique incompressible

Dans l'ensemble des besoins biologiques, certains peuvent être classés dans les besoins d'activité. L'animal est un être en mouvement. Le mouvement, c'est de l'activité. Et il y a de nombreuses formes d'activité.

Le besoin d'activité est une caractéristique biologique[7], génétiquement prédéterminée. Elle est incompressible, c'est-à-dire qu'on ne peut pas la comprimer :

si le besoin instinctif d'activité d'un chien est de 5 heures par jour, on ne peut pas le réduire à 1 heure ; il faut donner à ce chien une moyenne de 5 heures d'activité par jour. C'est une moyenne : on peut varier entre 3 et 7 heures, mais au total de la semaine, c'est une moyenne de 5 heures par jour.

La moyenne de la population des chiens de famille a besoin de 3 à 5 heures d'activité par jour. Cela va varier entre des chiens qui ont besoin de très peu d'activité, comme 1 à 2 heures par jour, et des chiens qui ont besoin de beaucoup d'activité, comme 10 à 12 heures par jour, voire plus.

Comme le besoin d'activité est défini par la génétique, on peut prévoir le besoin d'activité d'un chiot en observant ses parents. Il leur ressemblera une fois adulte. C'est bon à savoir si vous voulez acquérir un chien calme que vous promeniez deux fois par jour 15 minutes, en laisse uniquement ; ne choisissez pas un chiot dont les parents sont (très) actifs.

Les éleveurs ne se sont pas encore préoccupés de sélectionner des chiens inactifs comme chiens de famille. Souvent n'entrent en compte que des critères esthétiques et des critères de travail : dans la même race, on a donc le choix entre des lignées de beauté (*show*) et des lignées de travail ; mais nous n'avons pas de choix d'un chien de famille, d'un chien pour personnes âgées... Pour moi, 80 % des chiens de famille souffrent de maltraitance passive liée au stress de l'inactivité. C'est la première cause des troubles de comportement.

Ce retriever attend sa promenade.

L'activité regroupe toute forme d'occupation

L'activité comprend tout ce qui est occupation – travail, exercice... – par opposition à inactivité – dont les synonymes sont inaction, inertie, immobilité, repos, relâche, détente.

L'activité peut sous-entendre le mouvement, mais le mouvement n'en est pas toujours un composant. Imaginez l'activité de guet, d'observation d'un chien de chasse. C'est aussi de l'activité, tout comme l'est la réflexion avant l'action, lorsqu'il faut résoudre un problème. Le chien réfléchit-il ? Le terme est peut-être mal choisi : pour la résolution de problème, on parle d'activité cognitive. C'est une activité importante pour le sujet qui nous occupe.

Les différentes formes d'activité

Il y a plusieurs formes d'activité. Le chien court, il saute, il chasse, il mange, ronge un os, il fouille dans les poubelles, il va chercher la balle que vous avez lancée, il rapporte, il s'enfuit, il fugue... Tout ça, c'est de l'activité. Tout ça participe aux occupations quotidiennes de votre chien.

Pour simplifier, je vais rassembler ces différentes activités dans des groupes. Mais, surtout, je vais mettre tout cela en formule. Vous allez voir : tout est très simple.

L'activité générale est composée de :

- L'activité de sécurisation.
- L'activité alimentaire.
- L'activité de chasse.
- L'activité sexuelle.
- L'activité sociale.
- L'activité agressive.
- L'activité locomotrice.
- L'activité vocale.
- L'activité masticatoire.
- L'activité de jeu.
- L'activité intellectuelle.

Dans cet énoncé, certaines activités peuvent être regroupées. Il est certain que l'activité locomotrice peut faire partie de l'activité de chasse, mais aussi de certaines activités de jeu. Les activités intellectuelles sont aussi ludiques, pour la plupart d'entre elles et si on ne stresse pas le chien dans l'intention d'obtenir des performances.

Nous verrons toutes ces formes d'activité (d'occupation) en détail tout au long de ce guide.

L'activité mise en formule

La formule complète

L'activité générale est égale à la somme de ses composantes.

$$A_{\text{Générale}} = A_{\text{Sécurisation}} + A_{\text{Alimentaire}} + A_{\text{Chasse}} + A_{\text{Sexuelle}} + A_{\text{Sociale}} + A_{\text{Agressive}} + A_{\text{Locomotrice}} + A_{\text{Vocale}} + A_{\text{Masticatoire}} + A_{\text{Jeux}} + A_{\text{Intellectuelle}}$$

La formule d'activité générale est un modèle hypothétique. J'émets l'hypothèse que toutes ces formes d'activités s'additionnent. Mais comme je l'ai écrit un peu plus haut, certaines activités sont communes dans plusieurs groupes. Si un chien a chassé toute la journée, il a probablement beaucoup couru et sauté : l'activité locomotrice fait alors partie de l'activité de chasse. Si le chien chasseur a perdu son gibier de vue, il a dû le suivre au flair ; si la piste s'est interrompue, il a dû réfléchir, même inconsciemment, que le gibier n'avait pas pour autant disparu et que sa piste se trouvait ailleurs, et il l'a cherchée jusqu'à ce qu'il la retrouve. Il s'agit d'une activité cognitive – la persistance de l'objet caché – indispensable pour tout bon chien de chasse. Ce faisant, il a rassasié une partie de ses besoins d'activité intellectuelle.

Quand je dis que cette formule est complète, c'est bien évidemment approximatif. J'ai oublié de mentionner l'activité d'observation, plus passive, mais néanmoins réelle et existante dans le comportement de chasse (le guet), et dans les comportements sociaux.

Cet épagneul retire des petits cylindres du plateau de bois afin de trouver des friandises.

La formule pondérée

La formule est approximative. L'activité générale n'est pas la simple addition du temps passé à différents types d'activités. L'addition est un peu plus complexe.

Il faut pondérer la formule. Pondérer signifie qu'il faut mettre une valeur supérieure à certaines activités qui ont plus de poids.

Dans mes observations, l'activité intellectuelle est dix fois plus fatigante que l'activité locomotrice, elle-même plus fatigante que l'activité vocale. Discriminer entre deux objets – par exemple entre une balle rouge et une balle jaune – est bien plus fatigant que de courir à travers champs. C'est une autre fatigue ; elle compte bien plus pour rassasier les besoins d'activité d'un chien de famille. Gardez ceci en mémoire.

Les motivations des besoins biologiques

Les patrons-moteurs ont une intensité spécifique, c'est-à-dire qu'ils ont une motivation interne (intrinsèque), mais les motivations des différents patrons-moteurs, des besoins physiologiques, des comportements non instinctifs, sont organisées et hiérarchisées.

Les activités n'ont pas toutes la même nécessité

Regardons la formule d'activité :

$$A_G = A_{Séc} + A_{Ali} + A_{Ch} + A_{Sex} + A_{Soc} + A_{Ag} + A_L + A_V + A_M + A_J + A_I$$

Dans cette formule, il y a de nombreux éléments. Mais tous n'ont pas le même besoin, la même urgence à s'exprimer. Il y a des besoins fondamentaux et d'autres plus accessoires. Un chien qui n'a pas mangé depuis une semaine ne va pas s'amuser à résoudre des problèmes cognitifs de discrimination (du type « va chercher la balle rouge [et pas la jaune] ») ; il va chercher à manger : son activité alimentaire sera, probablement, prioritaire sur toutes les autres. Je dis probablement, parce que quand il a très faim, un chien peut même affronter ses peurs, ses besoins de sécurité.

Suivant sa génétique et ce pour quoi il a été sélectionné, le chien aura aussi des motivations différentes : en dehors de moments de survie (faim, froid, peur, douleur), un husky de course aura envie de courir, un border collie aura envie de poursuivre (moutons, voitures, vélos), un labrador sera incliné à rapporter (balle, poule, faisan), un chien mâle aura envie d'en découdre avec d'autres chiens mâles...

La pyramide de Maslow

La hiérarchie des motivations

J'aime replacer ces informations dans le cadre de la pyramide des besoins et/ ou des motivations d'Abraham Maslow[8], dont je vous donne ici une adaptation personnelle avec les éléments importants pour le chien.

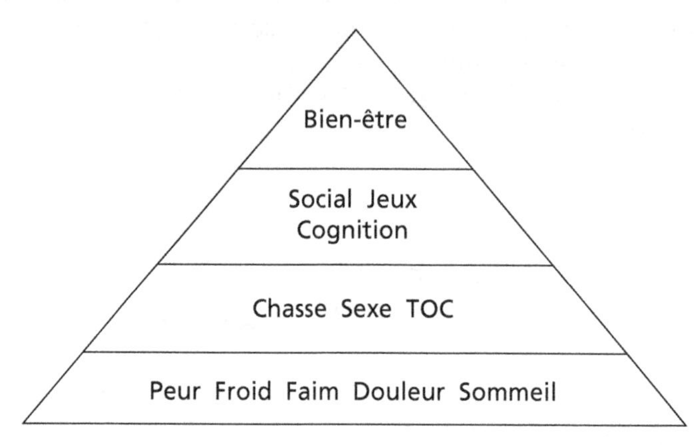

La pyramide des besoins.

Dans cette pyramide, il y a 4 niveaux :

1. Besoins de survie et de sécurité : peur, froid, faim, douleur, sommeil.
2. Besoins instinctifs et biologiques : chasse, sexe, TOC.
3. Besoins sociaux et ludiques.
4. Besoins psychologiques et de développement personnel : état de bien-être.

Au niveau 1, on peut ajouter les chiennes maternantes, allaitantes. Elles sont rares chez les chiens familiers et je n'en parle pas ici.

Le niveau 4 peut être complété pour certains chiens, chez qui on retrouve la satisfaction d'un travail bien accompli, bien réalisé.

Comment comprendre cette pyramide qui hiérarchise les besoins ?

On commence à la base de la pyramide. Pour passer d'un étage au supérieur, il faut satisfaire les besoins du niveau inférieur. Quand les besoins de sécurité sont satisfaits, le chien peut exprimer ses besoins de chasse, ses désirs sexuels, ses troubles compulsifs. Une fois ceux-ci rassasiés, le chien peut se préoccuper de satisfaire ses envies d'interactions sociales et de jeu. Et une fois les trois niveaux inférieurs comblés, le chien pourra penser à assouvir son bien-être psychologique.

Combiner la formule d'activité et la pyramide des motivations

En combinant ces deux modèles, la formule d'activité et la pyramide des motivations, on peut résoudre la majorité des problèmes de comportement présentés par les chiens des villes[9].

Le niveau de puissance des besoins et motivations

Relisez la pyramide des besoins. Regardez le graphique. Il y a quatre niveaux de puissance différente.

- 1er niveau : besoins de survie et de sécurité – le chien est dans un mode « urgence ».
- 2e niveau : besoins instinctifs et biologiques – le chien est dans un mode « exigence ».
- 3e niveau : besoins sociaux et ludiques – le chien est dans un mode *social.*
- 4e niveau : espace de créativité, de développement personnel.

Un chien ne peut pas se soustraire aux deux premiers niveaux.

Le mode « urgence »

Dans le mode « urgence », le chien – tout comme l'humain – ne pense pas à la bagatelle, ni au jeu, ni même à dominer hiérarchiquement son voisin. Il pense à se chauffer s'il meurt de froid, à manger s'il a très faim, à se cacher s'il a peur, à boire s'il a soif, à trouver la position idéale pour éviter une douleur violente ou lancinante. Il est question de survivre ; personne ne pense aux plaisirs épicuriens de vivre.

Si, dans le mode « urgence », le chien ne pense pas aux niveaux moins puissants, alors j'en déduis que ces niveaux d'activité seront sans effet pour gérer un mode d'urgence. Il est inutile d'essayer de proposer à un chien qui a peur, faim, froid ou sommeil, de jouer, de promener, de ronger un os en plastique ! Pour traiter le mode « urgence », il faut se trouver à un plus grand niveau de puissance de motivation. Et c'est bien difficile, car il n'y en a pas vraiment. Par contre, ce niveau de motivation permet de traiter les activités de tous les autres niveaux.

Beaucoup de dresseurs travaillent par autorité. En fait, pour eux, l'autorité c'est d'inculquer au chien la *peur* de son éducateur. La peur est dans le mode « urgence ». Le chien se comporte comme le veut son éducateur, parce qu'il en a peur et pas parce qu'il a envie de lui faire plaisir et de se faire plaisir. Je désapprouve cette technique qui permet aux humains de diriger le monde (animal et humain) par la peur.

Le mode « exigence »

Au-dessus du mode « urgence » dans la pyramide des motivations, c'est-à-dire énergétiquement moins puissant pour la survie de l'individu, il y a le mode « exigence ». C'est le niveau des besoins instinctifs et biologiques, la chasse et le sexe biologique (indispensable pour la survie de l'espèce, mais pas celle de l'individu) ; et j'y ai ajouté les troubles obsessionnels-compulsifs (TOC).

Pourquoi « exigence » ? Parce que les activités de ce niveau s'imposent à l'être et qu'il ne peut s'en détourner que difficilement. C'est comme si l'animal était contraint de réaliser ces gestes, mouvements et comportements.

Le mode social, ludique ou cognitif

Le troisième niveau de la pyramide des besoins, moins puissant que le mode « urgence » et que le mode « exigence », est constitué par le niveau social et ludique.

C'est là que nous mettons le plus d'importance et de valeur dans notre relation avec le chien ; mais ce n'est pas, pour autant, réciproque de la part du chien. Le chien est le meilleur ami de l'homme ; mais l'homme est-il le meilleur ami du chien ?

En dehors de ces considérations philosophiques (sur lesquelles je reviens dans la section 4), il reste que le chien ne peut jouer, socialiser et se disputer que s'il en a l'opportunité et le temps.

La hiérarchie des motivations

Face à différents contextes de sa vie, le chien va s'exprimer tantôt en mode « urgence », tantôt en mode « exigence », et tantôt en mode social. Pour comprendre pourquoi le chien réagit d'une façon ou d'une autre, il faut découvrir sa génétique, ses besoins biologiques, sa personnalité, son état d'équilibre interne (physiologique) et les environnements dans lesquels on le fait vivre.

Un même chien, dans des environnements identiques, peut réagir très différemment s'il a faim ou non, peur, froid, mal. L'état intérieur modifie plus les motivations que l'environnement extérieur.

Les troubles des besoins biologiques

Quand les besoins biologiques ne sont pas respectés, ils entraînent des problèmes psychologiques et comportementaux. Chaque comportement biologique (chasse, alimentation...) présente ses propres troubles ; je me limiterai ici à décrire quelques troubles répétitifs et obsessionnels-compulsifs, qui ont une motivation suffisamment forte pour perturber le mode « exigence », voire « urgence » chez le chien.

Les comportements répétitifs et les TOC

Définition

Certains comportements s'expriment de façon répétitive, quasi identique d'une fois à l'autre : on parle de comportements stéréotypés.

Si ces comportements stéréotypés sont tellement importants (fréquents, intenses) qu'ils empiètent sur le niveau social, on parle de stéréotypies et/ou troubles répétitifs.

Parfois, ces stéréotypies empiètent sur le mode « urgence » et la survie de l'animal est en danger.

Les TOC, ou troubles obsessionnels-compulsifs, sont une pathologie psychiatrique humaine dont l'analogue chez le chien sont les troubles répétitifs.

Quels TOC ?

On retrouve une transformation répétitive pour quasiment toute forme d'activité :

- L'activité de sécurisation : tremblements compulsifs...
- L'activité alimentaire : polyphagie compulsive, potomanie, pica compulsif, ingestion compulsive de corps étrangers.
- L'activité de chasse : obnubilation de la fixation du regard, chasse de mouches imaginaires (*fly-snapping*, *fly-chasing*), chasse des reflets et des ombres (*shadow-hunting*).
- L'activité sexuelle : masturbation compulsive.
- L'activité sociale : comportement de suivre le propriétaire ou un autre animal.
- L'activité agressive : agression entre chiens, stade obnubilation.
- L'activité locomotrice : tournis, léchage, déambulations et courses sur le cercle, sauts verticaux...
- L'activité vocale : stéréotypies vocales.
- L'activité masticatoire : mâchonnement de cailloux.
- L'activité de jeu : poursuite de balle.
- L'activité intellectuelle : on ne sait pas s'il y a des troubles obsessionnels mentaux chez le chien.

Chacun de ces comportements répétitifs peut être classé suivant son intensité croissante :

- Disruption du mode social.
- Disruption du mode « exigence ».
- Disruption du mode « urgence ».

Origine des TOC

Il y a plusieurs hypothèses pour l'origine des TOC.

Le TOC résulte d'un manque d'activité

Si le chien manque d'activité par rapport à ses besoins génétiques et thymiques, les comportements spécifiques seront déclenchés avec des déclencheurs non spécifiques, voire à vide.

Par exemple, un berger allemand avec un gène de tournis va tourner et capturer sa queue, d'autant plus que son niveau général d'activité et son niveau d'activité locomotrice sont insuffisants.

Le seuil de déclenchement du comportement stéréotypé est variable chez chaque chien.

Le TOC est un comportement de substitution (déplacement)

En cas de conflit entre différents comportements appropriés dans un contexte d'hésitation, certains comportements à fonction apaisante vont s'exprimer en lieu et place des comportements spécifiques : c'est particulièrement le cas des comportements buccaux et des contacts entre bouche et corps – léchage (pattes...), mâchonnement (pattes, queue...), ingestion (aliment, eau, alcool, éléments indigestes).

Les activités de déplacement sont activées par les émotions fortes, particulièrement la peur et l'excitation.

Le TOC est un comportement redirigé

Lorsque le comportement spécifique n'arrive pas à satisfaire le besoin spécifique, le comportement peut se rediriger en stéréotypie. C'est le cas des tournis, léchages... qui sont activés lors de surexcitation sans canalisation de l'énergie dans une activité structurée, par exemple.

Gestion et traitement des TOC

La gestion des TOC dépend de l'hypothèse étiologique et de l'intensité de disruption de l'homéostasie comportementale :

TRAITEMENT DES TOC

Niveau d'intensité de disruption	Médicament antiproductif	Redirection dans / thérapie par des activités structurées
Mode social	+	+++
Mode « exigence »	++	++
Mode « urgence »	+++	+

Les médicaments antiproductifs sont les classiques fluvoxamine, fluoxétine et clomipramine. La fluoxétine est plus indiquée lors de TOC avec ingestion compulsive.

LES COMPORTEMENTS DE CHASSE, LA PRÉDATION

Chiens et loups face à la chasse

La chasse est une séquence de patrons-moteurs

Quand il chasse, le chien chasse pour chasser, c'est-à-dire pour rassasier un drive, une pulsion interne à exprimer une série de comportements (patrons-moteurs) dont l'enchaînement est ce que nous appelons « chasser » ou « comportement de prédation ».

Un patron-moteur est un comportement génétiquement prédéterminé, inné, qui n'a pas besoin d'être appris pour s'exprimer, mais qui a besoin d'apprentissage pour se perfectionner, et qui est autorenforcé. Dans le comportement de prédation, on a plusieurs patrons-moteurs qui sont :

- L'orientation.
- La fixation visuelle.
- La traque.
- La poursuite.
- La capture.
- La mise à mort.
- Le rapport.
- La dissection.

Le chien de famille est un piètre chasseur

La plupart des chiens de famille sont de piètres chasseurs. Ils manquent de l'un ou l'autre des patrons-moteurs indispensables pour une chasse fructueuse. En revanche, ils expriment quasiment tous, à un degré ou un autre, un ou plusieurs patrons-moteurs de la prédation : ils se manifesteront dans le jeu, dans la poursuite de joggers ou de voitures, ou dans des morsures inattendues.

La plupart des chiens de famille ne chassent plus pour manger, même s'ils ont faim. La faim active les patrons-moteurs du comportement prédateur mais ne suffit pas à mettre en place toutes les séquences de façon harmonieuse. Certains chiens de ville tueront de la volaille ou des moutons, mais ne les mangeront pas. Rares sont les chiens qui ont un comportement de chasse intègre et efficace. Certaines races ont été développées pour exprimer certains patrons-moteurs et pas d'autres : les retrievers rapportent, les colleys fixent du regard, traquent et poursuivent, les pointers fixent du regard et marquent l'arrêt, les terriers aboient pour signaler au chasseur où se trouve la proie, le ridgeback rhodésien harcèle le lion. La plupart des chiens font fuir la proie : ils la poursuivent en hurlant ; la proie fuit, le chien la poursuit ; c'est là qu'il trouve le plus de plaisir.

Isis, ma chienne draathaar, courait derrière le gibier en hurlant.

Le loup est un chasseur obligatoire, intelligent, coopératif et efficace

Le loup est un chasseur polyvalent (nerveux) et efficace : il peut tout autant chasser seul qu'en groupe – et, dans ce cas, les techniques de harcèlement et de rabattage de la proie à partir de directions différentes nécessitent une coopération hautement intelligente[1], qu'on ne retrouve guère chez le chien familier ni même chez le chien de chasse. Néanmoins, on retrouve chez le chien des bribes des patrons-moteurs. Et cela n'est pas sans poser problème.

Séquences et techniques de chasse spontanée

Le comportement de prédation est l'agencement harmonisé des différents patrons-moteurs (composants ou sous-séquences) suivants : l'orientation, la fixation visuelle, la traque, la poursuite, la capture, la mise à mort, le rapport et la dissection. Chaque patron-moteur existe indépendamment des autres. Mais, dans cette série, chaque élément est un déclencheur du patron-moteur suivant. Et, en absence du déclencheur adéquat, chaque patron-moteur peut s'exprimer éventuellement sans déclencheur (à vide), ou avec un déclencheur de substitution.

Ces patrons-moteurs ont une base génétique. Cela ne signifie pas qu'il y a un gène de la chasse (poursuite), mais que des gènes interviennent pour que la circuiterie neurologique cérébrale aille dans le sens d'un comportement de chasse (poursuite).

Les patrons-moteurs du comportement de chasse

L'orientation

Le chien cherche le stimulus déclencheur : odeur ou vue de la proie, suivant ses prédispositions raciales et l'environnement. Et il s'oriente dans la direction de la proie.

L'observation, le guet et la fixation visuelle

Une fois la proie vue, le chien la fixe. La posture est haute ou basse en fonction des circonstances et des nécessités de se camoufler.

La traque

Le chien se rapproche à distance d'attaque. Le chien alterne entre l'affût et le ramper. Il fait une filature sans se faire remarquer.

La poursuite, l'attaque

Arrivé à distance d'attaque, le chien attend que la proie fuie en lui tournant le dos. Il serait dangereux d'être blessé par un animal qui se défend ; il est plus aisé de l'attaquer sans faire face à ses armes, donc de dos. Dès que la proie bouge, le chien la poursuit en courant à toute vitesse, généralement en silence.

La capture

La poursuite ne peut pas durer longtemps, la proie étant souvent rapide, pouvant se terrer ou se mettre dans un groupe qui peut faire bloc. Le chien va harceler la proie et la mordre aux jarrets (section des tendons) afin de la handicaper et ralentir la course, afin de la faire tomber. Une fois au sol, le chien va la harceler de morsures, jusqu'à ce qu'elle soit épuisée. Ou bien, s'il s'agit d'une petite proie, il va bondir à pattes jointes dessus jusqu'à l'assommer et l'immobiliser.

La mise à mort

Une fois la proie ralentie, le chien peut l'immobiliser et la tuer.

Plusieurs techniques sont utilisées :

- La morsure au museau d'un herbivore de grande taille, jusqu'à étouffement.

- La morsure au cou (nuque et jugulaire) d'un herbivore de taille moyenne, jusqu'à étouffement ou que la proie meure exsangue.
- La morsure à la nuque et secouement jusqu'à rupture de la colonne vertébrale.

Le transport, le rapport

Les proies de petite et moyenne taille sont rapportées en un lieu de confort pour être ingérées.

Le recouvrement

Les proies qui ne peuvent être transportées aisément peuvent être recouvertes ou enterrées pour une consommation ultérieure.

Le rapport du lapin par un retriever.

La dissection

La proie est éventrée et ingérée.

Très souvent, le chien n'attend pas que la proie soit morte pour commencer à la déchirer et à en ingérer des morceaux.

L'ingestion

Tous les chiens ont l'ingestion, sinon ils ne mangeraient pas. L'ingestion ne fait pas partie des patrons-moteurs du comportement de chasse ; elle fait partie du comportement alimentaire.

La modification des patrons-moteurs

Un chien qui possède tous ces patrons-moteurs va utiliser ceux qui sont nécessaires en fonction des circonstances.

Le pistage ou la chasse à vue

Selon le terrain (de chasse), la vitesse du vent, la hauteur des herbes et des broussailles... le chien va utiliser plutôt l'odorat au sol ou en hauteur ou la vue pour s'orienter vers la cible et s'en approcher. À proximité de la proie, c'est la vue du mouvement puis la vue en relief qui prédomine pour la capture.

La chasse en groupe

La chasse en groupe d'un petit gibier (lapin, lièvre...), par des chiens affamés, entraîne souvent une capture simultanée par plusieurs chiens qui déchirent la proie avant même de la tuer.

La motivation des comportements de chasse

Une pulsion interne

Il faut garder en mémoire que chaque patron-moteur du comportement de chasse est un drive, une pulsion interne (intrinsèque). Il a une force inhérente, obligatoire, inévitable, à s'exprimer. Être mis en œuvre entraîne autosatisfaction et autorenforcement.

Le mouvement

La séquence de chasse est activée par le mouvement. Celui-ci active également les patrons-moteurs d'observation, de poursuite et de capture.

Cependant, l'immobilité n'est pas toujours un blocage à la capture ; les chiens jouent à capturer une peluche et la secouent (à mort). Ce jeu facilite la capture sur proies immobiles.

Le patron-moteur précédent

Chaque patron-moteur peut être un stimulus déclencheur pour le patron-moteur suivant, mais ce n'est pas obligatoire. La séquence des patrons-moteurs peut s'enchaîner harmonieusement, mais elle peut commencer n'importe où. On peut observer un chien attraper un lapin – un chat, un petit chien, une peluche... – au niveau de la nuque et le secouer (à mort), sans qu'aucun des patrons-moteurs antérieurs de la séquence n'ait été exprimé.

La faim

Même si la fonctionnalité du comportement de chasse est de chasser, pas de manger, la faim augmente les comportements de recherche de nourriture et, donc, augmente la sensibilité aux déclencheurs du comportement de chasse, tel que le mouvement (erratique) d'une proie.

Le renforcement des comportements de chasse

Les patrons-moteurs sont autorenforcés du comportement de chasse. Le chien n'a pas besoin de recevoir un biscuit pour rechercher une piste, poursuivre ou capturer un gibier. Chaque séquence est un plaisir – dans le sens d'un contentement, d'une satisfaction d'un besoin – en soi.

Par contre, lever ou capturer un certain type de gibier renforce le comportement de chasse pour ce type de proie. Et, également, poursuivre un jogger étant plus facile, plus fréquent, et donc plus renforcé, que de poursuivre un chevreuil, le chien peut sélectionner le jogger comme proie favorite (voir « L'apprentissage », page 326).

Séquences et techniques des races de chasse

Chaque race est représentable par l'intensité des patrons-moteurs

Le chien commensal d'origine a été modifié par sélection pour le plaisir de l'homme dans des activités variées. Des chiens ont ainsi été façonnés pour chasser en groupe, descendre dans des terriers, chasser du petit ou du grand gibier ou pour rassembler des moutons. Pour ce faire, l'homme a choisi et reproduit les chiens qui exprimaient ou n'exprimaient pas certains patrons-moteurs.

Le tableau[2] ci-contre donne quelques exemples.

Dans chacun des patrons-moteurs, il y a encore des modifications d'expression. Les retrievers, par exemple, ont une « bouche douce » dans la « morsure de capture » afin de rapporter le gibier sans l'endommager, tandis que les chiens courants ont une « bouche dure » destinée à blesser.

Les chiens de terrier creusent et agrandissent des galeries, s'y faufilent pour harceler un gibier (lapin, renard, blaireau), aboient violemment (ce qui avertit le chasseur en surface) et, si nécessaire, capturent, secouent à mort et rapportent la proie hors de terre. Certains chiens de terrier sont restés plusieurs jours sous terre.

Les chiens d'eau exercent la poursuite dans l'eau. Ils n'ont pas un gène qui les fait aimer l'eau mais, probablement, l'eau est un environnement confortable et agréable et qui n'empêche pas du tout d'y poursuivre un gibier à plume.

INTENSITÉ DES PATRONS-MOTEURS DU COMPORTEMENT EN CHASSE
EN FONCTION DES RACES

Patron-moteur / Race	Orientation	Fixation visuelle	Traque	Poursuite	Morsure de capture	Mise à mort	Rapport	Dissection
Chien de chasse courant	+++	–	+++	+++	+++ Bouche dure	+++	+/–	+
Berger (border collie...)	+++	+++	+++ Immobile, posture rampante	+++	+/–	–	+/–	+
Pointer	+++	+++ Immobile, dressé antérieur levé	–	–	+++	–	–	–
Épagneul	+++	+++ Immobile, couché	–	–	+++	–	–	–
Retriever	+++	+	+	+	+++ Bouche douce	–	+++	–
Terrier	+++	+	+++	+++	+++ Bouche dure	+++	+	++
Chien de garde	+/–	+-	–	–	–	–	–	–

L'inhibition de la chasse par imprégnation

Le comportement de chasse est partiellement inhibé par l'imprégnation dans le jeune âge (voir « La période d'imprégnation », page 136). Cela signifie que le chien ne chasse pas ses « amis », les êtres auxquels il a été correctement socialisé. Cela ne signifie pourtant pas qu'il ne manifestera pas ses patrons-moteurs en leur présence.

Par exemple, un chien border collie, correctement imprégné aux chats de la maison, ne va pas manifester de comportement d'orientation, ni de traque face aux chats connus dans la maison – quand les chats sont peu mobiles – mais rien ne l'empêchera de les poursuivre dans le jardin – quand les chats s'encourent. S'il s'agit d'un chien de garde/défense, rien ne l'empêchera, après la poursuite, de donner un coup de dent de capture, quitte à blesser ou tuer le chat qu'il connaît et respecte pourtant bien dans la maison. Cette problématique existe, non seulement avec les chats, mais aussi en présence d'enfants.

Le risque de prédation sur l'homme, les animaux domestiques et la faune sauvage

La chasse de l'homme

Chaque année, des personnes – surtout des enfants et des personnes âgées – sont chassés par des chiens de famille, blessés et parfois tués. La plupart de ces attaques qui font la une des médias à sensation sont des comportements de prédation.

Le problème est particulièrement significatif dans les circonstances suivantes :

- Chiens de races exprimant les patrons-moteurs « capture » et « morsure pour tuer » (« mise à mort »).
- Chiens mal socialisés aux différents types d'êtres humains (voir « L'imprégnation à l'humain », page 141).
- Chiens en groupe : contagion émotionnelle et comportementale, facilitation sociale (voir « L'agression de meute (*mobbing, ganging*) », page 203).

Par exemple, en consultation de comportement, j'ai pu observer le problème avec un saint-bernard qui a attaqué, sur la plage, la petite fille avec laquelle il habitait depuis plusieurs années : fixation oculaire, attaque, capture au niveau du cou et secouement. Le père est intervenu à temps pour sauver son enfant. Le chien a été euthanasié après expertise comportementale. Ce chien a activé les patrons-moteurs de chasse, avec un déclencheur aberrant ; ce comportement aurait pu récidiver à tout moment, ce qui a déterminé la décision d'euthanasie.

Autre exemple, un groupe de bergers belges (la mère et ses quatre chiots de 5 à 6 mois) ont attaqué un jeune garçon qui courait sur un terrain de football : poursuite, morsure de capture aux mollets et à la nuque. Le gamin a été sauvé de justesse.

La chasse de la volaille et du bétail

La plupart des cas d'attaque sur les volailles et le bétail sont le fait des chiens de famille urbains. En effet, les chiens de ferme sont élevés avec le bétail et ne le chassent que rarement. Le manque d'imprégnation du chien de famille aux animaux de rente est le grand responsable.

Prévenir ce problème est presque impossible : les élevages de chiens – à la ville, dans les usines à chiens, et même à la campagne – donnent rarement l'occasion aux chiots de moins de 12 semaines d'interagir avec volailles, lapins, moutons, chèvres, chevaux et bovins.

Il reste alors à corriger le problème. Il est quasi impossible de resocialiser et rééduquer des chiens mal socialisés avec leurs proies potentielles, surtout s'ils présentent les patrons-moteurs de poursuite, capture et mise à mort. Il reste alors à promener son chien en muselière (muselière panier) ou à le désarmer (enlever les canines).

Pour une bonne entente entre le chien et le petit bétail, il faut y socialiser le chiot dans l'enfance.

La chasse de la faune

La chasse de la faune – chevreuils, cerfs, daims, chamois... – est un problème analogue à celui de l'attaque du bétail. Les solutions sont les mêmes : muselière pour le chien de famille ou promenade en laisse dans les zones giboyeuses.

Les troubles du comportement prédateur

La plupart des nuisances liées au comportement prédateur sont le fait de chiens qui ne peuvent pas exprimer leurs patrons-moteurs instinctifs. Dès lors ils les expriment sur une cible inadéquate. Quand un chien secoue une peluche, la mord et l'éventre, seul l'enfant à qui appartient la peluche se plaint. Quand un chien court derrière un cycliste et lui mord les mollets, on a un risque de blessures et de troubles sociaux et légaux.

Le chien englué

À défaut d'autre terme, je vais traduire le « sticky dog syndrome[3] » par le chien « englué ».

Il s'agit de chiens qui ont un patron-moteur tellement hypertrophié qu'ils restent coincés la répétition du patron-moteur et, finalement, dans une posture. C'est le cas du border collie à qui vous jetez la balle de tennis et qui la poursuit, tant qu'elle bouge ; il la capture et vous la rapporte ; il la laisse tomber près de vous et, ensuite, regarde la balle immobile avec la posture typique du border collie ; tant que vous ne relancez pas la balle, le chien reste figé, fixant la balle, pattes antérieures fléchies ; et il peut rester dans cette posture près d'une heure.

Le problème se présente fréquemment avec des chiens de berger, des pointers et des retrievers.

Ce trouble, décrit par Coppinger, est probablement un TOC.

Le TOC

Quand un patron-moteur s'associe avec un manque d'activité générale, on aboutit souvent à des troubles obsessionnels-compulsifs (TOC). La forme de ce trouble dépend du patron-moteur, lui-même souvent spécifique à la race. Le patron-moteur – le comportement – est répété inlassablement de façon quasi identique (comportement stéréotypé). Le comportement peut s'exprimer ainsi plusieurs heures par jour et engendrer des déficits sociaux.

On trouve par exemple :

- La chasse de mouches imaginaires, particulièrement chez le king-charles spaniel, mais je l'ai vue chez le saluki, chez le berger belge...
- La chasse des reflets et des ombres, surtout chez le rottweiler, mais aussi dans d'autres races et chez des chiens sans race.

Le traitement des TOC fait fréquemment appel à :

- L'enrichissement de l'environnement en activités structurantes.
- Des médicaments psychotropes anti-TOC.

LES COMPORTEMENTS ALIMENTAIRES

Le chien mange pour manger, il chasse pour chasser. Ces deux groupes de comportements sont séparés biologiquement, même si la chasse est parfois suivie d'ingestion alimentaire. Le chien glane ses aliments, il les récolte et les vole où ils se trouvent : dans une gamelle, dans les poubelles, sur les tables ; il se chamaille avec chiens, chats et oiseaux pour des croûtons de pain et des os. Si le chien peut manger sans chasser, il le fera. Cela ne l'empêchera pas de chasser pour s'amuser si, et quand, il en a le goût.

Manger, source de contentement et d'activité

Une source de contentement

Le chien mange parce que manger apaise la faim, le besoin de mastiquer et d'ingérer ; mais manger apaise aussi l'ennui, manger occupe, mastiquer donne de l'activité. Manger entraîne de la satisfaction, du contentement, du plaisir.

Le chien mange pour :

- Calmer (et supprimer) les sensations désagréables, voire douloureuses, de la faim et de la soif.
- Combler les besoins de ronger, mâcher et mastiquer.
- Suppléer ses besoins en énergie (calories).
- Renouveler matériaux de construction et de réparation (protéines, minéraux).
- Satisfaire un plaisir gustatif.
- Trouver un contentement psychologique : manger apaise les émotions de colère, de crainte et de chagrin.
- Calmer un besoin conditionné (conditionnement pavlovien).

Une source d'activité

Dans la nature, le chien sauvage – et c'est la même chose pour tous les canidés sauvages, qu'il s'agisse du loup, du renard, du coyote, du lycaon... – doit chercher la nourriture qu'il va manger. La nourriture ne vient pas à heure fixe, à un endroit immuable, sous forme invariable, dans un récipient immobile. La nourriture chassée est mobile, variée, elle ne se laisse pas attraper sans effort, elle change de place, d'horaire et de consistance ; la nourriture récoltée est faite de détritus recueillis ci et là dans des poubelles, de fruits, de carcasses d'animaux morts... Le chien moderne est adapté à l'homme et, depuis dix mille ans, se nourrit des restes de tables, éventuellement dans les poubelles ; la nourriture est plus aisée à capturer, mais néanmoins, cela nécessite de faire des efforts. Il faut à un canidé sauvage environ 5 heures de travail pour avoir capturé et ingéré son repas. Et il faut aussi beaucoup d'intelligence, de symbiose dans le groupe, de communication sociale, de réglage de stratégie, pour arriver à capturer une proie mangeable.

Mais le chien de famille n'est pas un canidé sauvage. Cependant sa génétique n'a pas été modifiée en conséquence. Instinctivement, en ce qui concerne le temps programmé pour obtenir un repas, le chien de famille est comme le chien sauvage : il lui faut s'occuper pendant 3 à 5 heures.

Un os à ronger : une source d'activité passionnante.

Et qu'offrons-nous comme durée d'activité alimentaire à nos chiens de famille ? Environ 5 à 20 minutes par jour, 20 minutes quand le chien prend tout son temps ou quand il se nourrit de façon libre d'aliments disponibles en permanence.

Que fait le chien des 4 h 40 à 4 h 55 de besoin d'activité, qui restent dans son compte d'énergie, à dépenser quotidiennement ? Rien ? Oh que non ! il va trouver des choses à faire. Ces choses, nous les appelons des bêtises ou des nuisances[1]. Autant lui donner la nourriture sous une forme qui prend du temps. Voici quelques idées pour donner de l'activité alimentaire et masticatoire à son chien (voir aussi « Le jeu », page 353) :

- Donner des os à ronger, type genou de veau.
- Donner à mâcher des oreilles de cochon, des pieds de porc, des os en cuir.
- Donner à manger du poulet cru (avec os).
- Donner les croquettes dans un distributeur de croquettes, type cylindre de carton percé de trou, ou Pipolino®, ou balle de friandises.

- Remplir un Kong® (sorte de cône creux en caoutchouc) de croquettes et de fromage, mettre le tout au micro-onde pour faire fondre le fromage.
- Donner des friandises dans des bouteilles de PET.
- Répandre les croquettes sur une grande surface : carrelage de la cuisine, herbe, gravier.
- Donner les croquettes à manger dans une boîte de carton pleine de balles.

Si dans la nature, le chien doit calculer pour ne pas dépenser plus d'énergie à trouver sa nourriture que celle-ci ne peut lui rapporter – un loup ne passera pas 5 heures à chasser une souris, cela n'en vaut pas la dépense énergétique –, dans la famille, le chien ne dépense plus assez d'énergie pour acquérir ses aliments. C'est un problème fréquent qui est heureusement facile à résoudre.

Un distributeur de croquettes (Pipolino®).

Faim, appétit et satiété

La faim et l'appétit

La faim est le besoin de manger ; c'est une sensation diffuse désagréable. Les gens parlent de creux à l'estomac, mais le chien ne nous dit rien à ce sujet. On observe des bâillements, un état d'éveil généralisé et une recherche de nourriture.

Physiologiquement, il y a plusieurs stimuli internes qui coopèrent pour donner la sensation de faim :

- Les contractions d'une partie de l'estomac vide.
- La diminution du taux de glucose dans le sang.
- L'augmentation des taux d'insuline dans le sang.
- L'augmentation du taux de ghréline[2] dans le sang (produite par la muqueuse de l'estomac, elle augmente l'appétit[3] et l'éveil[4]).
- L'augmentation du taux d'orexine[5] (hypocrétine) dans l'hypothalamus postérieur.
- L'augmentation des hormones thyroïdiennes.
- Le froid externe et le froid corporel.

L'appétit est le désir de manger. Il est activé par :

- La faim.
- La vue, l'odeur et la saveur d'aliments appétissants.
- L'horaire des repas (conditionnement classique).
- Le besoin de contentement psychologique : les émotions stressantes (colère, peur, chagrin, douleur) peuvent favoriser l'ingestion alimentaire ou le besoin de boire ; on parle de comportements de substitution, mais il s'agit de réels comportements d'auto-apaisement.

La satiété

Le comportement alimentaire a pour finalité de maintenir ou rétablir l'équilibre en matière et en énergie. Le but n'est pas d'entraîner un déséquilibre. L'animal doit s'arrêter de manger lorsque ses besoins sont satisfaits, sinon il se surcharge en nutriments qu'il va devoir soit accumuler (en graisses), soit éliminer. Les déclencheurs de la satiété sont différents des déclencheurs de l'appétit. En effet, l'ingestion alimentaire doit s'arrêter avant le rééquilibrage de l'homéostasie ; ce dernier se fait en plusieurs heures après digestion et métabolisation des aliments, bien après la survenue de la satiété.

La nature étant bien faite, il y a divers stimuli qui signalent à l'organisme qu'il a assez mangé :

- Le nombre de mastications, la fatigue masticatoire.
- Le remplissage de l'estomac.
- La durée d'ingestion : les mécanismes biochimiques de satiété ne font effet qu'après une vingtaine de minutes.
- La saturation des récepteurs olfactifs et la perte de la stimulation olfactive appétissante.
- L'augmentation de la leptine dans le sang et la mobilisation des graisses.
- La sécrétion d'apo-lipoprotéines par l'intestin avec effet de satiété centrale[6].

- La sécrétion de l'hormone PYY par la muqueuse intestinale dans le sang en fin de repas[7].
- La sécrétion d'obéstatine[8].
- De nombreux autres paramètres probablement méconnus.

Tout le monde n'est pas égal face à la satiété, certains chiens (ou personnes) manquent de ghréline, d'obéstatine ou d'autres neurohormones, ce qui fait qu'ils ont moins facilement de sensation de satiété et vont jusqu'au remplissage excessif de l'estomac pour obtenir une sensation de satiété (erronée) par écœurement.

Et ces mécanismes de satiété peuvent être faussés, en proposant un aliment appétissant différent de ceux qui viennent d'être ingérés. C'est le cas des desserts pour les humains, mais un morceau de saucisson peut faire le même effet chez le chien qui s'est rassasié de croquettes.

La satisfaction des besoins

Les besoins énergétiques

Les besoins énergétiques d'entretien sont d'environ 110 kilocalories (kcal) par kilogramme de poids métabolique, soit par $(kg)^{0,75}$. Chez le chien en activité, ces besoins caloriques peuvent monter jusqu'à 250 kcal.

BESOINS ÉNERGÉTIQUES DES CHIENS EN KCAL SELON LEUR NIVEAU D'ACTIVITÉ

Poids	Entretien 110 kcal/$kg^{0,75}$	Inactif 90 kcal/$kg^{0,75}$	Actif 125 kcal/$kg^{0,75}$	Travail 175 kcal/$kg^{0,75}$	Compétition 250 kcal/$kg^{0,75}$
5	370	300	420	585	840
10	620	500	700	980	1 400
15	840	690	950	1 335	1 900
20	1 040	850	1 180	1 650	2 360
25	1 230	1 000	1 400	1 960	2 800
30	1 400	1 150	1 600	2 250	3 200
40	1 750	1 430	2 000	2 800	4 000
50	2 070	1 700	2 350	3 300	4 700
60	2 370	1 940	2 700	3 800	5 400

On observera qu'un chien actif de 40 kg consomme autant d'énergie qu'un homme adulte de 70 à 80 kg. Un chien en plein travail consommera deux fois plus de calories, ce qui entraîne des surchauffes et un besoin d'éliminer la chaleur produite sous peine d'hyperthermie (parfois mortelle).

La fréquence des repas

Ce sujet est très controversé. Le chien de famille n'est pas un loup ; celui-ci peut ingérer en une fois le cinquième de son poids, soit près de 10 kg de viande et d'os, et même davantage ; il pourra rester ensuite une semaine sans manger. Mais si on laisse le chien décider, en libre-service, il consommera de préférence de petits repas fréquents, jusqu'à une dizaine de fois par jour.

La règle qui consiste à ne donner qu'un repas par jour n'a pas de fondement scientifique ni éthologique. Le chien est adaptable. Si on se base sur des recherches en physiologie humaine, de nombreux petits repas entraînent moins d'obésité que de gros repas espacés.

Consommer des aliments étant une activité, je recommande que les repas soient le plus nombreux possible et que l'aliment soit la récompense d'un travail ludique[9] : distributeur mobile de croquettes, aliments cachés dans une boîte, dans une bouteille en plastique, aliments à mastiquer, etc.

La composition des repas

Ce sujet est également controversé. La composition des repas des canidés sauvages varie entre carnivore à 99 % (ingestion de 1 % de végétaux prédigérés dans les intestins des proies) et un régime saisonnier largement frugivore (chacal et coyote).

La dentition du chien est moins carnivore que celle du chat mais largement plus que notre dentition d'omnivore. La physiologie digestive du chien se rapproche plus de celle des carnivores (intestin court, absence de ptyaline salivaire pour digérer les amidons) que de celle des omnivores et, particulièrement, des mangeurs d'amidons et de céréales. Chez la majorité des chiens, les céréales (riz, pain, pâtes, etc.) et autres amidons entraînent des fermentations, des selles volumineuses, décolorées, nauséabondes, collantes et liquides, alors qu'un régime de viande entraîne des selles petites, noires, sèches, sans fermentation et quasi inodores ; le chien est fait pour digérer la viande, pas les amidons.

À notre époque d'alimentation industrielle, on ne sait plus quoi choisir entre les croquettes, les boîtes, les pâtées, ou même les aliments végétariens ou de revenir à l'alimentation traditionnelle de restes de table, ou encore de donner de la viande crue. Chaque conseilleur (vétérinaire, producteur d'aliment industriel, vendeur en animalerie) a un avis divergent.

Alors que donner à manger à son chien ? Voici quelques règles personnelles :

- Donner un aliment bien digéré par le chien, à savoir qui n'entraîne pas de fermentations et qui produit des selles de petit volume, faciles à ramasser, non collantes, sèches ; souvent il s'agira d'aliments à taux de protéines supérieur à 30 % dans la matière sèche et à faible taux d'amidons.

- Préférer les aliments qui nécessitent un travail masticatoire et qui prennent du temps à ingérer, afin de satisfaire les besoins éthologiques d'activité alimentaire[10] (environ 3 heures par jour) : poulet cru (avec os), distributeur mobile de croquettes, aliments cachés dans des boîtes ou des bouteilles en plastique, aliments dispersés sur de grandes surfaces.

De nombreux chiens souffrent de diarrhée chronique ou de colite tout simplement parce qu'ils mangent trop d'amidons. Et bien entendu, ces chiens ont tendance à la malpropreté. J'ai guéri nombre de ces cas en donnant simplement de la viande crue quelques jours – l'effet est visible en 1 à 2 jours – et, ensuite, en adaptant un régime hyperprotéique (mélange de viande avec un minimum de croquettes de haute qualité). Consultez cependant votre vétérinaire si votre chien souffre de diarrhée.

J'ai parlé plus haut de poulet cru, avec os. L'os cru de poulet est fort cartilagineux et ne crée pas d'esquilles lorsqu'il est broyé par les dents ; l'os cuit crée des esquilles pointues et peut être dangereux en causant des perforations du système digestif. D'autre part, donner un demi-poulet cru entraîne 20 à 30 minutes d'activité alimentaire pour un chien de 25 kg ; c'est très intéressant pour le chien en termes de respect éthologique des besoins d'activité alimentaire.

La régulation sociale des repas

Les chiens se battent pour de la nourriture, surtout s'ils ont faim ou si la nourriture est appétissante. Les loups qui ont chassé en groupe doivent avoir un système de partage de la proie, pour ne pas devoir ajouter à la dépense énergétique de la chasse la dépense énergétique de se bagarrer pour obtenir enfin quelques calories. Dès lors, les scientifiques ont proposé des modèles hiérarchiques de régulation sociale des repas : le dominant mange avant les autres, il prend son temps ; les dominés attendent patiemment et peuvent parfois obtenir de la nourriture s'ils s'approchent avec des postures apaisantes. Tout cela est occasionnellement observé, mais fréquemment absent et inobservable. Faut-il pour autant faire manger son chien après soi et limiter son accès à l'aliment à un temps imparti ?

Les chercheurs qui étudient la hiérarchie alimentaire concluent que le chien A est dominant sur B s'il remporte la majorité des conflits pour un os. Cependant, si le chien A vient de manger un copieux repas et que le chien B n'a pas mangé depuis une semaine, je vous prédis que le chien B sera dominant sur le chien A dans les prochains conflits pour l'os. De même, si le chien A (mâle) est mis en compétition avec la chienne (B) en chaleur, il y a fort à parier que B l'emporte sur A. Dès lors, la régulation sociale (hiérarchique) des repas est secondaire à une motivation plus puissante qui est la faim (au niveau survie) ou la sexualité.

La régulation sociale des repas n'est pas un critère fondamental pour la majorité des chiens familiers. Dans les groupes de chiens qui se bagarrent pour des aliments, autant les faire manger séparément ou les laisser à jeun et les nourrir seulement en récompense de comportements structurés (obéissance, jeux cognitifs).

La soif et la consommation de boisson

Le chien a besoin de 20 à 50 ml d'eau par kg de poids corporel par jour ; ceci comprend l'eau alimentaire. Un chien boit plus s'il est nourri d'aliments secs. Il boit plus par temps chaud et lors d'exercice.

Si le chien boit plus de 50 ml/kg de poids, il vaut mieux consulter son vétérinaire. La prise excessive de boisson peut être liée à de nombreux facteurs physiopathologiques, comme le diabète sucré, le diabète insipide, l'insuffisance rénale (chronique), l'atteinte hépatique, la métrite, etc.

Les troubles du comportement alimentaire

On observe des modifications des comportements alimentaires, indépendantes de troubles organiques objectivables et qui ne sont pas mieux décrites par un autre trouble psychologique.

Anorexie, hyporexie, aphagie et hypophagie

L'anorexie est l'absence d'appétit, l'hyporexie est la diminution de l'appétit. L'aphagie est l'absence de prise d'aliment et l'hypophagie est une diminution de l'ingestion alimentaire.

Les causes de perte d'appétit sont nombreuses ; la moindre inflammation ou infection peut la déclencher. Ce qui m'intéresse ici est l'origine psychologique. Qu'est-ce qui, psychologiquement parlant, peut causer de la perte d'appétit ?

Dans la hiérarchie des motivations de survie, l'appétit vient en tête. Mais dans certaines circonstances, l'appétit est soumis à une autre motivation plus forte ; c'est le cas en période sexuelle. Un chien mâle mis en présence d'une chienne en œstrus (en chaleur) peut perdre l'appétit pendant plusieurs jours. La chienne en chaleur peut aussi perdre l'appétit ; il en est de même lors de mise bas (la maman ingérant les placentas et pouvant rester sans manger quelques jours) ou lors de pseudocyèse (lactation de pseudo-gestation).

Les émotions fortes peuvent couper l'appétit : colère, peur, tristesse.

Il n'y a par contre pas d'anorexie mentale (*anorexia nervosa*) équivalente à celle des humains chez le chien.

À noter : le chien mâle peut présenter une hyporexie et une hypophagie liées à sa production de testostérone. Paradoxalement, on n'observe pas systématiquement de comportements hypersexués. Ce syndrome apparaît à la puberté ou chez le jeune adulte et est traité par des médications antitestostérone.

Hyperphagie, boulimie et obésité

Il s'agit d'un excès pathologique d'ingestion alimentaire.

L'hyperphagie

L'hyperphagie, c'est manger en excès ; la polyphagie, c'est manger beaucoup, la pollakiphagie, c'est manger souvent. La boulimie, c'est la même chose, mais le terme a des connotations psychiatriques : la personne mange de façon compulsive et se fait vomir pour ne pas prendre du poids. Ce n'est pas le cas chez le chien ; je m'en tiendrai donc à l'hyperphagie d'origine psychologique.

L'obésité

Si le chien mange plus que ses besoins énergétiques ne le requièrent, il prend du poids. Près de 40 % des chiens sont trop gros, voire obèses. Ils ingèrent trop d'énergie par rapport à leurs dépenses caloriques. Cette tendance est parallèle à ce que l'on retrouve chez les gens. L'obésité entraîne une augmentation des risques d'arthrose, de diabète, de dégénérescence graisseuse du foie.

Nous avons vu les facteurs d'activation de l'appétit. Un autre facteur à ne pas oublier est que manger par procuration apaise le maître. Donner à manger c'est aimer[11] ! Bien manger est un signe de bien-être. L'anxiété du maître peut être apaisée si le chien mange bien.

Pour faire maigrir les chiens, il serait tout simple de leur fournir une nourriture éthologique, c'est-à-dire les faire s'activer (au moins 3 heures par jour) pour obtenir la nourriture.

Une stratégie alternative simple à l'obésité combine différentes solutions :

- Donner des repas pauvres en calories.
- Donner des repas fréquents (6 à 10 petits repas par jour).
- Favoriser l'activité consommatrice de calories en relation avec la recherche de nourriture.
- Administrer un médicament hyporexigène (comme la fluoxétine).

Il va sans dire que dans tout cas de chien obèse, un contrôle vétérinaire s'impose pour éliminer tout risque de maladie métabolique, comme le diabète par exemple.

Le pica

Le pica est l'ingestion répétitive d'éléments non alimentaires tels que des fibres textiles, des feuilles, des graviers, de la bande magnétique, des aiguilles à coudre, des morceaux de verre, des mosaïques, des téléphones portables... Fréquent chez le chiot en découverte de ce qui se mange ou ne se mange pas, ce comportement est pathologique chez les chiens adultes et peut conduire à la mort de l'animal par blocage ou perforation d'un organe du système digestif.

Ce trouble se corrige en donnant au chien des choses plus intéressantes et digestibles à ronger et mastiquer et/ou en donnant des médicaments (fluoxétine, fluvoxamine) qui réduisent l'appétit (en général et pour les éléments non alimentaires particulièrement).

La coprophagie

La coprophagie est l'ingestion d'excréments. Le chien est un nécrophage et un éboueur par nature ; il est fréquent qu'il ingère des excréments d'herbivores comme les crottins de chevaux, les crottes de lapin, mais aussi les déjections humaines rencontrées dans des parcs ; il est particulièrement avide des excréments de chats qui mangent des boîtes industrielles. Cependant il est anormal pour un chien de manger ses propres excréments.

L'autocoprophagie, le fait de manger ses propres excréments, est fréquente chez les chiens qui mangent des aliments peu digestes et fermentescibles, comme des amidons (céréales, par exemple). Il suffit de changer le régime alimentaire de ces chiens en donnant un régime hyperprotéique (viande crue par exemple) pour voir ce problème disparaître en quelques jours. Si le problème ne disparaît pas avec un changement de régime, il faut penser à :

- Une coprophagie idiopathique (un réel trouble de l'appétit) à traiter avec des médicaments tels que la fluoxétine ou la fluvoxamine.
- Un trouble obsessionnel-compulsif (TOC).
- Un trouble éducatif : le chien puni pour malpropreté fécale peut ingérer ses excréments pour éviter la punition. Cette situation est rare.

Les troubles des comportements de prises de boisson

Hypodipsie et adipsie

Quand le chien ne boit pas assez pour maintenir son homéostasie, il risque de mourir. C'est le cas dans le stress post-traumatique avec dépression aiguë ou réactionnelle (voir « Les hypothymies », page 277).

La prise excessive de boisson, ou potomanie

Pour différencier un problème physiopathologique d'une potomanie psychogène – le chien boit (plus de 50 ml/kg par jour) pour satisfaire un besoin psychologique, pour s'apaiser, pour s'occuper... – un premier test peut être réalisé à la maison en limitant la prise de boisson à 50 ml/kg/jour. Si le chien devient inactif, s'il cherche à boire, et si, quand on fait un pli de peau, celui-ci persiste après avoir lâché la peau, alors le chien est déshydraté : il boit pour compenser des pertes urinaires excessives ; il faut consulter son vétérinaire. Si le chien est normal, il est potomane ; il souffre d'un trouble obsessionnel-compulsif (TOC) de prise de boisson (voir « Les troubles cognitifs », page 320).

Ce trouble se soigne en donnant au chien d'autres activités alternatives motivantes, en réduisant son niveau anxieux éventuel et, si nécessaire, en donnant des médicaments anti-TOC.

L'alcoolisme

Certains chiens recherchent les boissons alcoolisées. J'ai consulté des chiens de bistrot qui vidaient les verres de bière et d'alcool des clients et plus d'un chien saoul après une fête bien arrosée, particulièrement au nouvel an.

L'alcool est toxique chez le chien. Il a donc peu de risques de développer une habitude d'alcoolisme chronique.

LES COMPORTEMENTS D'ÉLIMINATION

Le chien mange et boit ; il élimine les résidus et les toxines de son métabolisme. Étant un prédateur et n'ayant que peu d'ennemis, le chien peut éliminer n'importe où, sans devoir faire attention à cacher ses éliminations pour ne pas être repéré. Cependant, il n'éliminera généralement pas à l'endroit même où il se repose et où il mange.

Les comportements d'élimination chez le chien adulte

Miction et défécation

Pour éliminer – uriner ou déféquer – le chien s'accroupit : les membres antérieurs sont tendus, les membres postérieurs sont fléchis, la queue est tendue à l'horizontale, l'anus ou l'urètre est proche du sol. Cette position, classique dans le monde animal, permet au chien d'éliminer proprement sans se souiller les pattes ni la queue.

La position debout pour éliminer des urines apparaît à la puberté chez les mâles et les femelles sous l'influence des hormones ; elle ne disparaît pas avec la stérilisation ; elle peut même apparaître après stérilisation chez la chienne, en liaison avec une masculinisation. Le chien mâle élimine en position accroupie, il fait du marquage en position debout ; cependant, quand il y a de nombreux spots activateurs de marquage, comme en ville, le chien mâle élimine toutes ses urines par marquage ; il ne lui reste rien à éliminer en position accroupie. Par contre, sans zone activatrice, comme dans son jardin, il peut très bien s'accroupir pour uriner.

Dans la nature, les canidés (dont le chien) sont des prédateurs, des éboueurs, parfois des nécrophages ; ils consomment de préférence de la viande (des protéines), aliment facilement digéré et qui donne des excréments en petite quantité, noir à blanc (en fonction de la quantité d'os ingéré).

Le choix des lieux d'élimination

Le choix des lieux d'élimination varie avec chaque chien ; ce dernier établit des habitudes dans son enfance (avant 3 mois). Certains chiens éliminent de façon routinière ou obsessionnelle toujours au même endroit (sur l'herbe, dans la rigole, sur le tapis...), d'autres éliminent n'importe où. Quoi qu'il en soit, le chien a tendance à éliminer là où il retrouve des odeurs d'élimination.

À noter : pour les petits chiens vivant en appartement, il est possible d'apprendre au chien à utiliser un bac à litière (de dimension appropriée à la taille du chien), comme on le fait avec les chats.

Régurgitations et vomissements

Les régurgitations (d'aliments non digérés) et les vomissements (d'aliments digérés, de corps étrangers, de bile, de sécrétions de l'estomac) sont aussi des éliminations. Elles protègent le corps de toxines, de toxiques, de blocages, de perforations du système digestif. Certains chiens mangent par ailleurs de l'herbe, ce qui facilite les vomissements. Occasionnels (maximum une fois par semaine), ils sont tout à fait normaux. Plus, ils peuvent être le signe de problèmes métaboliques.

Le chien à jeun vomit souvent des sécrétions glaireuses ou bilieuses. Il vaut mieux à ce moment fragmenter le repas afin que l'estomac ait toujours un contenu. Supprimer les repas et donner toute l'alimentation en récompense de travail et d'obéissance (comme je le propose[1]) est idéal pour ces chiens puisqu'ils mangent une centaine de fois par jour de toutes petites quantités.

Développement du comportement éliminatoire chez le chiot

Le chiot nouveau-né ne peut éliminer que par stimulation tactile du périnée ; la chienne mère lèche le périnée, le chiot élimine de façon réflexe, la mère ingère les éliminations.

Vers l'âge de 3 semaines, le chiot est capable d'éliminer spontanément, sans stimulation périnéale. Il élimine n'importe où. Vers 5 semaines, il s'éloigne du nid – zone de couchage et l'allaitement – pour éliminer. Vers 8 semaines, il a tendance à éliminer toujours au même endroit, pour peu qu'il ait suffisamment d'espace à sa disposition pour s'éloigner des lieux d'alimentation, de couchage et de jeux.

Vers la puberté, la position d'élimination s'enrichit d'une posture de marquage, en position debout, avec un postérieur levé.

La fréquence des mictions (éliminations urinaires) varie de 15 à 20 fois par jour pour un chiot de 8 semaines (toutes les heures d'éveil, toutes les 3 à 4 heures en cas de sommeil) à 3 à 8 fois par jour pour un adulte, qui peut se retenir jusqu'à 12 heures, parfois plus.

L'apprentissage de la propreté

Le chien est naturellement propre s'il élimine en dehors des zones de couchage et d'alimentation. Cette notion lui est personnelle et ne correspond pas à nos exigences humaines. Nous désirons que le chien élimine dans des lieux spécifiques, c'est-à-dire dehors, parfois sur une terrasse ou dans un grand bac à litière, et qu'il respecte la totalité du sol de notre appartement (ou maison). Ce n'est pas une connaissance automatique pour le chiot/chien ; il doit apprendre qu'il est inconvenant (désagréable) d'éliminer à l'intérieur et nettement préférable (agréable) d'éliminer à l'extérieur (ou à l'endroit choisi par les propriétaires).

Pour ce faire il est aisé d'amener le chiot à l'endroit approprié au moment crucial et de le récompenser (d'une friandise) quand il a éliminé. Le moment crucial de motivation à éliminer est difficile à déterminer, mais il est plus fréquent quand le chiot se réveille, quand il a mangé, bu, joué ; pour plus de simplicité, on sortira le chiot le plus souvent possible, même toutes les demi-heures de jour, toutes les 3 heures de nuit.

Beaucoup de propriétaires rechignent à cette procédure, pourtant efficace. Dès lors, ils laissent au chiot un endroit de toilettes dans la maison, déposant des journaux et espérant que le chiot s'y soulage. Quand cela marche, comme le papier journal est absorbant, les éliminations passent à travers et souillent le sol, donnant au chiot une indication pour éliminer à nouveau à cet endroit, protégé ou non par des journaux. Il est dès lors préférable d'utiliser des alèzes ou de mettre les journaux sur un plastique, pour éviter que le sol soit imbibé d'odeur d'excréments. Il est encore plus simple d'utiliser un grand bac en plastique (contenant du sable, de la litière pour chat ou des papiers absorbants), avec un bord peu élevé, et d'y encourager le chiot à éliminer en l'y portant souvent, tout en le récompensant quand il a éliminé.

Pour un chien adulte, la technique éducative est la même.

Un chiot est propre en moyenne vers 4 mois, avec des extrêmes de 8 semaines à 7-8 mois, et quelques cas de chiens qui ne sont pas propres avant 1 an. Certains chiens mâles passent d'une malpropreté par miction à une malpropreté par marquage urinaire vers la puberté ; les urines ne sont plus par terre, mais contre des objets verticaux.

Si un chien tarde à être propre, malgré des techniques éducatives correctes, il vaut mieux consulter un vétérinaire comportementaliste.

Les troubles des éliminations

Dans notre univers urbain soucieux de propreté, les souillures du chien sont une vraie nuisance. Mais toute situation peut être améliorée.

Les troubles plutôt somatiques

Anurie et rétention urinaire

L'anurie est l'absence de production d'urine. Il faut la différencier de la rétention urinaire qui est l'absence d'élimination urinaire, avec une vessie pleine.

L'anurie est un signe grave, lié à une néphrite aiguë (blocage rénal) ou à une adipsie (absence de prise de boisson) que l'on retrouve dans le syndrome post-traumatique (dépression aiguë). Cette affection se soigne aisément aujourd'hui avec des médicaments (miansérine).

La rétention urinaire peut être liée à des problèmes du col de la vessie, de la prostate, de l'urètre, de l'os pénien, dans les cystites, les polypes vésicaux, les fractures de l'os pénien, les calculs urétraux, et les prostatites (fréquemment chez le chien mâle en excitation sexuelle avec frustration), hyperplasies et tumeurs de la prostate.

La dysurie

La dysurie est la miction (élimination urinaire) douloureuse et difficile. Elle est typique de toutes les affections du bas appareil urinaire, y compris cystites, urétrites et calculs.

La polyurie

La polyurie, élimination abondante d'urine, est liée à divers phénomènes :

- Le manque de concentration et de résorption de l'eau lors de la filtration rénale (insuffisance rénale chronique, diabète insipide).
- L'augmentation de la soif (sel alimentaire, fièvre, troubles hépatiques).
- La potomanie, trouble obsessionnel-compulsif de prise de boisson.

À part la potomanie, tous les autres troubles sont du ressort de la médecine somatique.

La pollakiurie

La pollakiurie est l'élimination fréquente d'urine, généralement liée à une inflammation du bas appareil urinaire et/ou génital, lors de cystite, urétrite, vaginite ou balanite.

Les vomissements

Les vomissements sont des éjections violentes du contenu de l'estomac par la bouche. Elles permettent d'évacuer de l'estomac des substances toxiques et des éléments non digestes.

Les vomissements sont liés à des problèmes locaux de l'estomac, périphériques d'autres organes (rectocolite) ou centraux et, alors, liés à des atteintes métaboliques (comme les troubles hépatiques et rénaux), des troubles neurologiques (toute atteinte cérébrale).

On a des vomissements dans le mal de transport et quelquefois dans les peurs et anxiétés et, exceptionnellement, des chiens se font vomir volontairement dans les troubles de recherche d'attention (troubles factices).

La diarrhée

Les diarrhées sont des émissions de selles non concentrées, en fréquence et quantité excessives. Il y a :

- Les diarrhées de l'intestin grêle : diarrhées plus de 5 fois par jour, très liquides, avec effets généraux (amaigrissement, fatigue).
- Les diarrhées du gros intestin : diarrhées 3 à 5 fois par jour, avec peu d'effets généraux.

Une fois éliminés les troubles somatiques, toxiques, infectieux, parasitaires, la plupart des diarrhées du chien sont des atteintes du gros intestin, liées à la mauvaise digestion des aliments, trop riches en amidons. Un régime riche en protéines et pauvre en amidons règle alors les problèmes en quelques jours.

C'est un trouble psychosomatique fréquent dans l'anxiété et le stress.

Les troubles plutôt comportementaux

Quel que soit le problème de malpropreté, il n'est jamais recommandé de punir le chien ; la seule exception est la punition pendant une souillure volontaire ; il ne faut jamais punir après l'acte, par exemple quand on retrouve les souillures au retour d'une absence. Il ne faut jamais montrer au chien ses excréments en le punissant ni lui mettre le nez dedans.

La malpropreté urinaire

Je parle de malpropreté urinaire quand les problèmes somatiques (cystites, etc.) ont été exclus et que le chien est capable de retenir ses urines. La plupart des souillures urinaires sont liées à un apprentissage défectueux et l'établissement par le chien de lieux de toilettes dans l'habitat ; les odeurs des souillures précédentes lui rappellent qu'il s'agit d'un lieu où éliminer est possible. Et comme le chien a souvent été puni par le propriétaire (cris, coups, mettre le nez dans les urines), il apprend à éliminer en absence de celui-ci.

Dans tous les cas, il faut calculer et gérer les quantités de – et l'accès à la – boisson. Si le chien ne souffre pas de problèmes métaboliques et si le temps le permet (à éviter s'il fait trop chaud), on limite la boisson à 30 à 40 ml par kg de poids, à répartir en plusieurs fois par jour.

On trouve plus facilement des souillures chez les chiens hyperactifs (distraits dehors, ils urinent dans un milieu calme, donc dans l'habitat), chez les chiens qui ont vécu en chenil (et ont été forcés d'éliminer où ils vivaient), chez les craintifs et les anxieux (miction de stress), chez les chiens tristes et les dépressifs, chez les chiens âgés en démence sénile.

Les souillures urinaires diurnes et nocturnes

Le chien souille de jour comme de nuit.

Les conseils éducatifs sont :

- Réduire la boisson.
- Empêcher le chien d'accéder à ses toilettes dans l'habitat (cage, attache).
- Récompenser le chien quand il urine dehors/aux endroits convenus.

Les souillures urinaires nocturnes

Le chien ne souille que de nuit.

Les conseils éducatifs sont :

- Empêcher le chien de boire et de manger des aliments humides après 18 heures.
- Le sortir jusqu'à ce qu'il ait uriné vers 23-24 heures et le récompenser.
- L'empêcher d'accéder à ses toilettes dans l'habitat (cage, attache).
- Le sortir tôt le matin, avant toute autre activité, et le récompenser quand il a uriné.

Certains médicaments (comme la clomipramine) facilitent la rétention urinaire ; on peut les utiliser pendant la phase de rééducation.

En dehors de toute pathologie somatique ou comportementale, le chien peut être rééduqué en une semaine.

Les souillures urinaires diurnes

Dans certains cas, le chien est propre la nuit et souille la journée, pendant les périodes d'activité. L'activité active les besoins d'élimination urinaire.

Il faut vérifier, gérer, parfois restreindre l'ingestion d'eau (les aliments humides, la boisson) le matin et quand le chien est seul en journée.

Les souillures fécales

Le chien élimine des selles dans l'habitat.

Il faut d'abord régler tout problème de maldigestion, très fréquente. Si on donne au chien seulement de la viande crue (ou cuite), on voit directement (en 1 à 2 jours) des changements dans la qualité des selles, qui doivent être petites, dures, non collantes, faciles à ramasser et ne pas produire de gaz intestinaux. Ce test peut durer quelques jours ; ensuite on ajoute des légumes verts cuits, et enfin des croquettes, des amidons en petite quantité, en vérifiant l'état des selles, pour déterminer la digestibilité des aliments ingérés.

À ce moment, le chien peut apprendre à retenir ses excréments et les éliminer à l'endroit convenu. Il sera récompensé chaque fois qu'il élimine à l'endroit convenu.

L'incontinence urinaire

L'incontinence urinaire est la perte involontaire d'urine. Le chien urine en dormant, il urine couché ou parfois en marchant, en se levant, en toussant, en éternuant. L'énurésie est le « pipi au lit » du chien qui urine en dormant.

En dehors des troubles somatiques (défaut congénital, cystite, prostatite, défaut en hormones sexuelles chez la chienne ovariectomisée), on retrouve l'incontinence chez le chien en syndrome post-traumatique (dépression aiguë), en démence sénile, chez le chien qui a peur et chez le chien excité (miction émotionnelle).

L'incontinence urinaire se traite par une bonne gestion des quantités de boisson, des sorties hygiéniques fréquentes (avec récompense lors d'élimination appropriée) et avec des médicaments. À voir avec votre vétérinaire.

L'incontinence fécale

L'incontinence fécale est la perte involontaire de selles. On parle aussi d'encoprésie chez les chiens prépubères. Le chien défèque en dormant, au repos (couché), en marchant, en se levant.

La cause de la plupart des incontinences fécales est somatique (parésie ou paralysie progressive du train arrière, hernie discale, discospondylite). Les causes comportementales des émissions involontaires de selles sont la peur, l'excitation, le syndrome post-traumatique (dépression aiguë), la démence sénile.

Le traitement passe par la gestion de la cause, la gestion émotionnelle, une alimentation ultra-digeste (riche en protéines, pauvre en amidons), et les médicaments facilitant le tonus du sphincter anal.

Le marquage urinaire

Le marquage urinaire est le dépôt volontaire d'urine à l'intention de communication, généralement par lever de patte, plus fréquent chez le chien mâle entier et la chienne en période de chaleurs (œstrus). La communication est prioritairement sexuelle, et secondairement sociale. La communication se fait par le dépôt d'odeurs, probablement des phéromones, qui informent sur la disponibilité sexuelle de d'émetteur et/ou du passage d'un adulte sexuellement désireux. Comme le chien a une sexualité hormonale, le marquage est saisonnier chez la chienne, qui a des périodes de désir sexuel une à deux fois par an (œstrus), et le marquage est non saisonnier et permanent chez le chien mâle, potentiellement actif toute l'année. Et comme le chien mâle urbain vit au milieu d'une grande densité de chiens marqueurs, il élimine toute son urine en marquant ; il ne lui reste rien à éliminer en s'accroupissant. Le marquage urinaire devient un réflexe urinaire ; certains chiens mâles ne peuvent plus uriner qu'en levant la patte.

Le traitement du marquage urinaire passe souvent par les traitements antihormonaux (antitestostérone chez le mâle). Malgré la castration chirurgicale, 20 % des chiens continuent à marquer à l'urine ; il leur faut alors des médicaments antitestostérone complémentaires (pour réduire la testostérone surrénalienne). Tous les médicaments des troubles « hyper » réduisent le désir sexuel, l'assertivité sociale et, donc, le marquage urinaire. Aucun traitement n'est efficace à 100 %.

Le marquage fécal

Le marquage fécal est le dépôt volontaire de selles à l'intention de communication, dès lors très visible (au milieu du salon, sur la table de la salle à manger, etc.).

Ce problème est rare ; je crois qu'il s'agit d'une manifestation de colère de la part d'un chien frustré (de manque d'activité ou de compagnie) ; dans le modèle hiérarchique, on associe ce problème à un chien dominant exprimant son désagrément. Le traitement passe par l'activité structurée du chien pour réduire la frustration.

LES COMPORTEMENTS DE CONFORT

Les comportements de confort sont les comportements qui améliorent le *bien-être* corporel et psychologique et ceux qui réduisent les tensions internes. On observe :

- Le léchage, nettoyage et toilettage du pelage.
- L'étirement.
- Le bâillement.

De nombreux comportements entraînent une réduction des tensions internes et, donc, améliorent le bien-être, mais ils font partie d'autres catégories comportementales et sont étudiés dans d'autres chapitres : uriner et déféquer soulagent les tensions de la vessie et du rectum, manger soulage la sensation de faim, boire étanche la soif, avoir des rapports sexuels soulage le désir érotique. Tous les comportements sont hédonistes, c'est-à-dire qu'ils donnent du plaisir par la satisfaction ou le soulagement des tensions internes qu'ils apportent. J'insisterai ici sur des comportements spécifiques d'entretien du corps, du pelage et de la musculature, les comportements du salon de beauté et de bien-être du chien : massage, soins de peau, bains de soleil et de poussière, et j'en passe !

Le toilettage

Le chien passe peu de temps à faire sa toilette corporelle ; il se lèche les pattes, le ventre et le périnée, il se gratte les oreilles et les côtes. Le temps de toilettage augmente si le poil est sale, si le chien souffre de parasites cutanés prurigineux. Le temps de toilettage n'est pas dépendant de la longueur ou frisure du poil ; le poil long ou bouclé est une mutation sélectionnée par l'homme et un handicap pour le chien qui, dès lors, doit être toiletté.

Comme le chien se toilette moins que ne le désirerait son propriétaire, ce dernier se voit contraint de brosser, peigner, baigner son chien, de lui couper les ongles et lui brosser les dents.

Le toilettage de substitution

Dans les cas d'hésitation comportementale, d'hésitation entre plusieurs décisions ou activités, de peur, d'anxiété, le chien peut se lécher les pattes ou se gratter. Ce comportement centré sur soi-même est apaisant, il réduit le stress.

L'étirement

Le chien s'étire au réveil, en position couchée, sur le côté ; l'étirement s'accompagne souvent de bâillements.

Le bâillement

Le bâillement est un étirement de la mâchoire, une ouverture complète, compulsive, violente et incontrôlable de la bouche, avec une inspiration buccale courte et une expiration plus longue, parfois bruyante ; les yeux se ferment ; les canines sont totalement découvertes ; la langue est en « cuillère ». Le bâillement accompagne souvent l'étirement du corps, le stretching. En fait le bâillement est un étirement des muscles de la face, du cou, du pharynx, du diaphragme, des muscles intercostaux, des scalènes ; il s'accompagne d'une humidification des yeux – puisque les larmes sont bloquées dans leur écoulement – et d'une légère salivation[1].

Le bâillement est un comportement stéréotypé, quasiment un réflexe involontaire ; il est modifiable en intensité par la volonté (on peut bâiller plus ou moins fort, ouvrir plus ou moins la bouche) mais on ne peut pas le stopper ; on peut cependant apprendre à un chien à bâiller à la demande ; le chien peut aussi apprendre par observation d'un autre chien récompensé pour un bâillement sur demande. Le bâillement n'a rien à voir avec la respiration, ni avec la digestion même si les nausées peuvent activer le bâillement.

Le bâillement n'est généralement pas un moyen de communication chez le chien ; on ne voit pas de réponse chez le récepteur, sauf imitation empathique, démontrée entre chiens[2] mais pas encore chez les chiens imitant les humains. Par contre, chez l'être humain, c'est un comportement empathique et imitable : nous bâillons quand nous voyons un humain ou un chien bâiller ; nous bâillons même lorsque nous parlons de bâillements ou lorsque nous les imaginons (ou juste de lire ce texte qui parle de bâillement). Ce mimétisme est une particularité humaine, du chimpanzé[3], et partiellement du chien.

Le bâillement est rarement observé dans l'attention, la vigilance et l'action. Les scientifiques proposent une douzaine de théories différentes sans se mettre d'accord sinon sur le fait qu'ils ne savent ni la fonction ni la raison de ce comportement. Je propose que le bâillement soit une marque de transition entre différents états biologiques.

Certains vétérinaires pensent que le bâillement peut être un signe de stress et/ou d'anxiété. Il se retrouve chez les chiens anxieux, mais il n'est nullement un signe spécifique d'anxiété. Dès lors les animaux stressés et anxieux pourraient bien bâiller pour se tranquilliser, se réconforter. Par contre, il ne s'agit pas d'un signe de communication d'apaisement[4].

On retrouve le bâillement comme symptôme de nombreuses pathologies neurologiques et digestives, comme les nausées (mal de transport et autres raisons), mais ce n'est pas notre sujet ici.

Les autres comportements de confort

Le frottement du dos

Certains chiens se mettent sur le dos et se roulent sur le sol ou se frottent le dos ; j'ai même vu une vidéo d'un chien qui descendait une pente de terre sur le dos, en se tortillant les hanches.

Ce comportement est plus souvent associé à du prurit (et des problèmes dermatologiques) qu'à un comportement fonctionnel.

Les bains de soleil

La plupart des chiens aiment se coucher au soleil, même si la température nous semble insupportable, même si le chien est haletant.

Les troubles des comportements de confort

Le toilettage corporel (léchage, grattage, rongement des griffes) est un comportement « fragile », qui se modifie aisément en trouble pathologique.

Le léchage de recherche d'attention

Certains chiens – de personnalité dépendante ou en manque d'activité – comprennent que les comportements de léchage entraînent une attention particulière du propriétaire. Dès lors ils apprennent (apprentissage opérant) à utiliser le léchage corporel ou le rongement des griffes comme demande d'attention. Le comportement est spécifique : le chien présente le comportement seulement en présence du propriétaire ; le chien se met dans l'angle de vision du propriétaire et se lèche de façon intense jusqu'à obtention de l'attention (voir « Le chien simulateur », page 321).

Le léchage peut être tellement intense que le chien crée des plaies de léchage.

Le traitement est de supprimer l'attention quand le chien se lèche (processus d'extinction) et de proposer au chien d'autres activités plus motivantes.

Les TOC

La majorité des TOC (troubles obsessionnels-compulsifs) sont liés à l'ennui, au manque de satisfaction des activités biologiques (patrons-moteurs), sociales ou alternatives ; certains cas sont liés à des comportements substitutifs (déclenchés en cas de stress, peur, anxiété, colère...) qui deviennent des habitudes stéréotypées.

Le tournis et la capture de la queue

Le tournis est la rotation du chien sur lui-même ou la marche sur un cercle imaginaire. Parfois le chien semble poursuivre sa queue ; il capture la queue, la lèche, la mâchonne, parfois à la blesser.

L'ancien traitement d'amputation de la queue est inefficace. Le comportement n'est pas causé par la chasse de la queue, mais il s'agit d'un comportement de tournis, génétiquement programmé, qui s'exprime et s'amplifie par manque d'activité, au point de devenir l'activité préférentielle du chien et s'exprimer plus de 5 heures par jour. Il faut différencier ce TOC du comportement identique qui apparaît dans la schizophrénie (état dissociatif) du chien.

Tournis chez un amstaff.

Le tournis se retrouve plus fréquemment chez le berger allemand, l'amstaff, le bull terrier, le jack russell, mais aucune race n'est épargnée.

Le traitement du TOC est (1) l'enrichissement en activités motivantes, (2) l'enrichissement du milieu de vie, (3) le contre-conditionnement avec apprentissage d'une activité alternative plus motivante, (4) l'utilisation de médicament (type fluvoxamine...). Le traitement de la schizophrénie est essentiellement médicamenteux.

Le suçage du flanc

Le suçage du flanc est un TOC dans lequel le chien tourne sur lui-même et essaie de se lécher le flanc ; il finit par se coucher et se téter le flanc. Le problème se retrouve plus spécifiquement chez le doberman.

Le traitement est le même que pour le tournis.

Le léchage des pattes

Le léchage des pattes est un TOC dans lequel le chien se lèche les pattes et crée des alopécies ou des abrasions cutanées (dermatites) ; dans de rares cas, la lésion est tellement importante qu'elle nécessite des greffes de peau ou une amputation ; plus fréquemment, la peau au niveau de la dermatite s'épaissit et se kératinise.

Le problème est plus fréquent chez le labrador, mais aucune race n'est épargnée.

Le traitement est le même que pour le tournis.

LES COMPORTEMENTS DE REPOS ET DE SOMMEIL

Le chien, s'il est en activité en moyenne 3 à 5 heures par jour, se repose ou dort le reste du temps, probablement trop à son goût.

Les comportements de repos

Le chien se repose dans deux attitudes traditionnelles : l'assis et le coucher.

L'assis

La position assise est classique : le chien repose ses fesses sur le sol, les membres postérieurs fléchis, les membres antérieurs tendus comme en position debout.

Le chien vigilant est assis en position tonique ; le chien qui s'endort dodeline de la tête, son corps vacille jusqu'à ce qu'il se réveille ou décide de se coucher pour s'endormir.

Le coucher

Le coucher est la position étendue sur le corps, sans appui sur les pattes. Le chien ayant un corps plutôt cylindrique, il peut autant se coucher sur le ventre, le côté que le dos et mélanger les positions. Plus d'un chien dort, complètement à l'aise, sur le dos. La position la plus fréquente est sur le côté, étalé de tout son long ou enroulé sur lui-même, comme un fœtus, la tête entre les postérieurs. La position couchée sur le ventre est plutôt vigilante : elle permet au chien de se lever directement pour entrer en activité.

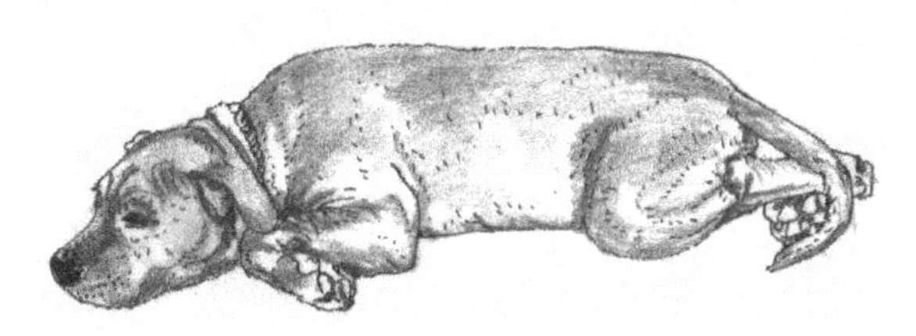

Le coucher.

Les comportements de sommeil

Comme tous les prédateurs carnivores, le chien dort – ou peut dormir – beaucoup. Les herbivores sont obligés de manger quasiment tout le temps pour obtenir leur quota de calories ; les carnivores l'obtiennent avec quelques repas liés à une activité de chasse très coûteuse en énergie : un guet vigilant, une poursuite parfois longue, un sprint rapide et une capture d'une proie effrayée et défendant sa vie. La durée du sommeil est proportionnelle à l'investissement énergétique de la prise de nourriture ; les chasseurs dorment donc beaucoup. Le chien de famille ne chasse plus, ou rarement ; pourtant il peut dormir beaucoup ; néanmoins cette tendance à dormir beaucoup est plutôt liée au manque d'activité qu'au besoin de récupération.

Le cycle veille-sommeil présente plusieurs phases : la veille, l'endormissement, le sommeil léger, le sommeil profond, et le sommeil paradoxal.

L'endormissement

Le sommeil, dans son ensemble fonctionnel, est un comportement actif débutant par la recherche d'une place de confort et, ensuite, d'une position adéquate.

Quand le chien s'endort, il cligne des paupières puis celles-ci se ferment ; la respiration se ralentit, le cœur ralentit également. Si on ouvrait les paupières, on verrait que les pupilles sont fermées (myosis) et que la troisième paupière couvre en partie l'œil. Le chien passe en sommeil léger puis en sommeil profond.

Le sommeil

Après l'endormissement, le chien passe en sommeil léger puis, rapidement, en sommeil profond. Dix à 30 minutes plus tard, il entre en sommeil paradoxal (le rêve), dit aussi REM (*Rapid Eye Movement*) pour 5 à 7 minutes. Cette phase est dite paradoxale parce qu'on peut voir le chien tressaillir d'une oreille, des vibrisses ou des pattes, tressauter de la queue, tirer la langue ; les pupilles peuvent se dilater brusquement et la respiration devient irrégulière ; les yeux bougent rapidement sous les paupières fermées, d'où le nom de cette phase (en anglais). Pendant cette phase, le tonus général est relâché.

Si le chien est privé de sommeil paradoxal – par réveil forcé par exemple – il devient de plus en plus irritable. Si on le laisse à nouveau dormir sans dérangement, il se met à « rêver » beaucoup plus, comme s'il devait récupérer le sommeil paradoxal en retard.

Le sommeil paradoxal est caractérisé par une activité électrique intense du cerveau mais aussi par une inhibition quasi complète des mouvements. On peut lever ce blocage des mouvements par une chirurgie expérimentale sur le cerveau (au niveau du locus cœruleus alpha). Ces expériences ont été réalisées chez le chat[1] et elles ont démontré que le chat exprimait la plupart des comportements observés à l'état de veille (exploration, toilettage, guet, boxe dans le vide...), mais aussi des réactions émotionnelles de peur et de colère. Il en est très probablement de même pour le chien. Nous observons des aboiements aigus, des pédalages des pattes, des secousses, des soubresauts et des mouvements oculaires ; si les paupières sont entrouvertes, on peut voir l'œil se révulser : tous ces comportements sont normaux.

Ce que l'on ne sait pas, c'est si le chien rêve en images, en couleurs, ou en odeurs, ni les histoires qu'il se fait vivre.

L'éveil

Le chien se réveille généralement à partir du sommeil profond ou du sommeil léger ; il se réveille rarement dans une phase de sommeil paradoxal ; en effet, le seuil de réveil est 300 fois plus élevé – c'est-à-dire que le chien est plus difficile à éveiller – en sommeil paradoxal qu'en sommeil profond[2].

La conscience du chien peut exceptionnellement ne pas être totale au moment du réveil. Si on le force à s'éveiller, le chien peut être confus, désorienté, et exprimer une agression critique (par peur) explosive.

Physiologie de l'éveil et du sommeil

Les paramètres du sommeil

Un cycle de sommeil dure environ 45 minutes ; il est composé de sommeil profond et de deux épisodes de sommeil paradoxal. Deux cycles peuvent s'enchaîner pour une moyenne de 80 minutes. Entre ces cycles de sommeil, le chien est en sommeil léger ou en éveil, pour environ 40 minutes. Certains chiens en profitent pour se déplacer à ce moment. Ces phases alternatives se succèdent pour les 8 à 16 heures de la période de repos du chien[3].

En laboratoire, le chien est éveillé 44 % du temps, somnole 21 %, en sommeil profond 23 % et en sommeil paradoxal 12 %. On peut établir comme référence de sommeil nécessaire 35 % du temps, soit un peu plus de 8 heures par jour. Le temps d'éveil minimal est de près de 10 heures. Le reste du temps, soit 6 heures, le chien s'ennuie, ou somnole, ou s'active quand il en a l'occasion.

Le chien dort de préférence entre 21 heures et 4 heures du matin, avec des extrêmes de 13 heures à 5 heures. Cependant, chaque chien, comme chaque humain, a son propre rythme : certains sont lève-tôt, d'autres sont lève-tard.

La fonction du sommeil

Dormir est absolument indispensable au maintien de son équilibre physiologique ; on ne peut pas ne pas dormir ; si on reste plusieurs nuits sans sommeil, on finira par tomber endormi n'importe où et n'importe quand. Il semble que le cerveau et le corps soient en pleine phase de restauration (phase d'anabolisme) pendant le sommeil ; l'hormone de croissance, par exemple, est produite davantage au début du sommeil[4].

En ce qui concerne la fonction du sommeil paradoxal, personne ne la connaît actuellement. Michel Jouvet a une hypothèse intéressante : le sommeil de rêve permettrait « de renforcer périodiquement certains programmes génétiques et de maintenir fonctionnels les circuits synaptiques responsables de l'hérédité psychologique. Ce mécanisme pourrait ainsi interagir avec l'environnement en rétablissant certains circuits qui auraient pu être altérés par les événements épigénétiques ou, au contraire, en en supprimant d'autres[5] ». En d'autres mots, le sommeil paradoxal permettrait de préserver l'individualité psychologique d'origine génétique.

Une autre hypothèse est que le sommeil paradoxal favorise le stockage à long terme des informations dans la mémoire, jouant dès lors un rôle prépondérant dans les apprentissages[6].

Quoi qu'il en soit, il est vital de dormir et de bien dormir. La mauvaise qualité du sommeil entraîne de nombreux troubles émotionnels, dont l'irritabilité est la plus fréquente. Le manque chronique de sommeil ou l'absence de sommeil est révélatrice d'une pathologie somatique ou psychique.

Les troubles des comportements de sommeil

Le sommeil peut, comme tout comportement, être l'objet de perturbations diverses :

- Sommeil réduit en durée (hyposomnie) : hyperactivité, dépression.
- Sommeil augmenté en durée (hypersomnie) : dépression aiguë, narcolepsie.
- Sommeil perturbé dans son cycle nycthéméral (dyssomnie).
- Crises épileptiformes et crises de panique au cours du sommeil.

L'hyposomnie : repos et/ou sommeil réduit

Le chien en trouble « hyper » (excitation, hyperactivité) dort peu et parfois mal.

Le sommeil réduit de l'hyperactif

L'hyperexcitabilité de l'hyperactif entraîne une demande d'activité nocturne et tôt le matin. Le chien hyperactif dort peu : la quantité de sommeil est significativement réduite en durée et en qualité. Les phases de sommeil paradoxal sont parfois moins visibles, le chien n'arrivant pas à plonger en sommeil profond ni en sommeil paradoxal tant que l'environnement est stimulant, c'est-à-dire tant que ses maîtres sont présents. En plus d'une réduction du temps de sommeil, le chien ne contrôle pas ses mouvements, bouge plus que de normale, mord sans contrôle (notamment dans le jeu ou lors de conflits).

Le traitement combine souvent médicaments et thérapies de contrôle de soi. Un des premiers signes d'amélioration d'un chien hyperactif est l'observation du sommeil paradoxal (des rêves).

Le sommeil réduit de l'anxieux

Les peurs et l'hypervigilance craintive de l'anxieux causent des éveils fréquents, parfois avec des petites crises de panique et des déambulations en posture basse.

Le traitement est essentiellement basé sur l'utilisation de médicaments. Quand l'anxiété s'accompagne de phobies, on peut aussi utiliser toutes les thérapies antiphobiques : désensibilisation, immersion contrôlée, contre-conditionnement classique.

Le sommeil réduit du dépressif

Les émotions tristes du dépressif entraînent une apparente immobilité, le chien restant souvent couché, mais insomniaque, les yeux ouverts, le menton à quelques centimètres du sol ; parfois le dépressif déambule lentement la nuit, traînant les pattes ; le dépressif peut aussi passer de l'éveil somnolent au sommeil paradoxal et s'éveiller brusquement du sommeil paradoxal en crise de panique (comme s'il avait des cauchemars).

Ces troubles se soignent avec des médicaments qui rétablissent le cycle et la qualité du sommeil, mais aussi en forçant le chien à rester éveillé et actif en journée.

L'hypersomnie : repos et/ou sommeil augmenté

La plupart des chiens dorment beaucoup parce qu'ils n'ont pas grand-chose d'autre à faire.

Le syndrome post-traumatique et la dépression aiguë

Dans ce trouble, toutes les fonctions émotionnelles s'arrêtent. On parle d'hypothymie ou d'athymie : l'humeur est en déficit, ainsi que les émotions ; le chien entre dans un état d'indifférence. Il ne mange pas, ne boit pas ou juste pour survivre ; il ne joue pas, n'est pas intéressé par des sollicitations sociales, ludiques ou affectives ; il est apathique ; il reste couché les yeux entrouverts, sans réaction ; il ne dort pas vraiment : il souffre d'insomnie mais la quantité de repos est augmentée.

La dépression chronique

Dans ce trouble, le chien manque d'initiative, de réponses aux sollicitations d'activité (plaisante), de troubles de l'appétit, de trouble du sommeil, dont l'hypersomnie ou l'hyposomnie, voire même d'insomnie. Mais on observe le chien généralement peu actif, couché, même s'il a les yeux entrouverts.

La narcolepsie

La narcolepsie est un endormissement (pathologique) soudain et irrésistible en pleine phase d'activité, par exemple lors d'un repas, d'une marche. La narcolepsie peut d'accompagner d'une cataplexie (perte du tonus musculaire).

Ce trouble semble lié à un déficit génétique (gène récessif, mutant non efficace du gène hypocrétine-2), entraînant le manque d'un neurotransmetteur, l'orexine ou hypocrétine[7], qui intervient également dans l'appétit et la satiété.

Ce trouble du sommeil se soigne avec des médicaments.

Les troubles du cycle nycthéméral

La perturbation du cycle nycthéméral

Le cycle jour-nuit (nycthéméral) du sommeil du chien peut être perturbé, ce qui entraîne généralement une perturbation du sommeil des propriétaires.

Le chien dort de préférence avant et après minuit. Il est souvent éveillé après 4 à 5 heures du matin, mais il apprend à rester calme sans déranger ses propriétaires. Cependant, il peut se mettre en activité pour diverses raisons naturelles externes telles que le chant des oiseaux vers 5 heures du matin au printemps ; le chien s'éveille et a faim. L'éveil sexuel active aussi la réduction de sommeil. Il y a aussi des raisons métaboliques ou hormonales, telles que le diabète et l'hyperthyroïdie (rare). Enfin, le chien âgé peut souffrir de démence sénile et voir ses rythmes complètement perturbés, voire inversés.

Le chien « hyper » dort peu. L'hyperexcitabilité de l'hyperactif entraîne une demande d'activité nocturne et tôt le matin. Les peurs de l'anxieux causent des éveils fréquents, parfois avec des petites crises de panique.

Les émotions tristes du dépressif entraînent le plus souvent l'immobilité, le chien restant les yeux ouverts et la tête en suspension.

Ces troubles se soignent avec des médicaments qui rétablissent le cycle et la qualité du sommeil, mais aussi en forçant le chien à rester éveillé et actif en journée. Un des premiers signes d'amélioration d'un chien hyperactif est l'observation du sommeil paradoxal (des rêves).

L'inversion du cycle nycthéméral

Il s'agit d'une inversion des rythmes jour-nuit : le chien dort la journée et est actif la nuit.

Ce trouble se retrouve dans la dépression chronique, dans la démence sénile ; il peut aussi s'observer sans raison objectivable.

Il est particulièrement délicat à partir du moment où il entraîne des problèmes dans l'environnement social, tel qu'un trouble du sommeil des propriétaires.

Il se soigne avec des médicaments sédatifs ou hypnotiques pour la nuit et une stimulation d'activité (locomotrice, masticatoire) fatigante de jour, et plus spécialement le soir.

Les crises pendant le sommeil

La crise épileptiforme

On observe des crises convulsives partielles ou complètes prenant leur origine au cours du sommeil. Le traitement de ce trouble neurologique est médicamenteux.

Les crises de panique

Épisodes récurrents ou abrupts de réveils au cours du sommeil, avec des signes de panique : peur intense et signes neurovégétatifs tels qu'accélération cardiaque et respiratoire, miction ou défécation émotionnelle. Le chien ne s'apaise pas malgré les tentatives des figures d'attachement de l'apaiser.

Comme signalé plus haut, ces crises de panique s'observent plus souvent dans les troubles de l'humeur de type anxieux ou dépressif.

Autres troubles liés au sommeil

Le grincement des dents (bruxisme)

Le bruxisme du sommeil – c'est-à-dire les mouvements de mastication et les grincements des dents – est très rarement observé chez le chien. Il est bien plus fréquent chez l'homme.

L'effet du manque de sommeil paradoxal

On peut, expérimentalement, empêcher le chien de rêver, c'est-à-dire l'empêcher d'avoir du sommeil paradoxal. Après une semaine sans rêve, le chien observé est fatigué, inerte, il manque de tonus musculaire, il évite la lumière, il boit et mange davantage. Il est comme en narcolepsie[8]. Pendant la phase de récupération, on observe un rebond de sommeil paradoxal jusqu'à rétablissement de l'équilibre.

LES COMPORTEMENTS LOCOMOTEURS

Tous les chiens ont besoin de marcher, trotter et courir chaque jour. C'est un besoin biologique indispensable. En revanche, ce n'est pas la meilleure façon de donner de l'activité à son chien familier ; plus le chien fait de l'exercice physique, plus il se développe comme un athlète, plus il a besoin de courir et moins ça le fatigue. À ce niveau de sport, courir est comme une drogue ; courir (intensément) répand des endorphines et des enképhalines dans le cerveau, et ces molécules font qu'on se sent bien : on est shooté aux morphines naturelles. Et, bien sûr, on en veut plus.

J'insiste ici sur certains éléments méconnus des activités locomotrices, à savoir la gestion de l'énergie et l'élimination de la chaleur produite lors de la course, afin d'éviter la surchauffe et les coups de chaleur létaux.

Les allures

Le chien marche ou court : il trotte, amble et galope.

La marche

La marche

La marche est une allure symétrique à quatre temps, c'est-à-dire que chaque patte prend appui à un moment différent et que chaque groupe de 4 temps se répète de façon similaire. Dans la marche lente, les 4 pattes sont au sol entre les temps ; dans la marche rapide, il y a toujours une patte levée.

La vitesse de la marche dépend de la taille du chien et de la longueur de ses foulées. Certains chiens – chiens lourds, type bouvier ou berger géant – ont tendance à marcher plus qu'à trotter ; la plupart des chiens préfèrent trotter que marcher.

La marche en laisse

Un homme entraîné marche à environ 5 à 6 km par heure ; une personne non entraînée peut ne marcher qu'à du 2 ou 3 km par heure. Un chien marche plus vite (à l'exception d'un vieux chien arthrosique). Marcher en laisse, pour un chien, est un effort. C'est comme quand un homme adulte marche main dans la main avec un petit enfant : l'homme doit se forcer à marcher lentement, l'enfant à marcher vite : c'est inconfortable pour tous les deux. La marche en laisse est inconfortable pour la personne et son chien. Dans cet exercice, c'est le chien qui doit faire le plus d'efforts.

On peut entraîner un chien à marcher en laisse, ou sans laisse, à la vitesse de son compagnon humain. Si c'est la seule activité locomotrice que l'on offre à son chien, c'est terriblement frustrant. Je recommande alors de partager l'effort et de marcher à la vitesse du chien sur 50 ou 100 mètres, puis de demander à son chien de marcher à sa propre vitesse sur la même distance (voir « Éduquer un chien », page 459).

Le trot

Le trot est une allure symétrique en 2 temps, c'est-à-dire que les deux pattes diagonales prennent appui sur le sol en même temps. En trot lent, les quatre pattes ont un bref temps d'appui ensemble ; en trot rapide, il y a une phase de suspension, aucune patte ne prenant appui sur le sol.

Le trot permet de parcourir de longues distances avec une fatigue minimale : les chiens de course de traîneau sont des trotteurs ; ils peuvent parcourir plus d'une centaine de kilomètres par jour. Les chiens de berger trottent également toute la journée, avec des accélérations au galop pour poursuivre un mouton. Les chiens de chasse trottent, sauf quand ils accélèrent au galop pour capturer la proie.

Pour permettre à son chien de trotter, le propriétaire doit avancer à 15 km/h.

L'amble

L'amble est une allure symétrique en 2 temps, où les deux pattes latérales prennent appui en même temps. C'est une allure rare, que l'on retrouve parfois de façon naturelle, et parfois en corrélation avec des problèmes neurologiques.

Le galop

Le galop est une allure non symétrique en 4 temps, avec un ou deux temps de suspension lorsque la vitesse s'accroît.

Le galop est la course la plus rapide sur courte distance. Le chien le plus rapide – le lévrier greyhound – monte à 72 km/h. Par comparaison, le guépard est à plus de 110 km/h et l'homme le plus rapide atteint les 37 km/h. Le chien familier galope à la vitesse de 25 à 40 km/h.

Le galop.

La course

La vitesse

Le chien est le mammifère le plus rapide au monde sur des distances de plus de 40 km et à des températures de moins de 15 °C. À des températures supérieures à 32 °C, l'homme lui sera supérieur[1]. Le chien court le kilomètre en 2 minutes[2]. Un chien de traîneau peut courir 200 km par jour pendant plus d'une semaine ; mais ce n'est pas le cas du chien standard.

Si le galop est la course la plus rapide sur courtes distances, le trot est la course la plus rapide et la plus économique sur longues distances. Les chiens de traîneau trottent. Les lévriers galopent.

La vitesse de course dépend de la longueur de la foulée, qui dépend elle-même de la longueur des pattes, de l'inclinaison du bassin et d'autres facteurs. Un chien qui court vite porte la queue basse pour augmenter la foulée des membres postérieurs. Si le chien court avec la queue haute, il ne peut aller très vite.

La gestion de la surchauffe

Le chien a un problème majeur à résoudre lors de l'exercice physique : c'est l'évacuation calorique. Le chien évacue l'excès de chaleur avec la langue, les oreilles (face interne), la respiration (halètements) : il parvient à garder son cerveau à température idéale (38,5 °C), mais la température interne – ainsi que celle des muscles – peut monter à 42 °C, proche de la limite de la mortalité cellulaire.

Les chiens de plus de 25 à 30 kg ont des problèmes de surchauffe lorsqu'ils courent longtemps (sur de longues distances) ; par contre, ils résistent mieux à une nuit froide – au gel – que les chiens de moins de 25 kg. Ce n'est pas pour rien que les courses de longues distances pour chiens se font dans les pays froids (Alaska) et non dans les déserts chauds. La chaleur tuerait le chien marathonien, alors qu'elle ne handicape pas le chien de sprint sur courtes distances.

Les proportions d'un chien marathonien sont de longues pattes et un poids de 20 à 30 kg. Ce sont les proportions du husky de course (husky d'Alaska). Des chiens aux pattes plus courtes n'ont pas les foulées assez longues pour être compétitifs ; les chiens plus lourds ont des problèmes à évacuer leur surchauffe.

À chaque chien son type de course

Les chiens de traîneau sont des marathoniens qui trottent à grande vitesse. Les attelages de course ont de 12 à 16 chiens ; 12 est un nombre optimal. Au-delà de 16, l'organisation du groupe devient chaotique. Les chiens sont appariés par force et vitesse comparables et par affinité sociale. L'attelage est un système social instable ; tout problème psychologique (querelle par exemple) ou physiologique (fatigue) entraîne une chute des performances.

Les lévriers sont des galopeurs sur courtes distances, des sprinters.

Les chiens de chasse qui courent en meute doivent être de conformation uniforme pour que le groupe coure de façon homogène.

Le canicross

Le canicross[3] est une course – un jogging (canicross) ou une simple marche rapide (canimarche) – à deux, propriétaire et chien, reliés par une longe souple, fixée à un baudrier chez le propriétaire et à un harnais chez le chien. Le chien court devant.

Les sports de traction ou mushing[4]

Les chiens sont utilisés comme « tracteurs » :

- Le traîneau, la pulka : traction récréative sur neige, course de traîneau, dont le fameux Iditarod[5] de 1 870 km parcourus en 8 à 15 jours.
- Le ski de fond : skijoring[6]. Le skieur est aidé d'un ou deux chiens pour les passages difficiles.
- Le kart à 4 roues (carting[7]), sulky (sulky driving) ou buggy à deux roues : traction[8] récréative sur terrain sec. Le chien peut tirer une charge (le buggy et les objets ou personnes) pesant jusqu'à trois fois son propre poids.
- La trottinette, le scooter : scootering[9]. La trottinette est de type mountain-bike à grandes roues et amortisseur éventuel sur la roue avant ; elle est tirée par un ou plusieurs chiens avec le harnachement adéquat.
- Le vélo : canicyclocross, bikejoring[10]. Le cycliste est tiré par un ou deux chiens, sur un parcours tout-terrain (cross-country).

Tout chien peut tracter une charge pesant jusqu'à 3 fois son poids. Tout chien peut tracter de façon récréative. Mais seuls des huskies de course peuvent gagner les courses de traîneau. Cependant, rien n'empêche de harnacher un boxer ou un afghan à une trottinette ; mais il est illusoire de vouloir gagner l'Iditarod avec un groupe de teckels ou de wolfhounds.

Les courses après leurre

Les chiens lévriers galopent à la poursuite d'un leurre (lièvre ou lapin artificiel). Il y a deux types de courses :

- La course de lévriers[11] – ou racing – sur un circuit approprié (cynodrome).
- La poursuite à vue sur leurre (PVL) :
  - Le coursing : course en ligne droite, en nature. Les chiens partent dans des boîtes de départ.
  - Le doxotraining : course en zigzag, en nature, adaptée pour tous types de chiens (qui ont le patron-moteur de poursuite dans le comportement de chasse).

Dans ce guide, je ne parle pas tant des chiens de course professionnels (utilisés dans un système de pari mutuel) que des amateurs qui peuvent s'adonner à la course en cynodrome ou en nature afin de se développer musculairement et de dépenser leurs quotas d'énergie locomotrice. Tous les lévriers devraient pouvoir galoper sur un terrain adéquat.

Le saut

Sauter est une allure de galop. Le saut vertical nécessite un appui d'un antérieur pour une élévation sur les deux pattes postérieures et une détente des postérieurs pour franchir la distance verticale. Le record est de 1,72 m (68″) sans appui. Avec un appui des antérieurs sur un mur (une palissade), un chien de taille moyenne peut franchir des clôtures de 2 mètres de hauteur.

Sauter en hauteur muscle les fessiers et le bas du dos ; cet exercice réduit l'incidence de la dysplasie de la hanche sur le chien en croissance.

Le problème est moins le saut vertical en lui-même que la chute sur les antérieurs, qui peut abîmer à la longue les articulations (fragilisées) des membres antérieurs. Le saut horizontal, en longueur, pose moins de problèmes articulaires.

Un chien de race puli (au poil en cordes, type rasta) sautant une barre dans un parcours d'agility. Notons qu'avec ce type de poil, il devient difficile de voir la tête du chien.

Chien en plein saut.

Le dock jumping

Il s'agit d'un concours de saut en longueur : le chien saute d'une plateforme (dock[12]) dans l'eau. La distance sautée est mesurée depuis la fin de la plateforme jusqu'à la base de la queue du chien au moment où il tombe dans l'eau. Le record du monde actuel est de 8,80 mètres.

Autres mouvements

Transporter et rapporter

La chienne mère transporte ses chiots par la peau de la nuque. La même prise permet au chien chasseur de rapporter sa proie, s'il ne la consomme pas sur place. Le chien de rapport est sélectionné pour rapporter le petit gibier.

Gratter et creuser

Les chiens creusent avec les pattes antérieures utilisées en alternance afin de rejeter les débris vers l'arrière, entre les pattes postérieures.

Creuser est un comportement normal chez le chien. La chienne-future-mère peut creuser un nid sous une souche ou une racine d'arbre ; le chien creuse la terre ou le sable pour trouver une couche plus fraîche en été ; le chien creuse la neige pour se créer un abri contre le vent froid ; le chien de terrier creuse pour élargir les entrées des terriers des lapins, renards et blaireaux, ou simplement pour suivre la piste d'une galerie d'un rongeur. Le chien creuse près d'un grillage pour se faufiler en dessous et s'échapper ; le chien creuse n'importe où et apparemment sans raison, rien que pour dépenser un excès d'énergie.

Ridgeback thaïlandais creusant un trou dans le sable pour s'y coucher et se rafraîchir de la chaleur estivale.

Le chien peut creuser n'importe où dehors, que ce soit dans le plus beau gazon ou dans les plates-bandes fleuries. Et le chien peut creuser à l'intérieur le tapis du salon ou la porte, les chambranles ou les murs, pour obtenir de la fraîcheur, de la chaleur, pour s'échapper, rejoindre une personne apaisante (en cas de peur de la solitude, du bruit, de l'orage, en cas de crise de panique), participer à des interactions sociales, pour s'enfuir d'un lieu stressant.

Grimper

Grimper est une allure de marche. De nombreux (petits) chiens arrivent à grimper des barrières ou des grillages de plus de 2 mètres de haut. Le propriétaire est alors obligé d'électrifier le haut du grillage ou de le faire s'incliner vers l'intérieur pour éviter le problème.

Ce jack russell grimpe à un arbre en direction du sac de provisions.

Nager

Nager est une allure de marche. Tous les chiens sont capables de nager. Mais chaque année des chiens se noient, en marchant sur la glace qui craque sous leur poids et en glissant sous la glace, ou en tombant dans une piscine dont les bords sont trop élevés pour en sortir (et le chien en état de panique ne pensera pas à chercher les marches éventuelles pour en sortir), en tombant par-dessus bord du bateau (sans porter de gilet de sauvetage).

Certains chiens aiment nager, une excellente activité fatigante.

Le skating, le surfing

Des centaines de chiens sont capables de surfer sur une planche ; il y a des centaines de photographies sur Internet[13].

Les chiens qui maîtrisent le skating sur planche à roulettes sont bien moins nombreux.

Le skating.

Le surfing.

La latéralisation

On observe que les chiens mâles favorisent leur patte antérieure gauche et les femelles la droite[14]. Mais cette préférence montre simplement si le chien est gaucher, droitier ou ambidextre.

Si le chien montrait une préférence de latéralisation avec son corps, cela pourrait indiquer une spécialisation des hémisphères cérébraux pour des tâches émotionnelles (à droite) ou rationnelles (à gauche). Chez le chien, l'hémisphère droit semble plus préoccupé par la gestion des situations aversives (stress, réactions d'évitement), alors que le gauche est davantage concerné par la gestion des situations appétitives (intérêt, motivation, approche). L'hémisphère droit est plus volumineux que le gauche.

Une étude a montré que les chiens agitent la queue vers la droite quand ils voient quelque chose dont ils veulent s'approcher, et vers la gauche quand ils veulent l'éviter. Et d'autres études montrent que le clic (du clicker training) augmente l'activité dans l'hémisphère gauche.

Les troubles des comportements locomoteurs

L'hyperactivité

L'hyperactif a une hypertrophie de ses besoins d'activité. Il y a deux types d'hyperactifs :

- Le chien actif (sportif) qui ne reçoit pas assez d'activité.
- Le vrai hyperactif qui a un problème de contrôle des mouvements, un manque d'inhibition de la morsure et de l'hyposomnie (voir « Les troubles du développement », page 157).

L'inactivité

L'inactivité, le manque ou l'absence de mouvements, peut être liée à un trouble de l'humeur, comme un stress post-traumatique (dépression aiguë ou réactionnelle), mais aussi à la génétique (chiens peu actifs), à l'ennui et au manque de stimulation de l'environnement (chien d'appartement), à certaines périodes froides et sombres de l'année (pseudo-hibernation hivernale), entre autres possibilités.

Les dyskinésies

Les dyskinésies sont des perturbations des mouvements qui se traduisent par de l'incoordination, des spasmes ou des parésies (paralysies partielles). Les dyskinésies d'origine psychologique pure sont rares à part les tics moteurs : tic de clignement des paupières, tic de secouement de la tête, tic de la langue serpentine (mouvements de va-et-vient de la langue), par exemple.

Les dyskinésies sont le plus souvent liées à des troubles neurologiques primaires ou secondaires à des (effets indésirables de) médicaments : secouements ou tremblements d'une patte, par exemple.

Les stéréotypies locomotrices

Les stéréotypies locomotrices sont des comportements locomoteurs répétitifs chaque fois (quasi) identiques. On les retrouve dans des contextes d'inactivité ou dans des pathologies psychologiques comme l'hyperactivité, les troubles compulsifs et les états dissociatifs.

Le tournis

Le chien tourne sur lui-même, comme une toupie, entre quelques minutes et plusieurs heures par jour. Dans certains cas, il essaie de capturer sa queue ; quand il la capture, il s'arrête un moment, restant debout ou tombant sur la cuisse, et il peut mâchonner l'extrémité de la queue (entraînant des arrachements de poils, voire des blessures, rarement une amputation). Puis il reprend son tournoiement.

Le tournis en cercle

Le chien marche ou trotte en faisant des cercles de quelques mètres de diamètre : à l'intérieur, il tourne autour des meubles (table, ensemble de chaises) ; à l'extérieur, il tourne autour d'un arbre ou d'un point imaginaire.

Les tournis en cercle se retrouvent chez les chiens souffrant de troubles neurologiques (tournis dans un seul sens), mais aussi chez certains chiens âgés avec démence sénile et, parfois, chez des chiens apparemment sains dans des milieux ennuyeux et encore chez des chiens phobiques, comme activité de substitution lors d'un état de peur (panique).

Les va-et-vient stéréotypés

Dans le va-et-vient stéréotypé, le chien marche de long en large à un certain endroit de son environnement ; parfois il fait exactement le même nombre de pas dans un sens et dans l'autre, s'arrêtant pour tourner sur la même patte.

On retrouve ces déambulations lancinantes dans des milieux peu stimulants, comme chez le chien d'appartement ou chez des chiens sauvages ou des loups dans des zoos.

LES RYTHMES

Les comportements du chien sont modulés par des rythmes.

Certains rythmes nous semblent évidents, tels que l'alternance du jour et de la nuit, de l'été et de l'hiver, mais aussi celui de l'âge, de la jeunesse à la vieillesse ! L'érotisme aussi a ses moments de gloire avec la saison des amours !

La vie est modulée par des rythmes. La terre tourne sur elle-même en 24 heures (rythme circadien), la lune tourne autour de la terre en 29 jours (rythme circumlunaire), influençant les marées ; la terre tourne autour du soleil en 365 jours (rythme circannuel).

Le rythme circadien

Le rythme circadien est le rythme de 24 heures, le rythme du jour et de la nuit. Le chien est un animal diurne, qui dort la nuit et se lève à l'aube.

La journée est rythmée par différents événements dans la nature – comme l'alternance lumière/obscurité, le chant des oiseaux... – ou dans la vie des propriétaires – lever à 7 heures, départ au travail, retour, soirée télé... Tous ces événements vont conditionner[1] l'agenda journalier du chien de famille, le moment de ses repas, de ses jeux, de ses sorties ; de véritables réflexes physiologiques se créent, fixant les horaires des organes (vessie, estomac, intestin...). Dans la nature, les organes internes gardent leur adaptabilité aux situations réelles : le repas n'arrive jamais à heure fixe. Dans la vie domestique, les organes perdent cette adaptabilité au profit d'une fixité horaire. Même les émotions deviennent conditionnées aux horaires imposés par la vie avec l'homme.

L'horloge biologique

Les activités volontaires et involontaires, les hormones, neurohormones et neuromédiateurs, suivent un rythme quotidien réglé par l'horloge biologique. L'horloge biologique, physiologique, ou simplement horloge interne sont différents noms pour décrire les mécanismes (biochimiques) responsables de la notion du temps. L'organisme possède dans son système nerveux une structure servant d'horloge, un noyau régulateur du temps : le noyau suprachiasmatique. Ce noyau est en relation étroite avec l'épiphyse, qui produit la mélatonine ; celle-ci permet la remise à l'heure de l'horloge. La mélatonine ne peut être produite que dans l'obscurité[2]. La mélatonine, pense-t-on, agit sur l'hypothalamus pour réguler certaines hormones, par exemple les hormones sexuelles ; le comportement sexuel est sous l'influence de la lumière ; on parle d'influence photopériodique ; la lumière a bien un effet sur l'érotisme.

Cette horloge est sous dépendance de la génétique. On a découvert aujourd'hui les différents éléments du gène circadien – le gène *clock* ou *horloge* – qui constituent cette horloge interne chez la drosophile (mouche à fruit), et le décodage génétique se poursuit chez les animaux supérieurs et l'être humain. Chez ce dernier, on a découvert des variantes génétiques qui font que certaines personnes sont des lève-tôt et d'autres sont des lève-tard[3] ! La génétique induit une horloge très différente d'un individu à l'autre ; dans le noir absolu, l'horloge humaine se met à sa propre heure qui est proche de 25 heures et il s'ensuit un décalage avec le cycle de rotation de la Terre ; cette horloge est synchronisée par la rotation de la Terre en 24 heures. Il va de soi que la nature a sélectionné les individus dont l'horloge est proche de 24 heures et qui peuvent se synchroniser chaque jour avec les cycles de lumière et d'obscurité. En fait, il semblerait même que nous ayons deux horloges, appelées aussi oscillateurs, un oscillateur fort qui règle le rythme de la température corporelle, de la sécrétion de cortisol et le sommeil paradoxal, et un oscillateur faible qui règle le rythme de veille et de sommeil, de quelques hormones comme l'hormone de croissance[4]. L'oscillateur faible est facilement désynchronisé par des influences extérieures !

À quoi sert cette horloge biologique ? Elle n'existerait pas de façon tellement généralisée dans le monde animal si elle n'avait pas une valeur de survie. Elle sert à l'homéostasie, c'est-à-dire à l'équilibre et à l'adaptation de l'individu dans son environnement. Par exemple, comment avoir un taux d'énergie suffisant au lever si le métabolisme ne préparait pas l'organisme à se mettre en mouvement ? C'est une des raisons du pic de cortisol sanguin tôt le matin chez le chien et l'homme qui ont une activité diurne (et dans la soirée chez le chat qui a une activité crépusculaire et nocturne) ! Comment mettre ensemble les partenaires pour une reproduction réussie s'il n'y a pas de synchronisme dans les périodes d'érotisme ? C'est le rôle de l'activation sexuelle printanière !

Le rythme est déjà présent dans les cellules individuelles. Ce rythme influence la température du corps, la production des hormones, des enzymes digestives, des besoins physiologiques tels que la soif, la faim et les éliminations.

Le rythme hebdomadaire

Le rythme hebdomadaire, c'est celui de la semaine, c'est-à-dire de sept jours. Cette invention babylonienne s'est répandue dans le monde entier et affecte les chiens de famille. C'est le gros problème de la grasse matinée, du réveil tardif de fin de semaine, pour tous les chiens qui dépendent de leurs maîtres pour sortir et manger !

Le rythme lunaire

Le rythme lunaire (circumlunaire) est de 28 à 29 jours. C'est ce rythme qui a donné les quatre semaines de 7 jours. Il est bien évident que le rythme lunaire agit sur les marées, les mers, les volumes aquatiques et sur tous les animaux qui dépendent de la mer et sur ceux qui sont constitués de près de 60 à 70 % d'eau (comme nous et nos animaux domestiques). Mais de ce côté rien n'est démontré. On observe – mais il nous manque des preuves scientifiques et statistiques – une augmentation des agressions (sexuelles et autres) au moment de la pleine lune. On observe une plus grande incidence des crises d'épilepsie chez l'animal ; curieusement, l'épilepsie était auparavant appelée « mal de lune ». Mais tout cela reste du domaine de l'anecdote.

Le rythme de 2 mois

Le rythme de 2 mois existe-t-il chez le chien ? On en connaît au moins un, celui de la gestation, qui avec ses 63 jours en moyenne, est légèrement supérieur à deux mois lunaires.

Le rythme circannuel

Le rythme circannuel est celui qui est centré sur une année. Il influence tous les animaux, notamment par l'intermédiaire du climat et des saisons. On connaît l'hibernation des ours et des marmottes, la migration des oiseaux migrateurs. Ce rythme détermine des variations dans les productions hormonales, influençant l'activation sexuelle et, également, la mue.

Plus le chien vit dans des zones où l'hiver et l'été se différencient fort en luminosité, plus les périodes d'amour sont saisonnières. La réduction de lumière automnale et hivernale réduit le désir, l'abondance de lumière printanière et estivale l'active. Les chiens de maison qui vivent à la lumière 16 heures par jour été comme hiver subissent moins ces influences cycliques mais les saisons agissent sur eux tout de même à un degré mineur !

L'activité générale des chiens est aussi réduite en hiver ! Certains semblent même faire une sorte de semi-hibernation, bougeant peu et engraissant pour retrouver leur allant et leur taille fine en été ; on parle de dépression hivernale qui ne serait rien d'autre qu'un état de semi-hibernation.

Le cycle de vie

La plus grande certitude au moment de la naissance, c'est qu'on mourra un jour. La vie s'inscrit dans le temps ; la vie est temporaire, dans sa phase matérielle. Deux cellules se rencontrent, l'ovule et le spermatozoïde, elles fusionnent pour produire un embryon ; après 63 jours de gestation, c'est la naissance du chiot ; sa croissance l'amène à la puberté, ensuite à l'âge adulte ; à un certain moment les organes se déglinguent, en une dizaine d'années c'est la vieillesse, et ensuite la mort. Le processus est inéluctable.

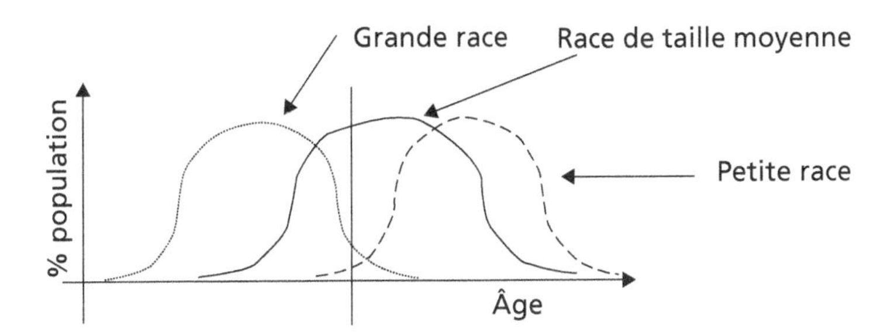

La durée de vie d'un chien varie suivant sa race, le poids moyen de sa race, suivant des critères individuels également[5]. La moyenne générale est de 11 ans, le chien le plus vieux a 27 ans. Les grands dogues et mastiffs ont une longévité moyenne de 6 à 7 ans, les bergers 9 à 11 ans, les terriers 13 à 14 ans, et les chiens miniatures environ 15 ans.

Les troubles des rythmes

Le chien peut souffrir de troubles de ses rythmes et déclencher des nuisances pour ses propriétaires. On observe :

- Une désynchronisation circadienne.
- Des troubles circannuels.

La désynchronisation circadienne

La désynchronisation, c'est-à-dire la perte de synchronisation des comportements et des horaires routiniers, entraîne des modifications comportementales non typiques telles que fatigabilité, mauvaise humeur, troubles de l'appétit.

L'inversion du rythme circadien

Si le chien a un rythme circadien inversé de 12 heures par rapport à celui de ses propriétaires, c'est-à-dire s'il est éveillé quand ses propriétaires dorment, ceux-ci sont dans de sérieux troubles, particulièrement si l'activité du chien s'exprime entre 2 et 5 heures du matin, l'heure où les potentialités physiques, psychiques et émotionnelles de la majorité des humains sont… au plus bas[6] (voir « L'inversion du cycle nycthéméral », page 106).

On retrouve cette problématique dans tous les troubles de l'humeur (hyperactivité, anxiété, dépression) et dans la démence sénile.

Les troubles du sommeil

Les troubles du sommeil sont décrits dans la rubrique sur les comportements de repos et de sommeil.

Les souillures nocturnes

Si un chien a, pour des raisons diverses (telles qu'une infection vésicale ou une déficience rénale), une modification de son rythme d'élimination urinaire, il se pourrait qu'il souille dans la maison la nuit. Si ses capacités de retenir les urines sont toujours présentes (et cela dépend du sphincter de la vessie et de la quantité d'urine à éliminer), il peut réapprendre à être propre très aisément, par exemple en limitant l'espace à sa disposition (cage, mise à l'attache) et en profitant ainsi de cette propreté spontanée de la plupart des chiens qui refusent de souiller leur endroit de couchage ainsi que leur endroit de nourrissage (voir « Les comportements d'élimination », page 88).

Les troubles circannuels

Les troubles circannuels sont des troubles psychologiques apparaissant périodiquement au cours du cycle annuel.

Les troubles dépressifs saisonniers (hivernaux)

On observe des chiens qui, comme certains humains, se mettent à hiberner l'hiver ; ils sont peu actifs, ils prennent du poids, ils n'ont plus d'initiative, ils sont peu enclins à jouer, ils dorment la plus grande partie de la journée et de la nuit (parfois plus de 20 heures par jour) ; en somme, ils souffrent d'un état dépressif saisonnier hivernal.

Le traitement classique en médecine humaine est le bain de lumière, c'est-à-dire de placer la personne, ou le chien, dans une pièce très illuminée ou face à un mur lumineux ! Mais comme nous n'avons pas à notre disposition les projecteurs de lumière utilisés en psy humaine, nous pouvons utiliser des halogènes ; il faut aussi encourager le chien à bouger, à jouer, à chercher sa nourriture, le forcer à se mettre en mouvement. Des traitements médicamenteux antidépresseurs peuvent aider à lui redonner goût à bouger ; encore faut-il lui fournir de quoi se mettre en mouvement ! Sinon, tout ce qui reste à faire est d'attendre le printemps !

Le changement d'heure

Le changement d'heure perturbe les chiens dont le rythme temporel est réglé par un être humain routinier.

Dans la nature, le chien se cycle sur le lever et le coucher du soleil, il cherche sa nourriture, mange quand il trouve des aliments. Dans la vie routinière humaine, le chien mange et élimine à heures fixes ; quand l'heure change artificiellement, toutes les routines doivent s'adapter, ce qu'elles font en quelques jours. Le changement d'heure du repas entraîne peu de problèmes, sauf pour les chiens avides d'aliments qui seront frustrés, et irrités, si le repas vient une heure plus tard (passage à l'heure d'hiver). Les éliminations, elles aussi, sont conditionnées à des horaires ; avant l'heure, ce n'est pas l'heure ; le chien qui doit éliminer avant d'aller dormir une heure plus tôt que d'habitude risque de ne rien faire et de souiller la nuit.

La perte d'une heure de sommeil augmente la fatigue, l'irritabilité, la susceptibilité. Le changement des routines horaires peut augmenter l'anxiété, les réactions de panique.

Pour éviter tous ces problèmes, il serait préférable d'habituer le chien au changement d'heure, progressivement, en une semaine.

Le chien social

Interactions et communication

Le chien n'est pas un loup ; il n'a pas d'organisation sociale spontanée sinon une organisation grégaire ; son organisation est imposée par la famille avec laquelle il vit (voir « Le chien culturel », page 373). Le chien social est donc le chien qui interagit socialement avec ses congénères – y compris la sexualité et la parentalité (reproduction) – et avec nous, êtres humains.

Il n'y a pas de socialité sans attachement.

La socialisation et la sociabilité s'acquièrent pendant des phases importantes du développement.

L'interaction sociale signifie communication.

Enfin, l'interaction sociale, source de conflits, nécessite des techniques de gestion de ces conflits : l'agression est une de ces techniques.

Deux chiens sociaux se disputent un Frisbee en plein vol.

L'ATTACHEMENT INDISPENSABLE

Il est impossible de ne pas être attaché

L'attachement est une dépendance émotionnelle

L'attachement est un sentiment apaisant procuré par – et dépendant de – un élément externe à soi-même (être, objet ou concept), qui entraîne une recherche de cet élément et une sensation de manque (voire de détresse) en l'absence (ou éloignement) de cet élément. L'attachement et l'affection sont souvent pris comme synonymes. Mais il y a dans l'attachement une notion de dépendance qui ne se retrouve pas dans l'affection.

Le chien est un être d'attachement obligatoire, tout comme l'homme. S'attacher est aussi nécessaire pour vivre que manger et boire. L'attachement est un phénomène fondamental, biologique, qui se vit dans l'émotion. C'est pourquoi la présence de l'être ou de l'objet d'attachement apaise et que son absence angoisse. C'est purement émotionnel. C'est quelque chose qui ne se réfléchit pas. L'absence d'attachement chez un chiot ou un enfant est une forme d'autisme ; le manque d'attachement demandé conduit le chiot (et le bébé humain) à la mort.

Chez le chien, l'attachement est surtout à un autre être, parfois à un objet ou à l'environnement. Le chiot est attaché à sa mère, la mère à ses enfants, le chien à son propriétaire et le propriétaire à son chien.

L'attachement est un critère biologique

L'attachement est un critère biologique, un instinct. Dans l'espèce, il peut être décrit sous la forme d'une courbe de Gauss, comme tout paramètre biologique. C'est dire qu'il y a des chiens qui s'attachent peu et d'autres trop ; en moyenne, le chien s'attache suffisamment pour se construire et vivre de façon adaptative.

L'homme a sélectionné des chiens de famille de plus en plus attachés, et donc dépendants ; l'être dépendant est dans l'attachement obligatoire ; il ne peut pas y échapper sans stress.

L'homme a modifié le chien commensal originel pour en faire un chien familier ; il l'a sélectionné génétiquement sur l'attachement. L'homme supporte mal le chien autonome, libre, vagabond, qui vit sa vie tout seul sans dépendre de son « maître » ; ces chiens sont encore aujourd'hui castrés, enfermés et interdits de reproduction par leur propriétaire ; par contre, ils alimentent la nature en chiens semi-sauvages, semblables au chien commensal des origines. Seuls peuvent se reproduire les chiens qui ne montrent pas (trop) de velléités d'autonomie et de liberté. Ainsi, au cours des siècles, l'homme a modifié génétiquement le chien familier pour en faire un être de plus en plus dépendant. Sur le graphique, la courbe de Gauss s'est déplacée vers la droite, vers plus d'attachement, et s'est resserrée : il y a moins de variabilité dans l'attachement de l'espèce canine.

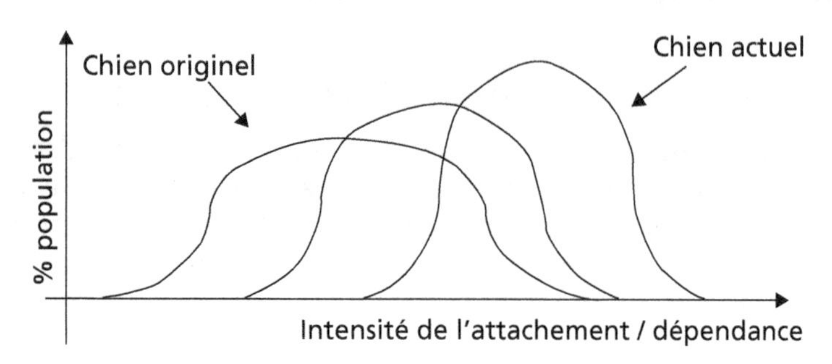

L'être humain sélectionne des chiens de plus en plus attachés et dépendants.

On peut être malade d'attachement

On peut être malade de trop d'attachement, de trop peu d'attachement et de détachement. La balance est très instable.

Quand l'être d'attachement disparaît, il y a de la détresse temporaire ; après la détresse, le chien refait un attachement à un autre être. Et la vie peut continuer. Si l'attachement n'est pas reconstruit, on s'arrête en quelque sorte de vivre. La détresse et sa guérison, c'est le processus de deuil.

Un chiot sans attachement va dépérir, déprimer ; il va mourir, sauf s'il est capable de recréer un nouveau lien d'attachement.

Histoire naturelle de l'attachement

L'attachement néonatal

À la naissance, la mère s'attache à ses chiots. Question d'odeur, de phéromone ? On croit que oui.

Le chiot nouveau-né pourrait s'attacher à plusieurs mamans. Il perçoit sa mère par le toucher, l'odorat, le goût ; bientôt, vers 10 jours, il la voit et l'entend. Il la définit comme un être à part, séparé. Il la familiarise et s'y attache. L'attachement est désormais réciproque.

Le chiot grandit, ses dents de lait apparaissent, et la mère s'éloigne, ou écarte ses chiots de ses mamelles endolories. Les chiots apprennent à s'attacher les uns aux autres. L'attachement va désormais dans de multiples directions, mais la mère reste le centre de sécurité : le chiot explore le monde et revient vers sa mère.

D'autres adultes apparaissent dans la vie des chiots, leur présence continue les rend familiers, mais il reste tout de même une relation privilégiée à la mère.

Ces chiots, qui passent la tête par le trou d'une cloison, sont attachés à leur mère et les uns aux autres.

Le détachement pubertaire

À proximité de la puberté, la mère décide que cette relation privilégiée doit s'arrêter et elle rejette ses adolescents devenus concurrents. L'attachement privilégié à la mère est cassé activement par l'adulte, mère et père. C'est indispensable.

L'attachement à la mère apaise, mais rend infantile. Sans détachement à la mère, le chiot ne deviendra pas adulte. Être adulte, c'est produire des hormones et être capable de vivre de façon autonome. Mais, comme il est impossible de ne pas faire d'attachement, l'adolescent s'attache à son groupe social. Il entre dans un groupe. Désormais il est un « presque-adulte ».

L'attachement en famille d'accueil

Quand le chiot est adopté par une famille, il doit faire le deuil de sa mère et de ses frères et sœurs et propriétaires d'origine. Ce processus prend quelques heures à quelques jours pendant lesquels le chiot exprime sa détresse par des vocalises, des troubles émotionnels (tristesse, perte d'appétit), des troubles psychosomatiques (diarrhées, sensibilité aux maladies infectieuses), tout en créant déjà un nouvel attachement à ses adoptants. Avec le nouvel attachement, la vie reprend.

Le chiot s'attache à plusieurs membres de la famille – à tous, de préférence.

À la puberté, le jeune chien produit des hormones et perd ses liens filiaux et sa subordination spontanée. Il devient plus autonome et gère la solitude temporaire sans difficulté.

Mais à l'approche de la puberté, les choses peuvent se gâter si le chiot reste attaché et dépendant, si l'adulte n'induit pas le détachement, et si le chiot reste en attachement privilégié avec un membre de la famille. La maturité sexuelle n'arrive pas, le jeune chien reste infantile, il ne s'intègre pas dans la structure familiale, son développement social et sexuel s'arrête et il souffre lorsqu'il est isolé. C'est l'hyperattachement avec anxiété de séparation[1].

L'histoire de l'attachement est aussi l'histoire du détachement à la relation duelle – à deux – pour entrer en attachement en relation multiple, en relation familiale et sociale. Le chien peut tout autant s'attacher à plusieurs personnes que rester (bloqué) dans une relation privilégiée de codépendance à deux.

À tout moment de sa vie, le chien peut faire le deuil d'une relation privilégiée et s'attacher à de nouveaux partenaires sociaux, entrant dans, et créant ainsi, un nouveau système. L'histoire du chien domestique est une histoire complexe de familles recomposées.

Attachement et apprentissage

Par la familiarité et l'apaisement émotionnel que sa présence procure, l'être d'attachement (mère, propriétaire) est le guide par excellence, celui que l'élève tente d'imiter.

Par ce même apaisement, l'être d'attachement permet au chiot d'explorer le monde et de rapidement revenir à son contact protecteur. Cette exploration est un va-et-vient en étoile centré sur l'être d'attachement. L'attachement permet d'explorer le monde, de familiariser le monde.

Sans attachement, il n'y a pas d'apprentissage, pas d'imprégnation, pas de socialisation, pas d'habituation, pas de communication sociale. Sans attachement, le chiot arrête son développement.

Attachement et autonomie

L'attachement est dépendance. Le chien est un être dépendant. Au contraire, le loup est autonome et peut survivre en solitaire, même si certains loups sont dépendants de la meute pour leur survie : ils sont attachés au groupe.

Certains chiens montrent beaucoup d'indépendance. Cela ne signifie pas qu'ils ne nous aiment pas, mais plutôt que leur attachement est différent : notre présence sécurise certains besoins fondamentaux (nourriture, jeu, contact social) mais nous ne sommes plus guère une source d'apaisement. En cas de peur, ils ne se réfugient pas chez nous pour qu'on les apaise et pour faire face ensemble à la situation stressante, mais ils fuient loin de nous. Nous pouvons encore jouer le rôle de coach, de leader, mais plus de maître ; cette situation engendre le déplaisir de nombreux propriétaires, qui désirent être le point de référence et d'affection de leur chien.

L'homme ne veut pas d'un chien de famille autonome ; il désire un chien dépendant.

Les troubles de l'attachement

L'attachement entraîne souvent des problèmes de dépendance (excès d'attachement ou rupture brutale d'attachement).

L'hyperattachement

La plupart des diagnostics d'anxiété de séparation n'en sont pas, mais sont des troubles liés à l'inactivité ou à la peur (phobie) de la solitude chez un chien sans hyperattachement.

La phobie de la solitude

Elle se manifeste par des épisodes de peur intense, sans habituation, lors de moments de solitude, avec signes de détresse tels que vocalises aiguës, grattage des issues, éliminations dues au stress chez un chien qui ne souffre pas d'hyperattachement ni d'anxiété de séparation.

Le traitement repose sur une désensibilisation, par isolement de durée croissante, tout en procurant au chien une activité passionnante (ronger un os, quand il est à jeun, par exemple). On commence par un isolement de 2 secondes et on double le temps à chaque répétition réussie. On peut monter ainsi à 4 heures en un week-end.

L'anxiété de séparation

Dans l'anxiété de séparation, le chien présente des signes émotionnels de détresse en l'absence de la personne – ou des personnes – d'attachement : vocalises de détresse, tentative de fuir pour rejoindre l'être d'attachement (apaisant). Le chien présente aussi des signes d'hyperattachement en présence de cette personne : il la suit sans arrêt, est toujours dans la même pièce, ne s'éloigne pas même lors d'une promenade sans laisse.

L'être d'attachement peut être une personne, un groupe, un autre chien.

La terminologie « anxiété de séparation » n'a, en fait, pas de sens : on ne cause pas un trouble de l'humeur (l'anxiété) par un déclencheur (la solitude), on active du stress, de la peur. Il s'agit plus exactement d'un hyperattachement avec anxiété et phobie de l'éloignement de la figure d'attachement. Un tel chien présente une personnalité dépendante.

Les critères de diagnostic

Ce sont les signes de détresse lors de la séparation (et déjà de l'anticipation de la séparation) d'avec une figure majeure d'attachement ou, plus rarement, d'avec un lieu d'attachement :

- Signes de stress :
  - Agitation, grattage des issues (portes, chambranles), tentatives d'échappement.
  - Vocalises aiguës, pleurs.
  - Réactions neurovégétatives, comme miction et/ou défécation par peur.
  - Activités substitutives telles que léchage du corps et alopécies.
  - Inhibition des activités : ne pas quitter son panier, refus de manger et même de boire.
- Signes d'hyperattachement :
  - Comportement « collant » : suit les figures d'attachement partout, à tout moment, cherche le contact physique, mais peut accepter des périodes spécifiques d'isolement en milieu connu, comme la nuit.
  - Exploration en étoile autour des figures d'attachement, sans jamais s'en éloigner beaucoup.
  - Hypervigilance et signes de détresse au départ des figures d'attachement.
  - Signes excessifs d'accueil au retour des figures d'attachement.
  - Signes de peur (posture basse, évitement) au retour des figures d'attachement, lorsque le chien a été puni pour des nuisances en dehors de l'acte et avec colère.
- Signes de comportements infantiles[2] :
  - Communication (avec chiens et gens) par des postures basses, des comportements infantiles de mordillements, des appels aux jeux fréquents.
  - Absence de posture haute, de menace ; abondance de postures basses et de signes d'apaisement.
  - Maturation sexuelle tardive ; en cas d'excitation sexuelle, présence d'érection et de flirt, mais appels au jeu à la place de tentatives de copulation.

Le traitement

Le traitement est le détachement, c'est-à-dire l'apprentissage de l'autonomie chez le chien. C'est un traitement difficile, puisque le chien a une personnalité dépendante, puisque le chien a été sélectionné par l'homme pour être dépendant. On ne pourra pas enlever la dépendance de sa personnalité, mais on peut transférer l'attachement de la figure d'attachement au milieu, qui devient apaisant. Dès lors, le stress de l'isolement est réduit.

Pour apprendre le détachement, le chien est isolé de la figure d'attachement et on lui fournit, en même temps, une activité passionnante. Le temps d'isolement est progressivement augmenté. Des médicaments (fluvoxamine, fluoxétine, clomipramine, sertraline, DAP) peuvent être prescrits par le vétérinaire pour atténuer la détresse émotionnelle et réduire les nuisances (destructions, vocalises).

Les troubles du détachement

Toute rupture brutale du lien d'attachement – et, pire encore, du lien d'hyper-attachement – entraîne un état de détresse, avec des signes expressifs (panique) suivis par des signes intériorisés (sidération).

La rupture peut être liée au décès de l'être d'attachement, à son éloignement temporaire.

Si l'éloignement est de longue durée ou répétitif, les signes de sidération sont typiques d'un syndrome post-traumatique (ou état dépressif aigu) : perte d'appétit, absence de soif, réduction de la motricité, insomnie (le chien est couché les yeux entrouverts). Chez le chiot, cet état peut conduire à la mort. Il s'agit d'une urgence. Le traitement médicamenteux à base de miansérine est souvent rapidement efficace (voir « Les hypothymies », page 277).

Ce chien nu du Mexique a gagné le concours du chien le plus laid du monde. Néanmoins, malgré sa laideur ou grâce à elle, son propriétaire tient énormément à lui.

LE DÉVELOPPEMENT DU CHIOT

Tous les bébés canidés, qu'ils soient chien, loup, coyote, chacal..., sont identiques dans leurs comportements. Ils tètent de la même façon, ils ont les mêmes appels et cris d'alarme, les mêmes comportements de recherche de confort[1]. Adultes, ils auront tous des comportements différents.

Le chien ne peut être social ni sociable s'il n'a pas appris à l'être. C'est une des grandes différences entre le chien et le loup, une grande chance et, en même temps, un grand maléfice : la sociabilité du chien n'est plus liée à des patrons-moteurs (instinctifs), elle est liée à un apprentissage ; mais pas n'importe quel apprentissage, un apprentissage qui va avoir des effets majeurs et indélébiles, parce qu'il se fait à quasi 100 % pendant une période très limitée de l'enfance : la période d'imprégnation (socialisation primaire).

Chiot de 16 jours.

La période d'imprégnation

La terminologie popularisée est « socialisation primaire » parce que le chiot acquiert les bases de ses compétences sociales. Mais il acquiert bien plus que cela. Le processus mis en jeu est un apprentissage spécial, puissant, rapide et de longue durée, voire indélébile. C'est un façonnement définitif du cerveau – comme un tatouage inaltérable – entraînant une architecture cérébrale individuelle et l'établissement de cartes cognitives inscrites dans les neurones. C'est en raison de ce processus que je préfère le terme d'imprégnation.

Pour utiliser une métaphore informatique, l'imprégnation change le hardware (puce électronique avec sa puissance et sa vitesse de traitement de l'information, et toute la circuiterie électronique), la socialisation ultérieure modifie les softwares, les programmes. Si le hardware est faible, les programmes ne pourront pas tourner de façon optimale. L'imprégnation booste le hardware.

Signification éthologique

L'imprégnation[2] est un processus d'apprentissage qui se passe pendant une période sensible et aboutit à des acquis durables :

- La période sensible : en moyenne de 3 à 12 semaines (parfois plus) chez le chiot.
- Les acquis durables : les informations acquises durant cette phase par imprégnation sont conservées longtemps, parfois pour la vie entière, d'où la notion d'« empreinte ».

Il s'agit bien d'un mécanisme d'apprentissage, c'est-à-dire d'acquisition d'informations et de compétences qui ne sont pas innées (génétiques) ; le seul élément génétique est la détermination du moment et de la durée de la période sensible au cours du temps, au cours du développement.

L'apprentissage par imprégnation est une chance et un risque pour l'animal. C'est une chance parce qu'elle donne de grandes libertés pour créer des cartes cognitives et s'adapter à des environnements variés ; c'est un risque parce que les conséquences sont quasi définitives. C'est grâce à ce processus que le chiot peut s'imprégner à l'être humain et le considérer comme une espèce amie et non comme un prédateur. Il était inimaginable que la nature puisse produire cette « aberration » de faire vivre deux espèces totalement différentes ensemble par le biais d'un code génétique élémentaire.

Le chiot acquiert par ce processus d'imprégnation des catégorisations et des concepts sur son monde environnant. Parmi les différentes empreintes possibles, il faut citer :

- L'empreinte sexuelle.
- L'empreinte sociale et attachement.
- L'empreinte filiale et parentale.
- L'empreinte au biotope.
- L'empreinte aux espèces « amies ».

Ces empreintes, connues en éthologie, se retrouvent dans les catégorisations que je propose ci-après.

Durée de l'imprégnation

La période d'imprégnation existe chez le loup, mais elle est très limitée : entre la deuxième et la troisième semaine de vie. Chez le chien, elle est plus étendue : entre la troisième et la douzième semaine de vie. Ce sont des moyennes.

Cela signifie que le début commence entre 2 et 4 semaines ; cette variabilité n'a pas de grande influence pour le développement social.

La fin de cette période se situe en moyenne à 12 semaines, avec des variables de 7 à 16 semaines et des extrêmes de 5 à 20 semaines. Et ces chiffres ont une influence considérable sur la socialité du chien. Pourquoi ? Parce qu'il s'agit d'une période d'intégration, de catégorisations et de conceptualisations : les concepts d'identité, d'ami et d'étranger, les référentiels des contextes connus et nouveaux vont s'acquérir à ce moment.

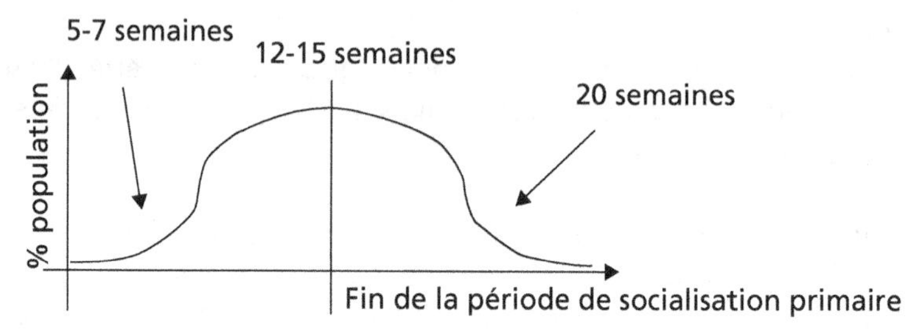

Fin de la période d'imprégnation / socialisation primaire.

Le chiot n'a qu'une seule et unique chance d'acquérir ces concepts essentiels de façon aisée. La Nature ne lui donnera pas une seconde chance. Les apprentissages à un âge ultérieur seront de dix à cent fois plus difficiles à intégrer.

Signification biosociale

Pour comprendre ce qui se passe pendant la période d'imprégnation, il faut savoir que le cerveau est à cet âge en plein développement. Il se fait en deux phases : la croissance et l'organisation.

À la naissance, le cerveau du chiot possède déjà quasiment toutes les cellules ; pourtant il ne fait que 20 % du poids du cerveau adulte. L'augmentation de poids est liée à la présence de connexions entre ces cellules nerveuses : une cellule envoie en moyenne 15 000 prolongements vers les autres cellules. À chaque contact entre un prolongement – appelé dendrite ou axone – et une cellule, se fait un pont chimique, appelé synapse. Ces 15 000 milliards de synapses créent un vrai chaos.

Pour mettre de l'ordre dans ce chaos, organiser les cellules et les synapses en cartes et réseaux, le cerveau du chiot produit des enzymes suicidaires, tout simplement pour tuer des synapses, tuer des cellules nerveuses et enlever tout ce qui ne sert à rien. Seules les synapses arrivées à maturité vont résister. Et ces synapses arrivent à maturité quand elles ont fonctionné, c'est-à-dire quand elles ont réagi à une stimulation externe, une stimulation de l'environnement, par l'intermédiaire des sens. Il y a, en même temps, une prolifération et une destruction de cellules, de cartes et de réseaux ; ces mécanismes s'équilibrent et entraînent une structuration du cerveau, un accroissement d'ordre du système[3]. En somme, la génétique produit la masse et un début de structure en cartes neuronales et l'environnement met de l'ordre et affine la structure.

Par exemple, si le chiot vit cette période dans l'obscurité, ses yeux n'ont pas perçu de lumière et son cerveau visuel sera suicidé, éliminé[4]. Après cette période, mis en présence de la lumière, le chiot est aveugle : sa pupille est fonctionnelle et réagit de façon réflexe à la lumière, mais il est incapable de décoder les images : on parle de cécité centrale, neurologique.

Il est important de se rendre compte que ce qui se passe pendant la période d'imprégnation-socialisation est de l'ordre de la structure neurologique et pas simplement de la mémoire ; une fois la structure en place, elle ne changera quasiment plus ; le chiot devra vivre toute sa vie avec une structure riche ou handicapée.

Imaginez ce qui se passerait si le chiot vivait cette période sans certains stimuli, comme la présence d'autres chiens, d'humains, de bétail, de volaille, de chats, de bruits urbains, de bruits de campagne ? Il n'aurait tout simplement pas les cartes neuronales adaptées pour comprendre ce stimulus et interagir adéquatement avec lui[5] ; la seule façon d'interagir serait alors avec ses patrons-moteurs instinctifs : fuite, agression, prédation.

L'identification à l'espèce

Le chiot apprend qu'il est un chien

Aussi étonnant que cela puisse paraître, un chiot nouveau-né n'a pas d'identité : il ne sait pas qu'il est un chien, il va devoir l'apprendre pendant la période d'imprégnation, par interactions sociales avec d'autres chiens – sa mère, ses frères et sœurs, et d'autres chiens.

Cette imprégnation intraspécifique (à l'espèce propre) entraîne des effets à court, moyen et long terme, des effets immédiats et différés :

- L'identification à l'espèce canine : effet immédiat et à long terme. Cette identification est indélébile. Une fois que le chien sait qu'il est un chien – ou se représente comme un chien –, il ne l'oubliera jamais. Le miracle, c'est que même si le chiot ne vit cette période qu'avec des chiens de sa race, de son morphotype, il peut reconnaître (quasi) tous les chiens (quel que soit leur morphotype : nain, petit, grand, géant, long, court, poilu ou nu, oreilles dressées ou couchées, queue courte ou longue ou enroulée...) comme faisant partie de l'espèce canine[6]. Le chiot a élaboré un *concept*[7], le concept d'espèce « chien ».
- L'attachement filial : effet immédiat et à moyen terme. Le chiot sait qui est sa mère nourricière et ne se trompe pas avec une autre chienne ; il prend peur à distance de sa mère. Si le chiot reste avec sa mère, il formera avec

elle un lien social d'obédience plus important qu'avec d'autres chiens, mais cet effet s'estompe après l'adolescence.

- La socialisation : effet immédiat et à long terme. Les (types et espèces d') individus avec lesquels le chiot partage cette période donneront les types sociaux préférés pour toute la vie. Le chiot apprend à communiquer avec ses semblables et à partager l'environnement et résoudre les conflits.
- L'identification sexuelle : effet différé et à long terme. Les (types et espèces d') individus avec lesquels le chiot partage cette période donneront les types sexuels préférés pour toute la vie.
- L'empreinte parentale : effet différé et à moyen terme. Le chiot met en mémoire le concept d'espèce « chien » qui sera le modèle des individus auxquels il donnera des soins parentaux, plus tard dans sa vie.
- L'inhibition de la prédation : effet immédiat et à long terme. La socialisation entraîne un blocage de la prédation : le chien bien socialisé aux chiens ne chasse pas les autres chiens (et ne les mange pas). Il y a cependant de plus en plus d'exceptions à ce processus.

Tous ces apprentissages sont liés. Ils se réalisent aisément lorsque le chiot vit avec ses parents, sa fratrie et avec d'autres chiens de différents types morphologiques.

L'imprégnation panachée

Le chien vit sa période d'imprégnation au milieu de différentes espèces. Heureusement pour nous, cela lui permet de se socialiser aux humains. De même, pour faire un bon chien de défense de mouton, le chiot vivra dès 3 à 5 semaines avec sa mère et sa fratrie au milieu de moutons.

Les troubles de l'identification à l'espèce

Les processus d'apprentissage décrits ci-dessus ne sont pas infaillibles.

La prédation sur des chiens

J'observe chez des chiens de race géante et de garde – comme le rottweiler, le doberman, les chiens de berger de défense (montagne des Pyrénées, saint-bernard, tatra) – une incapacité partielle à acquérir le concept d'espèce « chien » ou de bloquer les comportements prédateurs envers certains membres de l'espèce canine. Ces chiens peuvent poursuivre et tuer – avec un comportement typique de chasse – des chiens de petites races, comme des caniches, des bichons, des pékinois.

Cette déficience est partiellement génétique. Il faut éviter de reproduire des chiens qui présentent ce comportement. Une surimprégnation aux petits chiens pourrait réduire ce comportement.

L'identification à une autre espèce que le chien

Lorsqu'il n'y a pas de chien dans l'environnement de développement pendant la période d'imprégnation, alors le chiot s'identifie à l'espèce la plus proche de son espèce.

Le cas le plus fréquent est celui du chiot unique qui a perdu sa mère ou du chiot trouvé dans une poubelle et qui est élevé au biberon, en l'absence de chiens. Toutes les identifications et les empreintes vues plus haut se feront alors avec certains types humains qui deviendront les cibles du comportement social, filial, sexuel. Le chien ainsi imprégné n'aura pas une identité de chien. Dès lors, il ne reconnaîtra pas les chiens comme appartenant à son espèce et ceux-ci pourront donc devenir les victimes de ses comportements de prédation.

Ce processus n'est pas réversible après la fin de la période d'imprégnation (vers l'âge de 16 à 20 semaines).

Il est rare que ces chiens survivent longtemps. En plus des problèmes d'identité, ils montrent souvent des comportements aberrants : leurs comportements sociaux et agonistes (résolution de conflit) n'ayant pas été façonnés par l'expérience avec des chiens, ils sont souvent incohérents avec les gens, manifestant des agressions imprévisibles et non contrôlées. Ces chiens sont souvent euthanasiés pour dangerosité excessive aux environs de l'âge d'un an.

L'imprégnation à l'humain

L'homme comme espèce amie

Le chien est capable d'imprégnations multiples avec différentes espèces. C'est ce qui lui permet de socialiser avec l'homme et de vivre avec lui ; c'est d'ailleurs cette mutation qui a permis au loup commensal de devenir chien familier.

Tout ce que j'ai écrit sur l'imprégnation intraspécifique – imprégnation à l'espèce propre – est valable pour l'imprégnation interspécifique – imprégnation à une autre espèce – avec ces deux différences fondamentales que le processus n'est pas indélébile et qu'il ne se généralise pas au concept d'espèce.

En présence de l'espèce propre (le chien) et d'une autre espèce (l'humain), le chiot donne la préférence au chien : il s'identifie au chien et se socialise à l'humain comme à une espèce secondaire, une espèce amie.

Cette imprégnation entraîne des effets à court, moyen et long terme, des effets immédiats et différés :

- La socialisation à des types humains : effet immédiat et à moyen terme. Les types d'individus humains avec lesquels le chiot partage cette période donneront les types sociaux préférés pour toute la vie. Le chiot apprend à communiquer avec ces types humains, à partager l'environnement et résoudre les conflits. Cette socialisation est effaçable ; elle nécessite un entretien permanent par la présence répétée des humains. Elle ne se généralise pas à l'espèce humaine : le chien n'acquiert pas le concept d'espèce humaine.

Pour y arriver occasionnellement, il devrait être imprégné à plus de 7 types humains et, ensuite, entretenir ces contacts sociaux toute sa vie. Certains chiens n'y arrivent jamais.

- L'attachement filial : effet immédiat et à moyen terme. Le chiot sait qui sont les sources de soins, d'aliments et d'apaisement. Si le chiot reste avec ces parents adoptifs, il formera avec eux un lien de subordination plus étroit qu'avec d'autres humains, mais cet effet s'estompe après l'adolescence.
- L'imprégnation sexuelle : effet différé et à long terme. Les types d'individus humains avec lesquels le chiot partage cette période donneront les types sexuels envisageables en cas d'absence ou d'inaccessibilité du type sexuel idéal.
- L'empreinte parentale : effet différé et à moyen terme. Le chiot met en mémoire les types d'humains auxquels il pourrait donner des soins parentaux plus tard dans sa vie.
- L'inhibition de la prédation : effet immédiat et à moyen terme. La socialisation entraîne un blocage de la prédation : le chien ne chasse pas les types humains auxquels il a été bien socialisé.

Cela signifie que pour vivre avec l'homme, le chiot doit avoir des contacts sociaux agréables répétés, sinon constants, avec au moins 7 types humains différents (bébé, enfant, adolescent, garçon, fille, homme, femme, personne âgée, personne avec canne, personne en voiturette, etc.).

Dans l'ensemble des critères « personne » ou « individu humain », il faut tenir compte de la structure verticale ou horizontale : un adulte marche debout (vertical) alors qu'un bambin de 7 mois marche à quatre pattes (horizontal) ; cette différence est fondamentale. Si l'environnement d'imprégnation ne comprend pas de bambin, il faudrait que les adultes jouent à marcher à quatre pattes.

Tous ces apprentissages doivent se réaliser avant la fin de la période d'imprégnation (12 semaines en moyenne, avec des extrêmes de 7 à 20 semaines). C'est malheureusement rarement le cas et cela entraîne de nombreux problèmes comportementaux entre chiens et humains :

- L'éleveur devrait socialiser les chiots dès l'âge de 5 semaines jusqu'à la cession (vente) du chiot. Les acquéreurs devraient poursuivre l'imprégnation immédiatement. Une acquisition tardive chez un éleveur qui socialise peu et un isolement social après l'acquisition sont les causes les plus fréquentes d'un manque de socialisation à l'homme.
- Certaines lignées (ou races) se socialisent mal ; d'autres se socialisent plus facilement à l'homme. La durée de la période d'imprégnation et le début de la peur des humains sont sous influence génétique. L'éleveur peut sélectionner sur ces critères. Reproduire avec des géniteurs dont la période

d'imprégnation est courte et qui ont facilement peur des humains pour produire des chiens de famille est irresponsable.

Les troubles de la socialisation à l'espèce humaine

L'imprégnation à l'humain est rarement satisfaisante dans nos sociétés urbaines. Par contre, dans les peuplades indigènes, le chien naît et vit à proximité des humains de tous âges. Paradoxalement, les chiens (commensaux) des populations indigènes sont mieux socialisés que les chiens (racés) de nos sociétés occidentales, riches et savantes. Nos sociétés cultivent l'individualisme au détriment des familles multigénérationnelles, ce qui est réellement défavorable pour une bonne imprégnation du chien à l'homme.

L'insuffisance de la socialisation

Dans 70 % des cas, la socialisation à l'être humain est insuffisante, le chiot n'ayant pas pu interagir socialement de façon continue avec 7 types humains différents. Il en résulte une socialisation imparfaite à certains types humains, avec des réactions de peur (fuite, immobilisation ou agression de distancement et de peur) ou de prédation. Les peurs les plus fréquentes sont :

- La peur des enfants.
- La peur des adolescents.
- La peur des hommes.
- La peur des personnes de couleur (autre que celle des types humains socialisés).
- La peur des personnes avec une canne.
- La peur des personnes avec chapeau.
- La peur des personnes à mouvements saccadés (personnes âgées avec instabilité motrice).

La prédation sur des types humains

La socialisation bloque la prédation. En corollaire à une insuffisance de socialisation, on observe des comportements de chasse sur des types humains auxquels le chien n'a pas été imprégné. Ces comportements de prédation entraînent, chaque année, des accidents avec mort humaine. Les proies les plus fréquentes sont les enfants et les personnes âgées, mais tout type humain peut en être victime. La plupart des accidents spectaculaires de morsures de chiens sur humains, relatés dans les médias à sensation, sont des agressions de prédation.

Ces accidents peuvent être prévenus en imprégnant correctement le chiot aux humains et en sélectionnant génétiquement des chiens dont la période de socialisation est longue et dépasse les 12 semaines.

L'imprégnation aux espèces non humaines

Grandir avec d'autres animaux

L'imprégnation aux animaux suit les mêmes règles que l'imprégnation aux humains. Elle est partielle, de qualité variable, de mémorisation incertaine et rarement généralisable à l'espèce. Le manque d'imprégnation entraîne des comportements de distancement (fuite ou agression) par rapport à ce que le chien considère comme inhabituel, étranger et, éventuellement, dangereux, ou des comportements de prédation s'il considère l'animal comme appartenant à la classe des proies potentielles. Pour une bonne imprégnation, il faut des contacts étroits, voire des interactions de jeu.

Le chiot peut aisément se socialiser aux chats, à la volaille, aux lapins, aux chevaux, aux écureuils, aux rats et aux souris... d'un certain type. Si le chien est socialisé aux chats blancs, rien ne l'empêche de chasser les chats gris ou noirs !

Pour imprégner le chiot aux moutons, il faut qu'il ait des contacts sociaux et ludiques avec les moutons avant la fin de sa période d'imprégnation. Pour faire un bon chien de défense de mouton, il faut que le chiot vive au milieu des moutons (et sa mère et sa fratrie) dès l'âge de 3 à 5 semaines et qu'il ne quitte jamais cet environnement.

Les chiots de ferme qui grandissent au milieu des animaux de basse-cour ne chassent ni la volaille ni les lapins, contrairement aux chiens élevés en milieu urbain.

Ce chien a dû être bien socialisé aux kangourous.

Les troubles de la socialisation aux animaux

L'imprégnation aux animaux est rarement satisfaisante pour le chien de famille urbain. La socialisation bloque la prédation. L'insuffisance de socialisation entraîne des comportements de chasse sur des types d'animaux auxquels le chien n'a pas été imprégné.

La chasse aux chats

Le chien peut chasser et tuer les chats. Le problème peut être prévenu ou évité :

- Avec des chiens sans compétence de chasse et qui ne déclenchent pas un réflexe de poursuite quand ils voient courir un chat.
- Avec une imprégnation correcte à une multitude de types de chats (couleurs et tailles différentes) pendant la période d'imprégnation et son entretien après (en vivant avec des chats).

La resocialisation aux chats d'un chien tueur de chats est utopique. Tout au plus, peut-on obtenir un état d'indifférence dans certains contextes, comme dans la maison, avec des chats qui ne fuient pas et qui bougent de façon lente ; tout mouvement brusque activerait le comportement de poursuite.

La prédation sur les animaux de rente

Le chien de ville est le premier tueur de mouton et de volaille (voir « Les comportements de chasse, la prédation », page 67).

Ces accidents peuvent être prévenus :

- En imprégnant correctement le chiot aux divers animaux domestiques familiers ou de rente.
- En sélectionnant génétiquement des chiens dont la période de socialisation est longue et dépasse les 12 semaines.
- En muselant le chien (muselière panier) en présence d'animaux auxquels il n'a pas été socialisé.

La resocialisation après la période d'imprégnation est illusoire.

L'imprégnation au biotope

L'établissement de référentiels environnementaux

Chaque élément du biotope du chiot en développement dans la période d'imprégnation va s'inscrire dans des cartes[8] de catégorisations perceptives de référence : des référentiels.

Le bruit de fond et les différentes qualités de bruits, l'intensité de lumière, l'agitation du milieu, les textures au sol et aux murs, et aussi les structures verticales et horizontales, tous ces éléments qui composent l'environnement sont classés et mémorisés dans des référentiels. Le chien s'y rapporte en cas d'exposition à un biotope nouveau.

Si le chiot a été élevé dans une cuisine au milieu d'une famille nombreuse, il a des référentiels sensoriels élevés. Il vivra aisément dans tous les milieux, sauf peut-être sur un bateau ! Mais si le chiot a vécu sa période sensible dans un appartement vide ou au milieu d'une forêt ou d'un désert (social), ses référentiels sensoriels seront assez bas et il risque de stresser dans un milieu complexe et stimulant comme la ville.

Idéalement, on devrait proposer au chiot un milieu de développement progressivement plus complexe et riche et l'exposer graduellement à des sons d'intensité croissante !

La pièce d'éveil

Puisque la majorité des chiots ne grandissent plus en famille, dans un environnement multisensoriel stimulant (par exemple la cuisine d'une famille avec des enfants, des jouets d'enfants, des bruits de casserole, une radio, un poste de télévision éventuel, des odeurs multiples des plats cuisinés, un carrelage ou un tapis au sol et une présence permanente de personnes qui vont et viennent, murmurent, parlent, crient parfois), l'éleveur doit reproduire cet environnement de façon artificielle. C'est la pièce d'éveil psychomoteur. Cette pièce permet l'éveil de tous les sens :

- Pour le sens tactile : plusieurs revêtements de sol différents, de texture variée.
- Pour le sens visuel : objets de formes et de couleurs variées, jouets d'enfants colorés (et bruyants), balles, miroirs, objets en mouvement, télévision.
- Pour le sens auditif : enregistrements de sons que l'on trouve en ville et à la campagne : des bruits de voiture, des hennissements de chevaux, des beuglements de vaches, des pétarades de tracteur, etc. Une radio branchée sur une station moderne et classique en alternance est aussi une bonne idée.
- Pour le sens olfactif et gustatif : mets variés, parfums, diverses odeurs humaines et animales.

Jouet d'enfant à disposition du chiot dans la pièce d'éveil.

Premières sorties en ville

Si le chien doit vivre en ville, il doit connaître la ville avant la fin de la période d'imprégnation. Connaître signifie visiter fréquemment et dans une humeur positive. Le chiot doit :

- Être sorti en rue, en ville.
- Visiter le marché, la gare et d'autres lieux publics.
- Prendre divers transports : voiture, tram, métro, bus, train.
- Être touché et caressé par différents types de personnes dans différents lieux.
- ...

Comme le chiot de moins de 12 semaines n'a pas toujours une immunité compétente[9] contre certains virus dangereux (maladie de Carré, parvovirose), il convient de discuter avec son vétérinaire d'un protocole de vaccination efficace permettant au chiot de sortir. Il faut savoir qu'éviter de sortir en rue n'empêche pas les infections virales : le chien vivant à l'intérieur n'est pas protégé comme s'il vivait dans une bulle stérile ; le propriétaire peut ramener les virus sur ses vêtements et infecter son chiot.

Les troubles de l'imprégnation au biotope

Si le chiot n'a pas appris ce qu'est un environnement riche, bruyant et complexe avant la fin de la période d'imprégnation, il sera stressé dès qu'il sera mis en présence d'un tel environnement après cette période. De nombreuses peurs urbaines tirent leur origine de cette carence de développement psychomoteur.

L'apprentissage du contrôle de soi

Le contrôle de soi est nécessaire quand on vit en société. Je parle ici du contrôle :

- Des mouvements : capacité d'adapter ces mouvements à l'environnement (et de les arrêter).
- De la morsure : capacité d'adapter la morsure au contexte : morsure contrôlée (mise en gueule) en cas de jeu, morsure adaptée à l'intensité d'un conflit, morsure forte pour déchiqueter de la nourriture.

L'apprentissage du contrôle des mouvements

L'apprentissage du contrôle des mouvements est enseigné par la mère aux chiots dès l'âge de 5 semaines et se poursuit jusqu'à l'âge de 3 à 4 mois. La technique disciplinaire change d'une mère à l'autre mais le résultat est comparable : le chiot apprend à s'immobiliser à la demande.

Voici une des techniques, observée chez une mère husky[10] : les chiots jouent à se poursuivre ; ils gambadent, crient, gesticulent ; à un moment, la mère choisit un chiot, le poursuit, vient sur lui, semble l'attaquer ; gueule ouverte, elle saisit la tête entière du chiot ou une partie de son crâne, le happe par le cou ou les oreilles, ou le haut du dos ; parfois elle pince ; le chiot hurle (un « kaï » retentissant) et s'immobilise quelques secondes ; la mère le relâche ; le chiot s'ébroue et se relance dans le jeu ; la chienne reproduit le même acte éducatif dans les quelques secondes qui suivent ou plus tard dans la journée. Progressivement, elle provoque chez le chiot un arrêt du jeu, l'adoption d'une position couchée (sur le ventre, le côté ou le dos) inhibée de plus en plus longue et qui atteindra finalement plus de 30 secondes à une minute. L'apparente violence de cette manipulation est démentie par l'attrait du chiot vers sa mère : après le « kaï » et l'immobilisation, le chiot se lance à la poursuite de sa mère.

Cette technique éducative n'engendre aucune peur. Parce que la mère n'y met pas d'autre émotion que celle du jeu ; il n'y a en fait aucune agressivité.

D'autres chiens adultes peuvent remplacer la mère et se charger d'apprendre l'autocontrôle aux chiots.

En absence de la mère ou d'un autre chien éducateur, ce sont l'éleveur et l'acquéreur qui doivent prendre le relais éducatif. Les différentes étapes de cette technique éducative sont les suivantes : forcer le chiot à s'arrêter, le saisir au niveau de la face, de la tête ou du cou, le forcer à se coucher, rester au-dessus de lui jusqu'à ce qu'il se soit calmé, qu'il ne se débatte plus et enfin le relâcher. Il est interdit de se mettre en colère, de crier, de frapper.

Un chiot qui n'a pas appris l'autocontrôle de sa mère, d'un chien adulte, de l'éleveur ou de l'acquéreur, risque de devenir un chien adolescent ou adulte hyperactif, de bousculer et faire tomber les gens, de se frapper la tête contre un obstacle, de bouger sans arrêt jusqu'à tomber de fatigue et de se relancer au jeu au moindre stimulus.

L'apprentissage des postures d'apaisement

En même temps que la chienne mère enseigne à ses chiots le contrôle de leurs mouvements, elle leur apprend à s'immobiliser en présence d'un adulte. Le chiot s'immobilise sur le ventre, sur le côté ou le dos, parfois émettant quelques gouttes d'urine. Cette posture donnera plus tard la posture d'apaisement – aussi appelée posture de soumission – qui permet de stopper un conflit avec un autre chien.

Cette posture, prise spontanément par le chiot quand sa mère le plaque au sol, est dérivée de la position prise par le chiot nouveau-né pour éliminer quand sa mère lui lèche le périnée[11].

L'apprentissage du contrôle de la morsure

Chaque chiot naît avec une morsure d'intensité variable. Les chiots qui ont une morsure forte doivent apprendre à réduire et contrôler l'intensité de cette morsure. Cet apprentissage est enseigné mutuellement entre les chiots lors des jeux de combat ; il est aussi supervisé par la mère par la technique disciplinaire décrite dans l'apprentissage du contrôle des mouvements.

La technique de base est la suivante : au cours des jeux de combat, le chiot mord ses frères et sœurs au cou, à la face et aux oreilles ; ces morsures (infligées par des dents de lait pointues comme des aiguilles) sont douloureuses ; le chiot mordu crie ; ensuite, la situation est inversée ; le mordu devient le mordeur ; ces morsures réciproques, accompagnées de cris de douleur, permettent à chacun des chiots d'apprendre à inhiber ses morsures dans le jeu social. Cette inhibition du mordant s'acquiert avant l'éruption des dents adultes (avant l'âge de 4 mois). Si les jeux de morsures ne se régulent pas d'eux-mêmes, la mère intervient comme dans les jeux de poursuite.

La peau humaine étant plus sensible et moins résistante que la peau du chien, il convient que le chiot apprenne à contrôler encore mieux ses morsures. Comment faire ? Lorsque votre chiot vous mord, vous devez pousser un cri (un « kaï ») et, ensuite, pincer (ou mordre) le chiot au niveau de la peau du cou ou des oreilles, jusqu'à ce qu'il crie. Si vous ne respectez pas ces consignes, votre chien pourrait, une fois adulte, causer des accidents par morsure forte non contrôlée.

Le trouble de l'apprentissage du contrôle de soi

Un chien, incapable de se contrôler (c'est-à-dire impulsif), tant au niveau des mouvements que de ses morsures, devient une source de danger pour son environnement. C'est un des critères du trouble d'hyperactivité.

Les conditionnements précoces

Le conditionnement alimentaire

L'expérience alimentaire pendant la période d'imprégnation influence le régime nutritif des chiens adultes : préférence pour les textures, les goûts.

Au sevrage, vers l'âge de 3 à 5 semaines, le chiot a tendance à imiter le comportement de sa mère et à préférer la nourriture qu'elle choisit[12].

Le conditionnement des mâchonnements

C'est aussi à cet âge tendre – et pendant la période d'éruption des dents de lait – que le chiot prend des bonnes habitudes de ronger et mâcher ce qu'on lui donne au lieu de trouver par lui-même ce qui est bon à se mettre sous la dent.

Un chiot jack russell avec son Kong® à poursuivre et mâcher.

Le conditionnement des toilettes

Le chiot conditionne les endroits d'élimination entre 8 et 15 semaines, en fin de période d'imprégnation, c'est-à-dire qu'il développe des lieux préférentiels et qu'il sera malaisé de lui en faire changer.

La technique classique (et démodée) d'apprendre au chiot à être propre, en le faisant éliminer dans la maison sur des papiers journaux, a le désavantage de le conditionner à éliminer dans la maison à un endroit précis qui deviendra ses toilettes. Il sera ensuite très difficile de l'en déshabituer. (Voir « Les comportements d'élimination », page 88, « Éduquer un chien », page 459.)

L'enrichissement des chiots

L'imprégnation compense les déficits génétiques

Tous les chiots ne sont pas égaux face à la génétique sociale. Certains sont plus intelligents que d'autres, certains ont une période d'imprégnation plus longue et se socialisent plus facilement (ils établissent plus facilement des cartes neuronales et des concepts). Un milieu d'imprégnation riche n'améliore pas beaucoup l'intelligence des chiots prédisposés à être intelligents ; par contre, il améliore de façon considérable les chiots qui sont prédisposés génétiquement à avoir des difficultés sociales.

On peut extrapoler au chien les résultats d'une expérience chez le rat. On teste des rats dans un labyrinthe ; certains sont efficaces (intelligents), d'autres sont très lents (stupides) ; on reproduit les rats intelligents entre eux et les stupides entre eux ; on obtient deux lignées génétiquement différentes, dont les individus répondent différemment au test du labyrinthe[13]. Pour tester l'effet de l'environnement, on va diviser chacune des lignées en deux groupes et les faire grandir pendant la période d'imprégnation soit en milieu riche, soit en milieu pauvre. Les rats intelligents restent performants (intelligents) dans le labyrinthe, quel que soit leur environnement de développement. Par contre, les rats stupides deviennent performants (intelligents) s'ils ont été élevés en milieu enrichi, alors que leurs frères élevés en milieu appauvri restent stupides, définitivement inefficaces dans le labyrinthe et peu capable d'améliorer leurs performances par apprentissage.

Cette expérience, extrapolée au chien, signifie que les insuffisances génétiques peuvent être compensées par un enrichissement en période d'imprégnation ; mais que si l'imprégnation est insuffisante, la génétique montre toute sa puissance, y compris celle de ses défectuosités. Un chien génétiquement bête et mal socialisé restera bête toute sa vie ; il aura de grandes difficultés d'apprentissage.

Conseils pour l'élevage

L'éleveur désire améliorer la qualité génétique de ses chiens. Pour ce faire il sélectionne les géniteurs les plus performants, au niveau esthétique et/ou psychologique. Mais il n'a accès qu'au phénotype, ce qui est observable, et qui n'est pas toujours le miroir du génotype. En effet, un milieu d'imprégnation enrichi permet à un chiot génétiquement déficient socialement de paraître aussi compétent qu'un chiot génétiquement compétent socialement. Les phénotypes sont comparables alors que les génotypes sont différents. L'enrichissement de la période d'imprégnation n'aide pas les éleveurs à choisir les individus au génotype le plus compétent. Par contre, la plupart des chiots étant compétents, les acquéreurs de chiens de famille seront contents ; l'imprégnation est favorable à la vente de chiots de qualité.

Pour sélectionner les meilleurs génotypes, il faudrait que les chiots vivent leur période d'imprégnation dans un milieu minimaliste qui permette aux plus compétents génétiquement de s'en sortir ; tous les autres chiots devraient être éliminés, car ils feraient de très mauvais chiens de famille. Cette technique est très efficace pour l'amélioration de la race mais très coûteuse pour l'éleveur, qui vit (partiellement) du produit de son élevage.

L'école des chiots

Pour parfaire l'imprégnation à différentes races de chiens, aux humains, au biotope, et au contrôle de soi, on rassemble des chiots (dès l'âge de 6 semaines) de même niveau psychomoteur dans un environnement sécurisé et on les fait superviser par des chiens et des humains éducateurs.

Les éducateurs doivent être très compétents. Il leur faut observer et intervenir à la moindre dégradation des interactions. Ils décèlent les chiots craintifs et les encouragent à interagir. Ils surveillent les chiots fonceurs et leur apprennent plus d'autocontrôle. En plus des interactions de jeu, les instructeurs peuvent organiser des séances d'éducation de base et des visites urbaines : visite de la gare, du marché et de la kermesse, marche en rue, voyage en transport en commun...

Participer à une école de chiots (compétente) devrait être une obligation pour tout propriétaire d'un jeune chien. Ces écoles sont encore trop rares en France et en Belgique, plus fréquentes en Suisse et au Québec. Elles sont faciles à organiser au sein même des cliniques vétérinaires et des clubs d'éducation. Il faut un chien bon éducateur et un instructeur humain compétent pour chaque groupe de 5 à 10 chiots. (Voir « L'école des chiots », page 473.)

Imprégnation, apprentissage et travail

L'apprentissage par imitation se met en place pendant cette période fondamentale. Les chiots qui ont vu leur mère pratiquer un travail sophistiqué apprennent plus vite ce travail plus tard dans leur vie. (Voir « L'apprentissage par imitation », page 347.)

La période juvénile

Située entre la fin de la période d'imprégnation (12 à 16 semaines) et la puberté (de 5 à 18 mois suivant la race), c'est une période d'intégration des acquis, une période plus calme entre deux périodes sensibles. La peur de l'inconnu, qui déclenchait la fin de la période d'imprégnation, s'amplifie et vient s'opposer à la curiosité universelle du chiot.

C'est une période mise à profit pour l'éducation du chiot juvénile. Il est aisé de lui apprendre (de façon positive, avec récompense) un nombre incalculable de trucs éducatifs, y compris les ordres de base qui permettent de le sécuriser : assis, couché, viens, reste et autres commandes qui permettent au propriétaire de contrôler son chien en toutes circonstances.

La période pubertaire

Autour de la puberté, la génétique s'exprime à nouveau, de façon différée :

- Elle lance la production des hormones sexuelles.
- Elle manifeste des gènes jusque-là silencieux qui vont modifier la psychologie et faire ressembler les enfants davantage à leurs géniteurs : c'est une période de désocialisation et de début de nombreux troubles psychologiques.
- Elle a tendance à fixer les problèmes existants : on observe une réduction à ce moment du taux d'amélioration des troubles de l'enfance.
- Elle pousse au détachement unique et à l'attachement au groupe.

La période péripubertaire est une période de métamorphose

La puberté apporte des changements importants autant dans la physiologie, la psychologie que dans les relations sociales.

La métamorphose hormonale

La puberté se signale par l'apparition du lever de patte (marquage urinaire) chez le mâle et les premières chaleurs (œstrus) chez la femelle. Mais l'organisme n'a pas attendu ces manifestations comportementales pour transformer en profondeur toute la physiologie par la production des hormones sexuelles :

- Changement de l'aspect physique : différenciation sexuée des mâles et des femelles, développement des organes sexuels externes, augmentation de la stature, de la résistance et de la puissance musculaire chez le mâle, augmentation de volume de certains noyaux cérébraux chez le mâle.
- Modification de la biochimie : création de protéines et réduction de la transformation des sucres en graisses chez le mâle.
- Production d'hormones, de phéromones et d'odeurs dans les sécrétions cutanées et les excrétions, modifiant la communication avec les membres de l'espèce.
- Altération de la chimie cérébrale : diminution par les hormones sexuelles (testostérone, œstrogènes) de l'autorégulation des neurotransmissions (à dopamine) contrôlant l'agressivité, l'anticipation, la motricité ; sensibilisation aux phéromones et hormones sexuelles produites par les congénères (et les humains).

Soumis à ces changements, le chien adolescent perçoit de nouveaux messages dans son environnement et il devient plus réactif. Ses nouveaux comportements entraînent une réactivité en chaîne dans le groupe social. Tout le système change.

Détachement filial, sexualité et machisme

Le chiot a un attachement filial et une obéissance spontanée à ses parents naturels et à ses parents adoptifs. Cette subordination disparaît avec la puberté, au profit d'une tentative de relation analogue entre égaux. Cette modification des relations sociales engendre des conflits entre parents et enfants. La réactivité et les provocations excessives des jeunes chiens entraînent une réactivité en miroir des adultes.

D'autre part, les jeunes chiens sont intéressés par la sexualité et font la cour aux chiens de sexe opposé. Les adultes réagissent violemment à ces tentatives de rapprochement intime avec leur partenaire.

La résolution des conflits passe par l'agression sociale. De nombreux combats peuvent émailler cette période, les adolescents perdant de nombreux conflits avant de ranger les armes.

En plus, les mâles ont une tendance innée à se confronter aux autres mâles ; cette attitude macho engendre des conflits supplémentaires avec les mâles dans et hors du groupe social.

La période péripubertaire est une période sensible

La désocialisation

Indépendamment des orages hormonaux qui perturbent la psychologie des adolescents et de leurs groupes sociaux, l'ado vit une nouvelle période sensible :

- Développement de peurs : perte de certaines habituations, régression de socialisations et développement de peurs nouvelles, particulièrement des peurs de l'inconnu, du nouveau et surtout de l'étranger (par rapport au groupe).
- Développement de comportements d'agression liés à la gestion de l'espace individuel et du groupe : agression de distancement, agression de défense du groupe, agression territoriale.

J'ai observé que certains chiots parfaitement équilibrés et imprégnés de façon optimale changeaient totalement de comportement à la puberté et développaient des phobies ou des agressivités. Quand on analyse leurs ascendants (père, mère, grands-parents) et leur fratrie, on observe que plusieurs chiens présentent les mêmes problèmes. La génétique est à l'œuvre. En prenant de l'âge, on ressemble de plus en plus à (l'héritage génétique de) ses parents.

Désocialisation et territorialisation

Le chien adolescent vit une phase de peur de l'étranger, il perd sa sociabilité tous azimuts et se centre sur son groupe social. Particulièrement chez les chiens de défense, on observe une simplification cognitive de type connu/inconnu ; ces chiens ont tendance dès lors à agresser de façon rapide et automatique tout ce qui est dans la catégorie « inconnu ». De nombreux chiens – ou races de chiens – ne développent pas cette agressivité proactive, mais attendent avec réserve de savoir si l'inconnu est dangereux avant de réagir par agression, fuite ou immobilisation.

LA DÉSOCIALISATION PUBERTAIRE[14]

En blanc, la sociabilité ; en hachuré, l'asociabilité.
Le grand cercle est l'ensemble de la population humaine ; le petit cercle est la famille.
De gauche à droite, chien socialisé à la famille et au genre humain > chien avec légère asociabilité à quelques catégories humaines > chien associable sauf à quelques catégories humaines > chien associable sauf à la famille.

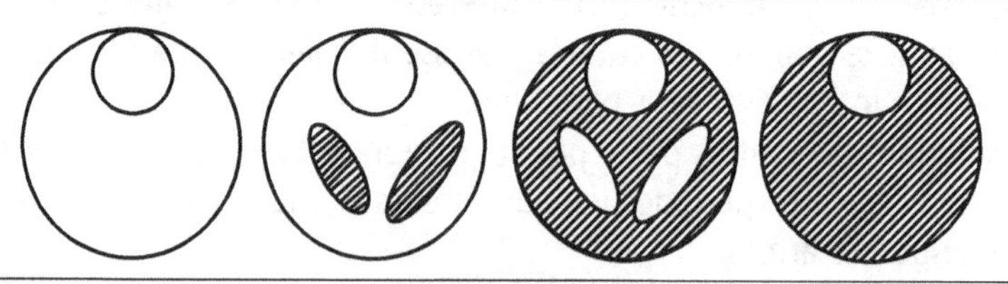

Un chien peut évoluer de gauche à droite en quelques semaines à la puberté.
Il est possible, par thérapie, de le resocialiser (de droite à gauche), mais jamais jusqu'à une sociabilité complète.

Avec l'attachement au groupe se développe la défense du groupe et du territoire occupé par le groupe.

Cette période de désocialisation se passe en moyenne vers l'âge de 6 à 9 mois, mais peut apparaître aussi précocement que 4 mois ou aussi tardivement que 22 mois. Cette période étant une caractéristique biologique, on peut la décrire avec une courbe de Gauss.

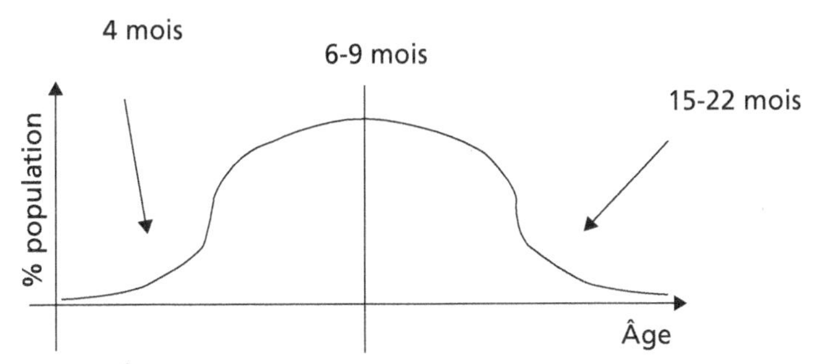

Âge de la période de désocialisation péripubertaire.

Les troubles du développement pubertaire

L'apparition de troubles psychiatriques

Que ce soit chez le chien ou l'être humain, la puberté est une période sensible de développement de troubles psychiatriques. C'est comme si la génétique et les bouleversements hormonaux libéraient l'expression de troubles psychologiques sérieux : phobies sociales, anxiété généralisée, dépression chronique, agressions proactives, troubles explosifs, troubles obsessionnels-compulsifs, troubles dissociatifs, et de nombreux autres troubles.

Hyperattachement, anxiété de séparation et personnalité dépendante

Voir « Les troubles de l'attachement », page 133 et « Les troubles de la personnalité », page 282.

L'adoption

L'âge de l'adoption

On acquiert un jeune chien généralement à partir de 6 semaines, en pleine période d'imprégnation. Mais on peut adopter un jeune chien à tout âge. Plus tard on l'adopte, plus sa personnalité est affirmée. Chaque âge a ses avantages et ses inconvénients. Il faut garder en mémoire les étapes suivantes :

- De 3 à 12-16 (à 20) semaines : imprégnations multiples.
- De 5 semaines à 5 mois : éducation par la mère et autres chiens adultes du contrôle de soi et des postures d'apaisement pour l'arrêt des conflits.
- De 5 à 15 mois (suivant la race) : puberté.

L'âge idéal pour l'adoption est quand le chiot est imprégné à son espèce, a reçu une éducation par sa mère, connaît les postures d'apaisement et le contrôle de soi, mais qu'il est encore temps de réaliser l'imprégnation à l'homme, aux espèces amies et au biotope. L'âge idéal est :

- Après 7 à 8 semaines mais avant la fin de la période d'imprégnation, c'est-à-dire 9 à 16 semaines suivant la génétique de la lignée – en général vers 8 semaines – si le chiot a été avec sa mère et si l'éleveur n'a pas fait un travail d'imprégnation multiple riche.
- Le plus tard possible, si le chiot a été avec sa mère (et d'autres chiens) et si l'éleveur a fait un excellent travail d'imprégnation : après 12 semaines, même en période juvénile ou pubertaire ou plus tard.

Il est rare que l'éleveur puisse réaliser une imprégnation optimale tant à de multiples types humains qu'à des biotopes variés. La plupart des élevages sont à la campagne et la plupart des chiens de famille vivent en ville. Et c'est à la ville, à ses habitants et à sa pagaille sensorielle, que le chiot doit être imprégné.

Le choix du chiot

La sélection du chiot est détaillée dans « Choisir un chien », page 437.

Le choix du chiot dépend de l'usage que vous désirez en faire. Très peu de propriétaires désirent un chien de famille craintif ou agressif ; tout le monde veut un chien équilibré en toutes circonstances et adaptable aux enfants.

Dès lors, n'adoptez pas un chiot craintif ou agressif. Et sachez que si vous acquérez un chiot de 7 semaines déjà craintif, il ne vous restera que quelques petites semaines pour l'imprégner et le stabiliser et que, s'il appartient à une lignée à imprégnation courte, il sera peut-être déjà trop tard pour y changer quoi que ce soit.

Si vous avez trouvé un chiot équilibré, observez le comportement de ses parents ; il vous donnera une idée de comment votre chien se comportera après la puberté.

Adoption et attachement

Une fois le chiot adopté, évitez qu'il fasse un attachement à une seule personne ; favorisez l'attachement diversifié en multipliant les êtres d'attachement, sources d'apaisement et d'affection (et en interdisant au chiot de ne suivre qu'une personne, de n'avoir d'affection que d'une personne).

Les troubles du développement

Troubles débutants pendant la période d'imprégnation

Ce sont :

- Le trouble hyperactivité.
- Le syndrome de privation.
- La dyssocialisation et la personnalité dyssociale.
- Le détachement pathologique, le stress post-traumatique et la dépression.

Le trouble hyperactivité

Le TH est composé de trois éléments incontournables : une condition « hyper », une absence de contrôle de la motricité et une réduction des phases d'arrêt.

L'hyperactivité, qui est un trouble de l'humeur de type « excitée » (« hyper »), entraîne des comportements moteurs qui sont importants en quantité et en intensité, rapides et qui ne s'arrêtent pas après consommation. Le chien est (presque) sans arrêt en mouvement, sur le qui-vive ; il joue, s'arrête rarement et reprend de plus belle ! Les mouvements étant mal contrôlés, le chien renverse des objets, se cogne, mord et fait mal ; il ne peut adapter ses mouvements aux environnements.

Ce trouble est d'origine génétique en partie et aussi partiellement d'origine ontogénique puisque lié au manque d'apprentissage du contrôle de soi. Sont prédisposés les chiots d'une mère trop tolérante et/ou de fratrie nombreuse.

Les critères de diagnostic

Ce trouble des chiots, des chiens juvéniles et des jeunes adultes ayant commencé avant l'âge de 4 mois est caractérisé par des signes d'hyperactivité, d'impulsivité et de distractibilité, présents la plupart du temps et dans au moins 3 environnements différents :

- Signes d'hyperactivité et de nervosité :
  - — hyperactivité : bouge, court, saute, grimpe, mâchonne... plus de 8 heures par jour,
  - — hyperactivité : difficultés à arrêter une activité, ne peut tenir en position longtemps (au « reste »),
  - — hyperréactivité : prêt à démarrer une activité déclenchée par toute sollicitation, voire tout mouvement : quitte la position de repos pour suivre toute personne en mouvement, pour courir derrière un papillon ou un oiseau...,
  - — hyposomnie : faibles phases de repos, réveils et activité la nuit,
  - — hyposomnie : phases de rêves quasi inapparentes ou non observées par les propriétaires.

- Signes d'impulsivité :
  — hypersensibilité et hypervigilance : réagit à la moindre stimulation,
  — hyperexcitabilité : perte de contrôle des mouvements (se cogne...), de la morsure (morsure forte, douloureuse, blessante...), lors d'excitation dans le jeu, avec risque d'« explosion » et de perte totale de contrôle.
- Signes d'inattention et de distractibilité :
  — inattention : difficultés à soutenir l'attention : examine les objets de façon rapide et récurrente,
  — distractibilité : perd l'attention pour la moindre stimulation parasite.

Le trouble hyperactivité peut montrer une prédominance pour l'hyperactivité, ou l'impulsivité, ou la distractibilité.

Le traitement

La partie génétique de la personnalité hyperactive ne se corrige pas, sauf temporairement à l'aide de médications (comme la fluvoxamine, la fluoxétine, la clomipramine...). Les comportements hyperactifs se corrigent avec le respect de la formule d'activité (en donnant plein d'activités alternatives au chien) et avec apprentissage du contrôle de soi (mouvements et morsures) ; les jeux excitants sont réduits au profit des jeux d'autocontrôle.

Le syndrome de privation

Le syndrome de privation est l'incapacité des chiots qui sont élevés dans un environnement hypostimulant – dû à une insuffisance quantitative et qualitative de stimuli dans le milieu de développement pendant la phase d'imprégnation-socialisation (primaire) – à s'adapter à un environnement riche et complexe. Le chiot privé de ces stimuli pendant cette phase sensible peut développer des troubles psychologiques de type manque d'adaptation au milieu de vie, avec phobies.

Sont prédisposés les chiots élevés à la campagne, en appartement ou dans des usines à chien et acquis tardivement.

Les critères de diagnostic

Ce trouble des jeunes animaux, existant avant l'âge de 4 mois, est caractérisé par des signes émotionnels de peur (d'intensité variable) lorsque le chien est confronté à un environnement auquel il n'a pas été correctement imprégné (socialisé). Il est donc lié à un développement en milieu de privation sensorielle partielle. Il se manifeste par :

- Signes de peur (phobie) :
  — avec ou sans réactivité agressive défensive,
  — avec ou sans inhibition (sidération),
  — avec ou sans signes de prédation.
- Signes de peur en présence de certaines des catégories :
  — certains types humains : hommes, femmes, enfants d'un certain âge, joggers, etc.,

— certains environnements : milieu urbain, voitures, etc.,
— certains objets : balles, etc.

- Signes d'anxiété ou de dépression en plus des signes phobiques.

Les signes comportementaux ne sont pas explicables par une insuffisance d'activité générale.

Le traitement

On traite les phobies individuelles en encourageant l'exploration et, si besoin, on donne des médications anxiolytiques ou antidépressives.

Le trouble d'imprégnation à l'espèce canine

Le trouble d'imprégnation intraspécifique (à l'espèce canine) entraîne un déficit de comportement social, sexuel, filial et parental par rapport aux chiens.

Les critères de diagnostic

Ce trouble, existant avant l'âge de 4 mois chez des chiens ayant été élevés en l'absence de (certains types de) congénères, se caractérise par les signes permanents suivants :

- Des émotions de peur en présence des chiens.
- Un comportements de prédation face aux (petits) chiens.
- Une incapacité à communiquer socialement avec des chiens.
- Pas de flirt et de coït en période sexuelle.
- La maltraitance des chiots par leur mère : secouements par la peau de la nuque, morsures, abandon.

Le traitement

Un défaut d'imprégnation ne se corrige pas. Les comportements dus à ce défaut d'imprégnation peuvent être partiellement corrigés : resocialisation aux chiens (un à un, rarement à un type morphologique complètement), proposition de comportement alternatif lors de prédation (petits chiens), gestion de dangerosité de la prédation (muselière).

Le retard psychomoteur

Voir « Les troubles cognitifs », page 320.

La dyssocialisation et la personnalité dyssociale

Voir « Les troubles de la personnalité », page 282.

Le détachement pathologique, le stress post-traumatique et la dépression aiguë

Voir « Les troubles de l'attachement », page 133, et « Les troubles de l'humeur », page 270.

LA COMMUNICATION SOCIALE

Il est impossible de ne pas communiquer

Le chien est un être social ; il ne peut vivre seul. Vivant en groupe, il ne peut pas ne pas communiquer : quoi qu'il fasse, une information sera transmise.

La communication entre chiens et humains joue un rôle fondamental dans l'harmonie ou la dysharmonie de leur système social commun. L'homme interprète (de façon innée et culturelle) les signaux émis par l'animal et cet anthropocentrisme induit des mésententes et des quiproquos qui façonnent la relation.

La communication est l'émission par un être vivant (l'émetteur) d'un signal provoquant une réponse de la part d'un autre être vivant (le récepteur) de telle sorte qu'un avantage soit acquis par au moins un des deux[1].

La communication requiert deux individus vivants : un émetteur et un récepteur. Dans certains cas, et ce sera l'exception qui confirme la règle, ces deux individus n'en font qu'un, le récepteur étant le même que l'émetteur. Imaginez qu'un chien transpire des coussinets à un endroit et qu'il vienne, le lendemain, renifler cette marque ; il est bien émetteur et récepteur de cette communication qui lui signale un lieu géographique où fut exprimée une peur ; en tant que récepteur, il aura un flash de crainte et deviendra vigilant.

La communication exige que les deux êtres vivants se transmettent quelque chose qui soit compréhensible, comme une information. Pour savoir si quelque chose est transmis, il faut que le récepteur manifeste une réponse ; cette réponse sera généralement comportementale et observable. Cependant, la réponse peut aussi être hormonale et on n'en verra les signes que des jours ou des semaines plus tard ; c'est le cas de certaines communications sexuelles. En fait la modification chez le récepteur est psychobiologique, c'est-à-dire qu'elle sera émotionnelle, cognitive, sensorielle, comportementale, neurovégétative, humorale ou organique. Cette modification est immédiate ou différée.

Sur l'hypothèse qu'aucune communication ne puisse être efficace à 100 %, on comprend que le message soit répété et qu'il soit émis sur plusieurs canaux, par exemple visuel et olfactif. Enfin, pour être compris et retenu, il faut que le message soit crédible ; par exemple, grogner de colère est plus efficace pour distancer un adversaire si la vocalise est accompagnée d'une posture haute.

Dans la communication, il y a un avantage ; ce terme « avantage » doit être pris de façon très générale, avec ses synonymes, à savoir information, bénéfice, gain... Quelqu'un tire quelque chose de cette transmission d'information, par exemple la notion d'une occupation d'un territoire.

Un autre point qui est d'importance est que le signal – ce quelque chose qui est transmis – peut être émis volontairement ou involontairement ; de même, la perception et la réponse peuvent être volontaires ou involontaires.

La définition proposée ici n'exclut pas la communication extrasensorielle. Nous pouvons observer une réaction évidente à certaines formes de communication qui ne passent pas par les sens habituels.

Pour préciser davantage, la communication peut être *ciblée*, c'est-à-dire être dirigée intentionnellement vers un ou plusieurs récepteurs, ou *diffusée*, c'est-à-dire distribuée à tout individu qui pourra la capter. C'est, pour utiliser une métaphore de la communication humaine, la différence entre le téléphone (communication ciblée) et la radio (communication diffusée ou communication de masse) ou la lettre (personnalisée) et le livre (à disposition du public).

La communication peut être classée suivant les canaux utilisés : chimique, sonore, visuel, somesthésique. D'autres canaux ne sont pas utilisés, du moins à ma connaissance, par le chien : l'électricité, la vibration, la luminescence, et bien entendu le langage parlé ou écrit symbolique, spécificité humaine.

La question qui reste posée est de savoir si le chien est capable de communication symbolique.

Les canaux de communication

Le signal est transmis par un intermédiaire physique, perceptible par l'une ou l'autre *capacité sensorielle*. La première forme de communication fut probablement *chimique* (phéromones) (communication lente, éventuellement à effets retard). La transmission de signaux *auditifs* permet une très grande spécificité (et aussi une diffusion à grande distance) et a été développée jusqu'à la virtuosité chez les oiseaux, les mammifères marins et l'homme. Le signal *visuel* a une portée moindre dans l'espace et le temps, puisqu'il se dégrade avec l'absence de lumière. Les signaux *tactiles* ne peuvent être utilisés que sur de très courtes distances. (Voir « Les perceptions sensorielles », page 287.)

Communication chimique et phéromones

La communication chimique est la plus vieille communication au monde ; elle participait déjà à la transmission d'informations entre les êtres unicellulaires, entre les cellules d'un organisme (à courte distance entre les cellules du système nerveux, à courte et longue distance entre les cellules du système immunitaire et le reste des tissus, ou à longue distance par l'intermédiaire des hormones du système endocrinien). C'est un système éprouvé ; autant continuer de l'appliquer entre les individus eux-mêmes !

L'avantage de la communication chimique, c'est qu'elle dure dans le temps. Tout comme dans le langage humain, on dit que la parole s'envole mais les écrits restent, dans la communication animale, les dépôts chimiques restent alors que les communications sonores et visuelles (les postures par exemple) ne laissent pas de trace dans le temps.

La communication chimique est perçue essentiellement par l'olfaction et la perception des phéromones dans l'organe voméronasal. Les molécules chimiques sont produites par un grand nombre de cellules glandulaires réparties au niveau de la peau et des muqueuses : les sacs anaux, les glandes autour de la base de la queue, les glandes au-dessous des oreilles, les glandes entre les coussinets plantaires, la salive, les urines et les selles.

Ces molécules seront déposées dans le milieu extérieur ou sur d'autres individus de façon volontaire par des comportements spécifiques et de façon non volontaire par des comportements banals.

Les phéromones liées à la survie de l'individu et de l'espèce sont déposées involontairement, ce sont les phéromones de stress (d'alarme), des phéromones d'attachement néonatal et certaines phéromones sexuelles.

Il y a des phéromones de signalisation et d'amorçage. Les phéromones de signalisation ont un effet de communication direct ; les phéromones d'amorçage ont un effet différé dépendant d'une modification physiologique chez le récepteur.

PROPRIÉTÉS DE COMMUNICATION DES PHÉROMONES CANINES

Phéromones	**Effet**	
	Volontaire/Involontaire	**Signalisation/Amorçage**
Alarme	I	S
Attachement néonatal	I	A
Sexuelles	V + I	S + A
Sociales	V	S
Territoriales	V	S

Les phéromones d'alarme

En cas de stress, le chien peut transpirer des coussinets et/ou vider ses sacs anaux. Il s'agit d'émissions involontaires liées à une activation neurovégétative de l'organisme stressé. Cela peut même aller jusqu'aux éliminations de stress, telles qu'urines et selles. La posture du chien stressé est généralement basse (oreilles basses, tête basse, queue au sol ou ramenée entre les pattes postérieures), les pupilles sont dilatées, le cœur est accéléré.

Les phéromones éliminées de cette façon sont très adhérentes et vont coller au support. Leur odeur, surtout celle des sécrétions des sacs anaux, est très désagréable pour l'odorat humain. Tout chien qui vient au contact de ces phéromones aura tendance à éviter l'endroit marqué[2]. Tous les vétérinaires connaissent des journées « noires » où, lorsqu'un premier chien fait une crise de panique (avec excrétion de phéromones d'alarme), tous les chiens qui suivent présentent des comportements craintifs ou peureux anticipés.

Les phéromones d'attachement néonatal

Toutes les mamans mammifères produisent des phéromones d'attachement qui vont aider à construire ce lien privilégié qui permettra à l'enfant, fragile et vulnérable, d'avoir une base stable et apaisante (sa mère) pour aller, plus tard, à la découverte du monde et de soi-même. Une telle phéromone a été découverte chez le chien[3] où elle est produite dans le sillon intermammaire après mise bas. Chez le chien, un analogue synthétique de cette phéromone est apaisant (anxiolytique) pour tous les chiens, jeunes et adultes[4].

Cette phéromone d'attachement-apaisement est émise involontairement et imprègne les chiots. Elle a un effet attractif, les chiots se rassemblant autour de leur mère. Elle a un effet apaisant, les chiots se calmant au contact de leur mère. Elle a très probablement d'autres effets sur la structuration sociale, ainsi que sur le métabolisme des chiots qu'elle pourrait activer. Sans attachement, le nourrisson s'étiole et peut mourir[5]. Gageons que la phéromone d'attachement coopère à cette survie du nourrisson.

Les phéromones sexuelles

Les phéromones de signalisation

En période sexuelle active, les urines contiennent des phéromones d'attrait sexuel, de séduction. Le but évident est de rapprocher les partenaires sexuels. Les comportements d'élimination permettent de diffuser ces phéromones à tout partenaire potentiel. En plus du dépôt de phéromones sexuelles par ces comportements anodins, le chien et la chienne (en œstrus) émettent des comportements intentionnels qui vont grandement faciliter la séduction : le marquage urinaire.

L'urine de la chienne en chaleur contient une phéromone attractive appelée copuline[6]. Le chien mâle lèche les urines contenant des traces de ces phéromones, mâchonne, salive, entrouvre la gueule et claque des lèvres. C'est un comportement analogue au flehmen.

Le chien mâle est aussi sensible aux phéromones sexuelles de la femme. J'ai observé des chiens mâles présentant des comportements de crise (agressive ou épileptiforme) au moment de l'ovulation ou des menstruations des femmes.

Contrairement à la femelle qui n'est réceptive sexuellement que de façon périodique, le mâle est réceptif 24 heures par jour, 365 jours par an. Il produit du marquage urinaire sexuel tout au long de l'année. Ce marquage sexuel est doublé d'un marquage social, le chien marquant chaque trace d'urine des autres chiens mâles et femelles. Un chien mâle peut ainsi marquer à l'urine tous les 3 mètres pendant des heures.

Le marquage urinaire est aussi un préalable à l'agression compétitive et territoriale et est activé par la présence de challengers[7] et lors d'excitation-activation sexuelle. La testostérone et les œstrogènes le favorisent, la castration le réduit.

Une autre phéromone sexuelle existe, celle qui permet la synchronisation des cycles chez les femelles vivant en groupe[8]. À part l'observation de la synchronisation des cycles, nous n'avons aucune autre information sur cette phéromone.

Les phéromones d'amorçage

Elles agissent sur le développement de l'organisme récepteur et modifient son état hormonal après une phase de latence. Les effets ont bien été démontrés chez la souris : activation pubertaire des femelles en présence d'urine de mâles adultes dominants ; retard pubertaire en présence d'urine de femelles adultes ; anœstrus prolongé en groupe de forte densité ; interruption précoce de grossesse en présence de l'urine d'un mâle étranger ; inhibition de l'agression des mâles pendant la gestation.

Ces phéromones sont responsables de la synchronisation des œstrus dans les groupes de chiennes (et de femmes) et de l'activation de lactation de pseudocyèse. Elles ralentissent la fertilité des chiennes dans des grands élevages.

Les phéromones sociales et territoriales

Les chiens se reniflent le périnée et les oreilles. Ces régions corporelles doivent produire des phéromones d'identification sexuelle et sociale. Ce comportement de reniflement du périnée est reproduit avec l'être humain. À habillement et comportement équivalents, les chiens différencient aisément les hommes des femmes (phéromones d'identité sexuelle).

Le chien mâle et certaines femelles stérilisées grattent le sol – souvent après un marquage urinaire –, laissant des traces de griffades accompagnées de phéromones : il pourrait s'agir d'un repère visuel afin d'attirer un autre chien à venir percevoir les phéromones.

La communication auditive

Le loup hurle, le chien aboie, l'homme discute. En fait, le loup utilise entre 4 et 9 vocalises ; le chien est beaucoup plus vocal que son ancêtre : il a un aboiement hypertrophié[9].

Les productions sonores du chien

Le chien émet des vocalises ; elles communiquent des informations. Si ces informations sont riches sur l'expression de l'état émotionnel du chat, elles sont pauvres de contenu symbolique. Il ne s'agit pas d'un langage symbolique comme nous le pratiquons. Il n'utilise pas une articulation de codes arbitraires pour tenter de dire quelque chose de sensé. Le langage du chien est plein, il est tout sentiment, tout émotion. Il ne parle ni du passé ni du futur, il s'exprime au présent.

Les types de vocalises

Il y a :

- Les vocalises du nouveau-né : gémissement, jappement.
- Les vocalises adultes[10] : aboiement, grondement, grommellement, grognement, hurlement, crachement, cri aigu, gémissement (geignement), jappement.
- Les signaux non vocaux : claquement de dents, halètement.

Les vocalises émises à proximité soutiennent des postures corporelles et leur donnent plus de signification. Les vocalises de haute intensité émise à distance organisent la chasse ou le territoire.

Certaines races ont été sélectionnées avec une forte ou une faible intensité de certaines vocalises. Ces différences héritées sont modulées par l'apprentissage.

Le chien est incapable de mettre en discordance ses propres productions vocales (indissociables des paravocales) et covocales. Outre les hurlements allomimétiques (territoriaux chez le loup) et les aboiements anxieux[11] (lors d'isolement), toutes les productions vocales sont des signaux émis à distance courte : aboiements et gémissements d'appel, grognements de menace, etc. Elles s'accompagnent de postures caractéristiques. Les cris de détresse (peur, douleur) d'un chien en consultation contaminent les chiens en salle d'attente et induisent une anticipation craintive (pour minimiser cette contagion auditive, ces chiens ne devraient être reçus que sur rendez-vous).

Signaux vocaux et posturaux se renforcent mutuellement, afin de clarifier la signification de la communication : par exemple : grognement du chien dominant avec retroussement des babines et position corporelle haute, induisant une position d'apaisement basse du chien soumis, avec gémissement et, éventuellement, une miction (réponse autonome et signal chimique).

Les vocalises du nouveau-né

Les gémissements et les jappements de détresse du chiot ont un effet épimélétique et rapprochent la chienne mère de ses petits en détresse (éloignement, douleur, faim, froid). Ces appels de détresse augmentent de la naissance jusqu'à 9 semaines, puis décroissent dans les 3 semaines suivantes.

Lorsque le stress est passé, le chiot produit des sortes de grognements, miaulements et clics de contentement. Ces vocalises augmentent jusqu'à l'âge de 9 jours et diminuent ensuite pour disparaître vers 5 semaines.

Les jappements

Les jappements sont fréquents dans les jeux des chiots et ils sont associés, chez l'adulte, à l'appel au jeu.

Les aboiements

Les aboiements sont corrélés à des états d'excitation, positive ou négative. Ils commencent vers 2 à 4 semaines d'âge dans des contextes d'appel au jeu et évoluent dans des contextes d'agression dès l'âge de 8 semaines. Les aboiements liés à des émotions agréables sont plus aigus et modulés que ceux liés à des émotions aversives ou à des situations de stress. Leur fréquence varie entre 200 et 6 000 Hz. Ils sont tous audibles par l'homme. On distingue :

- L'accueil du propriétaire.
- La phase de menace dans la défense territoriale : les aboiements sont plutôt graves et associés à des postures hautes et figées caractéristiques, ils signifient plus « je suis ici » que « reste à distance ».
- L'attaque dans l'agression de distancement : les aboiements sont de tonalité mi-aiguë (excitation) et associés à une précipitation du chien vers l'intrus.
- Le jeu et l'excitation : les aboiements sont plutôt aigus et associés à des postures basses et des mouvements non coordonnés.
- La détresse (isolement, séparation, recherche de l'être d'attachement) : les aboiements sont aigus, répétitifs et associés à des états de panique.
- La poursuite : poursuite et rabattage, ou chasse, avec excitation.
- L'aboiement de groupe.

La plupart des gens reconnaissent et comprennent les aboiements de menace. Les propriétaires identifient souvent la signification des aboiements de leur propre chien, mais pas celles d'un chien inconnu.

Les hurlements

Les hurlements sont de plusieurs types :

- Les hurlements de type hululement sont associés chez le loup à l'organisation du territoire. On ne peut pas dire de même pour le chien. Les hurlements semblent plus spécifiques de certaines races, notamment nordiques ou rustiques. Le hurlement a un effet « contagieux » (allomimétisme) puisque, si un chien hurle, les autres membres du groupe vont l'imiter. Il en est de même de certains aboiements[12].
- Les hurlements aigus sont un signe d'excitation. On les retrouve associés à la poursuite à vue et au rabattage du gibier. Il est évident que poursuivre le gibier en hurlant est une technique inefficace pour la capture ; cela confirme que le chien poursuit par et pour l'excitation plus que pour la capture.
- Les hurlements mi-aigus et répétitifs sont observés avec des signes de détresse. Ils constitueraient un appel au secours.

- Les hurlements allomimétiques sont observés lors du passage d'ambulances et activés avec différents types de sirènes.

Les geignements

Les gémissements aigus (geignements, quasi des sifflements) des chiens adultes sont dix fois plus fréquents chez les mâles entiers que les mâles castrés ou les femelles. Ils sont souvent un signe de frustration. Ils sont (très) agaçants pour les propriétaires.

Des gémissements (plaintes) s'observent parfois dans des états douloureux, seulement comme recherche d'attention en présence du propriétaire.

Les grognements, grondements et grommellements

Les grognements (à bas volume, exprimés gueule fermée ou plus fort avec gueule entrouverte) sont, sauf exception, des signes de menace, préalables à une attaque ; ils font partie des comportements d'agression (dissuasion, défense ou attaque).

L'exception est constituée d'un grognement amical, rituel entre un chien et son propriétaire.

Le chien et le langage humain

Le langage est une particularité humaine. Dans les meilleurs des cas, les chiens n'ont qu'un accès limité à la signification des mots (de 20 à 100 mots, avec un maximum exceptionnel de 400) ; un conditionnement répondant permet d'associer un mot – comme s'il s'agissait d'une image vocale – avec une situation renforcée (« assis », « couché », « reste », « viens », etc.).

Malgré ce manque de compréhension, l'homme privilégie avec son chien la communication langagière, source de malentendus.

Le signal sonore varie en intensité (dB), en fréquence (Hz), et en durée (présence de pauses), ce qui donne une tonalité (intonation) et un rythme au son. Dans le cas du langage, c'est le paraverbal ; un système non verbal (mais coverbal) s'y ajoute encore et s'adresse au sens visuel. Ces éléments transmettent des signaux émotionnels (congruents ou discordants) avec le contenu du langage, c'est la métacommunication. Il est certain que la métacommunication a précédé historiquement le langage verbal.

Pour le chien la métacommunication est prioritaire en cas de discordance avec le signal verbal, c'est-à-dire qu'elle détermine la décision du récepteur. Un rappel, avec l'ordre « viens », émis par impatience (ou colère), entraînera un refus d'obéissance.

Des cris de bébé sont compréhensibles par les chiens. Boris Cyrulnik[13] en a fait l'expérience. Certains cris sont émis lors de perturbation du milieu, de rupture de la familiarité de l'environnement ; ils possèdent une plus grande proportion de hautes fréquences ; à leur écoute les chiens se mettent à gémir, ce qu'ils ne font pas pour d'autres cris ; ceci témoigne de leur perception différente de cette communication vocale des bébés.

Le langage utilisé par l'homme avec les chiens (« doggerel[14] ») est comparable à celui utilisé avec les enfants (« motherese ») : expressions courtes, impératives et interrogatives (plutôt que déclaratives), répétitives (répétitions partielles ou exactes), avec utilisation de diminutifs, de déformations phoniques et d'une voix aiguë. Ce langage est riche en paraverbal, pauvre en verbal et active l'intérêt et l'interaction sociale et ludique de l'animal (ou de l'enfant).

La reproduction de certaines communications vocales canines est efficace de l'homme aux chiens : un grognement est souvent plus efficace qu'un reproche verbal émis d'un ton colérique.

La communication visuelle

Les signaux visuels dépendent de la lumière et ne peuvent être émis que dans le champ visuel d'autrui, c'est-à-dire à très courte distance. Plus l'encéphalisation est grande, plus la face prendra d'importance dans le transfert de signaux ; c'est le cas du chien et de l'être humain.

Les expressions corporelles

Les expressions corporelles permettent la communication proche, en lumière suffisante. Elles peuvent être analysées par signes simples, signes associés ou par séquences comportementales. Seules les séquences complètes ont une signification sémantique. Un seul micromouvement est généralement sans grande valeur. L'ensemble du corps du chien participe à la communication. De la position des oreilles à celle de la queue, tout est signifiant.

On distingue :

- Les postures corporelles.
- Les comportements et les rituels.
- Les mimiques faciales.
- Les micromouvements : de la queue, de la tête, des oreilles, des yeux, de la langue.

Les postures corporelles

La posture décrit l'attitude générale de l'animal. Il y a essentiellement 3 types de postures :

- La posture haute : assurance, bluff, colère.
- La posture basse : crainte, peur, doute, apaisement, soumission.
- La posture ambivalente : mélange de posture haute et basse.

Dans la posture haute, le corps semble plus grand ou plus haut, les oreilles et la queue sont dressées. Dans la posture basse, le corps semble plus petit ou affaissé, les oreilles et la queue sont baissées.

Posture haute (sûreté de soi).

Dans la peur avec menace de morsure, il y a une posture mosaïque avec position basse, mais les armes sont découvertes (retroussement des babines).

Posture basse (insécurité, peur).

Dans la relation à deux congénères, un devant et l'autre derrière, le chien peut prendre une posture différente avec l'avant et l'arrière de son corps, généralement il fait face à un congénère sûr de lui avec l'avant-train bas (oreilles basses, traits lisses) et tourne le dos à un congénère craintif avec l'arrière élevé.

Ces positions sont ritualisées. La position basse devient une posture d'apaisement ; elle permet au chien subordonné de rester à proximité des chiens sûrs d'eux, macho ou dominants, alors qu'un chien à position haute serait repoussé, marginalisé, ou attaqué.

Mouvements et rituels

Les mouvements sont des manifestations d'émotions mais aussi parfois des intentions de type « je veux faire croire que je suis dans telle émotion ». Certains de ces comportements sont ritualisés. Les rituels font partie de la communication multisensorielle complexe. Voici quelques comportements à titre d'exemple :

La rencontre

- Approche du congénère :
  - la vitesse : dépend de la sûreté de soi et de l'excitation,
  - la position d'attente : position couchée au sol avant l'approche d'un congénère : expectative, insécurité,
  - la marche lente en position basse, avec queue horizontale ou basse : typique du border collie et chiens de berger.
- Position tête-bêche avec reniflement mutuel du périnée (recherche d'identification sociosexuelle du congénère).
- Utilisation des postures hautes et basses pour établir une relation.

La résolution de conflit

- Détournement de la tête (le chien tourne la tête sur le côté) : demande d'arrêt de communication et désir de ne pas entrer dans un conflit.
- Marquage urinaire en présence d'un congénère (concurrent) : on en reste encore à la diplomatie. Ce manège de marquages urinaires réactifs peut durer de plusieurs minutes à plusieurs heures, sans dégénérer en conflit armé.
- Raidissement des postures, hérissement du poil, grognements si escalade agressive.
- Pose de la tête ou d'un antérieur sur l'encolure du congénère ou tentative de chevauchement (sans érection) pour montrer qu'on a plus de courage, de prétention ou de machisme que l'autre.
- Attaque et morsure contrôlée au cou ou ailleurs (là où c'est possible) avec tentative de faire basculer et tomber l'adversaire.
- Position couchée sur le ventre, le côté ou le dos (jambes entrouvertes), face lisse : demande d'arrêt de l'attaque (pendant l'attaque).
- Position haute en posture haute au-dessus du congénère en position basse ou couchée : demande d'immobilisation ; cette demande peut durer plusieurs minutes.

Le jeu

- Abaissement de l'avant du corps avec l'arrière relevé : c'est la posture d'appel au jeu.
- Courses de poursuite : souvent, la chienne court devant queue basse et le chien court derrière ; en cas de chiens de même sexe, chacun devient poursuivant et poursuivi à tour de rôle.

La sociabilité

- Rapprochement du congénère, avec posture neutre ou appel au jeu.
- Proximité dans le repos et le sommeil.
- Balades et courses ensemble.

La sexualité

- Tentatives de léchage du sexe de la femelle ou du mâle castré par le chien mâle.
- Tentative de chevauchement avec érection.
- Exhibitionnisme sexuel (masturbation, chevauchement d'un partenaire canin ou humain) en présence de spectateurs passifs, signifiant « je peux et tu ne peux pas », « j'ai des prérogatives », « je suis de rang plus élevé ».

Les mimiques faciales

Les mimiques faciales sont des mouvements d'intention : ce sont des mouvements incomplets, simplifiés, exagérés, théâtralisés, basés sur des fractions de mouvements ou de comportements. Ces mimiques sont ritualisées et font partie d'un langage universel chez le chien.

Chez le loup, la face est couverte de taches de couleur qui bougent avec les mimiques et rendent celles-ci plus compréhensibles. Le chien a perdu cette aptitude. Certains chiens ont aussi des difficultés à réaliser ces mimiques de façon compréhensible en raison, par exemple, d'un poil abondant (bobtail, briard, puli, yorkshire, greyhound...), de plis de peau excessifs (sharpei), de lissage facial (bull terrier), d'hypertrophie crânienne (chihuahua), de taches incongrues (dalmatien, jack russell).

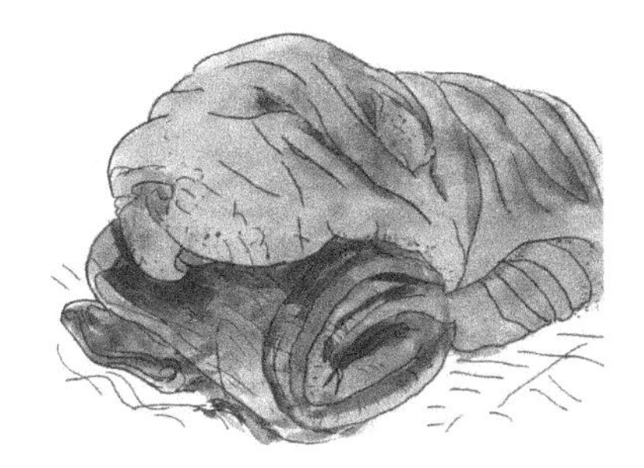

Une serviette ? Un chien ? Un sharpei !

Comme la morsure nécessite une ouverture buccale, un retroussement des babines et une fixation oculaire (pour voir l'adversaire), une menace de morsure (ou un simple défi) présentera ces mimiques de façon exagérée. Les incisives seules sont découvertes dans l'intention agressive ; les canines sont découvertes dans l'intention de mordre.

La mimique faciale de menace montre toutes les armes.

Au contraire, une mimique d'apaisement nécessitera un recouvrement (ou détournement) des armes, donc des dents, recouvertes par les babines, ainsi qu'un évitement du contact oculaire, avec détournement des yeux ou de la tête ; la face est lisse comme si l'animal n'éprouvait aucune émotion.

Chez l'homme, la reconnaissance (pourcentage de personnes interprétant correctement l'émotion observée chez autrui) de l'expression émotionnelle du visage varie de 90 % (pour la joie) à seulement 50 % (pour la peur). Dès lors l'interprétation doit être confortée par d'autres éléments posturaux, vocaux, etc., afin d'être clarifiée. Si cette interprétation entre humains est déjà biaisée, qu'en sera-t-il de l'interprétation interspécifique (entre humains et chiens) ?

Les micromouvements des oreilles

Les oreilles sont pointées vers l'avant lors de l'attention, dirigées vers la source d'un bruit. Elles se couchent lors de peur, se dressent lors d'assurance. La position des oreilles est haute avec la confiance en soi et la posture sociale dominante, et basse dans l'insécurité et la soumission.

Les chiens aux longues oreilles pendantes sont handicapés pour exprimer des émotions d'assurance, par rapport aux chiens à oreilles dressées ou pliées à mi-hauteur.

Les micromouvements des yeux

Dans la communication, les yeux peuvent changer dans leur disposition et leurs mouvements : la taille de l'œil et de la pupille et la direction du regard.

Certaines émotions telles que l'attention, la peur et la colère entraînent une ouverture complète des paupières : les yeux sont grands ouverts, écarquillés.

Les paupières sont partiellement fermées dans la douleur, l'élimination, l'endormissement.

La pupille se dilate avec le manque de lumière et se contracte dans l'abondance de lumière. À la lumière de jour stable, la pupille se dilate avec le stress et donc avec les émotions de peur, de colère, de surprise. Cependant, elle peut se contracter également dans la colère.

Le regard se fixe dans l'attention. En cas de conflit, le regard reste détourné tant qu'aucun des deux adversaires ne veut passer à l'attaque ; chacun scanne l'autre, sa présence, ses mouvements, parfois d'un regard direct et passager, souvent avec un regard en coin, pour mieux voir les mouvements. Le regard devient fixe, fixé sur l'adversaire, dans l'approche de l'attaque, dans la menace.

Le regard est également détourné dans la demande d'arrêt d'interaction. C'est le cas entre chiens, mais aussi entre chiens et humains : le chien qui désire qu'on arrête de l'approcher, de le toucher, de le caresser, qui demande un éloignement de la personne qui envahit sa bulle d'espace, peut simplement détourner la tête et le regard.

Les micromouvements de la langue

Le léchage des lèvres, la langue serpentine (qui darde entre les lèvres) peuvent être des signes d'excitation, mais aussi de stress, de crainte ou de peur, ou accompagner l'intention d'attaquer.

Les micromouvements de la queue

Le balayage latéral de la queue est un signe d'excitation.

Avec l'intention d'attaque, la queue se raidit.

L'élévation de la queue donne le niveau d'assurance entre sûreté de soi (queue haute) et peur (queue basse ou entre les postérieurs). L'élévation de la queue dépend bien entendu de la race, les chiens à queue enroulée sur le dos exprimant pour leurs congénères une assurance apparente qu'ils ne ressentent pas toujours.

L'amputation de la queue entraîne un handicap pour communiquer les émotions.

Activités autonomes

L'observation des signes extérieurs de l'activité autonome chez le vis-à-vis prend valeur de signal. Certaines fonctions, comme la tachycardie, sont peu perceptibles à distance. D'autres, comme le halètement, sont plus facilement observables. Les changements de température corporelle sont identifiables chez l'homme (rougissement de la face) et chez certains singes (rougissement des fesses), mais pas chez le chien. Les mictions-défécations par peur et la vidange des glandes anales entrent dans la communication visuelle et olfactive ; la miction est même ritualisée dans la peur.

Le hérissement des poils (piloérection) sur la nuque et le dos fait aussi partie de ces activités autonomes sélectionnées, devenues (quasi) volontaires et exagérées dans la transmission d'un signal d'excitation émotionnelle ritualisé en menace, voire en provocation. La crête du ridgeback peut être mal interprétée par ses congénères comme une expression de provocation.

Le tonus corporel change avec l'humeur. La rigidité des mouvements (et les saccades que cela induit) a une signification de peur ou d'agression (coverbal humain). Le chien est très sensible au mouvement brusque et donc aux saccades toniques et se met en défensive face à un humain qui a peur. Une personne souffrant d'incoordination motrice (Parkinson, handicap) peut être mal interprétée par le chien comme étant craintive ou agressive.

Le dépôt de marques visuelles

Les marques visuelles sont des pointeurs de signaux olfactifs plus signifiants. Il y a :

- La marque urinaire, en hauteur, sur un support visible.
- La griffade sur le sol ou dans l'herbe.
- Le dépôt de selles en hauteur, sur un rocher ou une touffe d'herbe.

La communication tactile (somesthésique)

Nécessitant un contact, ce type de communication se fait à distance zéro.

La mère et ses chiots

La communication tactile est la base de la communication mère-chiot pendant la période néonatale ; le chiot est aveugle et sourd, il perçoit le monde par le toucher, l'odorat et le goût.

La chienne mère lèche ses chiots nouveau-nés, ce qui stimule leur métabolisme (respiration, éliminations). Elle continue de les toiletter pendant plusieurs semaines ; si la relation mère-enfant se poursuit, on retrouve des léchages de la face et des oreilles pendant parfois plusieurs années.

Les chiots pétrissent les mamelles lors de la tétée.

La mère et les chiots dorment en contact les uns avec les autres pendant plusieurs semaines. Comme les chiots ne peuvent pas réguler leur température interne pendant plusieurs semaines après la naissance, dormir ensemble permet une meilleure conservation de la chaleur.

Le flirt et la copulation

On observe des frottements mutuels, des léchages de la région sexuelle de la femelle, des coups de patte, le chevauchement et la pénétration ; celle-ci est suivie d'un maintien du contact sexuel pendant plusieurs minutes (jusqu'à un quart d'heure, le temps que le gland basal désenfle, voir page 230).

Le chien mâle peut essayer de lécher les parties sexuelles de la femme – et de voler, lécher et mâchonner la lingerie intime utilisée.

Le combat ritualisé

Lors de conflit, il y a des tentatives d'affirmer sa supériorité en posant la tête ou une patte antérieure sur l'encolure ou le dos de son opposant – ou sur les genoux ou le torse du propriétaire – ou en cherchant à le chevaucher. Si le conflit dégénère en bagarre, il y a des morsures contrôlées, qui deviennent plus intenses si aucun des deux combattants ne cède.

La sociabilité

La sociabilité s'exprime par la recherche de contact social. Entre chiens amis ou entre chiens et humains, on observe par exemple :

- La recherche de contact corporel, que ce soit pendant le temps d'éveil, le repos ou le sommeil.
- Des contacts nez à nez, des léchages et mordillements des babines, des léchages de la face, des oreilles, des lèvres, des mains, des pieds.

L'apaisement

Le chien est un animal de contact. Le contact corporel (avec un « objet » ou être d'attachement) a un effet calmant[15].

Après une correction par un adulte, le chiot vient parfois, avec un ensemble de signaux d'apaisement, rechercher le contact avec l'adulte. Un chiot remuant que je contrains en le couchant sur le ventre, le côté ou le dos, viendra ensuite se coucher à mes pieds (au grand étonnement de ses propriétaires, qui comprennent ainsi que sévir obéit à certaines règles et n'empêche pas d'être attractif, d'être un sujet d'attachement).

Chez les primates et l'homme, l'enlacement et l'embrassade ont une fonction apaisante et de salutation ; en cas de frayeur, même les grands chimpanzés mâles enlacent les jeunes, ce qui a pour effet de leur permettre de reprendre leur calme ; il n'est pas étonnant que ce comportement soit utilisé par les humains qui enlacent et embrassent leurs animaux (pour s'apaiser personnellement).

La communication complexe par rituels ontogéniques

Les rituels

Les rituels ontogéniques[16] sont des actes de communication sociale fondés sur des comportements – particulièrement des comportements enfantins – qui avaient auparavant une autre fonction. Le comportement d'origine a perdu sa fonction originelle pour devenir un moyen de communication : il a changé de sens au cours du développement (ontogenèse).

Pour avoir une efficacité maximale, le signal sera précis, attractif, significatif et ne pourra prêter à confusion. Ce sont des séquences comportementales complètes (et pas seulement des postures ou des mouvements). Elles sont jouées avec exagération caricaturale, théâtralisées, afin de faire mieux passer le message.

Les rituels sont en partie innés, en partie appris au cours du développement. Ces rituels semblent être communs à l'ensemble de l'espèce canine, mais ils varient dans leurs détails d'un groupe à l'autre. Comme l'écrit Patrick Pageat[17] : « La langue canine est déclinée en une infinité de dialectes distincts dont chacun est propre à une meute. » Les rituels sont des éléments de stabilité dans un groupe. Sans les rituels, l'entente est compromise, l'irritabilité et la peur montent, le groupe se disloque.

Des exemples

- Le mordillement des babines est une demande de régurgitation par le chiot à sa mère. Même si le comportement de régurgitation a quasiment disparu chez la chienne par rapport à sa cousine la louve, ce comportement de léchage et de mordillement des babines et des lèvres existe chez le chiot. Il devient chez l'adolescent et l'adulte un rituel d'apaisement. C'est ce que Schenkel[18] a appelé la « tendresse du museau ». Notons que ce comportement existe aussi chez l'homme (nourrissage bouche à bouche, baiser) et entre humains et chiens.
- Le léchage du périnée des chiots de moins de 3 semaines permet l'élimination des excréments qui sont ingérés par la mère. La position évolue au cours du développement, surtout lorsque la mère éduque ses chiots à l'autocontrôle. Le chiot s'immobilise sur le ventre, le côté ou se retourne sur le dos et émet quelques gouttes d'urine. La mère cesse de discipliner son chiot et se met à lui lécher le périnée. Cette technique d'apaisement est reproduite avec d'autres chiens adultes et finalement devient une posture d'arrêt de manipulation et de conflit (posture dite de « soumission »). Cette posture est ensuite adoptée en face d'autres chiens adultes (ritualisation).
- L'acte sexuel nécessite un chevauchement. Ce dernier, en absence de toute érection, devient une posture rituelle de supériorité (dite posture de « dominance »). Un fragment de cette posture, mettre la patte sur l'épaule, devient lui-même un rituel de supériorité.
- Le chien se dirige vers une armoire (à biscuits), gémit, regarde son propriétaire et l'armoire alternativement (intensité typique), jusqu'à réponse du propriétaire (renforcement positif).

Les troubles de la ritualisation

Un rituel peut aboutir à l'établissement ou à la persistance d'un comportement générateur d'une affection comportementale ou somatique.

Si le mordillement des babines entraîne une régurgitation d'aliments de la mère au chiot, ce comportement – qui devient une mise en gueule – peut devenir un rituel d'apaisement plus tard entre le chiot devenu grand et sa mère.

Prenons un exemple. Suite à un prurit, le chien émet un comportement de grattage-léchage ; malgré un traitement étiologique et symptomatique faisant disparaître la symptomatologie cutanée, le léchage persiste ; l'examen des séquences comportementales démontre la présence d'un comportement de recherche d'attention avec ses phases classiques : phase de début (le chien tourne autour des propriétaires, gémit, se fait remarquer jusqu'à obtention du regard), phase d'action (léchage et mordillement cutané, lui-même stimulus déclencheur de l'interaction vocale et tactile du propriétaire (qui caresse, parle, etc.), élément renforçateur de la communication), et phase d'arrêt après avoir obtenu satisfaction.

Dans un autre exemple, le chien présente un comportement feint : par exemple une boiterie, ou une toux. Ce signal déclenche une réponse chez le propriétaire : arrêt de la promenade en cas de boiterie, prise dans les bras d'un petit chien en cas de toux. Le comportement de feinte est renforcé. Dans un cas clinique, il s'agissait d'un yorkshire qui se mettait à haleter, gémir, sauter, gratter la jambe de sa propriétaire et tousser ; la toux était importante et disparaissait lorsque le chien était pris dans les bras (ou lorsqu'il était promené, ou lors de séparation avec la propriétaire que j'avais envoyée dans une autre pièce).

La communication par occupation de l'espace-temps

L'occupation dans les trois dimensions de l'espace et la distance par rapport aux figures d'attachement et d'autorité d'un système (groupe de chiens, famille), peut avoir une valeur de signal volontaire ou involontaire, ciblé ou diffusé, par exemple :

- L'occupation du fauteuil préféré du propriétaire peut être un signal de provocation.
- La proximité spatiale et tactile entre un chien mâle et sa propriétaire peut servir à défier le propriétaire dans sa masculinité et son autorité.
- L'occupation d'un espace élevé peut prendre valeur de contrôle des passages.
- L'association à une figure d'autorité peut transmettre le message de supériorité sociale et entraîner des conflits avec les chiens qui se croient supérieurs.

Le chien peut aussi jouer avec le temps pour communiquer et, par exemple, exiger une priorité (temporelle) pour une sortie, un aliment, une relation sociale avec une figure d'attachement ou d'autorité pour signifier sa supériorité sociale ou défier les autres membres du groupe.

La communication façonnante

Une communication a pour but une réponse chez le récepteur. Cette réponse est comportementale directe ou hormonale retard. Quoi qu'il en soit, elle modifie, donc façonne, le récepteur.

Il y a un façonnement comportemental et émotionnel.

Le façonnement comportemental

C'est la tendance à l'assimilation d'éléments étrangers à l'espèce (voir « L'acculturation du chien », page 384).

Par exemple, le rire humain s'accompagne d'un retroussement des lèvres avec découverte des dents, mais sans froncement des sourcils[19] ; il est étonnant que cette posture faciale soit comprise par le chien qui peut tenter de l'imiter par un froncement facial sans retroussement des babines.

Un autre exemple est la demande (de jouet, de nourriture) de l'enfant avec présentation de la main, paume au-dessus, et inclinaison de la tête sur l'épaule. Un élément de cette séquence existe chez le chien (donner la patte) ; le chien peut y associer l'inclinaison de la tête lors de vie avec des enfants.

Le façonnement émotionnel

Pour poursuivre sur le premier exemple du rire, c'est une émotion joyeuse et contagieuse, entraînant fréquemment le chien dans une excitation plaisante. C'est une contagion émotionnelle. Elle est utilisable en thérapie.

La communication extrasensorielle

On observe des situations où il semble impossible qu'un des sens de perception soit le canal de communication approprié. Des expériences ont été conduites en laboratoire pour tenter de percer ce mystère. Des chiens ont été soumis à différents tests répétitifs afin de réaliser des études statistiques qui ont démontré que la perception extrasensorielle (PES) était bien réelle. Par exemple[20] :

- Un chien est dans une pièce, sa propriétaire dans une autre pièce à 30 mètres ; un homme entre dans la pièce et menace la dame ; le chien aboie et grogne.
- Un chien aboie le nombre inscrit sur une carte enfermée dans une enveloppe.

Voir « Les perceptions extrasensorielles », page 302.

Les troubles de la communication

Les troubles des marquages

Un chien peut marquer à l'urine dans la maison :

- Chez la chienne : au moment des chaleurs ; lors de conflits avec une autre chienne ou avec la propriétaire.
- Chez le chien : toute l'année ou lorsqu'une femme de la maison est en période d'ovulation ou de règles ; lors de conflits avec un autre chien ou un membre masculin de la famille.

Voir « Les comportements d'élimination », page 88.

Les troubles de la communication sociale

La dyssocialisation

Voir « Les troubles de la personnalité », page 282.

L'anxiété de déritualisation

Voir « Les troubles émotionnels », page 263.

La communication par doubles messages contraires

Envoyer deux messages contraires en même temps par des canaux de communication différents est une des particularités des émissions de signaux de l'homme, que ce soit à l'attention du chien ou des humains[21]. Par exemple, un chien se couche sur le dos pour avoir des caresses. Le propriétaire obéit et caresse son chien : la posture « couché sur le dos » est devenue une posture ritualisée de demande et le comportement du propriétaire est une forme d'obéissance. Si le propriétaire change la caresse par des pincements (désagrément, douleur) ou s'il entoure le museau du chien (contrainte), il émet successivement un double signal contraire : caresse-obéissance, suivie de pincement-contrainte ; cela ne permet à un chien réactif qu'une seule réaction possible : l'agression par irritation.

Les messages contraires induisent des états de stress, facilitant l'anxiété (voir « Les troubles de l'humeur », page 270).

LA GESTION DE L'ESPACE

Le chien est un animal au minimum grégaire, plutôt social : il partage l'espace avec d'autres congénères. Le chien familier partage, en plus, l'espace avec ses propriétaires et leurs connaissances. La gestion de l'espace change avec le nombre de ses occupants. Partager l'espace est source de conflits.

Le domaine vital et le territoire

Le domaine vital

Le domaine vital[1] est l'espace parcouru par l'individu au cours de sa vie quotidienne, à l'exclusion de migrations et autres dispersions ou déménagements occasionnels. Le domaine vital n'est pas défendu activement. Chez le chien dans la nature, le domaine vital est de plusieurs kilomètres carrés ; il peut s'étendre à plus de 30 km du territoire.

L'idée de territoire

En éthologie, le terme territoire[2] est à comprendre comme un espace où les animaux résidents possèdent des priorités d'accès à des ressources, qu'ils ne possèdent pas en dehors de cet espace : accès à la nourriture, lieux de couchage sécurisés, réduction du stress de l'inconnu, etc.

Le territoire est une idée, une croyance, nécessitant une représentation de l'espace en deux (voire trois) dimensions. Cette représentation nécessite une carte mentale, elle-même liée à un réseau de cellules nerveuses spécifique.

À cette représentation de territoire sont donc rattachés différents critères, variables d'un chien à l'autre : espacé sécurisé, espace d'alimentation, espace de jeu, espace de sociabilité avec les propriétaires, espace d'accueil des espèces amies, espace d'agression d'intrus (avec double conditionnement pavlovien et instrumental), etc.

Le chien originel était plutôt nomade que sédentaire, mais il s'est sédentarisé autour des poubelles des humains, source facile de nourriture. Quand le chien habite un appartement, une maison, qu'on peut considérer comme un territoire, il développe les cartographies mentales de cet habitat et y associe toutes les cognitions et les émotions qui s'y attachent.

Les conditionnements territoriaux

Tous les événements émotionnels qui se passent dans l'habitat façonnent les cognitions du chien en relation avec ce territoire ou des espaces de ce territoire. Une situation menaçante près des lieux de repos ou d'alimentation, et le chien conditionne des émotions d'insécurité avec ces lieux ; au contraire, il peut aussi conditionner des émotions de joie et de plaisir. Ce sont des conditionnements classiques (voir « Le conditionnement classique ou pavlovien », page 328). Ces conditionnements peuvent se limiter à des horaires précis ; par exemple, le chien peut être irritable le matin dans son panier et joyeux le soir au même endroit.

La défense territoriale

La défense territoriale est la défense de la représentation de territoire chez le chien. Elle est plus généralement limitée à l'habitat lorsqu'il y a des barrières (murs, haies) et correspondre à l'idée du propriétaire de territoire ; mais elle peut aussi s'étendre en dehors de l'habitat et englober les zones où le chien promène, fait du marquage urinaire.

Les comportements de défense englobent les différentes réactions vues ci-dessus, y compris l'agression de distancement qui semble corrélée avec l'agression territoriale.

Les distances émotionnelles

Comme la plupart des animaux, le chien possède deux distances particulières : la distance critique et la distance de sécurité.

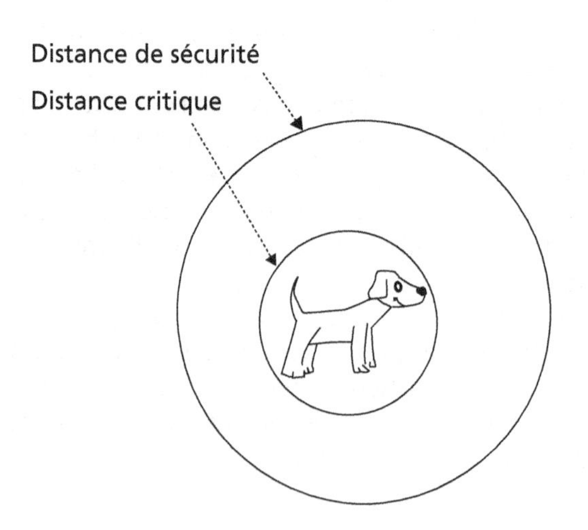

La distance individuelle ou critique

La distance individuelle (ou critique) est la bulle d'espace proche du corps et qui entraîne une forte réaction émotionnelle (réaction critique) quand elle est envahie. C'est cette distance que l'on retrouve entre deux oiseaux sur un fil, entre deux personnes qui discutent. Cette distance est abolie dans les transports en commun bondés, mais les règles sociales le permettent : le mal-être n'en existe pas moins.

Chez le chien la distance critique change avec l'interprétation (cognitive) de l'intrus. Si l'intrus est un ami, il peut régulièrement (mais pas toujours) venir au contact ; si l'intrus est jugé dangereux, il ne peut pas entrer dans cette bulle sans que le chien n'émette une réaction violente, soit d'agression (dite critique ou par peur), soit de sidération (immobilité par peur).

La distance de sécurité

La distance de sécurité est appelée distance de fuite en éthologie, parce que la plupart des animaux fuient en présence d'un rival ou d'un prédateur jugé dangereux. Cependant le chien présente 4 réactions fréquentes possibles[3] :

- La fuite, qui permet de conserver la distance de sécurité.
- La communication sociale, qui permet de discuter avec l'intrus et de jauger la nécessité d'une autre stratégie.
- L'immobilité, qui permet de laisser passer un danger éventuel, en n'excitant pas l'adversaire.
- L'agression proactive, qui permet de faire fuir l'intrus et de conserver la distance de sécurité, ou qui permet de se battre pour faire respecter la distance (voir « L'agression de distancement », page 198).

En plus de ces 4 stratégies, le chien dispose aussi d'activités de substitution ou redirigées comme le comportement sexuel ou le comportement d'ingestion alimentaire.

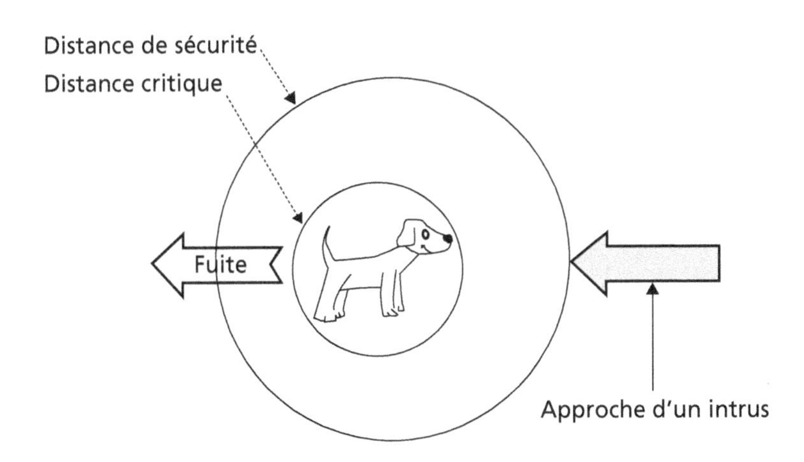

Tous les chiens ont les 4 stratégies de base, avec une motivation différente ; la stratégie prioritaire est partiellement génétiquement programmée, et ensuite subit les effets des conditionnements (voir « L'apprentissage », page 326).

La gestion des distances

Phylogenèse de la gestion des distances

Dans l'évolution d'une espèce, il est plus logique de voir apparaître d'abord la gestion de l'espace personnel, avant la gestion d'un espace de groupe ou d'un lieu indépendant de l'espace personnel. Ce dernier cas nécessite une cartographie mentale de l'espace, cognition plus évoluée que la simple gestion de l'espace qui se situe autour de soi.

Gestion des distances et sociabilité

Les distances émotionnelles sont inversement proportionnelles à la sociabilité du chien. C'est-à-dire que la distance est plus grande si le chien est peu sociable, la distance se réduit si le chien est très sociable.

Le terme sociable est à prendre ici de façon contextualisée : le chien est sociable à quoi et à qui ? Si le chien est ultra-socialisé aux enfants, les enfants pourront envahir les distances de sécurité et critique sans réaction de stress du chien et sans réaction potentiellement agressive pour l'enfant. Si, au contraire, le chien est mal socialisé aux enfants, ils seront à risque d'être la cible d'une agression

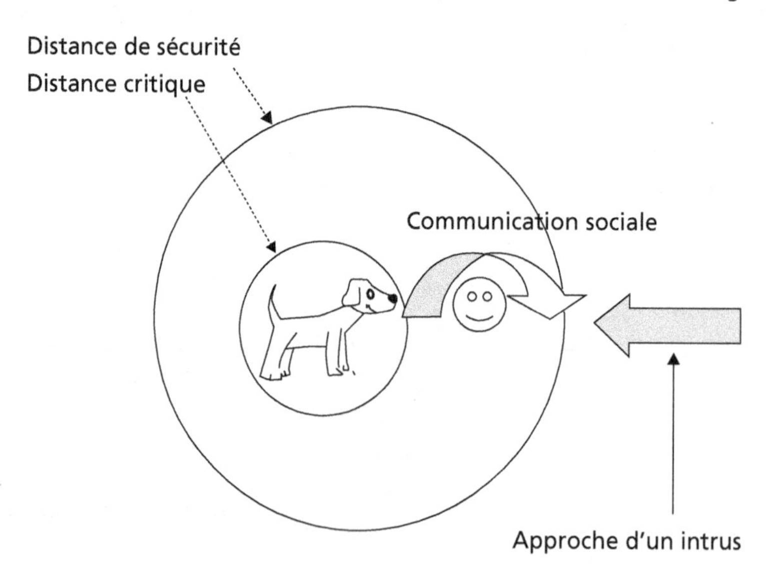

(parfois violente) lorsqu'ils envahissent les distances émotionnelles du chien. C'est aussi le cas des différents types d'humains et de chiens.

L'orientation dans l'espace

Qui dit gestion de l'espace dit aussi orientation dans l'espace. Si le chien sauvage peut parcourir 30 km et revenir chez lui, dans son territoire, c'est dire qu'il faut gérer de grandes surfaces dans lesquelles le chien doit se retrouver. Le fait-il par une mémoire cartographique, de repères observés, par une orientation magnétique (comme s'il avait une boussole biologique), ou le chien va-t-il à l'inconnu et revient-il sur ses pas par pistage olfactif ?

Comment fait le chien qui retrouve son gîte après avoir trotté des kilomètres dans le blizzard ? Quand les repères visuels et odorants ont disparu, que reste-t-il sinon une mémoire cartographique, une orientation magnétique ou une perception extrasensorielle (voir « L'orientation », page 300) ?

Les troubles de la gestion de l'espace

La gestion de l'espace est un signe, un symptôme dans un ensemble comportemental. Par exemple, il est fréquent d'observer ensemble l'agression territoriale et l'agression de distancement, signes d'un manque de socialité et de sociabilité (phobie sociale, anxiété).

Les troubles de l'orientation sont fréquents dans la démence sénile (voir « Les troubles cognitifs », page 320).

LES COMPORTEMENTS D'AGRESSION

Sujet à la mode, les chiens (dits) dangereux font la une (et la fortune) des médias. L'agression canine est aussi un sujet entaché de croyances contradictoires comme « il n'y a pas de chiens méchants », « le chien ne naît pas méchant, il le devient », « l'agression a des fondements génétiques et instinctifs », sans oublier l'affirmation politique (raciste mais légale) « il y a des races de chiens dangereux ».

Pendant des dizaines d'années et encore aujourd'hui, les scientifiques se disputent et se contredisent sur le fondement de l'agression : instinct (drive), réaction ou frustration ? La base génétique de la réactivité, de certaines formes d'agression, est aujourd'hui bien établie : le chien naît avec un tempérament défini et un potentiel agressif et réactif qu'on ne peut pas nier ni négliger. Quand on a compris cet élément essentiel de l'agression, on peut aussi facilement déduire qu'il sera difficile de modifier (et traiter) certaines agressions (nuisibles pour le propriétaire ou la société). Ce n'est pas parce que l'agression a une base génétique que pour autant il existe des races dangereuses ; faire cette déduction est hasardeux et n'est basé sur aucune observation scientifique. En effet, aucune race de chien n'est clonée ; il est impossible que tous les chiens de la même race partagent les mêmes caractéristiques biologiques – agressives, par exemple. Il n'y a donc pas de race agressive ou non agressive, il n'y a qu'une proportion dans chaque race – proportion variable d'une race à l'autre – d'individus présentant certaines formes d'agression et de réactivité.

Définition de l'agression

Une danse entre agresseur et victime

L'agression est définie de façon générale et floue comme un comportement qui conduit à – ou dont le but apparent est – une atteinte à l'intégrité physique et/ou psychique ou à la liberté d'un autre individu, ou ayant comme effet de forcer l'autre individu dans une posture contrainte ou à rester à distance (spatialement ou socialement), sans son consentement. L'agression est une menace ou un comportement dommageable[1].

Vue ainsi, l'agression est :

- Un comportement : ce n'est ni un réflexe, ni un mouvement, mais un comportement complet avec ses différentes phases.

- Un comportement intentionnel : l'intention est d'« aller vers[2] ».
- Le récepteur de l'agression est non consentant : la cible présente des comportements d'évitement pour échapper aux conséquences considérées comme aversives.
- Les effets observables du comportement agressif sont, pour la cible, des contraintes – voire des lésions – physiques ou psychologiques.

Une telle définition permet de :
- Classer dans les comportements agressifs de nombreuses situations de gestion d'interactions.
- Ne pas accabler l'agresseur d'une intentionnalité méchante et/ou violente.
- Ne pas considérer la cible comme une victime impuissante.

Or il est important de sortir de cette conception culpabilisante d'agresseur-coupable et d'agressé-victime[3]. L'agression est une forme de danse interactive entre deux (ou plus de deux) individus, dans laquelle il faut redonner à chacun la responsabilité de ses intentions et de ses actes.

Si je marche sur la queue d'un chien et qu'il grogne sur moi et montre les dents, nous sommes tous les deux agresseurs et victimes : je l'agresse et lui fais mal (sans intention de faire mal) ; il m'agresse (avec intention de me tenir à distance). Il aurait très bien pu (crier « kaï » et) s'éloigner ; il préfère grogner et rester sur place et me demander de m'éloigner ou, au moins, de faire attention à ne plus le toucher.

Si je rentre de promener mon chien et qu'il ne répond pas à ma demande de revenir à mon appel parce qu'il renifle des odeurs passionnantes, si je hausse le ton pour qu'il obéisse et qu'il revient lentement, si je crie sur lui quand il revient et qu'il grogne, tête basse, et si je lui donne un coup de pied au derrière pour qu'il se dépêche et qu'il me mord la jambe... Qui agresse qui ? Chaque partenaire de cette interaction a une personnalité réactive et revendicatrice, agresse l'autre et, donc, partage les responsabilités. Cependant, on a tendance à donner plus de responsabilité (légale) à l'acteur considéré comme plus raisonnable ou intelligent !

Entre pulsion et comportement

Il ne faut pas confondre un comportement d'agression et une pulsion agressive. La pulsion – ou drive – est le penchant interne à manifester des comportements d'agression. Chaque chien est différent dans sa pulsion agressive, située entre zéro et le maximum, comme toute caractéristique biologique. Pour qu'un comportement d'agression se manifeste, il faut :
- Une pulsion agressive.
- Une personnalité proactive ou réactive.
- Un contexte favorisant la réactivité.
- Un contexte défavorisant la satisfaction des besoins d'activité.
- Un état physique permettant l'expression du comportement d'agression.

Une pulsion agressive

Si un chien possède une forte pulsion agressive – liée à une génétique agressive – il finira par agresser, même spontanément, sans environnement déclencheur. C'est comme si ce patron-moteur devait s'exprimer, quel que soit l'environnement. Dans ce cas, il est certain qu'il faut rediriger l'agression sur des supports adéquats (faire mordre un bâton, une corde). Si un chien possède une faible pulsion agressive, il faudra le soumettre à des environnements fortement déclencheurs pour révéler un comportement d'agression.

Une personnalité proactive ou réactive

La personnalité réactive répond à une agression ; elle va attendre qu'on l'agresse pour réagir ; généralement elle répond à une agression par un évitement ou un échappement (la fuite), mais peut défendre son espace ; si on ne s'approche pas d'elle, elle ne réagit pas.

La personnalité proactive anticipe une agression éventuelle, elle prend les devants et attaque au moindre signe – parfois imaginaire – d'une agression possible. Le chien proactif se dirige vers sa cible.

Il est très aisé de gérer un chien réactif ; il suffit de ne plus l'approcher ou le toucher. Il est très malaisé de gérer un chien proactif, car on ne peut pas prévoir quand il va nous attaquer, ni qui il va attaquer. Le chien proactif est bien plus dangereux que le chien réactif.

Un contexte favorisant ou défavorisant la réactivité

Dans le tableau ci-dessous, j'écris, à titre d'exemple, quelques critères qui favorisent ou défavorisent un comportement d'agression.

CRITÈRES FAVORABLES OU DÉFAVORABLES À L'AGRESSION

Défavorable à l'agression	**Critère**	**Favorable à l'agression**
Passive	Personnalité	Réactive
Passive	Personnalité	Proactive
Hypo, calme	Humeur	« Hyper », excitable
Patient	Humeur	Impulsif
Assurance	Émotions	Peur
Modération, calme	Émotions	Irritation, colère
Insensible	Perception de la douleur	Sensible
Bon contrôle	Contrôle de la morsure	Manque de contrôle
Connu	Individu attaqué	Inconnu
Non dangereux	Individu attaqué	Dangereux
Fort	Individu attaqué	Faible

Un état physique permettant l'expression du comportement d'agression

Dès qu'un chien quitte l'état de bonne santé physique et mentale, il peut voir sa réactivité agressive augmenter. C'est le cas pour la fièvre, la douleur, mais aussi pour les troubles hormonaux et, bien entendu, pour la phase de confusion des crises d'épilepsie, pour les tumeurs cérébrales ou pour la démence sénile, pour ne citer que quelques exemples.

Lorsqu'une agression, surtout atypique, apparaît brusquement chez un chien habituellement non agressif, il faut toujours rechercher un facteur physique.

L'expression du comportement d'agression

Les critères favorables à l'expression d'un comportement d'agression (voir tableau ci-dessus) sont aussi favorables à une augmentation de la dangerosité.

L'agression est un comportement. Elle suit donc une séquence en 4 phases :

- La phase de menace.
- La phase d'attaque.
- La phase d'arrêt.
- La phase réfractaire.

Cette séquence est typique dans la compétition entre deux chiens pour une ressource limitée, comme un os : les chiens grognent et montrent les dents ; si l'un des deux ne s'écrase pas, les chiens s'attaquent, se mordent à la nuque et aux pattes, essaient de faire basculer l'adversaire ; l'adversaire qui est tombé reste immobile ; le conflit s'arrête ; le vainqueur emporte l'os et le vaincu l'observe à distance, immobile et silencieux.

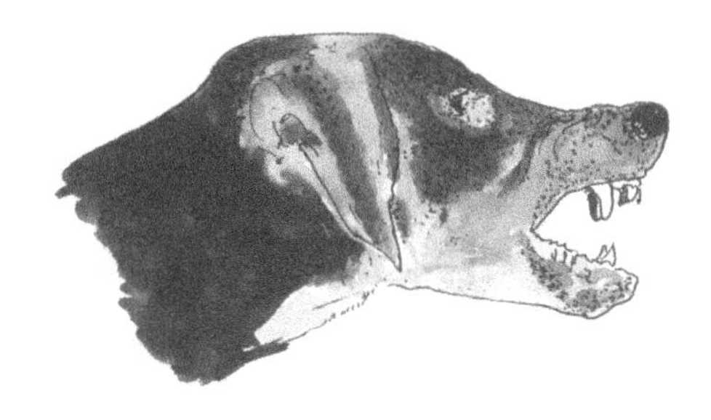

La variabilité des enchaînements

Cette belle description se retrouve rarement respectée. La séquence du ballet agressif est modifiée par différentes circonstances :

- Les adversaires appartiennent au même groupe social ou à des groupes différents : dans un même groupe, on évite d'abîmer ses amis, ce qui n'est pas nécessaire par rapport à un individu d'un autre groupe.
- Les adversaires se connaissent ou non : quand on se connaît, on connaît les puissances et prétentions de l'autre, il suffit juste de tester la situation du jour et on peut donc écourter les menaces et entrer dans le vif du sujet. Quand on ne se connaît pas, on risque gros à méjuger l'adversaire : on passe plus de temps en menaces pour jauger l'autre. On peut aussi mal interpréter les modes de communication de l'autre.
- Les adversaires ont été séparés avant l'arrêt spontané du conflit : les prochaines rencontres reprennent là où elles se sont arrêtées et sont de plus en plus violentes ; la séquence est modifiée au profit de l'attaque, avec perte de contrôle des mouvements et des morsures.
- L'adversaire est jugé dangereux : plus l'adversaire est jugé dangereux et plus la situation est risquée pour soi-même, plus violente sera la proposition d'agression.
- L'adversaire est jugé consommable et/ou déclencheur du patron-moteur de comportement de chasse : l'agression est typique des comportements de prédation.

Tout comportement doit être contextualisé pour pouvoir être compris et, éventuellement, corrigé.

Direction et intentionnalité des agressions

L'agressé coopère

Le chien agresseur n'agresse pas sans raison tous azimuts. L'agression étant une chorégraphie entre agresseur et agressé, avec fréquente réciprocité et escalade symétrique ou complémentaire, la cible n'est pas totalement innocente. Dans l'agression compétitive, dans la défense de l'espace, dans la prédation, la cible porte sa part de responsabilité, même inconsciente : il y a la présence d'un aliment, d'un objet, d'une ressource quelconque qui déclenche la compétition, il y a un intrus pénétrant dans les espaces personnels du chien à un mauvais moment, il y a déclenchement d'un comportement de poursuite, de capture et de secouement.

L'agression redirigée

Cependant, l'individu mordu n'est pas toujours la cible intentionnelle de l'agresseur. C'est le cas de l'agression redirigée. Dans cette situation, l'agresseur exprime le comportement agressif, non pas envers la cible intentionnelle – généralement inatteignable – mais envers une cible substitutive, qui est à proximité des crocs.

Dans le cas d'une compétition entre deux chiens, le plus faible des deux peut comprendre qu'il est inutile d'agresser plus fort que soi, mais il va rediriger la hargne vers plus faible que lui. Le chien territorial peut mordre son compagnon de jeu (chien ou homme) quand il est surexcité par un passant inatteignable. Le chien macho, qui ne peut mordre un autre chien mâle, va mordre la cuisse de sa propriétaire qui tire sur la laisse pour le retenir.

L'agression redirigée s'exprime toujours chez des chiens réactifs en état d'excitation : il s'agit le plus souvent d'un réflexe. Comme mordre apaise le chien, lors de l'agression redirigée, il se fait du bien. Il oublie d'ailleurs très vite qui il a mordu. Et il ne comprend pas qu'on lui en veuille.

Dans certains cas, l'agression redirigée se conditionne à un contexte et à une cible. Par exemple, ce chien surexcité par la présence d'autres chiens vient systématiquement sauter sur sa propriétaire et lui mordre les bras et les mollets. C'est devenu un automatisme.

Typologie des agressions

La classification des agressions varie suivant chaque école, voire entre chaque auteur. Pire, les mêmes terminologies sont utilisées par différents auteurs pour décrire des comportements distincts.

Je propose une classification descriptive et contextuelle, parfois fonctionnelle ; cependant la fonction du comportement d'agression n'est pas ma priorité. En effet, seul le chien peut connaître la fonction, nous ne pouvons que l'imaginer ou la déduire de nos observations sur les conséquences de l'agression.

Les agressions sont classées par intensité et dangerosité croissantes.

TYPE D'AGRESSION CHEZ LE CHIEN

Agression parentale disciplinaire, de sevrage et éducative
• Agression parentale de sevrage
• Agression parentale disciplinaire
• Agression parentale éducative
Agression de/du jeu
Agression compétitive - sociale
• Agression déclenchée par l'aliment
• Agression déclenchée par des objets non alimentaires / de possession
• Agression liée au lieu de repos

• Agression liée aux interactions sociales /contrôle d'alliance
• Agression liée au contrôle de l'espace
• Agression liée au contrôle sexuel
• Combats de duels
Agression intrasexuelle (intraspécifique intergroupe)
Agression sexuelle
Agression par irritation
• Agression de frustration
• Agression de douleur
Agression de défense des jeunes
Agression de gestion et défense de l'espace
• Agression de distancement (*distancing/deterring*)
• Agression de défense de groupe
• Agression territoriale
Agression de poursuite
Agression critique
Agression apprise
• Agression conditionnée (conditionnement classique)
• Agression instrumentale (conditionnement opérant)
• Agression de dressage (*trained*) (conditionnement opérant)
Agression de meute (*mobbing/ganging*)
Agression infanticide
Agression prédatrice
Agressions atypiques
• Agression du trouble hyperactivité
• Agression de la personnalité dyssociale
• Hyperagression due à un trouble somatique
• Agression idiopathique

L'agression parentale

La mère – et parfois le père et d'autres chiens adultes – interagit avec les chiots de façon contrôlante, limitant leurs mouvements, les poussant à prendre une posture couchée et à s'immobiliser. De temps en temps, des coups de dents pincent les chiots.

Le comportement parental est efficace lorsqu'il réduit le risque de mortalité et permet le développement du chiot de façon suffisante. Toutes les mères ne sont pas tendres et patientes ; certaines n'hésitent pas à donner des coups de dents ; tant que le chiot s'en sort sans handicap physique ou psychique, la nature a fait son travail.

L'agression parentale de sevrage

À partir de 5 à 6 semaines, les dents de lait apparaissant, la tétée devient douloureuse. La chienne mère s'éloigne de ses chiots, rend ses mamelles moins accessibles. Parfois, elle pince un chiot, le saisit par la peau de la nuque, le repousse et s'éloigne.

L'agression parentale disciplinaire et éducative

Ce comportement parental a été décrit dans l'apprentissage du contrôle de soi chez le chiot. En résumé, la mère s'approche d'un chiot ; gueule ouverte, elle saisit la tête entière du chiot ou une partie de son crâne, le happe par le cou ou les oreilles, ou le haut du dos ; parfois elle pince ; le chiot crie et s'immobilise quelques secondes ; la mère le relâche ; le chiot se relève et se relance dans le jeu ; la chienne reproduit le même acte éducatif dans les quelques secondes qui suivent ou plus tard dans la journée.

Ce comportement est utilisé autant sans raison apparente, sinon l'apprentissage de l'immobilité (agression éducative), qu'avec raison, pour pacifier un groupe de chiots emballés d'excitation (agression disciplinaire).

L'agression de/du jeu

Le jeu est un moment de défoulement locomoteur et psycho-émotionnel. Le jeu emprunte des patrons-moteurs – surtout des comportements de poursuite, mais aussi des comportements agressifs avec boxe et morsures – qui sont plus ou moins coordonnés ; le jeu permet de perfectionner la coordination des mouvements et d'affilier les chiens socialement (voir « Le jeu », page 353).

Le chiot explore de la bouche son monde environnant, y compris sa fratrie. Un chiot mord ses frères et sœurs au cou, à la face et aux oreilles ; ces morsures sont douloureuses ; le chiot mordu crie. Ensuite, la situation est inversée ; le mordu devient le mordeur. Ces morsures réciproques permettent à chacun des chiots d'apprendre à inhiber leur morsure dans le jeu social.

Certains jeux dégénèrent en agression lorsqu'ils entraînent des émotions de peur, de l'irritation ou de la douleur.

L'agression compétitive-sociale

Il s'agit d'une agression typique en quatre phases – menace, attaque, arrêt et période réfractaire – exprimée envers un type d'individu auquel le chien a été socialisé (chien, type humain, chat...) lors d'un contexte de compétition pour une ressource ou un privilège.

Ce type d'agression augmente lorsque les ressources sont limitées (compétition).

Quand les ressources sont abondantes, ce type d'agression est éventuellement utilisé pour établir un statut social (hiérarchie) et faire ensuite l'économie de conflits (agression sociale).

Les agressions compétitives

Suivant le contexte de compétition, on distingue :

- L'agression liée à l'aliment.
- L'agression liée à des objets (non alimentaires) ou des sujets (agression de possession).
- L'agression liée au lieu de repos.

- L'agression liée aux interactions sociales (contrôle d'alliance).
- L'agression liée au contrôle de l'espace (passage et occupation d'espaces clés).
- L'agression liée au contrôle sexuel.

De nombreux chiens de famille défendent un espace, un fauteuil, un passage, l'approche d'une personne. Ces chiens n'ont généralement pas grand-chose d'autre à faire dans leur vie et se donnent un job. On peut parler d'agression compétitive, hiérarchisante – afin de déterminer qui domine et qui est dominé –, mais on peut aussi parler d'agression par ennui, pour se donner quelque chose à faire ; et quand on donne des activités structurantes, le problème disparaît fréquemment.

Les combats de duels

L'agression compétitive-sociale apparaît parfois sans ressource observable, plus souvent au moment de l'adolescence ou lors d'introduction d'un nouveau venu dans le groupe social. C'est comme si les chiens se battaient en duel, probablement pour affirmer leur statut social ou simplement pour revendiquer. Dans ce cas, les duels peuvent être répétés pendant plusieurs mois jusqu'à ce qu'un des chiens fasse l'économie des conflits.

L'agression de duel peut apparaître dans un jeu qui dégénère.

Le terme d'agression de dominance a été excessivement utilisé dans les pays anglo-saxons pour décrire une agression contrôlée entre un mâle dominant et un autre chien de rang moins élevé et, ensuite, pour décrire n'importe quel type d'agression entre un chien envers un humain. Disons qu'un chien dominant, sûr de lui, n'a pas besoin de recourir à l'agression pour affirmer son statut. Seuls les challengers, qui revendiquent le statut de dominant sans l'être vraiment, recourent sans cesse aux agressions de duel ; cependant, leurs agressions manquent de contrôle.

L'agression intrasexuelle (intraspécifique intergroupe)

Il s'agit d'une agression – semblable à l'agression compétitive-sociale – entre chiens du même sexe (entre mâles ou entre femelles), appartenant à des groupes sociaux différents. Il n'y a pas de ressource ou de privilège objectivable qui puisse déclencher cette agression.

C'est l'agression typique de deux chiens mâles qui se rencontrent sur un trottoir, en forêt, et qui ont besoin de se montrer et de prétendre qu'ils sont plus qu'ils ne sont réellement (machisme). Les émotions sous-jacentes sont liées à l'insécurité. Les chiens sûrs d'eux n'ont pas besoin de prétendre.

L'agression sexuelle

Dans l'agression sexuelle, le chien mâle menace et contraint (y compris par des morsures contrôlées) une femelle (ou un chien mâle castré) afin de la forcer à des relations sexuelles (léchage, chevauchement, tentative de pénétration).

Ce comportement est parfois manifesté par un chien mâle envers une femme ou une jeune fille, plus rarement un jeune garçon, et peut évoluer vers une tentative de viol.

De nombreux chiens mâles tentent de renifler et lécher les zones sexuelles ou chevauchent et grognent, voire mordent, s'ils sont repoussés. D'autres emportent le linge intime et agressent si on veut le récupérer. Ces agressions sont liées à un contexte de défense d'une ressource sexuelle (agression compétitive) et peuvent dégénérer en agression sexuelle.

L'agression par irritation

L'agression par irritation est une agression (classique en quatre phases) contrôlée apparaissant dans un contexte (d'anticipation) d'interférence avec un comportement, une intention ou une motivation du chien par – et envers – un individu auquel le chien a été correctement socialisé et qui n'est pas considéré comme dangereux.

L'interférence est très souvent une contrainte, une manipulation non désirée, une frustration, une douleur. On la retrouve lors du brossage, en marchant sur la queue, en nettoyant les oreilles, en soignant une plaie, en empêchant le chien de poursuivre un chat. La chienne l'exprime lorsqu'elle refuse les avances ludiques ou sexuelles du mâle.

L'agression de frustration

C'est l'agression par irritation exprimée lorsqu'un événement positif est retardé ou inaccessible. L'événement positif peut être un aliment, une récompense, un jeu, une interaction sociale, un accès sexuel...

L'agression de douleur

C'est l'agression par irritation dans un contexte de douleur ou d'anticipation de douleur (manipulation douloureuse) ; elle s'exprime envers l'individu associé à la douleur.

C'est une agression fréquemment confrontée par les vétérinaires, mais aussi par les propriétaires qui doivent soigner leur animal lors d'une affection douloureuse.

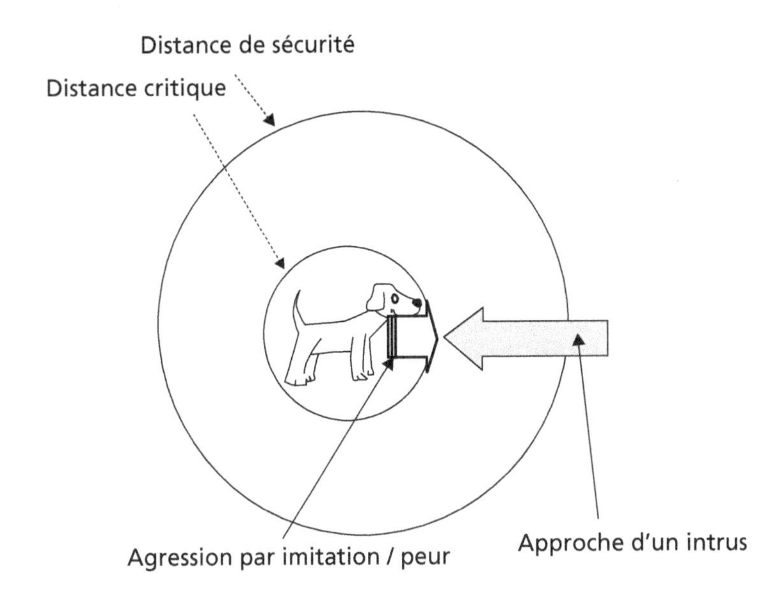

L'agression de défense des jeunes

Il s'agit d'une agression exprimée envers un intrus qui franchit – ou menace de franchir – la distance de sécurité des chiots.

L'agression est typique : menace, attaque en se précipitant sur l'intrus, retour près des chiots, nouvelle attaque si nécessaire, interposition en posture de menace entre les chiots et l'intrus, arrêt lorsque l'intrus s'éloigne ; il n'y a pas de phase réfractaire, l'agression réapparaissant si l'intrus s'approche à nouveau.

L'agression est d'autant moins contrôlée que l'intrus est moins connu ou jugé plus dangereux. L'agression peut ne pas apparaître en présence de personnes d'attachement.

On appelle agression maternelle l'agression de défense des jeunes par la mère pendant la période d'allaitement et même au-delà. Cette agression peut aussi être présentée par une chienne en pseudocyèse défendant des chiots imaginaires ou des jouets qu'elle materne.

L'agression de gestion et de défense de l'espace

Il y a plusieurs types d'espaces :

- L'espace personnel avec ses distances de sécurité et critique.
- L'espace personnel et partagé avec un groupe dont on fait partie ou dont le chien croit avoir la charge.
- L'espace d'un habitat sédentaire.

La défense de l'espace individuel est assez simple. On la modélise à partir de la distance de sécurité et de la distance critique. La gestion d'un espace de groupe est une extension de la gestion de l'espace individuel. Et bien souvent, le chien qui défend un groupe défend, en fait, son propre espace. La défense d'un habitat est différente : outre les espaces individuels, le chien acquiert une cartographie de l'habitat, des zones de sécurité, des zones où il peut se montrer agressif sans répercussion négative (aboyer derrière une haie, une clôture, un portail) et des zones où il doit gérer le risque d'une contre-réaction ou d'un envahissement de l'espace.

Les trois formes de défense de l'espace détaillées ci-dessous (distancement, défense de groupe, territoriale) apparaissent au même moment, généralement autour de la puberté, sous l'influence de facteurs génétiques à expression tardive. Cela signifie qu'un chien parfaitement sociable peut en quelques semaines devenir quasi associable, défendre l'habitat et attaquer gens et chiens méconnus.

L'agression de distancement

L'agression de distancement est une agression d'un chien proactif en direction d'un intrus (individu auquel le chien a été socialisé, comme un chien ou un humain, mais aussi prédateur) qui approche de la distance de sécurité. L'intention est de maintenir l'intrus au-delà de la distance de sécurité ou de l'en éloigner.

Le chien aboie sur l'intrus ; ensuite il court, tout en aboyant, posture haute, vers l'intrus ; il s'arrête face à l'intrus et continue à aboyer, jusqu'à ce que l'intrus s'arrête, recule ou montre des signes de déférence (regard de côté, immobilité).

C'est une réaction xénophobique, dans le sens de rejet de ce qui n'appartient pas au groupe familial, à la catégorie « connu ».

La distance de sécurité varie d'un chien à l'autre ; elle augmente avec l'insécurité du chien.

Le comportement se conditionne rapidement, le chien étant rarement challengé dans son comportement qui se voit, dès lors, renforcé. Rapidement, le chien attaque directement en aboyant et finit par mordre aux jambes, aux bras (avec lesquels les gens se protègent), ou à la gorge ou au visage. Une fois qu'il a mordu, le chien s'éloigne généralement de sa cible.

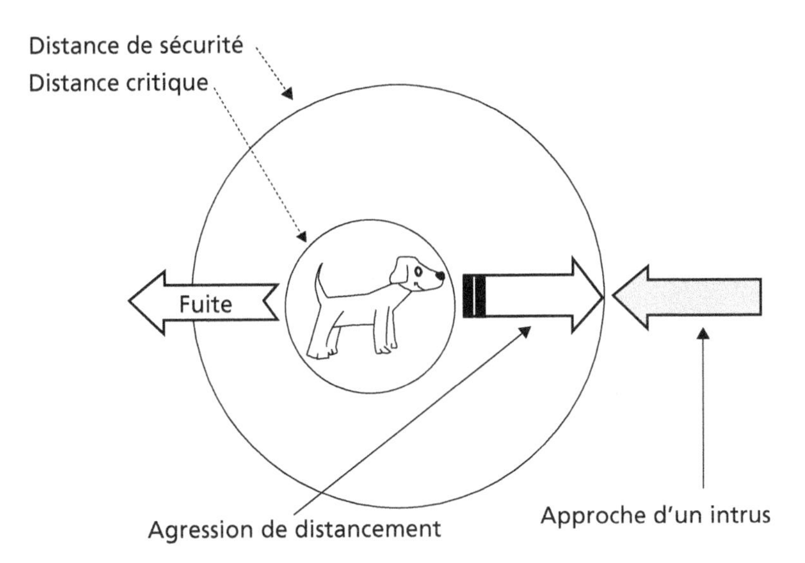

L'agression de distancement s'exprime, quelle que soit l'incidence d'approche de l'intrus, que celui-ci vienne en direction du chien, de face ou de côté, ou même s'il ne se dirige pas vers le chien mais que son angle d'approche entraîne un franchissement de la distance de sécurité.

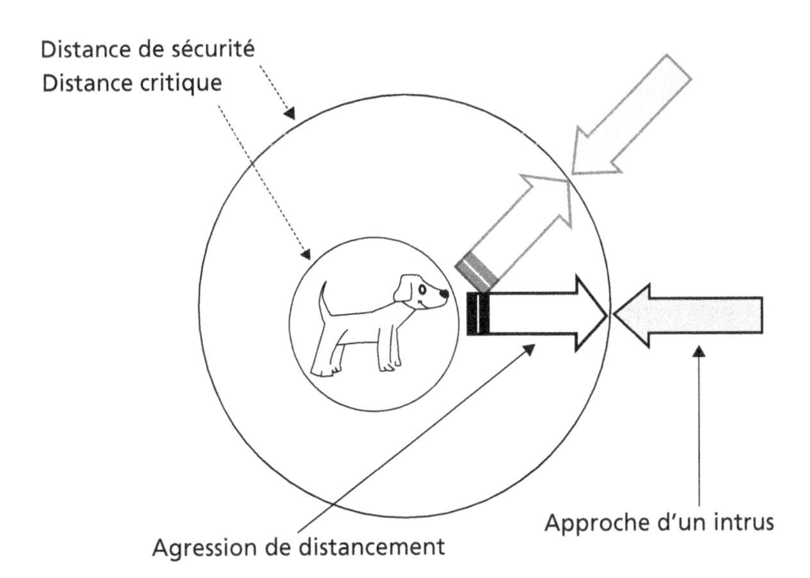

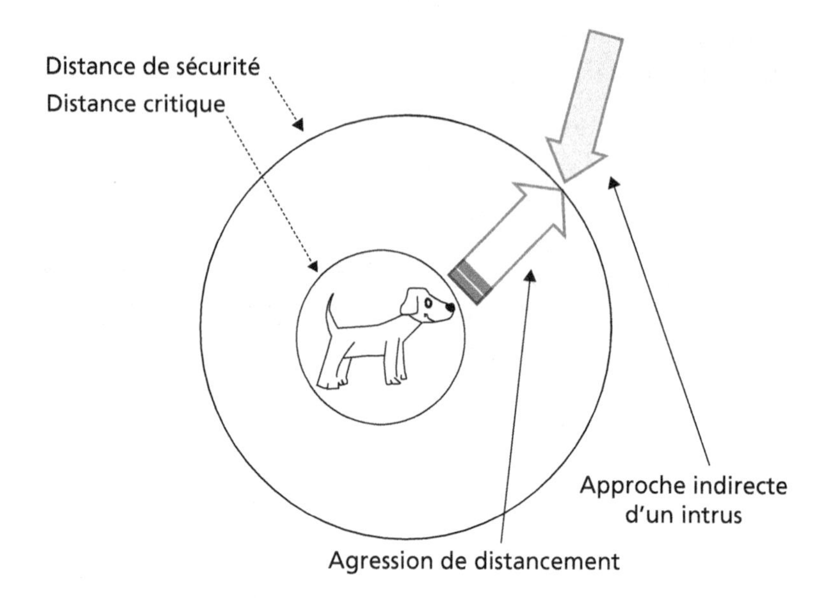

L'agression de défense de groupe

L'agression de défense de groupe est une agression de distancement appliquée non à la distance individuelle de sécurité, mais à celle d'un groupe (c'est-à-dire au minimum 2 individus ou plus) auquel le chien est affilié.

Différentes motivations peuvent activer ce type d'agression, que l'on retrouve plus facilement chez les chiens sélectionnés pour la garde. C'est ce type d'agression que l'on observe chez les chiens de protection de troupeaux de moutons, socialisés aux moutons depuis leur plus jeune âge, et qui attaquent les loups, mais parfois aussi les promeneurs en montagne.

L'agression territoriale

L'agression territoriale est une agression de distancement où la distance de sécurité correspond approximativement à la périphérie d'un espace de résidence du chien.

Dans cet intitulé, le terme territoire[4] est à prendre comme un espace où le chien résident possède des priorités d'accès à des ressources, qu'il ne possède pas en dehors de cet espace, comme un accès à la nourriture, des lieux de couchage sécurisés, une réduction du stress de l'inconnu, etc.

L'agression territoriale sert à empêcher l'intrus d'envahir le territoire, à le raccompagner en dehors du territoire et, éventuellement, à l'accepter dans le territoire s'il présente tous les critères d'acceptation (non-dangerosité, avantages divers). Par exemple, une chienne sera facilement acceptée sur le territoire d'un mâle en période d'œstrus.

L'agression territoriale se renforce quand elle est efficace. Et pour un chien de jardin bien clôturé, il est sans danger d'aboyer sur les passants qui, de toute façon, ne font que passer ; le chien est récompensé par l'éloignement des passants. Si l'intrus ne s'en va pas, le chien redouble de menace. Si l'intrus franchit le périmètre, le chien peut mordre. C'est l'agression à laquelle doit faire face l'agent des postes, jour après jour.

Aboiements territoriaux à la clôture.

L'agression de poursuite

La poursuite est un des patrons-moteurs du comportement de chasse. Le chien court – trotte et galope – derrière une cible en mouvement ; il est quasi sourd à tout appel de son éducateur et à toute distraction.

La poursuite peut exister chez tous les chiens, mais s'exprime plus facilement dans certains groupes, comme les chiens de chasse, les chiens de rassemblement de troupeaux. Activée par le mouvement d'une cible (proie), elle est auto-renforçante. Le chien poursuit pour poursuivre.

Stopper le chien en pleine course nécessite un stimulus distractif ; j'utilise un jet d'air, déclenché à distance ; la distraction perturbe l'expression du comportement de poursuite, le temps que la cible s'éloigne ; il faut ensuite rappeler le chien et récompenser le retour.

L'agression critique

L'agression critique est une agression incontrôlée lorsqu'un intrus, inconnu ou jugé dangereux, pénètre dans l'espace personnel, franchissant la distance critique. Dans cette agression, on ne reconnaît plus de séquence bien typée : la menace et l'attaque peuvent alterner ; le contrôle de l'agression est proportionnel – et la violence est inversement proportionnelle – à la sociabilité à l'intrus.

L'agression par peur

L'agression critique type est l'agression par peur d'un chien acculé, ou qui n'a pas appris à fuir. Elle s'accompagne des manifestations de l'insécurité et de la peur : posture basse, transpiration des coussinets, dilatation des pupilles, vidange des glandes anales.

L'agression antiprédatrice

L'agression antiprédatrice est une agression critique de survie contre un intrus (jugé prédateur par un observateur humain). Le chien a peu de prédateurs, si ce n'est l'homme, d'autres canidés et grands félidés. La taille est toute relative puisqu'un chat de famille peut très bien être un prédateur pour un chiot miniature[5].

L'agression apprise

Tout type d'agression peut subir l'influence de l'apprentissage et, particulièrement, des conditionnements et du renforcement.

L'agression conditionnée (conditionnement classique)

Le conditionnement classique (pavlovien) lie un contexte et une expression automatique (humeur, émotion, réflexe comportemental).

L'exemple habituel est l'association d'une personne et d'un contexte de douleur déclenchant une agression par irritation et un évitement de la personne, même lorsque toute manifestation douloureuse s'est estompée.

L'agression de poursuite d'une cible préférée est aussi facilement conditionnée. De nombreux chiens ne coursent plus les chevaux, mais bien les cyclistes et les joggers, ou se limitent à des cibles accessibles, comme les planches à roulettes ou trottinettes.

L'agression redirigée est aussi facilement conditionnée. Si le chien a mordu la cuisse de son propriétaire lors d'excitation par conflit de machisme avec un autre chien, il peut mordre son propriétaire de plus en plus vite à chaque rencontre d'un autre chien.

Ce type d'agression doit être contre-conditionné par association du contexte avec un autre comportement incompatible avec l'agression (assis, couché, regarder l'éducateur).

L'agression instrumentale (conditionnement opérant)

Le renforcement positif renforce la partie opérante du comportement, c'est-à-dire l'attaque et l'intensification de la morsure.

Dans le cas d'une agression compétitive, la phase de menace est réduite, l'attaque est accélérée et intensifiée, la phase d'arrêt est réduite et la phase réfractaire peut même manquer ; le chien attaque quasi directement et mord à plusieurs reprises, avec une intensité dépassant ce qui est nécessaire dans le contexte.

L'agression de dressage (conditionnement opérant)

Le dressage au mordant, à la défense et à l'attaque, a pour intention d'augmenter l'intensité de la morsure et de conditionner l'attaque à une cible spécifique (l'homme d'attaque). Comme le chien réalise ses propres conditionnements qui peuvent être divergents de ceux qu'on veut lui enseigner, il peut très bien se conditionner à attaquer, par exemple, toute personne qui lève un bras ou qui porte une protection sur un bras.

Pour déconditionner ces erreurs d'apprentissage, il faut associer la cible conditionnée avec un comportement incompatible avec l'agression, tel qu'un « assis » ou un « couché », et augmenter de cette façon la spécificité du conditionnement à l'homme d'attaque.

Chien dressé à la défense et à l'attaque.

L'agression de meute (*mobbing, ganging*)

Quand différents chiens se mettent ensemble pour attaquer une cible, la séquence perd toute caractéristique compréhensible et l'attaque et la morsure sont généralement intensifiées et, dans ce cas, conduisent à la mort de la victime.

L'effet groupe est une facilitation de l'agression par réduction des inhibitions émotionnelles et sociales, qui empêcheraient un individu isolé de s'exprimer agressivement.

Le *mobbing* est une modalité qui s'applique à différents types d'agression : territoriale, compétitive, de poursuite. On l'observe parfois envers un nouveau venu introduit dans un groupe établi.

L'agression infanticide

L'infanticide est la mise à mort de nouveau-nés ou de jeunes de l'espèce ou d'une espèce à laquelle le chien a été correctement socialisé.

Ce type d'agression peut avoir des motivations très différentes s'il s'agit d'une mise à mort passive de ses chiots par une mère incompétente ou d'une mise à mort active par une mère mal socialisée (identifiée) aux chiens, par exemple une mère associable qui a été inséminée parce qu'elle refusait le mâle, ou encore par un autre chien du groupe ou un chien qui n'appartient pas au groupe social (voir « L'infanticide », page 244).

L'agression prédatrice

L'agression prédatrice est une séquence de patrons-moteurs qui s'enchaînent pour aboutir à la poursuite, à la capture et à la mise à mort d'un individu auquel le chien n'a pas été socialisé. Les différents patrons-moteurs ont été décrits dans le chapitre sur le comportement de chasse.

La séquence se modifie si la cible est de petite ou de grande taille ; dans le cas d'une proie de petite taille, le chien peut remplacer la morsure de capture par un saut à pattes jointes pour assommer la proie, suivi d'une prise à la nuque et d'un secouement, remplaçant la morsure de mise à mort.

L'agression de poursuite est une partie de l'agression prédatrice ; cette dernière conduit à la morsure intense et, parfois, à l'ingestion de parties de la proie.

La proie est un être vivant auquel le chien n'est pas correctement socialisé ; exceptionnellement, le chien est socialisé à sa proie mais, au moment d'exprimer l'agression prédatrice, il ne la reconnaît pas comme être social. C'est le cas d'un chien de grande taille qui attaque brusquement un chien miniature ou un enfant avec lequel il vivait, le capture à la nuque et le secoue ; cette agression se fait généralement dans des contextes inhabituels pour le chien.

L'effet groupe facilite l'intensification de l'agression prédatrice essentiellement par compétition entre différents chiens. Il est fréquent que les chiens surexcités par la compétition fassent des prises (de capture) fortes et exercent des tractions divergentes sur des parties de la proie, entraînant un démembrement de celle-ci encore vivante.

On retrouve peu chez le chien les chasses organisées et coordonnées que l'on observe chez le loup ou le lycaon ; dans ces chasses coordonnées, chaque individu a un rôle complémentaire à jouer pour la distraction, la diversion, le harcèlement et la capture de la proie.

Les agressions atypiques

Cette catégorie regroupe toutes les agressions dont la séquence devient atypique en raison d'une pathologie physique ou psychologique.

L'agression du trouble hyperactivité

Le chien hyperactif – qui est aussi impulsif, hyperréactif, hyperexcitable et hypersensible – modifie toute séquence agressive par sa rapidité de réaction et son manque de contrôle de ses mouvements et de ses morsures. Une agression compétitive, par exemple, devient facile, intense et violente.

L'agression de la personnalité dyssociale

La personnalité dyssociale ne connaît pas le langage canin nécessaire pour gérer les conflits ; elle est incapable de stopper une bagarre en prenant une position claire, haute ou basse, et est incapable de stopper une attaque lorsqu'elle perçoit une posture haute ou basse complémentaire. Dès lors, le chien dyssocialisé qui perd un conflit ne peut s'immobiliser pour le stopper, et prend peur ; son agression évolue en agression par peur, explosive et violente. Le chien qui gagne un conflit ne peut arrêter de mordre sa victime qui s'immobilise en posture basse, entraînant des plaies profondes et une réaction d'agression par peur et douleur de la victime.

L'hyperagression due à un trouble somatique

C'est une agression intense due à une pathologie somatique telle qu'une tumeur (primaire ou métastasique) cérébrale, une hydrocéphalie, une lissencéphalie, une méningo-encéphalite, une néosporose, une toxoplasmose, une hypothyroïdie, et d'autres affections plus rares.

L'agression idiopathique

L'agression est dite idiopathique quand on ne comprend ni sa typologie ni sa motivation. Le terme « idiopathique », qui veut dire « maladie à part entière », signifie en fait tout simplement qu'on ne peut que constater sa présence sans encore rien en comprendre.

Risque et dangerosité

Définitions

La dangerosité d'un chien est la potentialité de danger de ce chien. Le danger est une caractéristique du chien qui peut entraîner un risque d'accident. La dangerosité d'une situation est la potentialité d'apparition d'un accident dans une situation donnée.

Dans le cas de l'agressivité canine, le risque est la probabilité d'un événement négatif – une morsure, une blessure, un décès – par l'agression d'un chien. Le risque doit être précisé (de quel risque parle-t-on ?) et envisagé pour l'environnement proche (famille) et distant (société). La science qui étudie le risque est la cindynique.

La taille d'un chien – dont dépend la puissance de ses armes (liée à la taille de ses dents, la force de ses mâchoires), la vitesse de ses déplacements – est un danger, dans le sens qu'un chien de 50 kg est plus dangereux qu'un chien de 5 kg. L'intensité de la morsure est un danger, dans le sens qu'une morsure forte est plus dangereuse qu'une morsure contrôlée. L'apprentissage au mordant (fort) est un danger. Mais le désarmement (nivellement des canines) réduit le danger.

Le possible et le probable

Le probable est une notion mathématique statistique variant entre 0 (l'événement ne se passe pas) et 1 (l'événement se passe). La probabilité s'applique à un groupe, pas à un individu. La probabilité qu'un chien morde un humain est d'environ 3 % par an. Cela ne vous donne aucune idée du risque de morsure que vous encourez à votre prochaine rencontre avec un chien dans la rue. Mais cela permet à la Sécurité sociale de calculer la note financière de la présence de chiens avec l'homme.

Le possible est quelque chose d'inhérent mais latent. Tous les chiens peuvent mordre ; la morsure est possible, pour tout chien (vivant).

Prendre conscience des risques : les morsures en chiffres

Pour conscientiser les propriétaires de chiens et augmenter la prévention des risques de morsures (d'enfants entre autres), voici quelques chiffres, compilés à partir de plusieurs études : Dr André Kahn[6] (enfants de moins de 16 ans, Belgique), Dr Ursula Horisberger[7] (Suisse), Dr Rudy De Meester[8] (Belgique). D'autres études, dans d'autres pays, donnent des résultats comparables.

Incidence des morsures

On compte de 200 000 à 300 000 morsures de chien par an en France, soit de 0,36 à 0,55 % de la population, soit aussi de 550 à 820 par jour. Les enfants semblent mordus deux fois plus que les adultes (du moins pour les morsures présentées à un médecin). Les consultations pour morsure sont de 0,18 %, soit moins de la moitié des personnes mordues.

- Les morsures de chiens représentent 0,24 % des cas présentés aux services d'urgence, soit près de 3,7 fois moins que les accidents de voiture et 3,3 fois moins que les brûlures. Seulement 9 % des enfants mordus sont présentés en service d'urgence.
- Les enfants sont mordus à la maison dans 65 % des cas : leur maison dans plus de 8 cas sur 10, ou celle du chien, c'est-à-dire chez des amis ; 35 % sont mordus sur la voie publique (7 cas sur 10 dans la rue). Les adultes sont mordus dans 58 % par un chien connu (4 sur 10 par leur propre chien), 42 % par un chien inconnu.
- À la maison, l'enfant mordu était seul (c'est-à-dire sans adulte) dans 100 % des cas avec le chien. Sur la voie publique, l'enfant était seul dans 94 % des cas.
- Les garçons sont plus souvent mordus que les filles, surtout dans le jeune âge : en dessous de 6 ans, le ratio est de 1,6 ; au-dessus de 6 ans, il est de 1,2 à 1,3.
- À la maison, l'enfant connaissait le chien dans 93,8 % des cas et le chien faisait partie de la famille dans 84,6 % des cas.
- À la maison, l'enfant jouait avec le chien (34 %), ou près du chien (11 %), approchait le chien qui mangeait (14 %), entrait dans une pièce occupée par le chien (12 %), surprenait le chien endormi (7 %), voulait câliner le chien (6 %), ou enlevait un jouet (2 %). Dans 14 % des cas, il n'y avait pas de raison objectivable. Les enfants qui dérangent le chien au moment du repas ou du sommeil sont plus jeunes (4 ans en moyenne) que ceux qui sont mordus lors des activités de jeu (8,5 ans).
- 16 % des enfants mordus sont mordus une seconde fois dans l'année : ce chiffre est de 29 % avec le chien de la maison, 16 % avec un chien connu, 5 % avec un chien inconnu.

En résumé, les enfants sont souvent mordus lorsqu'ils interagissent avec le chien sans supervision d'un parent.

Le chiffre des récidives est important. Tous les chiens qui ont mordu devraient être présentés à un vétérinaire (ce qui n'est pas le cas), afin de réduire le risque de récidive.

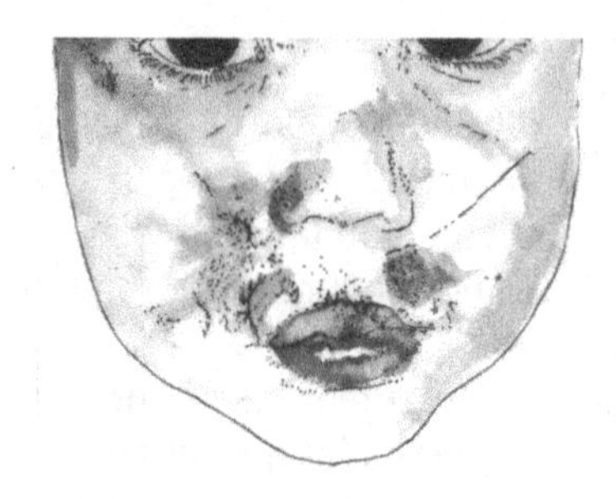

Incidence des interventions médicales

- Les régions anatomiques mordues le plus souvent sont le visage et la tête (46 %) et les avant-bras (28 %). Les morsures à la tête et au visage étaient le fait de chiens qui mangeaient dans 78 % des cas et de chiens qui jouaient dans 67 %. Plus l'enfant est jeune, plus le risque d'être mordu au visage est grand : 80 % chez les moins de 4 ans, 64 % chez les 4 à 8 ans, 16 % entre 8 et 12 ans et 11 % entre 12 et 15 ans.
- Dans 75 % des cas, les morsures sont uniques, dans 25 % des cas, elles sont multiples. Les morsures multiples sont plus fréquentes à la maison que dans les lieux publics et quand l'enfant joue avec le chien (29 %).
- Ont nécessité une intervention chirurgicale 46 % des morsures à la tête, 23 % des morsures aux mains ; 8 % des morsures ont nécessité une chirurgie plastique.
- 84 % des enfants ont eu un suivi médical et (seulement) 2 % des enfants ont eu des consultations avec un psychologue (malgré que la grande majorité d'entre eux souffraient de cauchemars et de troubles scolaires, de type syndrome post-traumatique).

En résumé, plus l'enfant est jeune, plus il est mordu à la figure et plus la dangerosité de la morsure est importante et les conséquences sont sérieuses, physiquement et psychologiquement.

La conscience de la souffrance de l'enfant est très faible chez les parents : elle est de moins de 5 % ; la grande majorité des parents ne savent pas que leur enfant souffre et/ou ne prennent pas de mesure pour alléger cette souffrance.

Incidence des interventions vétérinaires

Un vétérinaire a été consulté dans... seulement 28 % des cas (dans 50 % des morsures à la face) de morsures ayant nécessité consultation en service d'urgence, et 6 % chiens furent euthanasiés.

Très peu de propriétaires consultent le vétérinaire (comportementaliste) pour les morsures de leur chien.

Incidence des types de chien

- Les enfants de 0 à 4 ans sont plus souvent mordus par de petits chiens ; cependant la gravité des accidents est plus grande avec des grands chiens.
- Les chiens mâles mordent près de 3 fois plus que les femelles.
- Les chiens de type berger et bouvier mordent plus que la moyenne ; les chiens rapporteurs mordent moins que la moyenne.

Les études épidémiologiques ne permettent pas d'établir des listes de races de chiens agressifs ou dangereux ; elles permettent cependant d'objectiver des variations dans l'incidence suivant les races les plus populaires. Si les chiens de berger et de bouvier mordent plus, cela ne veut pas dire qu'ils mordent tous ; si les chiens rapporteurs mordent moins, cela ne signifie pas qu'aucun d'entre eux ne mord.

L'évaluation du risque

La matrice de risque

Après avoir défini le (type de) risque – risque de morsure, risque de morsure fatale... – il faut l'évaluer en combinant la sévérité potentielle de l'accident et sa vraisemblance de survenue.

MATRICE DE RISQUE

Sévérité	**Vraisemblance de survenue**			
	Probable	**Occasionnel**	**Douteux**	**Improbable**
Catastrophique	Haut	Haut	Haut - Moyen	Moyen
Critique	Haut	Haut - Moyen	Moyen	Moyen - Bas
Marginal	Haut - Moyen	Moyen	Moyen - Bas	Bas
Négligeable	Moyen	Moyen - Bas	Bas	Bas

Le chien le plus dangereux du monde, enfermé dans un chenil, ne cause (quasi) aucun danger pour les personnes qui se trouvent hors du chenil ; la vraisemblance de survenue est improbable. Un chien désarmé cause moins de risque, parce que la sévérité de la morsure sera réduite.

Cependant, le risque zéro n'existe pas.

La dangerosité d'un chien qui a mordu

J'ai créé une formule d'évaluation de dangerosité[9] d'un chien qui a mordu, basée sur des critères simples. Cette formule a été validée scientifiquement[10] ; elle donne 73 % de corrélation avec l'évaluation d'un expert (vétérinaire comportementaliste).

Critères essentiels et formule d'évaluation

Voici les critères que j'ai pris en compte pour l'évaluation de la dangerosité :
1. Le poids et la masse du chien.
2. Les catégories des personnes à risque.
3. L'agression offensive-proactive ou défensive-réactive.
4. L'agression prévisible ou imprévisible.
5. Le contrôle de la morsure.
6. La morsure simple ou multiple.

CRITÈRES DE DANGEROSITÉ

Critère	Indices	Valeur
A : Poids et masse	Poids du chien = ... Poids de la victime = ... Rapport poids chien/victime = ...	...
B : Catégorie à risque	1 = Hommes adultes 2 = Femmes adultes, personnes avec un handicap mineur, personne craintive 3 = Enfants > 6 ans, personnes âgées, personnes avec un handicap moyen 4 = Enfants de 3 à 6 ans, personne avec un handicap substantiel 5 = Enfants de moins de 3 ans, personne avec un handicap majeur	...
C : Offensif ou défensif	1 = L'agression défensive-réactive : le chien réagit quand c'est la personne qui va vers lui 2 = L'agression offensive-proactive : le chien va vers la personne pour l'attaquer	...
D : Prévisible ou imprévisible	1 = Agression prévisible 2 = Agression peu prévisible 3 = Agression imprévisible	...
E : Contrôle et intensité	1 = Mise en gueule : pas de traces 2 = Pincement : bleu, hématome 3 = Morsure contrôlée : hématome 4 = Morsure contrôlée et tenue : percements de l'épiderme 5 = Morsure forte : percements musculaires 6 = Morsure forte et tenue : lacérations musculaires 7 = Morsure de prédation : arrachements musculaires	...
F : Simple ou multiple	1 = Morsure simple 2 = Morsure simple et tenue 3 = Morsures multiples 4 = Morsures multiples et tenues	...
Formule	4A + B + C + D + E + F =	...

Cette formule permet un calcul en temps réel mais aussi une évaluation prospective.

Si un chien cause un hématome en pinçant un homme adulte, la même morsure engendrerait un percement de l'épiderme chez un enfant. L'application de la formule avec ces nouvelles données permet de réaliser un calcul prospectif du risque.

Un chien de 40 kg qui, après avoir menacé, pince un homme de 80 kg qui veut le toucher, aura un risque évalué à 8, ce qui est mineur. Si ce même chien mord un enfant de 4 ans de 20 kg dans les mêmes circonstances, le risque monte à 18 (pour l'enfant, l'agression sera peu prévisible malgré la menace), ce qui devient très sérieux, d'autant plus que l'enfant est plus souvent mordu à la tête (et l'adulte aux membres). Même si le chien n'a jamais mordu d'enfant, cette évaluation prospective doit permettre de prendre conscience du risque et de décider de mesures de sécurité pour atténuer le risque d'accident.

La prospective

Même si un chien a mordu, personne ne pourra dire qu'il mordra à nouveau ou ne mordra plus jamais. Le critère « F » est pourtant prospectif : un chien qui a mordu avec intensité et répétition va remordre dans l'année qui suit ; cela a été démontré statistiquement.

Évaluation et décision

Une fois l'évaluation réalisée, il faut prendre des décisions.

CONSEILS EN FONCTION DE L'INDICE DE DANGEROSITÉ CALCULÉ PAR LA FORMULE

Valeur	Risque	Propositions
Inférieure à 10	mineur	Se renseigner sérieusement sur les risques
De 10 à 14	moyen	Faire un bilan physique chez son vétérinaire, prendre des mesures de prévention, de rééducation
De 14 à 15,5	considérable	Traitement et thérapie chez un spécialiste, port de la muselière dans un milieu à risque
Supérieure à 15,5	très sérieux à mortel	Séparer le chien et la victime, désarmement du chien, euthanasie

La dangerosité d'un chien avant agression

Il est très difficile d'évaluer la dangerosité d'un chien qui n'a jamais mordu ou qui n'a même pas menacé. Un expert analysera la génétique (par observation des parents), la socialisation dans le jeune âge, l'entretien de cette socialisation et les comportements du chien face aux différentes catégories de cibles potentielles (enfants, personnes âgées, adultes, autres animaux).

En raison de cette difficulté, des scientifiques ont proposé des tests d'évaluation[11,12,13]. Ces tests (validés) soumettent le chien à une série d'épreuves au cours desquelles le comportement est observé. Aucun de ces tests n'est parfait ; tous présentent environ 15 à 35 % de faux positifs (chiens non mordeurs déclarés mordeurs) et de faux négatifs (chiens mordeurs déclarés non mordeurs). Ces tests ont une valeur statistique sur une grande population, mais ils sont sans valeur pour un chien individuel. Pour ce dernier, le test est positif ou négatif, dans le moment présent. C'est dire qu'il est jugé, aujourd'hui, dangereux ou non dangereux, mais on ne peut pas savoir si le test est correct ou faux ; dès lors on ne sait rien. D'autre part, la dangerosité et l'agressivité du chien peuvent changer à tout moment, pour raisons de maladie, d'humeur, d'émotion, de vieillissement, de traumatisme... Dès lors, le test devrait être répété régulièrement.

Les troubles liés aux comportements d'agression

Les troubles des comportements d'agression

Les comportements d'agression deviennent pathologiques lorsqu'ils changent la structure de la séquence et qu'ils deviennent incompréhensibles et socialement ingérables.

C'est le cas des agressions conditionnées et des personnalités dyssociale, impulsive et explosive.

La personnalité dyssociale

Voir « La personnalité dyssociale », page 282.

La personnalité impulsive

Voir « La personnalité impulsive », page 283.

La personnalité explosive

Voir « La personnalité explosive », page 284.

Les troubles accompagnés de comportements d'agression

L'agression est une modalité réactionnelle affective ; on la retrouve dès que le chien subit une perturbation d'un ou de plusieurs des psychels (humeur, émotions, cognitions...). L'agression est un symptôme, pas un trouble. Je propose quelques associations entre les types d'agression et leurs contextes et pathologies favorisants.

RÉPERTOIRE DES TYPES D'AGRESSIONS
ET DE LEURS CONTEXTES FAVORISANTS ET PATHOLOGIES CORRÉLÉES

Type d'agression chez le chien	**Contextes et troubles pathologiques**
Agression parentale disciplinaire, de sevrage et éducative	Manque de socialisation de la mère
Agression de/du jeu	Trouble hyperactivité
Agression compétitive - sociale	Manque d'activité, trouble de l'ajustement à l'organisation hiérarchique
Agression déclenchée par l'aliment	+ Hyperphagie
Agression déclenchée par des objets non alimentaires / de possession	+ Trouble « hyper » unipolaire, dyscontrôle épisodique
Agression liée au contrôle sexuel	+ Hypersexualité
Combats de duels	+ Puberté, chiens macho
Agression intrasexuelle (intraspécifique intergroupe)	Puberté, chiens macho
Agression sexuelle	Hypersexualité
Agression par irritation	Douleur, frustration, anxiété généralisée, anxiété de déritualisation, intoxication, trouble dissociatif, etc.
Agression de défense des jeunes	Maternité
Agression de gestion et défense de l'espace	
Agression de distancement	Désocialisation, phobie sociale, trouble dissociatif
Agression de défense de groupe	
Agression territoriale	Chiens de garde
Agression de poursuite	Manque d'activité, chiens de chasse
Agression critique	Peur, attaque de panique, intoxication (marijuana), trouble panique du sommeil
Agression apprise	Hyperagression, dressage
Agression prédatrice	Manque de socialisation et/ou d'imprégnation, chiens de chasse
Agressions atypiques	Trouble hyperactivité, personnalité dyssociale, personnalité explosive, trouble « hyper » unipolaire, dyscontrôle épisodique, démence sénile, etc.
Agression atypique, trouble somatique	Tumeur cérébrale, corticostéroïdes, épilepsie, fucosidose (english springer spaniel), méningo-encéphalite granulomateuse (GME), hydrocéphalie, hypothyroïdie, empoisonnement au plomb, lissencéphalie, parasitose, infection à protozoaire (néosporose, toxoplasmose), lupus érythémateux (SLE).

Gestion et modification des comportements d'agression

Une fois les risques analysés, on peut décider de traiter ou de se séparer du chien (replacement, euthanasie). Si on décide de traiter, on a plusieurs options, combinables.

La gestion cognitive

La personne agressée ou le propriétaire d'un chien agresseur a une intime conviction des raisons qui poussent le chien à agresser ; ces raisons sont parfois fausses. L'intention méchante, manipulatrice ou vengeresse, est rarement présente chez le chien. Il a souvent des raisons – bien logiques dans un monde de chiens – pour recourir à l'agression : ennui, douleur, peur, colère... Dès qu'on comprend ces raisons, on en veut moins au chien et on arrive dès lors plus facilement à gérer ses comportements d'agression.

La gestion comportementale

La gestion de l'agression dépend de son type, de ses intentions, du chien qui les exprime. Voyons quelques règles générales de gestion comportementale.

- L'agression est un besoin.
- L'agression est une activité.
- L'agression est une proposition d'interaction sociale.
- L'agression est une expression affective.
- L'agression est un réflexe.

L'agression est un besoin

L'agression entre chiens d'un même groupe familial, ou entre chiens de différents groupes, entre mâles ou entre femelles, est souvent un besoin instinctif ; c'est particulièrement le cas chez les chiens mâles (macho). Comment gérer cette forme d'agression ? Faut-il laisser les chiens se battre ?

Si les chiens sont de même gabarit – que la différence de poids n'est pas plus du simple au double – et que ces chiens sont psychologiquement normaux – socialisés correctement, avec morsure contrôlée et sans trouble émotionnel ou physique – on peut les laisser se battre ; la bagarre fait plus de bruit que de mal. La plupart des propriétaires refusent de laisser les chiens se battre ; chaque chien qui n'a pas perdu un combat peut considérer qu'il l'a gagné ; l'agression est renforcée (par pseudo-victoire et par association au propriétaire) ; et le besoin d'expression agressive n'est pas consommé (et est amplifié). Si les chiens ont un problème comportemental, il vaut mieux ne pas les laisser se battre. Dans tous les cas, on peut prévenir les morsures en mettant une muselière : les conflits se résoudront par épuisement.

Si le propriétaire ne veut pas que son chien se batte, il peut recourir à la réorientation de l'activité et au contre-conditionnement (voir pages 332 et 345).

L'agression est une activité

Dans le chapitre sur les besoins biologiques d'activité, nous avons vu que l'agression est une activité. Pour réduire l'activité « agression », il faut augmenter d'autres formes d'activité (voir page 57).

L'agression est une proposition d'interaction sociale

Tout comme le fait un chien, nous pouvons refuser d'entrer dans la spirale de l'agression.

Nous disposons, pour cela, de 3 techniques :

- Faire semblant de ne pas avoir remarqué une proposition d'agression, une menace. Le chien est dans le sofa et grogne quand on veut le faire descendre ; on fait comme si on n'avait rien entendu ; on évite la spirale de l'agression : on n'agresse pas le chien qui nous agresse et cela en reste là.
- Détourner le regard et le corps. En détournant et en cachant les armes, on refuse d'entrer dans l'interaction agressive ; on reste immobile et on attend que le chien se calme ; ensuite on s'éloigne.
- Proposer une distraction plaisante. En plus des deux stratégies précédentes, on peut proposer au chien une autre activité : si on se met à jouer avec une balle de tennis à 2 mètres du chien, que va-t-il faire ? Rester bougon dans son canapé ou en descendre pour jouer avec nous ? Si, le chien étant à jeun, on se met à 2 mètres de lui avec du saucisson en main, et on lui propose de venir, que fera-t-il ? Venir ou rester dans le canapé ?

Pour utiliser ces techniques, il est nécessaire de rester en contrôle de ses émotions. Si on se met en colère, les techniques seront moins efficaces.

L'agression est une expression affective

Quand le chien a mal ou a peur, son agression est plus facilement compréhensible, sans pour autant être acceptable. Pour gérer ces agressions affectives de façon efficace, il faut (1) éliminer la cause de l'émotion et (2) changer l'émotion du chien. Proposer un jeu ou une séance d'obéissance avec récompense est souvent efficace.

L'agression est un réflexe ou un TOC

L'agression devient parfois un réflexe : le chien réagit agressivement avant même de pondérer sa réponse. Et, dans le cas d'agressions entre chiens mâles ou d'agression de distancement ou territoriale, l'agression devient parfois compulsive (TOC). Pour changer ce réflexe ou cette compulsion, il faut proposer au chien un comportement alternatif antagoniste et motivant (contre-conditionnement). Je propose de garder le chien à jeun et de lui donner à manger, croquette par croquette, ou morceau de saucisson par morceau de saucisson, uniquement en présence du stimulus déclencheur (un autre chien, par exemple) et s'il regarde son éducateur, jusqu'à ce qu'il associe le stimulus avec un plaisir. Il faut quelques centaines de répétitions pour voir le comportement se modifier, ce qui, sur un chien à jeun, ne nécessite que quelques jours.

La gestion mécanique

Le risque d'une agression dépend de la sévérité et de sa vraisemblance de survenue. On réduit la sévérité en mettant une muselière (panier) ou en désarmant le chien.

Le *désarmement* est le nivellement (orthodontique) ou l'ablation des crocs ; cette technique, comme toute mutilation (coupe des oreilles, de la queue ou section des cordes vocales) est légalement interdite sauf pour des raisons vétérinaires ou de bien-être. Sauver un chien de l'euthanasie en lui limant les crocs est, pour moi, acceptable. Le désarmement ne change pas le comportement du chien, il réduit uniquement la sévérité des morsures.

Laisser au chien une courte laisse permet de pouvoir le contrôler sans devoir approcher la main de sa tête ; cela réduit le risque de morsure par irritation ou par peur.

La gestion médicamenteuse

Les médicaments anti-« hyper » (type fluvoxamine, fluoxétine, clomipramine) sont efficaces pour réduire l'intensité et la fréquence des comportements d'agression de 30 à 50 %. Pour avoir un effet plus prononcé, il faut recourir à des neuroleptiques et mettre le chien dans un état de déconnexion et/ou de sédation ; on y a recours pour les « grands agressifs », ce qui est inutile pour les autres chiens. Une efficacité d'un médicament de 30 à 50 %, accompagnée de thérapies comportementales, est suffisante pour améliorer 80 % des chiens agressifs.

On fera attention à bien respecter les doses recommandées par le vétérinaire comportementaliste et à ne pas automédiquer : de nombreuses substances ont un effet facilitateur sur l'agression : tranquillisants, calmants, drogues douces, antivomitifs... Seront évités, entre autres, le citalopram, la plupart des benzodiazépines mais surtout le diazépam, la buspirone, l'acépromazine, la chlorpromazine, le sulpiride, le tiapride, la pipampérone, l'halopéridol, et bien d'autres.

Gérer un chien agressif

Près de 10 % des chiens mordent. Près de 2,2 % des enfants de moins de 15 ans se font mordre chaque année ; cela signifie que 33 % des enfants se feront mordre entre la naissance et l'âge de 15 ans. Près d'un adulte sur cent (ce chiffre varie de 1 à 3 %) se fait mordre chaque année ; certains se font mordre à répétition. Cela signifie que plus de 40 % des adultes se feront mordre au moins une fois entre 15 et 80 ans. C'est dire que, statistiquement, peu échappent à une morsure de chien. La morsure est, heureusement, le plus souvent bénigne. Et l'intention est de réduire encore cette incidence et la dangerosité.

Avec les petits enfants

Quand un chien se montre agressif avec un enfant, il faut toujours s'en préoccuper. Plus l'enfant est jeune, plus il faut s'en préoccuper. L'intensité (la sévérité) et la centralisation des morsures sont inversement proportionnelles à l'âge de l'enfant : le jeune enfant a tendance à subir des lésions sérieuses à la tête ; l'enfant plus âgé subira plutôt des lésions légères aux membres. Les enfants de moins de 5 ans paient le tribut le plus lourd aux morsures de chiens.

Les statistiques montrent que le chien qui mord un enfant en bas âge est, dans deux tiers des cas, connu de l'enfant, comme membre de la famille ou appartenant à des amis. Le danger pour les petits enfants est donc essentiellement au sein du système familial.

Alors il faut prendre conscience que tout chien peut mordre, y compris le gentil toutou familial. Le chien est un être vivant sensible, il est sujet à des changements d'humeur et d'émotion et peut recourir un jour aux armes s'il est perturbé ; et un enfant en bas âge est un perturbateur en puissance du milieu familial. L'enfant est un catalyseur de crise ; ce n'est ni son intention ni sa « faute », c'est la résultante de sa présence au sein d'une famille. Il y a donc un minimum de précautions à prendre pour éviter que l'enfant soit mordu.

La première précaution est de *ne jamais laisser un enfant de moins de 6 ans seul avec un chien*, quel que soit le chien. Il faut toujours un adulte présent, vigilant, à proximité. La seule présence d'un adulte vigilant réduirait le nombre d'accidents de morsures de chiens de 60 %. Un adulte vigilant est une personne consciente du langage du chien et des contextes activateurs de risque :

- Le chien qui mange, qui ronge un os, qui dort, qui est acculé dans un divan ou sous un meuble – et, particulièrement, chez un chien proactif.
- L'enfant qui s'approche d'un chien menaçant, qui rampe sous un meuble où se trouve le chien, qui frappe le chien, lui met les doigts dans les yeux, les oreilles ou l'anus, qui s'approche tête première (à quatre pattes) de l'aliment ou de l'os du chien, qui habille le chien... qui manipule ou tente de

manipuler le chien d'une façon non respectueuse et mal contrôlée – et, particulièrement, chez un enfant hyperactif.

En cas d'incertitude sur les risques, il vaut mieux éviter les risques en muselant le chien, en désarmant le chien, en enlevant les ciseaux de la main de l'enfant ou, tout simplement, en séparant chien et enfant : on met l'enfant dans son parc, on met le chien dans le parc (en cage), on sépare les deux protagonistes par une barrière, une porte... on met le chien dehors. Dans tous les cas, on ne laisse pas son bambin jouer par terre à côté de son chien alors qu'on cuisine, qu'on mange, qu'on regarde la télé, qu'on téléphone, qu'on répond au facteur à la porte, qu'on lit ou qu'on s'endort dans un fauteuil.

Il reste une question à laquelle je n'ai pas de réponse aisée : pourquoi certaines familles avec petits enfants prennent-elles des gros chiens à potentiel agressif dans des élevages où l'agression est connue ou dans des magasins où rien n'est connu sur les antécédents du chien ? Combien de fois ne voit-on pas des petits enfants entourés de chiens géants, rottweiler, doberman, saint-bernard, montagne des Pyrénées, bouvier des Flandres et autre Irish wolfhound, pour ne citer que quelques races. L'image est très idyllique quand tout se passe bien, elle est démentielle au moindre coup de dents. De grâce, avant d'acquérir un chien pour le faire vivre avec des enfants, sélectionnons-le sur sa génétique – et examinons le comportement des parents – et socialisons-le aux enfants.

En famille

« Mon chien m'a mordu » est la première cause de demande de consultation de comportement. Le propriétaire est toujours en balance entre son amour et sa culpabilité d'une part, sa peur et sa colère d'autre part. Quand colère et peur sont trop puissantes, le chien est condamné, même si l'agression est totalement compréhensible, excusable, et ne récidivera probablement pas. Si l'amour et la culpabilité sont plus forts, le chien restera en vie, même si son agression est vulnérante, proactive, et qu'il y a de grands risques qu'elle récidive.

Comme écrit auparavant, il y a de nombreuses techniques utilisables pour réduire le risque de récidive. Le problème n'est pas dans la gestion de l'agression elle-même ni du chien agressif, mais dans la gestion de ses sentiments, croyances, illusions et éthique. L'intervenant est parfois confronté à des situations où l'enfant est en risque de maltraitance passive ; c'est le cas d'un bambin hyperkinétique mordu à répétition à la figure par un grand chien de garde vieillissant (et à l'arthrose douloureuse) ; c'est l'exemple d'un petit garçon adopté, mordu plusieurs fois à la figure par le terrier de ses parents adoptifs.

La gestion du chien agressif dans la famille n'est pas seulement une gestion de morsure et d'agression, c'est une gestion de risque (dangerosité).

Et il n'est pas éthique de placer son chien agressif, dont on ne veut pas assumer la responsabilité ni la charge, dans une SPA en mentant sur la cause du placement ; ce chien risque d'être replacé dans une autre famille où il mordra à nouveau. Dans certains cas, l'euthanasie est un choix douloureux, souvent culpabilisant, mais inévitable, pour sauver des enfants et autres membres de la famille.

Sur la voie publique

Le chien peut mordre au sein de l'environnement familial ou sur la voie publique. C'est une matière de sécurité publique, de police.

Garder son chien sous contrôle sur la voie publique est une cordialité sociale toute simple et obligatoire ; est responsable légalement le gardien du chien, c'est-à-dire, le plus souvent, son propriétaire. Le garder en laisse, voire avec muselière si nécessaire, sur la voie publique, est une question de civisme ; libérons nos chiens dans les espaces prévus pour cela, comme les parcs à chien, les forêts, les champs et plages où ils peuvent courir librement.

En société

La société est confrontée à des faits et des illusions : 10 % des chiens mordent, quelques rares chiens tuent ; entre les deux, les blessures varient de l'hématome aux lacérations et défigurations. Chacun est confronté dans sa réalité factuelle au petit coup de dent sans conséquence. Mais tout le monde est confronté dans la réalité virtuelle aux molosses tueurs d'enfants et anthropophages. Et le cerveau humain fait mal la différence entre réalité factuelle et virtuelle. Confronté aux molosses tueurs mis en exergue dans les médias et publicisés par le monde politique, chacun finit par croire qu'il va rencontrer le chien diabolisé au coin de la rue. La société entre dans un état de panique.

Le monde politique est souvent intervenu de façon très maladroite pour tenter de pacifier le public. En condamnant – avec racisme – certaines races de chiens, il en a fait la publicité et a créé un problème d'envergure. Le public qui veut s'identifier aux chiens dangereux acquiert des chiens de races dites dangereuses ; le public qui croit que « tout chien naît gentil, seul l'homme peut corrompre le chien » acquiert lui aussi des chiens de races dites dangereuses ; la population de ces chiens augmente ; et on les rencontre désormais à chaque coin de rue. Et comme il s'agit de chiens de grande taille, souvent à la sélection douteuse, parfois sélectionnés clandestinement pour des combats illégaux, ou simplement non sélectionnés pour répondre à la demande d'un public avide, le risque augmente ; on observe une augmentation du nombre de morsures graves.

Chaque société réagit à sa façon. Les réactions racistes sont les plus fréquentes : on interdit des races de chiens. L'intention du monde politique semble ne pas être la réduction des morsures ou de la dangerosité, mais la réduction des accidents qui font la une des journaux à sensation. Dès lors, cela ne change rien au problème, cela l'empire.

La prévention des morsures

La prévention en théorie

Les morsures sont liées à la morphologie des mâchoires des chiens, aux patrons-moteurs de prédation (morsure de capture, de mise à mort, de dissection), aux réactions affectives, à la compensation de l'inactivité.

On ne peut pas enlever les dents (sauf les canines) ni empêcher le chien de mâcher (mordre) pour manger. On pourrait sélectionner des chiens aux dents plus petites ; à manger des croquettes ou des pâtées, à quoi servent encore les canines, qui créent les dégâts considérables des morsures ?

Dans une société où le nombre de chiens augmente, il est logique que le nombre de morsures augmente. C'est un challenge de réduire le nombre de morsures alors que la population canine s'accroît. Mais c'est possible.

La prévention des morsures passe par :

- La conscientisation.
- La responsabilité.
- La sélection génétique.
- La socialisation.
- Le respect éthologique.
- Le respect.
- Le suivi individuel des chiens mordeurs.

La prise de conscience

Il faut prendre conscience que chaque chose possède un risque inhérent et crée des expériences de vie (joie, souffrance), que ce soit d'acquérir un chien, de rouler en voiture, de prendre un bébé dans les bras.

Le futur acquéreur pourrait-il s'informer avant d'acheter un chien, c'est-à-dire prendre conscience de ce que c'est qu'un chien, de ce que cela va changer dans sa vie, des risques et bénéfices éventuels de la présence d'un chien dans sa vie (voir « Choisir un chien », page 437) ?

La responsabilité

Il faut redonner à chacun sa responsabilité.

Par exemple, une famille acquiert des biens ; elle veut les protéger contre les voleurs éventuels ; elle acquiert un chien de garde ; le chien mord le bébé. À qui la faute ? Est-ce la faute des voleurs ou de la police qui laisse les voleurs courir ? Ou bien est-ce la faute de l'éleveur qui a vendu un chien de garde dans une famille avec un bébé ? Ou bien est-ce la responsabilité de la famille qui a choisi un chien de garde, privilégiant la sécurité de sa télévision grand écran contre la santé et la sécurité du bébé ? Va-t-on sans arrêt jouer les victimes des autres et de la malchance, ou pourrait-on prendre les responsabilités qui nous incombent ?

Voici des exemples de responsabilités incombant aux différents intervenants concernés par le monde du chien :

- L'acquéreur a la responsabilité de :
  - — acquérir un chien, choisir ce chien, sa race, son sexe...,
  - — évaluer les bénéfices et les risques de ce choix,
  - — s'informer au sujet du tempérament du chien (race, lignée, individu) qu'il veut acquérir,
  - — socialiser le chiot, entretenir la socialisation du chien toute sa vie,
  - — fournir au chien les activités nécessaires pour satisfaire ses besoins éthologiques,
  - — assurer le bien-être du chien et celui de ses proches vivant dans le même système familial,
  - — garantir la sécurité des enfants (les siens et ceux des autres) par rapport à son chien, et choisir et éduquer son chien en conséquence,
  - — garantir la sécurité et le bien-être de son voisinage par rapport à son chien,
  - — assumer légalement les conséquences des morsures de son chien par rapport aux tiers,
  - — ...
- L'éleveur et les organisations d'éleveurs ont la responsabilité de :
  - — sélectionner des chiens sans les patrons-moteurs de prédation de poursuite, de morsure de capture et de mise à mort, afin d'en faire des chiens de famille,
  - — imprégner, socialiser les chiots,
  - — assumer légalement les conséquences de la vente d'un chien agressif,
  - — ...
- Les vétérinaires et les coachs en comportement ont la responsabilité de :
  - — assurer le bien-être des chiens dans leur famille,
  - — décoder les tempéraments des chiens et en avertir les propriétaires dès que possible,
  - — expertiser la dangerosité des chiens,
  - — gérer et traiter les chiens agressifs et prévenir les récidives,
  - — promouvoir la prévention des morsures,
  - — faciliter la bonne intégration des chiens dans les familles,
  - — ...
- Les scientifiques ont la responsabilité de :
  - — déterminer la part de la génétique dans l'agression, développer des tests génétiques simples pour évaluer les différents types d'agression ou les tempéraments facilitant les comportements d'agression,
  - — créer des tests de comportement fiables pour évaluer l'agressivité et la dangerosité des chiens,
  - — réaliser de façon récurrente des épidémiologies de l'agression chez le chien,
  - — ...

- Les éducateurs canins ont la responsabilité de :
  — socialiser et entretenir la socialisation des chiens,
  — faciliter la bonne intégration des chiens dans les familles,
  — éduquer les propriétaires et leur chien à respecter les besoins éthologiques des uns et des autres,
  — décoder les tempéraments des chiens et en avertir les propriétaires dès que possible,
  — aider les professionnels à traiter les chiens mordeurs et à prévenir les récidives,
  — promouvoir la prévention des morsures,
  — ...
- La police a la responsabilité de :
  — assurer la sécurité publique,
  — gérer les chiens mordeurs sur la voie publique,
  — sélectionner et socialiser leurs chiens de travail,
  — ...
- Les médias ont la responsabilité de :
  — dramatiser la situation des morsures et participer à activer un état de crainte (de terreur) dans la société,
  — faire la balance entre les aspects bénéfiques et les risques accompagnant la possession d'un chien,
  — ...
- Le public a la responsabilité de :
  — acheter les journaux à sensation parlant des chiens tueurs et participer ainsi à activer un état de crainte face aux chiens,
  — voter pour des politiciens favorables à des solutions antiraciales et à l'extermination de certaines races de chiens,
  — ...
- Les politiques ont la responsabilité de :
  — assurer la sécurité et la santé publique,
  — prendre des mesures raciales (racistes) contre certaines populations canines et en assumer les conséquences,
  — développer des mesures de suivi individuel des chiens mordeurs (banque centrale de données),
  — ...
- La justice a la responsabilité de :
  — respecter les lois – dans le partage des responsabilités entre les différents intervenants qui gèrent le chien,
  — ...

La sélection génétique

Pour réduire les morsures intenses, on peut sélectionner les chiens qui ont une bouche tendre et une morsure contrôlée. On a vu que le comportement de prédation est composé de patrons-moteurs séquentiels ; on peut sélectionner la présence ou l'absence de ces patrons-moteurs. Pour un chien de famille, il faut l'absence de morsure de capture et de mise à mort, voire l'absence de poursuite.

Dans une économie de marché libre où l'offre et la demande créent le marché, tant que les gens désirent acquérir des chiens de chasse, des chiens de garde, de berger pour mettre dans leur environnement familial, les éleveurs les leur produiront ; et il y aura de nombreux accidents de morsure. C'est probablement à l'acquéreur d'exiger un chien qui corresponde aux critères de famille : socialisation aisée, contrôle de morsure (bouche douce), comportement de poursuite atténué, absence de morsure de capture, besoin d'activité modéré à réduit, équilibre affectif.

C'est aux éleveurs, clubs de race et sociétés cynophiles, de créer des races de chiens de famille.

Le politique oblige à faire de la sélection génétique, en essayant de supprimer certaines races de chiens. Malheureusement, la philosophie de leur programme de génocide est erronée pour réduire le nombre de morsures dans la société. Il vaut mieux interdire de reproduction de l'espèce *canis familiaris* tous les chiens au tempérament agressif et excitable, du moins pour obtenir des chiens de famille à dangerosité limitée.

La socialisation

L'intensité des morsures est inversement proportionnelle à la sociabilité. Un chien très sociable n'a pas d'agression de prédation sur les individus auxquels il est correctement socialisé et ses agressions affectives (par irritation, par peur) sont plus contrôlées.

La sociabilité est un paramètre incontournable dans la régulation et le contrôle des morsures.

Le respect éthologique

L'agression est une activité ; en cas de manque d'activité générale, l'activité agressive peut augmenter, le chien devient nerveux et excitable et mord plus facilement. Chaque chien devrait pouvoir consommer ses besoins instinctifs : un chien de berger fait de la poursuite (moutons, voitures, joggers), un chien de garde va défendre le territoire et les personnes, un chien de course doit courir et un chien de terrier va creuser... Cela semble tellement logique et pourtant cela échappe à la conscience de la plupart des acquéreurs.

Une bonne façon de déterminer les besoins éthologiques instinctifs d'un chiot est d'observer le comportement de ses parents. C'est la responsabilité de l'acquéreur de spécifier ses demandes et celle l'éleveur de répondre à ces demandes et de vendre – ou de refuser de vendre – un chien.

Le respect de l'être vivant

Au-delà du respect des besoins éthologiques spécifiques du chien, il faut respecter l'être vivant et sensible qu'est le chien. Le chien n'est pas un être virtuel[14] qu'on peut ne pas soigner ou dont on peut se désintéresser sans que mort s'ensuive, ou une peluche qu'on peut serrer dans ses bras ou délaisser dans une armoire, c'est un être vivant et sensible, affecté par ses émotions, dont la peur et la colère. On peut harceler un chien de caresses au point de se faire mordre. On peut l'habiller comme une poupée au point de se faire agresser. Le chien n'est pas un être dont on peut abuser, même de câlins.

Apprendre aux chiens et aux humains, jeunes (dès le plus jeune âge) et adultes, le respect mutuel – respect à son autodétermination physique et affective – est indispensable pour le bien-être de tous.

Le suivi individuel des chiens mordeurs

Dès qu'un chien a menacé ou mordu, il devrait être suivi par des professionnels afin d'éviter incidents et accidents. Les morsures de chiens devraient être déclarées, non pas pour un suivi punitif (légal), mais pour un accompagnement d'aide dans la compréhension des mécanismes (séquence comportementale, états affectifs, contextes déclencheurs, conséquences) afin d'éviter un accident.

Les chiens mordeurs (surtout les chiens à forte agression ou à morsures vulnérantes) devraient être suivis dans une banque de données centrale afin d'éviter une récidive de morsures graves.

La prévention en pratique

Il y a 2 niveaux de prévention :

- La prévention primaire : avant morsure.
- La prévention secondaire : après menace ou morsure, pour éviter les récidives.

La prévention primaire

La seule technique qui s'est montrée efficace pour réduire le nombre de morsures est la conscientisation des propriétaires de chiens par la médiatisation de ce qu'est un chien, des bénéfices et des risques du chien dans la famille et la société. Cette médiatisation doit être répétitive et attrayante. En effet, très peu de propriétaires de chiens mordeurs sont conscients du danger que peut causer leur chien. Une étude suisse[15] montre que seulement 22 % des propriétaires sont conscients du danger de leur chien qui a mordu. Ce chiffre tombe même à 8 % quand la personne mordue appartient au cercle familial. Et quand un enfant a été mordu, seulement 2 % des parents font appel à un psychologue alors que la majorité de ces enfants souffre d'un trouble post-traumatique. C'est dire que le déni du danger et du traumatisme subi est catastrophique. On comprend mieux qu'une plus grande conscientisation soit la meilleure voie de prévention des accidents.

La seule façon efficace à terme est la prise de conscience par le harcèlement du public par de l'information de qualité et par l'éducation des enfants, futurs parents, au respect de l'animal, des autres et d'eux-mêmes. À ce jour, il y a peu de programmes officiels d'éducation de l'enfant à ce qu'est le chien. On trouve :

- Le truf et le cours PAM (prévention des accidents par morsure) dans les écoles en Suisse[16].
- La prévention des morsures à l'école, au Canada[17].

Cependant, il y a des programmes privés qui vont dans ce sens. Le Chien bleu[18] – trust international d'origine belge – a ainsi développé un compact disc pour les enfants à partir de 3 ans (accompagnés d'un parent).

La prévention secondaire

Pour éviter les récidives de menaces et d'accident, il faut :

- Comprendre les contextes déclencheurs, les états affectifs du chien et de la famille, les croyances sur les langages et les risques.
- Apprendre à décoder les langages du chien et à éviter la surenchère agressive, les montées d'excitation qui aboutissent à la peur, la colère et l'agression.
- Gérer l'agression avec les techniques décrites plus haut.
- Traiter les chiens agressifs, mais aussi les propriétaires agressifs qui poussent leur chien à mordre.
- Réduire les risques en gérant la dangerosité, l'incidence, l'environnement avec les techniques décrites ci-dessus.

LES COMPORTEMENTS SEXUELS ET ÉROTIQUES

Qu'est-ce que le comportement érotico-sexuel ?

Le comportement sexuel est défini comme l'ensemble des comportements de cour (parade) et des comportements de copulation[1].

- Les comportements de cour sont tous les comportements qui rassemblent deux individus de sexe opposé (rapprochement d'un partenaire, contacts sexuels, communications pour y arriver) dans les conditions qui augmentent la probabilité d'une copulation. En somme, c'est le flirt.
- Le comportement copulatif, copulation ou coït, est l'ensemble des actes sexuels qui permettent la jonction des sexes avec ou sans insémination.

La sexualité est essentiellement biologique (quasi réflexe), parfois sociale. C'est dire que ces comportements sont d'un haut niveau de motivation, supérieur à celui du comportement social et ludique. Cela signifie qu'en période d'activation sexuelle et en présence d'un partenaire sexuel, le chien n'a plus guère d'intérêt à jouer, obéir, interagir socialement avec d'autres chiens ou avec ses propriétaires (voir « Génétique et motivations biologiques », page 48).

Les comportements sexuels sont des activités volontaires, mais activées par un ensemble de processus neurohormonaux qui rendent le comportement automatique, quasi réflexe, compulsif, inéchappable. Mais ce sont aussi des activités autorenforcées, puisque généralement suivies de conséquences agréables (orgasme), ce qui renforcera la motivation, la performance et la mémorisation du plaisir.

L'activité érotique est distincte de l'activité de reproduction ; la reproduction est un effet secondaire, involontaire, du comportement sexuel. Dans une finalité de survie, de permanence et de diversification, la nature sélectionne les individus qui se reproduisent ; pour ce faire, les comportements qui conduisent à la fertilisation de la femelle et aux soins des enfants (comportements sociaux, érotiques et parentaux) sont nécessaires. Le chien n'a pas conscience de la corrélation entre le comportement érotique et la naissance des chiots ; la chienne subit la naissance ; des mécanismes neurohormonaux se mettent en place pour que la chienne s'occupe des chiots et permette leur survie.

Les caractéristiques sexuelles

Polygynie et polyandrie

L'observation du comportement sexuel des chiens montre une certaine promiscuité, qui est en relation avec la présence de gros testicules ; le volume des testicules est corrélé avec la production de sperme ; et celle-ci doit être importante si la compétition est importante. Il y a 2 stratégies extrêmes et 1 stratégie intermédiaire dans ce domaine :

- La compétition avant le coït : compétition entre les individus, formation de couples durables, surveillance de la femelle en chaleur par le mâle afin d'être le seul à (croire) l'inséminer ; ceci est corrélé avec de petits testicules. C'est le cas des gorilles, par exemple.
- La compétition après le coït : peu de compétition entre les individus mais une compétition entre les spermatozoïdes des différents inséminateurs après coït. C'est la méthode de reproduction des chimpanzés et des chats.
- La compétition avant et après coït, c'est la situation intermédiaire. C'est le cas de l'homme et du chien.

Le chien mâle est polygyne ; il a tendance à s'accoupler avec plusieurs femelles. La chienne est polyandre ; elle s'accouple avec plusieurs mâles et peut porter des chiots de plusieurs pères différents.

Chez les canidés sociaux hiérarchisés (comme le loup nordique), vivant dans la nature, le mâle et la femelle essaient d'empêcher leurs compétiteurs d'accéder au(x) partenaire(s) sexuellement actif(s). Cette « jalousie » est involontaire, les chiens n'étant pas conscients des effets du comportement sexuel sur la réplication, la survie et la multiplication de leur patrimoine génétique. Les agressions entre chiens du même sexe (entre mâles, entre femelles en chaleur) – activées par les hormones sexuelles – existent chez le chien de famille, sans qu'elles aient encore une fonction quelconque.

Le choix du partenaire dépend de critères personnels mystérieux ; l'amitié réduit la motivation sexuelle ; l'inconnu augmente la motivation (si la peur de l'inconnu ne la bloque pas). Le canidé ancestral vivant en famille, cette particularité réduit les accouplements consanguins (inhibition de l'inceste) ; chez le chien moderne, cette inhibition n'existe quasiment plus.

Le polyspécisme

Le chien étant socialisé à plusieurs espèces – le chien, l'être humain, et parfois d'autres espèces –, il développe une imprégnation sociale et sexuelle aux différentes espèces. Cela signifie que toutes ces espèces peuvent devenir des partenaires sexuels, dans la tête – les représentations (ou cartes) cognitives – du chien.

De plus, le chien mâle répond érotiquement aux odeurs sexuelles de la femme, comme si les odeurs et/ou phéromones sexuelles des chiens et des humains étaient apparentées. L'ensemble des comportements sexuels exprimés en présence d'une chienne en chaleur peuvent être exprimés en présence d'une femme[2], particulièrement au moment de l'ovulation ou des règles ; et les comportements de léchage peuvent être redirigés sur du linge intime.

Les saisons de l'érotisme

La reproduction du chien est partiellement soumise aux rythmes saisonniers quand ceux-ci sont marqués ; il y a plus d'activité érotique au printemps, moins en hiver ; c'est une question de lumière. Cependant cette dépendance saisonnière est devenue très relative chez le chien. La compétence sexuelle du mâle est indépendante des saisons. Par contre, son désir sexuel peut osciller et s'activer au printemps.

Le développement du dimorphisme sexuel

À la naissance, les sexes sont différenciés. Pendant la grossesse, les fœtus sont baignés par les hormones de gestation (progestérone et un peu d'œstrogènes) ; ces hormones femelles ne féminisent pas les fœtus mâles. Peu avant la naissance, les testicules des fœtus mâles produisent de la testostérone, masculinisant leur corps ainsi que leur cerveau. Comme chaque fœtus a son propre placenta, cette testostérone n'influence pas les fœtus femelles.

À la puberté, les gonades (testicules et ovaires) produisent des hormones ; les androgènes (la testostérone) masculinisent les mâles et les œstrogènes féminisent les femelles et font apparaître le premier œstrus (les premières chaleurs).

Les comportements de cour et d'accouplement

L'attractivité

La chienne en proœstrus attire le mâle qui lui fait la cour (flirte) ; la femelle refuse le chevauchement et la pénétration. Le mâle se bat davantage avec les autres mâles pour la proximité de la femelle. La motivation sexuelle du mâle dépasse sa motivation alimentaire pendant plusieurs jours. Mâle et femelle marquent à l'urine, si nécessaire tous les mètres, et plusieurs fois au même endroit. Le mâle lèche les urines des femelles en chaleur et claque des dents tout en salivant (flehmen).

La proceptivité

La chienne en œstrus accepte le chevauchement et la pénétration.

La copulation

Le mâle chevauche la femelle ; celle-ci accepte le chevauchement, porte la queue sur le côté afin de faciliter la pénétration et creuse le dos. Après pénétration, le mâle arrondit le dos et fait des poussées ; le gland basal devient tumescent et bloque le pénis dans le vagin. L'éjaculation est rapide.

La séparation

Après éjaculation, le gland basal reste tumescent, empêchant la séparation des partenaires, pendant 5 à 30 minutes. Le chien mâle descend de la femelle ; les partenaires se retrouvent dos à dos, attendant de pouvoir se séparer.

Les comportements érotiques du chien mâle

Le comportement sexuel du chien mâle peut être activé à tout moment entre la puberté et la sénescence : un chien est « toujours prêt » sexuellement.

Les effets des hormones mâles

Les hormones mâles masculinisent le fœtus peu avant la naissance et l'adolescent à la puberté. Elles activent l'aspect physique mâle, elles déclenchent les comportements sexuels mâles (sensibilité aux phéromones sexuelles femelles, chevauchement, érection, intromission), elles activent le lever de patte pour marquer à l'urine, les agressions entre chiens mâles.

Les hormones mâles sont anaboliques, elles augmentent la synthèse des protéines, la masse musculaire, et le nombre de globules rouges.

L'érection et l'éjaculation dépendent de neurotransmetteurs différents[3].

Les particularités dymorphiques mâles

Les comportements mâles sont classés en plusieurs catégories :

- Les comportements de communication : marquage urinaire, griffades du sol avec les pattes postérieures.
- La perception : reniflement et léchage des urines des femelles avec flehmen : mouvements de claquement des dents et de la langue contre le palais, avec salivation mousseuse.

- Les comportements agressifs : compétition agressive entre chiens mâles (les vainqueurs ont un taux de testostérone supérieur aux vaincus[4]) ; agression sexuelle (viol) de la femelle.
- Les comportements de cour (flirt) : approche de la femelle, reniflement périnéal, léchage des urines, léchages des parties génitales, tentatives de chevauchement, tolérance aux agressions de défense de la femelle, harcèlements de recherche de proximité et de contacts.
- Les comportements de copulation : chevauchement, pénétration, éjaculation.
- Les comportements alimentaires : réduction de la motivation de manger, perte d'appétit (hypophagie).
- La motivation érotique : vagabondage (parfois sur plusieurs kilomètres) pour rechercher une partenaire sexuelle acceptante (proceptive) ; chevauchements copulatoires sur tout individu vivant (chien, chat, lapin) ou objet de taille adéquate (coussin, sex-toy).

Anatomiquement, le sexe du chien mâle présente deux corps érectiles : un corps érectile sphérique bilobé à la base et un gland conique terminal. Le corps érectile basal gonfle indépendamment du gland terminal ; lors de la copulation, il gonfle et dégonfle après le gland terminal, ancrant le pénis dans le vagin et empêchant le retrait du pénis après éjaculation. Il faut parfois 5 à 15 minutes pour la détumescence et la séparation des partenaires.

L'effet Coolidge

Le chien qui s'accouple plusieurs fois avec la même chienne montre des motivations de plus en plus réduites et une période réfractaire de plus en plus longue. En présence d'une nouvelle femelle, sa puissance génésique reprend de la vigueur. On appelle cela l'« effet Coolidge[5,6] ».

Les comportements érotiques de la chienne

Physiologie du cycle sexuel de la chienne

Le comportement érotique de la chienne est dépendant de ses hormones.

Le cycle sexuel est divisé en 4 phases :

- Le proœstrus : il commence au 1er jour des pertes sanguines des chaleurs ; il est lié à l'augmentation des œstrogènes, qui entraînent le gonflement vulvaire, l'augmentation de la motivation sexuelle, la production de phéromones d'attraction ; la chienne flirte, mais refuse le coït (phase d'attractivité).

- L'œstrus : il commence quand la chienne accepte d'être montée par le mâle, environ 10 jours après le début des chaleurs (phase de proceptivité) ; la première ovulation se fait 2 à 3 jours après et continue pendant une semaine ; l'œstrus dure une dizaine de jours.
- Le diœstrus : il commence lorsque la chienne refuse à nouveau le coït ; elle n'attire plus le mâle et ne le recherche plus ; c'est la phase de gestation hormonale, caractérisée par la production de progestérone ; cette phase dure entre 45 (si la chienne n'est pas fertilisée) et 65 jours (si elle est fertilisée et gestante).
- Le métœstrus : c'est la phase sans hormone entre deux cycles. Le métœstrus dure 3,5 à 10 mois par an, suivant le nombre de cycles annuels.

La chienne présente un à deux cycles par an, rarement trois. Les cycles doivent être réguliers, que ce soit tous les 5, 6 ou 7 (ou plus) mois.

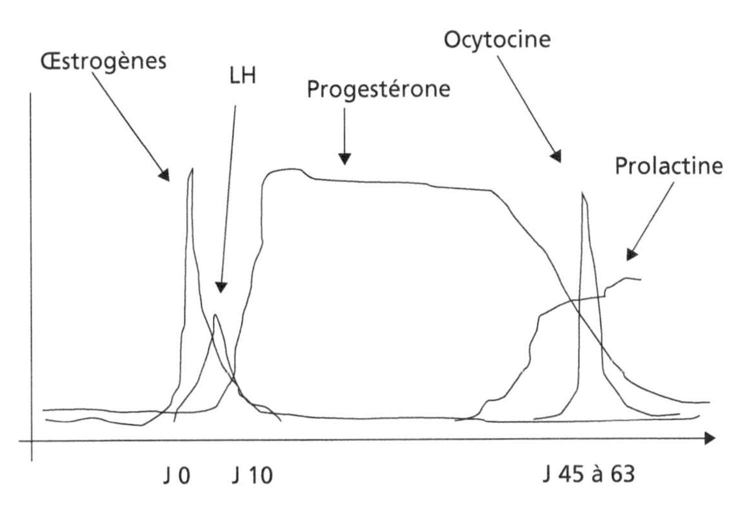

Les hormones du cycle sexuel de la chienne.

L'œstrus et l'ovulation

Les chaleurs

Les chaleurs sont composées du proœstrus et de l'œstrus. Les particularités dymorphiques femelles sont les suivantes :

- Le marquage urinaire, avec lever de patte (généralement moins haut que les mâles).
- Le comportement de cour : rapprochement, flirt, jeux avec les mâles.
- Les comportements d'agression : agression de distancement et par irritation envers les mâles trop aventureux ou trop pressés, pendant le proœstrus ;

agression par irritation et par peur lors de tentatives de chevauchement ou de viol.

- Le vagabondage : tentatives de rechercher un partenaire sexuel adéquat.
- Le désir érotique : chevauchement des chiens, chiennes et objets, avec mouvements de bassin.
- La proceptivité : en œstrus, acceptation du chevauchement, avec creusement du dos (lordose) et positionnement de la queue sur le côté, pour faciliter la pénétration ; acceptation de la pénétration et du couplage post-copulatoire, sans agression.

L'ovulation

L'ovulation est spontanée, entre le 10e et le 20e jour après le début des pertes sanguines (les chaleurs). L'ovulation est multiple (de 1 à 18, voire plus de 20 ovules). L'ovule vit environ 24 heures et meurt s'il n'est pas fécondé. Les spermatozoïdes vivent jusqu'à 7 jours dans les voies génitales femelles ; dès lors, en cas de fertilisation multiple, chaque fœtus pourrait avoir un père différent (on appelle cela de la superfécondation).

Contraception et stérilisation

La contraception est l'empêchement de la conception, soit avant rapport sexuel, soit après.

L'intention peut être de réduire les comportements sexuels et sexués, ou de supprimer la conception.

Il y a différentes formes :

- La gonadectomie : on enlève chirurgicalement les gonades, c'est-à-dire les testicules (orchidectomie, castration) ou les ovaires (ovariectomie).
- L'hystérectomie : on enlève chirurgicalement la matrice, ce qui empêche la reproduction, mais ne change pas le comportement sexuel.
- La castration chimique : on réduit le taux de testostérone par des médicaments en comprimés, en injection (progestagènes) ou des implants[7].
- La contraception chimique de la chienne : on bloque l'ovulation par des hormones synthétiques (progestagènes) en comprimés ou en injection.

La castration (orchidectomie) du chien mâle

La castration des animaux familiers mâles est généralisée : taureaux, étalons, boucs... sont castrés, parce que, dit-on, la castration les rend plus dociles. Un chien castré est plus facile à gérer dans une famille ; il est moins intéressé par la sexualité, moins irritable en général. La castration n'est pas une panacée ; elle ne guérit pas tous les troubles de comportement. Cependant, elle semble améliorer le bien-être (le confort social) des propriétaires.

Les opinions en matière de castration varient. Elles dépendent, entre autres, du sexe de la personne qui en parle (les femmes ont une opinion plus favorable que les hommes), mais aussi de sa culture (très peu de chiens mâles sont castrés dans le monde latin, alors qu'ils le sont beaucoup plus souvent dans le monde anglo-saxon).

Les effets de la castration

Les effets comportementaux[8] de la castration sont :

- Marquage urinaire, chevauchement et vagabondage sexuel : réduction de 95 % chez 35 % des chiens.
- Masturbation, copulation (sauf chez les chiens expérimentés) et éjaculation : réduction.
- Agression envers les membres (humains et chiens) de la famille et envers des chiens non familiers, agression territoriale : réduction de 50 % chez 35 % des chiens.
- Autres agressions : inchangées.
- Priapisme (érection intense et de longue durée) : réduction.
- Harcèlement sexuel par des chiens mâles : augmentation du risque (reniflements et léchages du périnée, chevauchements).
- Comportements d'agression en groupe (chiens de traîneau) : réduction.
- Concentration et performance des chiens de sport : amélioration (réduction des distractions érotiques).
- Crises psychomotrices : certains chiens qui présentent des crises psychomotrices lors des chaleurs des chiennes, règles ou ovulation des femmes, voient leurs symptômes s'améliorer considérablement.
- Démence sénile : accélération de l'évolution d'une démence sénile préexistante[9].

Les effets généraux de la castration sont :

- Prostate : réduction du risque d'hyperplasie, augmentation du risque d'adénocarcinome.
- Ligaments croisés : augmentation du risque de rupture.
- Diabète sucré : augmentation du risque.
- Érection : inchangée[10].
- Appétit : amélioration, surtout chez les chiens hyporexiques (lorsque la perte d'appétit est liée aux hormones mâles).

L'âge de la castration

L'âge idéal de la castration est avant que les problèmes et troubles n'apparaissent, avant que la relation entre le propriétaire et son chien ne tourne à la nuisance, c'est-à-dire avant la puberté.

Quand la castration est réalisée après la puberté, elle a peu d'effet, sauf sur les comportements activés par les hormones et la motivation sexuelle ; elle est quasiment sans effet sur les comportements appris.

Le remplacement testiculaire

Des prothèses testiculaires[11] de différentes tailles (et différents prix) existent pour l'esthétique du chien castré.

La stérilisation (ovariectomie) de la chienne

Les effets comportementaux de l'ovariectomie sont :

- Agression entre chiennes : étant activée par les chaleurs, elle est fortement réduite.
- Changements d'humeur : réduction. C'est particulièrement vrai pour les changements d'humeur (hyperexcitation, anxiété, dépression) au moment des chaleurs ou de la pseudocyèse.
- Pseudocyèse : suppression.

Les effets généraux de l'ovariectomie sont :

- Tumeur mammaire : réduction avec risque résiduel de 0,5 % avant le 1er œstrus et de 8 % après ; ensuite, statistiquement, plus d'effet.
- Hypothyroïdie : augmentation du risque.
- Incontinence urinaire : augmentation entre 9 % (chiennes de moins de 20 kg) et 30 % (chiennes de plus de 20 kg), avec une prédisposition plus grande chez certaines races[12] comme le pinscher, le schnauzer géant, le setter irlandais, les bergers anglais et le boxer (jusqu'à 65 %). C'est probablement pire chez les chiennes ovariectomisées jeunes[13].
- Maladies infectieuses : risque augmenté.
- Diabète sucré : diminution du risque.
- Masse osseuse : réduction.
- Poil : tendance à s'affiner et à faire des nœuds.
- Agression envers les propriétaires : risque d'augmentation dans certaines races[14].

Les troubles des comportements sexuels

Les troubles par excès sexuels

Hypersexualité, paraphylie, satyriasis et TOC sexuel

La sexualité est une activité qui peut devenir un trouble obsessionnel compulsif. En cas d'hypersexualité (satyriasis) et de TOC sexuel, l'activité sexuelle est hypertrophiée : vagabondage sexuel, chevauchements, reniflements et tentatives de léchage du périnée, cela plusieurs heures par jour et en dehors des périodes stimulatrices (chaleurs de la chienne, ovulation ou règles de la femme).

Le comportement sexuel s'exprime vis-à-vis des individus vivants (chiennes, chiens mâles castrés et non castrés, femmes, enfants, hommes, chats, lapins, volaille), d'objets inanimés (coussins) ou par masturbation. Le chien tente de lécher le périnée, le sexe des animaux et des gens ; il peut voler des sous-vêtements, les lécher et les mordiller.

La paraphylie est une excitation sexuelle en réaction à des objets ou individus qui ne font pas partie des modèles éthologiques normaux pour la reproduction, c'est-à-dire tout, sauf la chienne en chaleur, pour le chien mâle.

Les hypersexualités et paraphylies sont essentiellement des problèmes des chiens mâles ; elles sont traitées par une médication antitestostérone ou par castration. Dans certains cas, on donne au chien une poupée sexuelle (sex-doll[15]) à chevaucher afin de satisfaire plus aisément ses besoins de chevauchement.

Les TOC sexuels peuvent être traités par des médications anti-TOC, mais aussi en donnant au chien plus d'activités variées et enrichissantes.

La nymphomanie

Il s'agit d'un excès pathologique dans toutes ou certaines séquences du comportement sexuel chez la chienne. C'est le cas lors de troubles organiques comme les ovaires polykystiques, accompagnés de chaleurs prolongées, persistantes. Une nymphomanie psychogène (non organique) n'a pas encore été diagnostiquée à ma connaissance.

Le traitement est l'ablation des ovaires.

Les troubles hyposexuels

Il s'agit de troubles caractérisés par une réduction de la motivation (intensité, fréquence), de la séquence ou des performances sexuelles, indépendamment de causes organiques ou d'un trouble de l'humeur (anxiété, dépression).

La réduction de l'excitation sexuelle chez le mâle

C'est le manque ou l'insuffisance répétée et persistante, en présence de différents partenaires, de motivation dans le comportement de cour, de chevauchement, de pénétration.

La réduction de l'excitation sexuelle chez la femelle

C'est le manque ou l'insuffisance répétée et persistante, en présence de différents partenaires, de motivation dans le comportement de cour, de l'acceptation du chevauchement, de l'acceptation de la pénétration...

L'anœstrie psychogène ne sera diagnostiquée qu'après élimination de tout problème organique. Elle se présente aussi dans des groupes de chiennes où une femelle intravertie (dominée) présente un cycle fruste et inapparent et où ses motivations érotiques sont étouffées par des chiennes plus assertives. Dans ce cas, la séparation de la chienne intravertie des chiennes assertives peut lui permettre de récupérer un cycle sexuel apparent et fonctionnel.

LES COMPORTEMENTS REPRODUCTEURS ET PARENTAUX

La reproduction consiste à faire des copies de soi-même ; la fonction naturelle est de survivre à soi-même, de permettre une continuité de cette expérience qu'est la vie (animale) après notre décès. Au niveau de l'espèce, l'intérêt est non seulement de survivre, mais de croître et de s'acclimater à des milieux variés. Pour cela il y a la sélection des individus les plus adaptés. La sexualité augmente la diversité génétique et donne une base plus diversifiée pour que la sélection naturelle choisisse les individus plus compétents. La compétence se mesure ici en nombre de descendants viables.

L'individu n'a rien à faire des plans de la nature, ni même de l'espèce. Tout ce qui compte pour lui, c'est sa survie et son confort ; il a une démarche hédoniste, il recherche ce qui lui fait du bien.

La reproduction coûte cher à l'organisme. L'individu subit un paradoxe : le bien-être personnel s'oppose au bien-être de l'espèce. On comprend mieux pourquoi l'animal doit rester inconscient du coût de la reproduction et qu'il doit dissocier le plaisir intense de l'érotisme et les coûts faramineux de la gestation, de l'élevage et l'éducation des enfants (chiots). Dès lors on comprend que la sexualité n'ait pas d'autre fonction que le plaisir sexuel et que la reproduction soit un effet secondaire. Il n'y a pas de désir (conscient) de progéniture chez le chien. Et cet effet secondaire est essentiellement à la charge de la mère. Chez le chien domestique, la chienne mère prend toute – ou quasiment toute – la charge et le coût de la reproduction. Le mâle s'est contenté de ses quelques minutes de flirt et de ses vingt minutes d'accouplement. Après, il intervient peu dans les charges parentales, à l'exception de l'éducation des chiots.

Les comportements reproducteurs

La gestation

La gestation fait suite à une saillie fécondante. Les spermatozoïdes entrent dans les oviductes 25 secondes après la saillie ; ils ont besoin de 7 heures pour devenir fertiles (capacitation) et ils peuvent vivre jusqu'à 7 jours dans la matrice[1]. Une fois pénétré par le spermatozoïde, l'ovule se transforme, sa membrane devient imperméable aux autres spermatozoïdes. Les chromosomes s'apparient ; l'embryon est né.

La gestation est sous influence hormonale (de la progestérone) ; celle-ci est produite par le corps jaune qui se développe après l'ovulation. Les taux de progestérone est le plus élevé vers 15 à 25 jours de grossesse (35 à 40 ng/ml) ; ensuite la progestérone décline, particulièrement dans la semaine de la mise bas. La prolactine augmente progressivement pendant la grossesse, avec un pic au moment de la mise bas.

La gestation dure 63 jours ; si on calcule à partir du moment de l'accouplement, on peut compter entre 57 et 71 jours (mais cela dépend de la durée de l'œstrus et de la durée de survie des spermatozoïdes). Un œil non averti n'observe guère de changement psychologique au cours des deux premiers tiers de la grossesse. Ensuite, le ventre se distend, les mamelles gonflent, la chienne est moins active et a plus d'appétit.

La gestation est une période normale de la vie de la chienne. Il faut éviter certains médicaments, vaccins (vivants) et insecticides. Il faut aussi éviter les sports extrêmes.

La mise bas

Les signes annonciateurs de la mise bas varient d'une chienne à l'autre et s'observent déjà une semaine avant la mise bas : nervosité, recherche d'isolement ou de compagnie, grattage sur des coussins, hypervigilance, perte d'appétit, gonflement mammaire, présence de colostrum. Au niveau biologique, on observe une chute de la température et une baisse du taux de progestérone sous les 2 ng/ml.

Dans les 8 à 24 heures avant la mise bas, on peut déceler une baisse de la température corporelle (rectale), l'apparition de contractions, du léchage du périnée et du comportement de nidification. La nervosité augmente, la chienne halète, tremble, creuse, déchire ou réorganise le nid. Le nid[2] peut être une balle de paille, le canapé du salon ou une caisse de mise bas.

Le part commence réellement avec les poussées (accompagnant les contractions) et la perte de liquides fœtaux. La température rectale remonte au-dessus de la moyenne. La chienne pousse – accroupie ou couchée – et expulse le chiot. Le premier chiot vient en moyenne dans les 4 heures après les premières contractions.

Après expulsion, la chienne pince et rompt les membranes fœtales (membrane amniotique), coupe le cordon ombilical et lèche le chiot, jusqu'à ce qu'il respire. Elle le pousse vers les mamelles. Ou elle le laisse se débrouiller seul pendant qu'elle expulse le placenta. Elle ingère le placenta. Elle alterne ensuite entre les soins (léchages) au chiot né et les poussées pour expulser le chiot suivant, qui vient idéalement 2 à 10 minutes plus tard. La tétée des premiers chiots facilite les contractions suivantes.

Une fois tous les chiots nés, dans un intervalle de maximum 24 heures, la chienne continue à avoir des pertes (lochies) de couleur verdâtre, pendant 3 semaines.

Le nombre de chiots varie. Le record est à 24 (dont 21 vivants) chez un mastiff napolitain[3].

La caisse de mise bas doit être de taille suffisante pour permettre à la chienne de se coucher et de s'étirer sans toucher les bords. Ces derniers sont protégés par un rail à 10 cm du bord pour éviter que la chienne roule sur les chiots et les écrase contre le bord. Les bords ont une taille équivalente à celle de la chienne au garrot. Une entrée (découpée dans un des bords) permet à la chienne d'entrer sans que les chiots puissent sortir.

Le sol de la caisse de mise bas est couvert de papier ou de tissu absorbants.

Une lampe rouge (infrarouge) est placée au-dessus de la caisse (à 1 mètre minimum de haut) pour réchauffer les chiots si la température externe l'exige. Un ventilateur remplacera la lampe si la température externe est trop chaude.

L'accompagnement de la mise bas

Les chiens ont été tellement modifiés génétiquement par l'homme que certains sont désormais incapables d'accoucher sans aide de l'éleveur (accoucheur) ou du vétérinaire.

Si la chienne :

- Tremble au point d'avoir des convulsions (éclampsie) : consultez d'urgence votre vétérinaire.
- A des pertes hémorragiques ou verdâtres au lieu de pertes muqueuses dans la première phase du travail : consultez votre vétérinaire.
- N'a pas expulsé le chiot dans l'heure qui suit les premières poussées : permettez-lui de faire un tour dehors, d'éliminer (certaines chiennes désirent rester propres et refusent d'éliminer à l'intérieur, même en cas d'urgence comme le part) ; restez avec la chienne, au cas où elle accouche dehors. S'il fait nuit, sortez avec une lampe torche.
- Est stressée, pousse mal : donnez-lui du Caulophyllum (9CH, 30K) en homéopathie et appelez votre vétérinaire.
- N'a pas expulsé de chiot dans les 3 heures après les premières poussées : appelez votre vétérinaire ; un chiot peut être bloqué dans le canal pelvien, une césarienne peut être requise.
- N'expulse pas complètement un chiot qui reste partiellement dans le vagin plus de 2 minutes : tirez le chiot et sortez-le, donnez-le à la chienne pour qu'elle s'en occupe.
- Expulse deux chiots en même temps, ce qui bloque : repoussez un chiot à l'intérieur pour laisser sortir l'autre.
- Ne coupe pas le cordon ombilical : ligaturez-le (avec un fil fin, type fil dentaire) à 1 cm du nombril et coupez-le.
- Ne s'occupe pas des chiots : rompez la poche amniotique, coupez le cordon et massez le chiot jusqu'à ce qu'il respire ; un chiot peut survivre 20 minutes sans respirer.
- A des pertes hémorragiques après l'expulsion des chiots et des placentas : consultez votre vétérinaire.

- Ingère tous les placentas : elle risque de vomir et d'avoir la diarrhée.
- Est épuisée après le part : donnez-lui de l'Arnica (9CH, 30K) en homéopathie ou du Rescue en fleurs de Bach.

La mise bas des chiennes a tendance à être médicalisée :
- Radiographie ou échographie à 55 jours pour déterminer le nombre et la position des chiots.
- Utilisation de monitoring et contrôle du rythme cardiaque des chiots.

La pseudocyèse ou lactation « nerveuse »

La grossesse nerveuse et la lactation nerveuse n'existent pas chez la chienne ; il s'agit d'un phénomène hormonal qui entraîne des effets physiques et des réactions comportementales. Que la chienne soit fertilisée ou non, l'ovulation entraîne la formation d'un corps jaune qui produit de la progestérone. La chienne est hormonalement enceinte. Cependant, le taux de prolactine est inférieur à une vraie grossesse ; il est plus élevé chez une chienne en pseudocyèse franche qu'en pseudocyèse inapparente. Mais toutes les chiennes en diœstrus (phase après les chaleurs) sont en pseudocyèse.

Après 30 à 60 jours, la production de progestérone s'effondre spontanément. La montée de l'ocytocine favorise la production des comportements de nidification ; la prolactine active les comportements maternants, le transport des chiots (poupées ou peluches), l'agression maternelle (de défense des chiots ou des peluches), ou la vague dépressive éventuelle. Les mamelles sont turgescentes, le lait coule à la pression ou spontanément. Si la chienne se lèche, si on caresse les mamelles, on active la production de lait.

Cette situation n'est pas une pathologie, sauf quand il y a des indurations ou des abcès mammaires. Une pseudocyèse apparente peut être causée par une ovariectomie en diœstrus.

Des médicaments classiques dopaminergiques (carbergoline) ou antisérotoninergiques (métergoline), homéopathiques et phytothérapeutiques, peuvent couper la production de lait et réduire les comportements maternels gênants. La métergoline peut faciliter des comportements agressifs. Les médications antidopaminergiques comme les tranquillisants classiques (dérivés de la phénothiazine) et les neuroleptiques sont déconseillés parce qu'ils peuvent aggraver la production de lait et les comportements maternants.

Les comportements parentaux

Le don de soins est une caractéristique biologique. C'est-à-dire qu'en moyenne, la chienne mère s'occupe suffisamment de ses chiots pour qu'ils survivent jusqu'à l'âge où ils sont autonomes et peuvent se reproduire, dupliquant cette caractéristique génétique. Quand le comportement maternant est insuffisant, les chiots meurent et la génétique n'est pas transmise. Certaines chiennes sont plus que suffisantes, ce sont d'excellentes mères. D'autres sont trop tolérantes, laissant aux chiots la liberté de faire tout et n'importe quoi, sans leur apprendre les communications sociales.

Le comportement maternel

Le comportement maternel est un ensemble de caractéristiques biologiques. Il y a des différences entre individus et entre races.

Les soins aux chiots

Le comportement de don de soins, ou comportement épimélétique, comprend tous les soins qui permettent aux chiots de survivre jusqu'à obtenir une certaine autonomie : allaitement, nutrition (parfois régurgitation alimentaire), léchage, activation réflexe de miction et de défécation, protection, garde, éducation au contrôle des mouvements et aux postures sociales, éducation au perfectionnement des comportements de chasse.

L'allaitement

La chienne présente ses mamelles aux chiots, et pousse certains chiots vers ses mamelles, afin de les laisser téter. Avec les chiots nouveau-nés, elle se couche sur le côté. Avec des chiots de plus de 3 semaines, elle reste parfois en position debout.

Dès l'apparition des dents de lait (vers 3 semaines), la tétée devient douloureuse, la chienne mère se distancie des chiots (elle s'éloigne, se rend inaccessible, grogne et pince les chiots qui s'approchent) : le sevrage commence. La chienne ne montre pas de préférence ou d'aversion pour des chiots particuliers ; tous sont traités de la même façon[4].

Cependant, la lactation peut se poursuivre plus de 10 semaines.

Le léchage périnéal

Le chiot nouveau-né est incapable d'éliminer spontanément ; il élimine de façon réflexe lors de stimulation périnéale ; cette stimulation est réalisée par la chienne mère qui lèche le périnée, le sexe et l'anus du chiot afin de déclencher la miction et la défécation ; la chienne ingère les éliminations tant que le chiot est allaité ; elle arrête d'ingérer lorsque le chiot commence à manger des aliments, vers l'âge de 3 semaines ; à cet âge, le chiot commence aussi à éliminer spontanément.

Le rapport au nid

Le chiot qui s'égare loin du nid stresse et crie. La chienne va le chercher, lui prend la nuque dans sa gueule et le rapporte au « nid ». Ce comportement est une caractéristique biologique qui existe de façon variable chez la chienne.

Le patron-moteur du « rapport au nid du chiot égaré » commence après la naissance du dernier chiot et se termine 4 semaines plus tard[5] (voir « Le patron-moteur a une phase de début et de fin », page 50). C'est dire que si le chiot premier-né s'égare et crie sa détresse, sa mère n'ira pas le chercher tant que le cadet n'est pas né ; si le cadet naît 15 heures après l'aîné, l'aîné égaré peut être mort sans que sa mère aille le chercher, même à 3 mètres d'elle. De même, si un chiot de 5 semaines s'égare et crie sa détresse, sa mère n'ira plus le chercher : qu'il se débrouille tout seul.

Ce comportement a l'air stupide et dysfonctionnel pour un individu, puisque des chiots peuvent mourir, mais il n'est pas assez dysfonctionnel dans l'espèce pour avoir été éliminé de la génétique du chien. On peut qualifier d'insensible la mère qui ne va pas chercher son chiot égaré pleurnicheur, mais elle ne répond qu'à sa génétique. On dira d'une autre mère qu'elle est douce et maternante parce qu'elle va chercher ses chiots égarés, alors qu'elle ne répond, elle aussi, qu'à sa génétique !

La régurgitation alimentaire

Dès le sevrage, vers 3 à 4 semaines, la chienne mère peut régurgiter des aliments prédigérés à ses chiots : les chiots viennent lui mordiller le coin des lèvres et la mère fait des efforts de régurgitation ; les chiots ingèrent la viande mastiquée et prédigérée par l'acide gastrique.

Ce réflexe, présent chez le chien sauvage commensal[6], se perd chez le chien familier.

Régurgitation d'aliment prédigéré par une louve à son louveteau qui le lui réclame en lui mordillant le coin des lèvres.

Éducation et apprentissages

La maman, secondée du père ou d'autres chiens adultes, éduque ses chiots à contrôler leurs mouvements et à s'immobiliser (couchée sur le flanc, rarement en position debout, ou sur le dos), afin d'utiliser l'immobilisation comme stratégie de contrôle des interactions sociales, pour demander l'arrêt de l'interaction. (Voir « L'agression parentale », page 192.)

Le comportement paternel

Le chien mâle s'occupe peu des chiots en bas âge. Dans la nature, il intervient indirectement dans la nutrition, pour aider la chienne mère à se nourrir ; il apporte de la nourriture, qu'il dépose ou que la chienne mère vient lui voler dans la gueule, et il repart en quête d'aliment.

Quand les chiots ont environ 5 semaines, le chien mâle (le père) éduque les chiots au contrôle des mouvements et à l'acquisition de l'immobilité lors d'interactions sociales. (Voir « L'agression parentale », page 192.)

Les chiens mâles (sauvages commensaux) participent à la défense des jeunes pendant les 8 semaines après la naissance. On a observé des chiens mâles régurgiter de la nourriture pour les chiots.

Les troubles des comportements parentaux

La négligence de soins

Le comportement maternel étant un ensemble de critères biologiques, de réflexes, de comportements sous-tendus par des hormones à l'équilibre délicat, il est possible que les chiots manquent d'un ou de plusieurs soins ou éducation. Toutes les mères ne sont pas excellentes, les défauts de maternage, la négligence des soins essentiels, entraînent une mortalité néonatale.

En cas de négligence de soins, le propriétaire s'occupera des chiots comme aurait dû le faire la chienne mère : suivant l'âge, stimulation du périnée pour les éliminations, allaitement artificiel (avec lait en poudre approprié, et pesées de contrôle quotidiennes), éducation au contrôle de soi et à l'immobilité.

L'infanticide

Le manque de socialisation

Quand la chienne mère est mal socialisée à son espèce, elle peut ne pas avoir d'empreinte parentale : elle ne reconnaît pas les chiots comme des « chiens » et a avec eux des comportements ambigus, oscillant entre réflexes de soins et prédation, secouant le chiot par la peau de la nuque ou, après fixation oculaire, sautant dessus à pattes jointes comme pour assommer un rat[7].

Le manque de contrôle de la mise en gueule

Si la chienne mère ne contrôle pas sa mâchoire, ses mises en gueule, ses morsures, elle peut infliger des blessures aux chiots lors d'éducation et d'agression par irritation. Par exemple, le chiot harcèle sa mère pour la téter et la chienne répond par un distancement, un grognement et un coup de dent ; mais le coup de dent n'est pas contrôlé et entraîne des blessures faciales ou des déchirures d'oreille. Éventuellement, un chiot peut décéder de cette maltraitance.

Le stress

Le stress ingérable peut aussi entraîner une mise à mort de certains chiots, voire de toute la portée. Cela a été décrit lors du passage d'un avion à vitesse ultrasonique à basse altitude au-dessus d'un élevage. Mais la simple présence d'individus (chiens, humains...) jugés stressants par la chienne accouchante ou allaitante peut suffire pour qu'elle délaisse ses chiots, qu'elle les lèche excessivement ou qu'elle les morde.

La mise à mort

Une chienne peut tuer un ou plusieurs chiots. Il n'est pas aisé de savoir si le comportement est intentionnel et/ou conscient ou non. Dans de nombreux cas, le chiot se révèle être porteur d'un handicap qui aurait été fatal ; dans d'autres cas, le chiot semble apparemment sain, et le comportement de la chienne mère reste inexpliqué (voir « L'agression infanticide », page 204).

Deuxième partie

Le monde du chien

Le chien psychologique

Émotions, perceptions, cognitions

Le chien psychologique, c'est le chien qui exprime son âme[1] : ce qui l'anime et le met en mouvement, ce qui lui permet de passer à l'acte, ce qui lui permet de se réaliser consciemment. En psychologie, l'âme est l'intériorité de la pensée émotionnelle et mentale[2]. Dans ce domaine, le chien prend des décisions pour son bien-être, son intégration sociale, son acculturation, son développement mental. Il prend conscience qu'il « est » et qu'il est différent des autres.

> Les bases physiologiques de la psychologie.
> Les émotions.
> Les humeurs.
> La personnalité.
> La cognition.
> Les perceptions sensorielles.
> L'apprentissage.
> Le jeu.
> Les troubles psychologiques.

Le chien en apprentissage.

LES BASES PHYSIOLOGIQUES DE LA PSYCHOLOGIE

On lie la psychologie (émotions, perceptions, cognitions, humeurs) à la biologie du cerveau. Il lui faut bien une structure biologique pour s'exprimer. Mais comment une masse de cellules (le système neurologique) peut-elle engendrer des fonctions aussi complexes que celles décrites en psychologie ?

Le support anatomophysiologique

De la cellule aux cartes

Pour simplifier à l'extrême, nous imaginerons une masse de cellules nerveuses en développement, se multipliant, communiquant les unes avec les autres par des contacts appelés synapses au bout de ramifications (appelées dendrites et axones). Ces cellules nerveuses se faufilent partout, y compris dans les organes des sens et dans les organes locomoteurs. Une fois mis en fonction, les récepteurs sensoriels entraînent une communication en chaîne dans une série de cellules centralisées dans le système nerveux et particulièrement dans le cerveau. Les cellules mises en action créent des circuits. Ceux-ci se structurent ; les groupes de cellules nerveuses forment des *cartes* qui s'adaptent automatiquement aux modifications des signaux qui viennent des organes des sens et des autres cartes.

Les mêmes cartes perceptives (primaires) vont répondre systématiquement aux mêmes stimuli sensoriels répétés et pas à d'autres, tout en étant reliées à d'autres cartes perceptives. De nouvelles cartes (secondaires) vont répondre aux informations envoyées par les cartes perceptives. Toutes ces cartes sont connectées réciproquement de façon massive entre elles et avec des zones du cerveau non cartographiées[1].

De la carte à la catégorisation

Les cartes primaires répondent à des informations perçues ; elles sont liées à d'autres cartes primaires et à des cartes secondaires, et c'est cet ensemble qui permet la catégorisation des informations perçues. Catégoriser, c'est mettre dans un même groupe des informations qui se ressemblent : petit ou grand, vertical ou horizontal, immobile ou mobile, bleu ou jaune, etc. Un rat, pour un chien ratier, peut être catégorisé comme petit, de couleur grise, à déplacement sur support (entre horizontal et vertical), à faible développement vertical sans support (saut), à émissions d'ultrasons, et cet ensemble d'éléments perceptifs est corrélé avec des actions (chasse), de la mémoire (bon à manger) et des motivations. Pour un chien de berger, tout ce qui bouge rapidement peut être catégorisé dans les cartes « déclenchement du comportement de poursuite ».

La liaison entre cartes perceptives et cartes non perceptives (secondaires) permet la reconnaissance des informations : pour reconnaître, il faut connaître, c'est-à-dire avoir catégorisé et mémorisé. Ces éléments sont sélectionnés par des systèmes de valeurs qui dirigent l'individu vers le maintien de son équilibre (homéostasie). Ces systèmes de valeurs ont été sélectionnés par l'évolution et se retrouvent dans certaines zones cérébrales comme le système limbique.

Les multitudes de cartes interagissent sans supervision et permettent de développer des fonctions remarquables comme la reconnaissance et la différenciation de stimuli perçus, même complexes, tels qu'un chien, un chat, un arbre, un humain. C'est donc de l'organisation du système nerveux en circuits de cartes, constituées de groupes de cellules, que sont apparues les différentes formes de catégorisation perceptive et conceptuelle, de mémoire et de conscience.

Dans le modèle biologique, la psychologie naît de l'organisation des groupes de cellules nerveuses.

Les mécanismes de la reconnaissance

Le chien vit dans un environnement qui lui fournit une abondance d'informations (plus ou moins pertinentes). Au milieu de ce brouhaha, une information peut être capitale pour le maintien de son équilibre (homéostasie), comme une source de nourriture, la présence d'un danger, la proximité d'un partenaire social ou sexuel. Cette information, le chien doit l'extraire du bruit de fond !

La vigilance

La vigilance est la capacité d'être éveillé. Elle se remarque par la capacité de réagir et de répondre à une information.

Il y a différents niveaux de vigilance ; ce n'est pas un état de tout ou rien ! En fait la vigilance est dans un continuum depuis le sommeil profond, passant par le sommeil léger, la veille diffuse et enfin la veille attentive. On observe aussi un état d'hypervigilance-hyperexcitation (dans lequel le niveau de performance se réduit).

Pour qu'un stimulus active une carte perceptive, il faut qu'il soit porteur de l'information adéquate en intensité adéquate. C'est dans l'état de veille attentive que le plus grand nombre de stimuli peuvent activer les cartes perceptives.

Cependant, même en état de sommeil profond, il est possible d'activer certaines cartes avec des stimuli très motivants. Par exemple, on peut aisément réveiller un chien en sommeil profond en lui passant sous le nez une odeur de viande, en lui faisant entendre un cri d'alarme. Cette stimulation, peu importante en intensité mais très riche en charge affective ou vitale, est suffisante pour entraîner l'excitation d'une carte perceptive, de cartes secondaires, l'éveil de l'ensemble du cerveau et une mise en action comportementale, le tout ne prenant que quelques millisecondes.

Percept, catégorisation et concept

Reconnaître, c'est « re-connaître », c'est-à-dire connaître une nouvelle fois. Pour cela, il faut percevoir et mémoriser un percept, c'est-à-dire la représentation de la perception dans une carte perceptive : une image, une odeur. Ensuite il faut regrouper les différents percepts qui ont des points communs dans des groupes, des catégories.

Ces catégories peuvent prendre la valeur de concept, c'est-à-dire de catégorie abstraite.

Il y a de nombreux concepts indispensables à la vie et au bien-vivre du chien.

Le processus de catégorisation

Un concept contient des éléments d'abstraction. L'abstraction est définie par deux éléments : (1) l'abstraction extrait de la représentation des critères (éléments, qualités ou relations) qui permettent de généraliser la catégorisation ; (2) l'abstraction permet d'appliquer ces critères dans d'autres circonstances indépendantes de la représentation de départ. Tout cela semble éminemment théorique et philosophique puisque personne ne sait sur quelles bases le chien établit ses concepts. On peut même imaginer que la logique n'entre pas en ligne de compte ou, du moins, que le chien a d'autres critères logiques que les nôtres[2]. On a pu, en laboratoire, démontrer que le chien est capable de discriminer entre des images de paysage et de chiens[3] : mélanger les deux images n'a pas perturbé ses performances.

Cependant, on n'a aucune idée des critères qui permettent au chien de décider qu'un autre chien appartient au concept chien. Y a-t-il des conditions nécessaires et suffisantes telles qu'avoir deux yeux, une truffe, une bouche, un poids de 1 à 120 kg ? Le chien établit-il un prototype du chien-concept et compare-t-il les chiens au prototype décidant du pourcentage de similitude et de différence entre le chien observé et le prototype ? Établit-il des critères multiples du genre : « c'est un chien s'il a 5 critères sur 10 définis dans le concept » ? De plus, les critères varient-ils dans le temps ? Le concept chien doit inclure le concept « relation sociale » et le concept « relation érotique ». Mais on connaît de nombreux cas de chiens sociables qui deviennent associables avec le temps et par isolement de leurs congénères. Y a-t-il modification du concept de sociabilité ou du concept chien ?

La catégorisation utilise-t-elle des métaphores du type l'*humain* est une chienne mère nourricière (puisqu'il est responsable de l'apport de la nourriture, des soins, du confort et de l'attachement) ? Ou bien la catégorisation utilise-t-elle des métonymies[4] du type « ce qui marche en position verticale » est un ami et/ou doit être respecté.

Tout cela est important pour nous, humains, afin que nous nous rendions compte que la cognition du chien n'a sans doute rien à voir avec la nôtre ; dès lors, extrapoler nos idées mentales au chien est une entreprise risquée.

Exemples de concepts utiles au chien

Le concept d'espèce et d'identité

Nous avons parlé de cet apprentissage dans le développement du chiot. Le chiot apprend qu'il fait partie de l'espèce canine qui comprend plus de 400 types morphologiques différents. Cette identification entraîne aussi une imprégnation sociale, sexuelle, filiale et parentale.

Le concept de proie

Un concept que le chien acquiert, c'est celui de proie, ou « ce qui se chasse » (le concept de proie est « ce qui se chasse » et non « ce qui se mange », car ce dernier concept dépend d'autres critères et induit d'autres comportements). Ce concept s'acquiert quelle que soit l'expérience dans le jeune âge. On parle d'instinct ; l'instinct conduit aussi à la conceptualisation. Un lévrier qui, adulte, voit un lapin pour la première fois de sa vie, sait qu'il s'agit d'une proie.

Le concept de connu (familier-ami) et d'inconnu

Le chien étant un animal de groupe, il faut qu'il puisse rapidement déterminer dans son environnement les individus connus (familiers et/ou amis) des individus inconnus, et cela déjà à distance.

Le concept d'humain

C'est pendant la période d'imprégnation que le chiot acquiert le concept de « type humain », avec des caractéristiques sociales positives, une imprégnation sociale, filiale, parentale et aussi sexuelle. Le concept d'humain ne peut être acquis que par généralisation des types humains rencontrés et auxquels le chiot a été imprégné ; il faut des rencontres sociales positives avec au moins 7 types humains (homme, femme, enfant, adolescent, Noir, Blanc...) pour envisager que le chiot intègre le concept « humain ». C'est un concept qu'aucun canidé sauvage ne peut acquérir ; seul le chien domestique (génétiquement prédisposé et correctement imprégné) peut y arriver. (Voir « La période d'imprégnation », page 136.)

Au concept humain est associé le qualificatif « partiellement non dangereux » ; c'est exagéré puisque des humains mangent du chien, les écrasent, les frappent... C'est dire que cette qualification ne peut pas être généralisée à tous les humains.

Le concept « humain » est fragile et dépend aussi manifestement des concepts « connu-familier-ami ». Le concept peut être chargé d'une valeur métaphorique telle que celle d'individu d'attachement, de pourvoyeur de soins, de ravitailleur... Ensuite, le concept peut changer et devenir une catégorisation métonymique de proie : certains types ou individus humains peuvent être chassés.

C'est dire que, du point de vue du chien, le concept d'humain, s'il existe et s'il peut être défini, doit être totalement différent de ce que nous nous imaginons.

La reconnaissance

La reconnaissance permet de comparer le stimulus présent et les catégories et concepts mémorisés, c'est-à-dire, en effet, de les connaître une nouvelle fois ! Il n'y a pas de reconnaissance sans catégorisation ni sans mémoire.

C'est une qualité cognitive de tous les instants. Le chien reconnaît les contextes de vie des milieux insolites, les individus familiers des étrangers, la moindre nouveauté dans l'environnement.

Le système de reconnaissance des individus familiers (ou non familiers) et des environnements nécessite une construction mentale multidimensionnelle, l'individu ou l'objet étant reconnu dans les 3 dimensions de l'espace et au cours du temps.

L'attention

L'attention est la sélection d'une information reconnue au milieu du bruit de fond.

Quand le chien poursuit un mouton (un lièvre, un chamois, un jogger, un vélo...), ce dernier ne se trouve pas dans un environnement neutre (sans odeur, sans bruit, sans couleur), sans distractions ; il ne se détache pas en blanc sur un fond noir ; non, le mouton est caché dans le brouhaha de l'information environnementale, dans un milieu qui contient aussi une mouche vrombissante, le chat du voisin, un chien qui aboie, des oiseaux chanteurs, des nuages dans le ciel... Le cerveau doit faire face à tout moment à des milliers d'informations qu'il va négliger au profit de quelques-unes qui sont plus intéressantes pour lui à ce moment précis de son existence. Pour sélectionner une information, l'individu doit la percevoir, la catégoriser, la reconnaître ; il doit également inhiber la perception des informations concurrentes.

Par exemple, quand un chien court attaquer un autre chien, que son propriétaire le rappelle et qu'il ne réagit pas au rappel, ce n'est pas de la désobéissance, c'est tout simplement qu'il n'entend pas son propriétaire ; l'attention est portée sur l'autre chien (de façon obnubilée) et il est sourd au reste de l'information, environnement ou bruit de fond.

Les systèmes de valeurs et les motivations

Un organisme n'est pas une machine qui répond passivement à un environnement. L'information externe coconstruit le cerveau avec un programme génétique (voir « Le développement du chiot », page 136).

Cependant, les programmes génétiques (instincts) déterminent des systèmes de valeur, qui sont hiérarchisés. C'est ce que j'ai expliqué avec la pyramide des besoins et des motivations (de Maslow) (voir « Génétique et motivations biologiques », page 48), reproduite ci-dessous.

Dans cette pyramide, il y a 4 niveaux :

1. Besoins de survie et de sécurité : peur, froid, faim, douleur, sommeil.
2. Besoins instinctifs et biologiques : chasse, sexe, TOC.
3. Besoins sociaux et ludiques.
4. Besoins psychologiques et de développement personnel : état de bien-être.

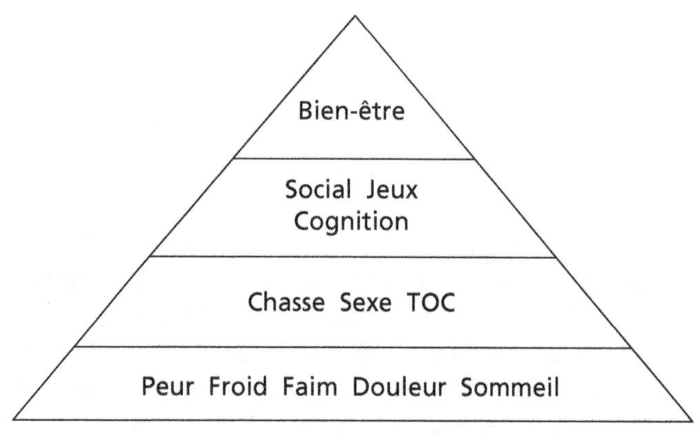

La pyramide des besoins.

Les besoins d'homéostasie

Les besoins biologiques (de survie) l'emportent sur les autres motivations. Ils visent à assurer l'homéostasie (l'équilibre) de l'organisme. Il est impossible pour l'individu de rechercher des interactions sociales ou sexuelles si son corps est dénutri, déshydraté, fiévreux ou en hypothermie. S'il manque de nutriments, le chien est poussé par la faim à rechercher de la nourriture. J'ai appelé ce niveau de besoins l'« état d'urgence ».

Le besoin physiologique est assouvi par le déroulement du comportement et non par le rétablissement de l'homéostasie. Si la soif est activée par une déshydratation, la consommation d'eau ne s'arrête pas lors de la réhydratation mais bien grâce à des compteurs d'ingestion d'eau. La réhydratation rétablissant l'homéostasie prend plus de temps que la durée de consommation d'eau.

Les patrons-moteurs

Quand l'état d'urgence (de survie) est assuré, le chien passe à d'autres motivations, fortes elles aussi. C'est le niveau de motivation des patrons-moteurs, des instincts comportementaux : l'observation, la poursuite, la capture, l'érotisme (en périodes hormonales). J'ai appelé ce niveau de motivation le « mode exigence », parce que ces patrons-moteurs exigent de pouvoir s'exprimer ; ils ne peuvent pas être réprimés.

Les loisirs

Une fois l'homéostasie garantie et les instincts exprimés et rassasiés, le chien passe dans le mode loisir, constitué des jeux et des interactions sociales et érotiques (hors saison hormonale). C'est le niveau des demandes d'attention, des bagarres pour un coussin ou un jouet, des jeux sociaux et des jeux solitaires... Si le chien de famille peut se disputer avec d'autres chiens ou avec ses propriétaires pour un bout de chiffon, c'est qu'il en a le temps ; ses ancêtres n'auraient pas eu le temps, puisqu'ils étaient occupés à chercher leur nourriture. C'est ici aussi que le chien peut passer son temps à faire du sport et des jeux d'obéissance, du freestyle.

Le développement personnel

Une fois les autres niveaux rassasiés, le chien pourrait entrer dans un mode de développement personnel, de réflexion philosophique. Il n'y a pas de preuve scientifique que le chien arrive à ce niveau, ce qui ne veut pas dire qu'il n'existe pas quelques chiens sur terre qui se posent des questions sur eux-mêmes, le monde qui les entoure, la naissance et la mort.

Les désirs

Le désir est un terme difficile à définir et dont la définition varie avec les auteurs, certains incluant avec raison le besoin dans le désir ; en effet, avoir faim entraîne le désir de manger. Le désir est parfois pris comme synonyme de motivation. Souvent, le désir est pris dans sa connotation de désir érotique ; et ce dernier se trouve à l'interface du besoin physiologique et du plaisir.

Le désir est un état interne ; le désir n'est pas causé par un stimulus externe, mais il peut être activé de cette façon. Comme le dit Jean-Didier Vincent, « ce n'est pas la vision d'un objet qui provoque le désir, mais un état interne particulier qui rend cet objet désirable et lui confère valeur de stimulus[5]. »

Si le besoin vient équilibrer un moins (un manque), le désir est la recherche d'un plus. Les désirs peuvent s'exprimer quand les besoins sont couverts. Bien entendu, on retrouvera des désirs analogues aux besoins, comme le désir de manger, le désir de dormir, le désir de chasser. Pour le comportement de chasse (poursuite, capture), on se rendra compte qu'à certains moments la motivation est un besoin et à d'autres un désir.

Outre le désir érotique, on retrouvera chez le chien le désir social (l'attachement, la sociabilité), le désir de jouer, le désir de se bagarrer (comme l'agression de harcèlement), et tous les désirs de confort (toilettage, étirement).

MOTIVATION DE CERTAINS COMPORTEMENTS

	Motivation		
Comportement	**Besoin**	**Désir**	**Plaisir**
Manger	***	*	**
Boire	***	*	*
Dormir	***	*	*
Chasser (poursuivre, capturer)	***	***	***
Être attaché (affectivement)	***	*	*
Érotiser	*	***	**
Rechercher le contact	*	***	**
Agresser (autodéfense)	***	*	
Agresser (offensivement)	***	***	***
Être en activité	**	**	**
Jouer	*	***	**

Physiologiquement, le désir s'accompagne d'anticipation (attente) et d'une charge émotionnelle observables dans les mimiques et les réactions neurovégétatives.

Plaisir et déplaisir

Le plaisir n'est pas une motivation en soi, c'est une récompense attendue ou inattendue. Le désir du plaisir est la motivation. Les neurophysiologues ont trouvé dans le système limbique du cerveau des centres du plaisir (centre hédoniste) et des centres du déplaisir. Si on place de petites électrodes dans le cerveau et qu'on donne à un rat l'occasion de s'autostimuler, il va stimuler son centre du plaisir comme un drogué et tenter de stimuler l'arrêt de l'activation du centre du déplaisir[6]. Les animaux sont hédonistes, tout comme les humains. Les animaux, tout comme nous, cherchent sans arrêt à stimuler les centres – ou les cartes – du plaisir. Il n'y a probablement pas « un » centre du plaisir et du déplaisir, mais plutôt des multitudes de cartes interconnectées qui entraînent une sensation et un concept de plaisir ou de déplaisir en relation avec différentes fonctions comportementales.

On ne peut ignorer ces centres nerveux qui donnent une sensation – et un concept – de plaisir ou d'aversion. Le centre du plaisir devient un facteur de motivation d'appétence et le centre du déplaisir devient un facteur de motivation d'aversion.

Il y a des interactions réciproques entre les besoins et les centres du plaisir ou du déplaisir. Par exemple, manger réduit la tension de la faim, réduit de ce fait l'effet du centre du déplaisir, et permet l'homéostasie. Manger un aliment savoureux active en plus le centre du plaisir et facilite l'appétit pour cet aliment. Avoir une relation sexuelle complète active le centre du plaisir ; cependant, si le chien ne peut copuler et se fait agresser par la chienne, cela active le centre du déplaisir ; la frustration d'un désir érotique non consommé suractive encore le centre du déplaisir. Si cette situation est répétée, le chien pourrait tenter de changer de partenaire ou de s'autostimuler.

Les mécanismes de plaisir et de déplaisir sont importants pour l'apprentissage spontané et le dressage. On peut apprendre des trucs comportementaux aux chiens (de maison ou de cirque) rien qu'en récompensant par des aliments très appétissants, ce qui active le centre du plaisir et favorise le désir de recommencer le comportement renforcé (voir « L'apprentissage », page 326).

Les facteurs susceptibles d'influencer le désir et le plaisir

De nombreux facteurs influencent les motivations, les désirs et les plaisirs.

L'alliesthésie

L'alliesthésie est une réaction comportementale différente, voire opposée, dans un même contexte, en raison d'un état interne différent. Le même stimulus peut être alternativement délicieux et déplaisant. C'est le cas de l'aliment qui est délicieux quand le chien a faim et incommodant si l'animal a bien, voire trop, mangé. C'est aussi le cas de la réaction d'attractivité et de proceptivité de la chienne en chaleur et de son rejet du mâle en dehors de cette phase.

Les pathologies

On observe des pathologies du plaisir chez le rat de laboratoire qui s'autostimule les centres du plaisir jusqu'à la mort. On observe des pathologies de la motivation (et des comportements) chez le chien qui tourne sur lui-même, se lèche les pattes à se blesser, happe dans le vide des choses inexistantes. On parle de troubles compulsifs, de stéréotypies. Et quelle est la motivation du chien sourd qui aboie jour et nuit ? Ni le nourrir ni le caresser ne l'apaisent. De nombreuses motivations, de nombreux désirs du chien nous sont inconnus. Nous observons sans tout comprendre.

La moindre maladie physique, la moindre fièvre, les changements hormonaux, modifient les motivations et les désirs. Par exemple, un chien fiévreux ne bouge ni ne mange plus. Un changement brutal des motivations et des désirs doit faire penser à une maladie sous-jacente.

Les mémoires

Le chien n'est pas une machine instinctive réagissant passivement aux informations de son environnement. Le chien est un être vivant interagissant avec son environnement, agissant sur lui avec volonté sinon conscience. Le chien est informé de ce qui se passe autour de lui et en lui, il catégorise le monde, il le conceptualise, il le reconnaît. Tout cela nécessite de la mémoire.

La mémoire est la capacité à encoder, stocker et récupérer de l'information.

Les scientifiques se demandent depuis longtemps quel est le support anatomophysiologique de la mémoire ; ils n'ont pas encore répondu à la question de façon convaincante. Je suivrai Gerald Edelman dans l'idée que la mémoire est un renforcement d'une catégorisation préalablement établie ; la mémoire, dit-il, résulte d'un processus de continuelle recatégorisation[7]. La mémoire associe les cartographies des catégorisations et des conceptualisations avec des organes non cartographiés qui sont le cervelet, l'hippocampe et les ganglions de la base.

Quelles sont les mémoires du chien ?

La mémoire à court terme

Le chien a une mémoire immédiate et à court terme. S'il chasse un chevreuil qui disparaît derrière un bouquet d'arbres, il n'est pas oublié : c'est la permanence de l'objet, c'est-à-dire la mémorisation que l'objet existe en soi, indépendamment de son contexte.

Le chien va chercher les balles qui ont roulé sous un meuble... ; il faut donc bien qu'il ait une représentation de l'objet caché et une mémoire de l'objet et de l'endroit où il est caché. Il en est de même du bol de nourriture ; s'il a été caché et trouvé, la fois suivante, le chien ira vers la cachette connue avant d'aller voir ailleurs.

La mémoire à long terme

Le chien a une mémoire à long terme, c'est-à-dire des jours, des mois ou des années.

Le chien étant plus social que territorial, sa mémoire sociale (des personnes ou des animaux connus) est probablement meilleure que sa mémoire topographique.

Cette mémoire à long terme, tout comme la mémoire à court terme, ne nécessite pas l'intervention de la conscience puisqu'elle est tout à fait explicable par des conditionnements simples, c'est-à-dire la mise en interaction de quelques cartes de catégorisation.

La réminiscence

Nous, humains, pouvons nous rappeler et raconter ce que nous avons fait ou pensé la veille ; le chien le peut-il ? A-t-il une mémoire de rappel ? C'est bien difficile de le dire. Il a très certainement une mémoire de reconnaissance, c'est-à-dire qu'un stimulus déclenche l'évocation de la mémoire. La mémoire re-connue peut être accompagnée de tous les éléments affectifs vécus au moment de l'événement.

La mémoire procédurale

La mémoire procédurale retient les habiletés et les savoir-faire ; elle permet de se souvenir des procédures sensori-motrices et psychomotrices requises pour une performance de plus grande efficacité ; elle facilite l'intelligence pratique.

Sans elle, on ne pourrait pas apprendre au chien des performances supérieures, comme observer un chien d'intervention sauter d'un hélicoptère, capturer un brigand, retrouver un sac de drogue au milieu d'une valise. On sait que le chien retient ses savoir-faire.

La mémoire propositionnelle : épisodique et sémantique

La mémoire propositionnelle est celle des souvenirs (mémoire épisodique) et des connaissances (mémoire sémantique) de l'individu[8].

La mémoire des événements biographiques est dite épisodique. Elle est susceptible à la subjectivité de la réminiscence, c'est-à-dire que chacun recrée sa vie en la racontant. Personne ne vit une vie objective ; même les personnes qui ont vécu un événement commun le raconteront différemment. La meilleure façon de connaître ce qu'a vécu un enfant n'est certainement pas de demander ce qu'en pense le parent. La mémoire épisodique est une recréation à chaque narration. C'est la réalité biographique de l'individu et elle n'a pas grand-chose à voir avec la réalité objective.

La question à se poser ici, c'est de savoir si le chien a une mémoire épisodique. On ne peut pas le savoir de façon scientifique, la seule façon de l'approcher c'est de demander aux communicateurs animaliers ce qu'en dit l'animal par voie extrasensorielle. Et il semble que le chien soit capable d'enchaîner des événements historiques liés. Quant à savoir si le chien de 10 ans peut se remémorer les événements marquants de sa vie d'adolescent de 6 mois, c'est une autre histoire. J'imagine qu'il n'en a cure ; le chien vit dans le moment présent[9] !

La mémoire du chien est certainement sémantique, c'est-à-dire qu'elle extrait de l'information et du sens de l'expérience par connexion de différentes catégorisations, concepts et centres hédonistes.

Si le chien a faim, il cherchera une nourriture mangeable. S'il a besoin d'exprimer de l'agression, il trouvera un plus faible à harceler. S'il a besoin de poursuivre, il trouvera une chose mobile à poursuivre, même si c'est un vélo ou un jogger, au lieu d'un lapin, une poule ou un mouton.

L'apprentissage qui améliore la performance doit bien aussi passer par une attribution de sens et de valeur aux expériences ; celle qui est favorable – en relation avec les systèmes de valeurs du chien et des besoins du moment présent – sera répétée, celle qui est défavorable sera abandonnée.

Les facteurs susceptibles d'influencer la mémoire

Il y a bien entendu de nombreux facteurs qui vont influencer la mémorisation et la réminiscence. La vigilance, l'attention, la motivation sont des facteurs bien connus. Il en est de même de la répétition et de la coloration affective de l'expérience à mémoriser ; une expérience colorée positivement par du plaisir sera retenue plus facilement qu'une expérience sans plaisir. Un isolement brutal et traumatique d'une figure d'attachement, entraînant de la détresse ou de la colère, sera mémorisé plus facilement qu'une séparation lorsque le chien ronge un os.

LES ÉMOTIONS

Qu'est-ce que l'émotion ?

Même si tout le monde vit des émotions à tout moment, il semble très difficile de trouver une définition claire. L'émotion est un état cognitif particulier, qui s'accompagne d'une perte de sérénité, d'une agitation interne et de réactions physiologiques, d'expressions faciales et de comportements spécifiques. L'étymologie du mot émotion est comparable à celle de motivation ; émotion vient de *e-movere*, c'est-à-dire mouvoir (émouvoir), bouger, s'agiter. Si on cherche des synonymes, on trouvera émoi, trouble, sentiment, ébranlement, voire passion.

L'émotion est bien une turbulence qui pousse à l'action ; c'est une motivation.

L'émotion entraîne des réactions comportementales et neurovégétatives impulsives, non modérées par le raisonnement ; l'impulsion comportementale est sous contrôle du système nerveux autonome, involontaire et inconscient. C'est dire que l'émotion vient sans contrôle mental ; l'impression subjective (le sentiment) est secondaire ; on peut dire : « C'est de la peur, de la colère, du désir... », mais on ne peut pas l'éviter. L'émotion nous traverse, nous la subissons sans pouvoir rien y faire dans l'instant. L'émotion est comme un orage dans un ciel serein. L'émotion ne dure que quelques secondes à quelques minutes. Au-delà de quelques minutes, on parle plutôt de changement d'humeur.

L'impulsivité de la réaction émotionnelle exige une rapidité de perception et de mise en action des commandes musculaires et des changements neurovégétatifs, comme l'accélération cardiaque ; l'organisme est préparé à l'action urgente. Ce n'est que secondairement que les aires de catégorisation, conceptualisation, mémorisation interagissent pour confirmer ou infirmer l'action. L'émotion permet de répondre dans l'urgence mais la réaction n'est pas modérée par la reconnaissance ; la réaction comportementale est du type tout-ou-rien.

Les trois émotions fondamentales

Il y a trois émotions fondamentales[1], auxquelles personne ne peut échapper :

- La peur, l'inquiétude.
- La colère, l'excitation.
- La tristesse, le dégoût.

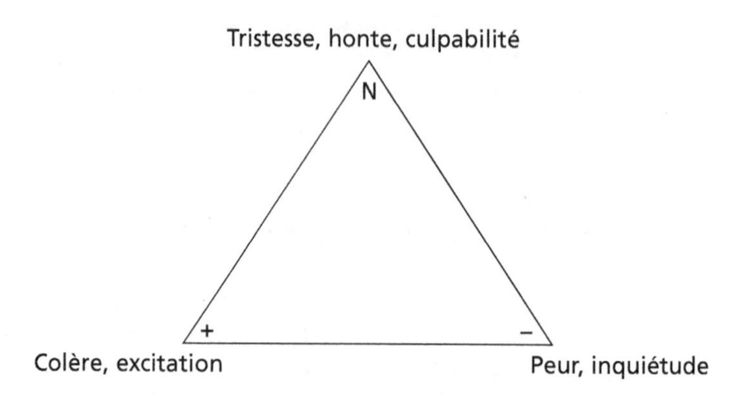

Le triangle des émotions fondamentales.

Ces trois émotions fondamentales se déclinent avec des variantes d'intensité et d'expression, que l'on retrouve chez l'homme et que l'on peut extrapoler au chien :

- Colère et excitation : l'extériorisation, le besoin d'agir, de donner, de manifester, de changer ; la prise de responsabilités ; le courage, la volonté ; l'irritation, la fureur et la rage ; la joie et l'euphorie.
- Peur et inquiétude : la surprise, l'appréhension, l'alarme, la crainte, la panique, la terreur, l'épouvante, la détresse ; l'intériorisation, le repli sur soi, l'inertie, la méfiance, la protection et la sécurisation, l'attachement ; la fuite ; le souci, le tracas ; le rejet des responsabilités.
- Tristesse, honte et culpabilité : le chagrin, l'accablement, la mélancolie ; la soumission ; le besoin de contrôler, de savoir, de comprendre, de structurer ; la sensation d'isolement, de solitude ; la sensation d'échec ; l'embarras, le dégoût ; le jugement.

Le graphique présente le triangle des trois émotions fondamentales, chacune d'elles associée à un signe, dans un modèle énergétique chinois (tao) et kinésiologique :

- « N » : neutre, enfant : tristesse, honte, culpabilité, compréhension, jugement.
- « + » : yang, masculin, père : colère, excitation, mouvement, extériorisation.
- « – » : yin, féminin, mère : peur, immobilité, intériorisation.

On peut facilement faire des parallèles entre les modèles de psychologie (occidentale) et de médecine orientale. J'intègre ces différents modèles ici, ce qui simplifie la compréhension de ces mécanismes complexes. Cela permet aussi de sortir du modèle dualiste classique. Chaque être se trouve dans une combinaison personnelle des trois émotions de base. Cependant, les mâles sont plus dans la colère, les femelles sont plus dans la peur et les enfants sont davantage dans la neutralité, mais aussi responsables de l'équilibre entre mâles et femelles.

Exploration de la neige au bord d'un lac de montagne, dans une émotion de légère excitation.

Les troubles émotionnels

La plupart des troubles émotionnels sont liés à des troubles de l'humeur ou de la personnalité, celles-ci étant prioritaires sur l'émotion. La psychiatrie humaine confond d'ailleurs les troubles émotionnels et les troubles de l'humeur, séparant cependant les troubles de l'humeur et les troubles anxieux. Il est très difficile de différencier une émotion d'une crise d'humeur. Une crise de colère ou de panique doit-elle être classée dans les troubles émotionnels ou les troubles de l'humeur ?

Les troubles de la peur

Les troubles de la peur sont les phobies et les crises de panique.

Les phobies

Définitions

La phobie est une peur (ou un dégoût) déclenchée par un stimulus objectivable (bruit explosif, personne), dont l'intensité ne se réduit pas par habituation lors de présentation répétée. La peur s'accompagne rapidement d'une anticipation des stimuli et s'exprime par des comportements observables : évitement, échappement, fuite, posture basse, agression par peur, agression de distancement, et des troubles neurovégétatifs modérés (halètement, transpiration des coussinets, miction, défécation, vidange des glandes anales).

On distingue :

- Les phobies simples : peur d'un (d'une classe de) stimulus spécifique : le bruit, l'orage, les enfants, les ballons, les vétérinaires, etc.
- Les phobies multiples : peur de plusieurs classes de stimuli : le bruit et les enfants, les gens et les chien, etc.

- La phobie sociale : peur de certains contacts sociaux, tels que la caresse, le contact oculaire, l'approche, avec des catégories spécifiques d'individus (personnes, chiens).

Le traitement

Les phobies se traitent par désensibilisation, immersion contrôlée et médications.

Le phobique a tendance à éviter et échapper aux stimuli dont il a peur. Pour l'améliorer à terme, il faut le confronter aux stimuli de façon organisée afin qu'il puisse maîtriser la situation ; quelle que soit l'intensité du stimulus – faible et progressivement plus forte dans la *désensibilisation*, forte dans l'*immersion* – le chien doit rester en confrontation avec le stimulus jusqu'à montrer des signes d'apaisement, de mieux-être, de réduction du stress : la queue revient en position neutre, le halètement et les tremblements diminuent. Dans le cas contraire, le chien peut se sensibiliser et s'aggraver.

Le phobique associe aussi des désagréments physiques et neurovégétatifs (nausées, accélération cardiaque...) aux contextes qui déclenchent ses peurs ; c'est un conditionnement classique ; on peut contre-conditionner en associant les stimuli à des situations agréables (aliments appétissants, jeux...).

Phobie des balles.

La phobie des bruits d'explosion

Près de 20 % des chiens souffrent de la peur des bruits[2], spécialement des bruits violents et des bruits d'explosion, dans l'ordre de fréquence suivant : les bruits de l'orage, les feux d'artifice, les aspirateurs, les coups de feu, les motos, les voitures, les avions, le vent, les systèmes d'alarme, les gens qui crient, les cornes de brume, les bips du micro-onde. Il y a une prédisposition génétique à être sensible aux bruits puisqu'on retrouve des lignées et des familles où cette peur est récurrente. Le manque d'enrichissement pendant la période d'imprégnation est aussi un facteur majeur.

Les réactions de peur vont de la simple vigilance aux tremblements, halètements, tentatives de fuite, aux attaques de panique.

Comment traiter ?

Le chien sera confronté aux bruits dont il a peur à faible intensité et ensuite à intensité progressive (désensibilisation) ; pour ce faire on peut utiliser un CD de bruitage, mais ensuite il faut utiliser les bruits réels : revolver pour enfant, sacs en papier de différentes tailles à gonfler et exploser, pétards, etc. Si on ne peut pas réduire l'intensité du bruit par des isolants acoustiques (revolver dans un sac, emballé dans des tissus), on travaille sur la distance : 100 mètres, ensuite 75, 50, 25, etc.

Il faut associer les contextes dans lesquels le chien a eu peur des bruits d'explosion avec des plaisirs pour contre-conditionner.

Le chien peut être aidé par des médicaments qui facilitent l'apprentissage : en session thérapeutique ou en prévention ou lors de situation de bruit : le DAP, l'alprazolam, l'hydrolysat de caséine ; en continu pendant la période des phobies et/ou de la thérapie : la sertraline, la paroxétine. En cas de panique, seuls les sédatifs sont (partiellement) efficaces, ainsi que le fait de soustraire le chien aux bruits.

La phobie de l'orage

L'orage est une manifestation naturelle violente dont près de 5 % des chiens ont peur, et 60 % des chiens qui ont cette peur la développent au cours du temps.

Les chiens se cachent sous le lit, tremblent, halètent, aboient, cherchent la compagnie de personnes apaisantes, s'accrochent à elles, grimpent dans leurs bras, ou s'isolent dans l'endroit le mieux isolé acoustiquement de la maison ; parfois ils tentent de s'enfuir, détruisent les chambranles, se jettent à travers la fenêtre ou se réfugient dans la baignoire. Les chiens peuvent aussi souffrir de salivation, de transpiration et d'éliminations émotionnelles.

L'orage est composé de bruits de foudre (explosion), d'éclairs lumineux, d'assombrissement du ciel, de chute de pression barométrique, d'ionisation de l'air. Certaines manifestations précèdent les éclairs et les bruits ; le chien en est déjà conscient et anticipe le phénomène et son mal-être ; il s'agit d'un conditionnement classique.

Comment traiter ?

La désensibilisation permet d'habituer le chien progressivement aux stimuli d'intensité croissante. On peut désensibiliser au bruit d'explosion (voir « La phobie des bruits d'explosion », page 264). On peut désensibiliser et contre-conditionner aux éclairs avec des flashes photographiques. On ne peut pas désensibiliser contre les basses pressions barométriques ni contre l'ionisation de l'air.

Le chien peut être traité avec du DAP, de l'alprazolam, de l'hydrolysat de caséine en prévention des orages ; il doit recevoir la médication avant de montrer des signes de peur. Il faut éviter les crises de peur et de panique lors de l'orage lorsque le chien est en thérapie : une crise de panique peut annuler tous les effets de plusieurs semaines de thérapie.

Je conseille de traiter les chiens dès les peurs les plus faibles, afin d'éviter l'aggravation qui se passera de toute façon au cours du temps.

Les crises de panique

La crise de panique est une crise de peur et/ou de détresse intense à expression neurovégétative plus que comportementale, allant parfois jusqu'à l'hypersalivation ou la syncope par accélération cardiaque. La crise de panique peut apparaître sans déclencheur objectivable ; elle s'exprime apparemment sans raison.

Il est souvent malaisé de distinguer une crise phobique intense et une crise de panique, les deux se combinant.

Les critères de diagnostic

Une crise de panique correspond à une courte période de peur intense, d'inconfort ou de détresse, pendant laquelle on observe un ou plusieurs des signes suivants :

- Halètements et dyspnée, accélération cardiaque, éventuellement jusqu'à la syncope.
- Transpiration intense.
- Tremblements ou secouements.
- Salivation intense (ptyalisme), parfois de plus d'un litre chez les grands chiens.
- Peur intense avec tentatives d'échappement violentes, non contrôlées.

La crise de panique est parfois, mais peu fréquemment, associée à un déclencheur externe objectivable.

Le traitement

Le traitement est médicamenteux (sertraline, paroxétine, alprazolam, hydrolysat de caséine, DAP).

Les troubles de l'excitation et de la colère

Les troubles de l'excitation et de la colère sont des crises d'excitation et de colère. Ces crises induisent la production de comportements moteurs (courses, sauts) ou de comportements d'agression proactifs, avec réduction (voire perte) de contrôle sur les mouvements et les morsures. Elles s'accompagnent d'une posture haute et de troubles neurovégétatifs : hérissement du poil, accélération cardio-respiratoire, hypertonicité musculaire.

On distingue :

- La crise d'excitation : excitation déclenchée par un stimulus spécifique ou exprimée à vide en milieu calme. C'est un problème fréquent chez le chien en manque d'activité globale ou chez le chien hyperactif. Elle s'exprime par une surexcitation chaotique ou structurée en comportement stéréotypé, de type course sur le cercle, tournis (sur soi-même), léchage.
- La crise de colère (avec agression) : excitation, irritation, colère et agression déclenchées par un stimulus ou dans un contexte spécifique (conditionnement classique) : consultation vétérinaire, brossage, manipulation, approche. Il y a fréquemment une combinaison de colère et de peur ; si la peur prédomine, on parle de phobie.
- Le trouble explosif intermittent : hyperréactivité impulsive ou explosive, avec ou sans agression, mais avec perte quasi totale de contrôle de ses mouvements. Les contextes déclencheurs sont variables ; le chien peut exploser sans raison objective apparente ; ce trouble est fréquent dans la personnalité impulsive ou explosive.
- La crise psychomotrice (conversion somatique, crise hystérique) : crise pseudo-comitiale, épileptiforme, avec tics musculaires violents, liée à un état de surexcitation.

La colère, source d'agression.

Les troubles de la tristesse et du dégoût

Les crises de dégoût sont classées dans les phobies. Le dégoût s'accompagne de comportements d'évitement, comme la peur. L'émotion n'est pas reconnaissable à l'observation du comportement.

Les crises de tristesse s'accompagnent d'une indifférence affective relationnelle, d'une perte de l'initiative dans l'activité (le jeu), parfois d'une perte d'appétit. Dès qu'elles durent plus que quelques jours ou qu'elles sont intenses, on parle de syndrome post-traumatique (dépression aiguë), de dysthymie ou de dépression. Elles sont fréquentes après les vacances, quand le chien a pu passer du temps de qualité avec ses propriétaires et qu'il est ensuite laissé seul à la reprise du travail et/ou de l'école ; elles sont également habituelles suite au départ ou au décès d'un être d'attachement (humain, chien, chat).

LES HUMEURS

Qu'est-ce que l'humeur ?

Définitions

L'humeur – ou thymie – est à l'émotion ce qu'un état prolongé est à un flash. C'est un sentiment de longue durée, une couleur ou un goût[1] affectif de base, l'atmosphère intérieure générale de la personnalité.

L'humeur est caractérisée par les émotions, les sentiments et les comportements qui la composent (et que l'on peut observer). Quand un chien a souvent peur, on le dit craintif, timide, anxieux, ce qui correspond à la coloration affective de sa personnalité. Si un chien se met souvent en colère et agresse, on le dit d'humeur irritable. S'il manque d'initiative et n'aime pas jouer, on le dit triste et dépressif.

Sous le terme « humeur », on distingue :

1. Les humeurs liées à la personnalité, qui varient très peu au cours du temps, depuis l'enfance, plus souvent l'adolescence, jusqu'à la vieillesse : ce sont les tempéraments et dispositions thymiques de base, la couleur de la personnalité. On connaît des individus, ou même des familles, qui ont une augmentation de la probabilité d'être anxieux ou dépressifs, ou d'être en général de bonne humeur, autant chez les humains que chez les chiens.

2. Les humeurs qui envahissent l'organisme comme une vague qui l'immerge pendant quelques jours, quelques semaines à quelques mois. C'est le cas de certaines humeurs physiologiques, comme l'état amoureux (autant humain que canin), mais aussi des humeurs pathologiques comme la dépression.

3. Les humeurs de courte durée, de quelques minutes à quelques jours, comme des émotions ou des sentiments prolongés, qui semblent des états réactifs à des événements extérieurs sur base d'un terrain prédisposé. C'est le cas des mouvements ou sautes d'humeur.

L'humeur influence les émotions, les perceptions et les cognitions

L'humeur influence la façon dont quelqu'un, humain ou chien, perçoit le monde autant intérieur qu'extérieur.

Le chien de bonne humeur, joyeux, perçoit et recherche des jouets pour jouer, des objets à ronger, des peluches à secouer. Le chien d'humeur anxieuse perçoit tout stimulus potentiellement effrayant dans l'environnement comme le bourdonnement d'une mouche, le cri d'un enfant, le grondement du tonnerre dans le ciel, ainsi que toutes les manifestations physiologiques de son propre corps telles que l'accélération cardiaque ou les sensations désagréables au plexus solaire. Le chien triste ou dépressif perçoit tout ce qui rend la vie désagréable et ne voit même plus les jeux ni les jouets : il n'est plus intéressé par les odeurs des autres chiens ou par les encouragements qu'on lui envoie pour stimuler son activité.

Le monde semble perçu comme à travers une paire de lunettes colorées. En fait, le chien, tout comme l'humain, ne perçoit dans le monde que ce qu'il s'attend à percevoir, et les images changent avec son humeur.

Si l'humeur change la perception du monde environnant, en conséquence, elle change aussi la réactivité aux stimulations du monde et les comportements. Par exemple, un chien irritable réagira plus facilement par une agression explosive, un chien anxieux par la fuite, le chien triste par la soumission.

L'humeur est influencée par l'organisme

Biologiquement, l'humeur est liée à un équilibre fragile de la chimie cérébrale, des neurotransmetteurs, neuromédiateurs, neurohormones, hormones et à toute la chimie immunitaire. La base est génétique et influence la personnalité. Mais tout changement de cet équilibre, quelle qu'en soit la raison, va changer l'humeur et, par conséquent, les émotions, cognitions, perceptions et comportements.

Ainsi, une baisse de fonctionnement de la thyroïde (hypothyroïdie) entraîne une instabilité d'humeur avec tendance anxieuse. Un excès de fonctionnement thyroïdien (hyperthyroïdie) facilite les états « hyper », l'irritabilité et l'agressivité. Un dysfonctionnement de la surrénale avec excès de sécrétion de cortisol (Cushing) encourage les états dépressifs. L'insuffisance de cortisol (Addison) entraîne des états de variations d'humeur (trouble bipolaire) et d'asthénie (hypothymie). Les hormones sexuelles comme la progestérone (et surtout ses dérivés métaboliques) facilitent les états dépressifs préexistants. Par contre, les œstrogènes et la testostérone augmentent l'excitation, l'agressivité, les états « hyper ». La prolactine (hormone de la sécrétion lactée) facilite certaines hypothymies, notamment en période de pseudocyèse.

L'humeur normale

L'humeur normale est adaptative

L'humeur de base n'est jamais stable ; elle oscille entre les différentes émotions. L'humeur normale permet l'adaptation physiologique et psychologique à la vie et à la société ; elle oscille mais revient à son niveau de base. L'humeur de base n'est pas sans peur, sans colère ou sans tristesse ; elle connaît toutes ces émotions, mais elle n'empêche pas de s'adapter.

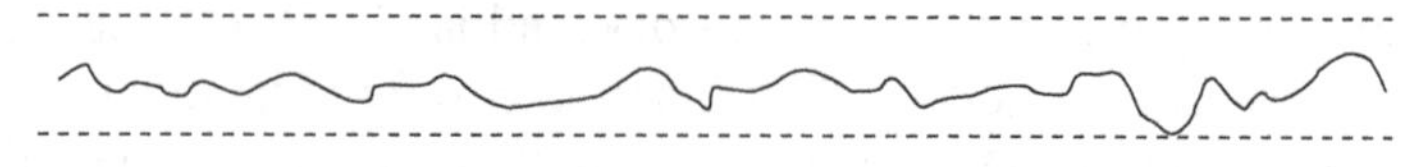

Humeur normale adaptative.

Être d'humeur normale ne veut pas dire être de bonne humeur ; c'est être bien, adaptable, flexible, fluide, dans les événements de la vie. Il y a des flashes de colère, de peur ou de tristesse, mais rien qui empêche de continuer de survivre (manger), de vivre (s'amuser, travailler) et de s'épanouir.

Les sautes d'humeur

Une humeur normale peut s'accompagner de courts changements d'humeur, même en dehors des zones de normalité. Si ces sautes d'humeur ne durent pas, elles ont peu de répercussions sur l'équilibre de l'être ; elles ont, par contre, souvent des répercussions sur l'environnement social.

Les sautes d'humeur peuvent être des trois types émotionnels de base (colère, peur, tristesse) ou d'une combinaison d'émotions diverses (envie, jalousie).

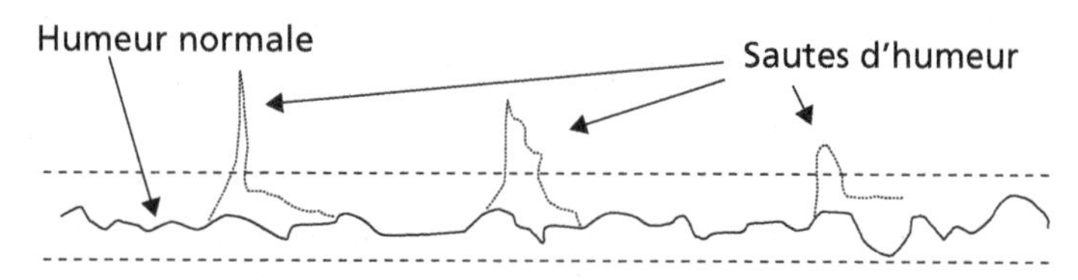

Humeur normale et sautes d'humeur.

Aucun chien n'est à l'abri d'une saute d'humeur, d'un flash de colère (entraînant une agression), d'une crise de panique (entraînant une fuite éperdue ou une agression par peur), d'un accès de tristesse (avec apathie).

Les troubles de l'humeur

L'humeur pathologique, par contre, ne permet plus l'adaptation ; elle dépasse certaines normes.

Les humeurs pathologiques sont de deux types :

- L'hyperthymie : humeur en excès, au-dessus de la norme adaptative.

- L'hypothymie : humeur en insuffisance, en dessous de la norme adaptative.

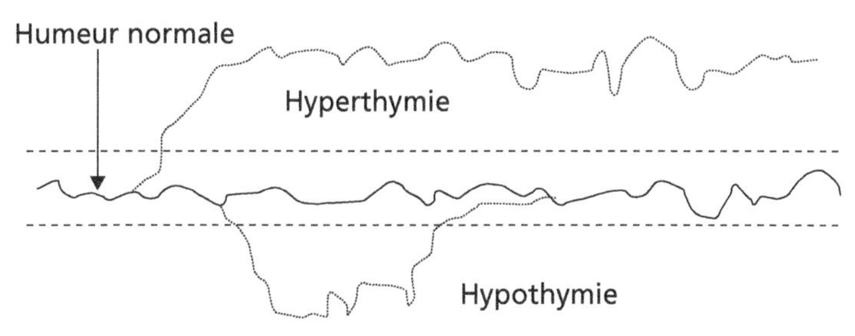

Humeurs pathologiques, non adaptatives.

Les hyperthymies

Les hyperthymies sont des excès d'humeur. Suivant l'émotion de base, elles sont de trois types :

- L'anxiété, avec toutes ses formes de peur et d'insécurité. C'est l'hyperthymie liée à la peur.
- La dépression. C'est l'hyperthymie liée à la tristesse, la honte et la culpabilité. En psychologie humaine, l'apathie n'est qu'apparente, puisque la dépression s'accompagne d'une intense activité mentale de dévalorisation personnelle, bloquant l'initiative, entraînant l'inhibition de l'action et la perte de la joie et du plaisir (anhédonie).
- L'état « hyper », avec hyperactivité, hyperexcitabilité, hyperréactivité, hypervigilance, impulsivité, souvent agressivité. C'est l'équivalent des états hypomaniaques et maniaques de la psychiatrie humaine. C'est l'hyperthymie liée à l'excitation et à la colère.

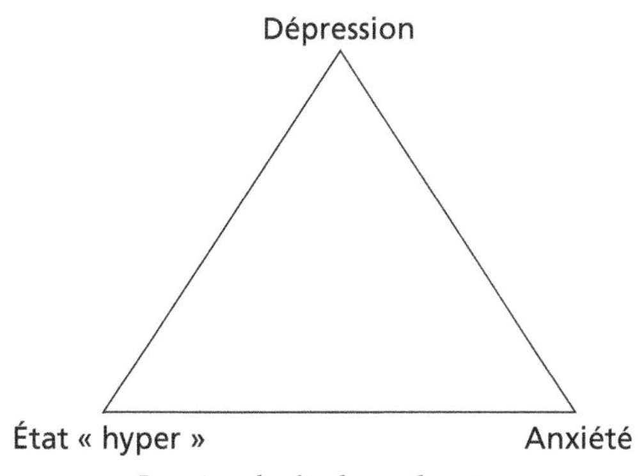

Le triangle des hyperthymies.

Les hyperthymies peuvent combiner différentes émotions : on parle souvent des états « anxio-dépressifs » qui combinent anxiété et dépression. L'hyperactivité chez le chien est souvent un état « hyper » et anxieux en même temps.

Ces hyperthymies peuvent s'exprimer différemment suivant leur durée :
- Courte : crise de quelques minutes à quelques heures.
- Moyenne : phase de quelques jours.
- Longue : périodes de plusieurs semaines ou mois.

LES DIFFÉRENTS TYPES D'HYPERTHYMIES

Type\Durée	Courte	Moyenne	Longue
Anxiété	Trouble panique	Épisode anxieux	Trouble anxiété généralisée
Dépression	-	Épisode dépressif	Dépression chronique
« Hyper »	Trouble explosif intermittent, Dyscontrôle épisodique	Épisode « hyper » unipolaire, Épisode (hypo)maniaque	Hyperactivité

Les crises de chagrin ne sont pas documentées dans les troubles psychiatriques humains ; on peut y placer la plupart des tentatives de suicide, inconnues chez le chien.

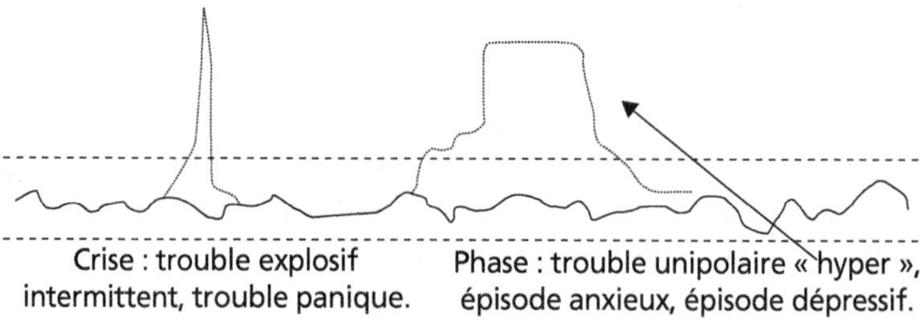

Crise : trouble explosif intermittent, trouble panique.

Phase : trouble unipolaire « hyper », épisode anxieux, épisode dépressif.

Humeurs pathologiques, non adaptatives.

L'anxiété

L'anxiété généralisée

L'anxiété généralisée est la personnalité anxieuse, craintive, timide, anticipant des soucis et des situations aversives.

Les critères de diagnostic

L'anxiété généralisée est un état invasif (de longue durée) de comportements analogues à la peur, avec anticipation aversive, mais sans déclenchement par des stimuli ou contextes objectivables, présentant plusieurs des signes suivants :

- Émotions de peur, sans stimulus ou contexte déclencheur objectivable.
- Anticipation de situations aversives, manifestée par de la prudence et de la timidité, des postures basses et des signes d'apaisement, sans raison objectivable.
- Comportements de défense tels qu'immobilité, évitement, échappement, agression de distancement ou agression par irritation et/ou par peur.
- Réactivité neurovégétative telle que halètements, transpiration, diarrhée, vomissements.
- Hypervigilance, avec ou sans sursauts pour un rien.
- Activités substitutives telles que léchage cutané (avec ou sans lésion dermique), polyphagie, potomanie pouvant évoluer en TOC.

Ces comportements ne sont pas dus à l'utilisation de substances psychoactives ou à des troubles endocriniens (telle une hypothyroïdie).

Le traitement

L'anxiété étant un trouble de l'humeur, elle se soigne essentiellement avec des médicaments. S'il y a de l'agression concomitante, les médicaments seront prioritairement ceux des états « hyper ». S'il n'y a pas d'agression, on travaillera plutôt avec de la sertraline, de la paroxétine.

L'épisode anxieux

Il s'agit d'une phase d'humeur anxieuse chez un chien qui n'a pas une personnalité anxieuse.

Les critères de diagnostic

C'est un épisode de plusieurs jours à plusieurs semaines d'humeur anxieuse comme décrite dans l'anxiété généralisée.

Le traitement

Le traitement est semblable à celui de l'anxiété généralisée.

L'anxiété de déritualisation

Le trouble anxiété de déritualisation[2] interspécifique est observé lorsqu'un animal a perdu ses rituels sociaux apaisants avec les personnes avec lesquelles il vit. Un chien qui change de système social perd les être d'attachement et les rituels développés avec eux. Comme les rituels diminuent le stress dans la communication, la perte des rituels entraîne une augmentation du stress, doublé du stress de la perte des êtres d'attachement. Le chien présente des comportements anxieux – il s'agit plutôt d'une phobie sociale greffée sur un fond d'anxiété – ou dépressifs (de type syndrome post-traumatique), tente de reconstruire des rituels et de s'attacher ; cette période d'adaptation prend 3 à 6 semaines. Au-delà, il faut traiter.

Les critères de diagnostic

C'est un épisode anxieux, corrélé à un changement de système social (adoption, mise en SPA) avec perte des rituels apaisants du groupe, présentant, en plus des signes d'anxiété généralisée, certains des signes suivants :

- Peu d'interaction sociale initiée.
- Communication ambivalente.
- Distance par rapport aux autres membres du groupe.
- Immobilité en posture basse ou agression de distancement, et/ou par irritation et/ou par peur lors de l'approche par un des membres du nouveau groupe.
- Signes neurovégétatifs quand approché ou touché par les membres du nouveau groupe.
- Comportements substitutifs, type léchage des pattes (avec ou sans dermatite de léchage) ou autre TOC.

Dans les groupes de chiens, il y a un risque de mise à mort du nouveau venu[3].

Le traitement

Il repose sur la facilitation de la ritualisation, par des exercices ludiques avec récompense (alimentaire sur chien à jeun), avec ou sans traitement médicamenteux de l'humeur anxieuse. La reritualisation va très vite si toute la nourriture quotidienne est donnée sous forme de récompense d'interactions sociales.

L'anxiété du chien de remplacement

Voir « Les troubles de la conscience », page 432.

La dépression

La dépression chronique

Les critères de diagnostic

C'est un état invasif (longue durée) de manque d'initiative sans déclenchement par des stimuli ou des contextes objectivables, présentant plusieurs des signes suivants :

- Humeur triste ou irritable, avec posture basse, manque de tonus, manque de joie.
- Anhédonie : perte d'intérêt pour les activités plaisantes et ludiques.
- Augmentation ou diminution de l'appétit et/ou du poids.
- Insomnie ou hypersomnie.
- Agitation ou ralentissement locomoteur.
- Fatigue.
- Réduction apparente des capacités d'apprentissage et indécision.

Ces signes ne sont pas dus à l'utilisation de substances psychoactives (sédatifs), ou à des troubles endocriniens (telle une hypothyroïdie).

Le traitement

La dépression étant un trouble de l'humeur, elle se soigne essentiellement avec des médicaments tels que la sertraline, la fluoxétine, la paroxétine, etc.

L'épisode dépressif majeur

C'est un épisode d'au moins une semaine avec signes de dépression.

On parle de la dépression épisodique ou périodique en cas d'épisodes dépressifs majeurs séparés par au moins 2 mois consécutifs d'humeur normale.

L'état « hyper »

Il s'agit d'un chien à la personnalité excitable, réactive, « hyper ».

Les critères de diagnostic

C'est un état invasif (quasi permanent) d'humeur excitable, expansive et/ou irritable, sans déclenchement par des stimuli ou des contextes objectivables, présentant plusieurs des signes suivants :

- Hyposomnie : réduction de la durée de sommeil, avec/sans réduction de l'observation des phases de rêve.
- Agitation locomotrice.
- Hypervigilance.
- Hyperexcitabilité, hyperréactivité.
- Distractibilité.

On peut observer des signes accessoires :

- Agression de distancement ou par irritation au moindre stimulus.
- Comportements répétitifs, voire stéréotypies.
- Réduction des réponses aux commandes habituelles.
- Période de fixité corporelle ou de fixation oculaire pendant plusieurs minutes.

Le traitement

Il faut respecter la formule d'activité : si le chien a besoin de plus d'activité, il faut lui en donner.

Les médicaments (fluvoxamine, fluoxétine, clomipramine) aident à réduire le besoin général d'activité de 30 à 50 %.

L'épisode « hyper » unipolaire

Cet épisode d'humeur excitable et irritable peut être déclenché par des changements hormonaux (comme une pseudocyèse, une hyperthyroïdie), des changements saisonniers (au printemps, particulièrement), chez un chien de personnalité hyperactive ou chez un chien normal.

C'est un état invasif (plusieurs jours à généralement plusieurs semaines).

Le dyscontrôle épisodique ou trouble furieux intermittent

Ce trouble a été décrit comme le trouble furieux (*rage disorder*) du cocker spaniel ou du springer spaniel dans la littérature anglo-saxonne[4], ou sous le nom de « dysthymie du cocker spaniel[5] », qui en fait un équivalent d'un trouble unipolaire « hyper », ou encore sous le nom de « dyscontrôle épisodique ». Je classe ce trouble de façon séparée en raison de l'aspect explosif des épisodes agressifs, de la versatilité et de l'instabilité de l'humeur, l'animal étant capable de changer rapidement entre un compagnon bien éduqué et un état furieux en quelques minutes, comme un changement de type « Dr Jekyll et Mr Hyde[6] ».

Ce trouble est caractérisé par des épisodes distincts d'une humeur anormalement irritable et agressive, ne se prolongeant pas plus que quelques heures, avec agitation psychomotrice, hypervigilance, hyperexcitabilité, hyperréactivité, agression de possession, agression d'autodéfense et de distancement et, parfois aussi, présence de comportements répétitifs ou même de stéréotypies, une diminution des réponses d'obéissance, des périodes de fixité ou de fixation oculaire de plus de 10 secondes.

Les critères de diagnostic

C'est une crise de courte durée (quelques minutes à quelques heures) d'un état « hyper » exacerbé, sans déclenchement par des stimuli ou des contextes objectivables, présentant plusieurs des signes suivants :

- Hypervigilance.
- Hyperexcitabilité, hyperréactivité.
- Agression de distancement ou par irritation et/ou par peur au moindre stimulus interférant.
- Agression de possession (avec défense d'objet (volé) ou de personne), avec ou sans phase de menace, avec morsure incontrôlée vis-à-vis de tout individu (animal ou humain) qui s'approcherait, voire regarderait l'objet.
- Mydriase (dilatation pupillaire au début et pendant la durée de la crise).

On peut observer des signes accessoires comme une période de fixité corporelle ou de fixation oculaire pendant plusieurs minutes.

Le traitement

On administre un traitement médicamenteux à base de régulateur d'humeur (sélégiline, lithium), de médicaments anti-hyper (fluvoxamine), éventuellement d'antiépileptiques (phénobarbital).

Les hypothymies

Les hypothymies sont des insuffisances d'humeur, d'émotion, de cognition et d'expression comportementale. On connaît essentiellement le syndrome post-traumatique (parfois appelé dépression aiguë ou réactionnelle[7]), dans lequel le chien est apathique, inactif, ne mange ni ne boit. Cet état ne peut pas persister à longue durée puisque le chien peut mourir en quelques jours à quelques semaines.

Les hypothymies de longue durée ne peuvent être que partielles, le chien devant survivre en mangeant et buvant un minimum. On connaît les états de détachement affectif (de type autistique), des indifférences aux activités plaisantes (jeux, interactions sociales), des désintéressements à tout type d'activité. Il est parfois difficile de différencier entre ces cas d'hypothymie et des états dépressifs avec ralentissement psychomoteur (mais, chez l'être humain, avec accélération des cognitions d'autodévalorisation) (qui sont des hyperthymies).

Le stress post-traumatique, la dépression aiguë ou réactionnelle

Un détachement pathologique, brutal par exemple, d'un lien d'attachement, peut entraîner un stress post-traumatique (dépression aiguë réactionnelle). Cet état est parfois tellement grave que le chiot ne mange plus, ne boit plus, ne bouge plus et peut mourir.

Le terme d'athymie convient mieux que le terme de dépression, mais n'est pas assez connu. Le terme post-traumatique fait référence à un traumatisme, qui n'est pas toujours objectivable.

Les critères de diagnostic

Le chien a été exposé à un événement traumatique, à la perte d'une figure ou d'un environnement d'attachement, et a souffert de détresse intense, avec ou sans souffrance physique. On observe la présence de plusieurs des signes suivants :

- Manque de réactivité : détachement, manque de réponse et d'intérêt pour les stimulations environnementales.
- Hypovigilance : manque de réponse à l'environnement, réduction intense de la curiosité et de l'exploration.
- Hyporexie ou anorexie et perte de poids.
- Hypersomnie ou temps de couchage augmenté.
- Ralentissement locomoteur, inhibition, voire sidération.
- Réduction des réponses aux commandes habituelles.

Le traitement

Traitement médicamenteux efficace et rapide avec la miansérine. Activation des comportements hédonistes, du jeu. En absence de réponse au traitement, alimentation forcée.

Les troubles bipolaires

Quand un chien passe d'une hyperthymie – surtout d'un état « hyper » – à une hypothymie, on parle de trouble bipolaire ; l'hypothymie est souvent confondue avec un épisode dépressif majeur, avec ralentissement locomoteur et hypersomnie. Les phases « hyper » et « hypo » peuvent s'enchaîner de façon régulière ou irrégulière, ou être séparées par des phases d'humeur normale.

Les critères de diagnostic

C'est l'alternance de nombreux épisodes d'hyperthymie et d'hypothymie, ou d'épisodes dépressifs majeurs (avec inhibition), avec d'éventuelles phases de normothymie intercurrente.

Le traitement

Le traitement médicamenteux est à base de régulateurs d'humeur (sélégiline) associés avec un anti-hyperthymique en phase d'hyperthymie et avec un anti-hypothymique en phase d'hypothymie.

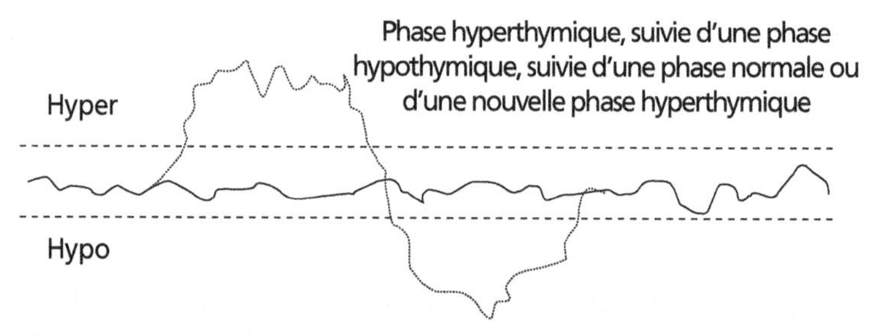

Humeur pathologique : trouble bipolaire.

LA PERSONNALITÉ

Définition

La personnalité est l'ensemble des « dispositions à des conduites cognitives et pratiques, à des interactions sociales, à des réactions affectives, qui restent stables tout au long d'une vie et se manifestent dès l'enfance[1] ».

La personnalité d'un chien est définie par les éléments psychologiques et psychobiologiques (psychels) qui ne changent pas au cours de sa vie et qui se manifestent dans différents environnements. On parle aussi de caractère ou de tempérament. On fait la différence entre les traits (de caractère) qui sont persistants et les états qui sont de longue durée (comme une dépression chronique, un état « hyper », une anxiété généralisée), qu'on différencie des conditions épisodiques (comme un épisode dépressif). Ces traits de caractère existent souvent dès l'enfance. Cependant, ils se forment plutôt au moment de la puberté, sous l'influence de gènes à expression tardive (voir « Le développement du chiot », page 136).

C'est, bien entendu, l'interaction entre la génétique et l'histoire telle que la vit le chiot qui entraîne la structuration de sa personnalité. Je pourrais dire que sous l'influence de leur génétique, les chiots vont produire un éventail de comportements qui vont influencer l'environnement de développement : cela inclut le comportement de la chienne mère. La chienne va réagir avec sa propre personnalité. L'interaction – la collision – entre les personnalités de la maman et du chiot va créer un environnement spécifique pour chaque chiot. De plus, le système de valeurs instinctif et génétique de chaque jeune va entraîner un vécu différent, une histoire psychologique distincte.

La personnalité d'un enfant humain est construite par l'histoire vécue par l'enfant et non par l'histoire racontée par les parents. Par extension, la personnalité d'un chiot est construite par l'histoire vécue par le chiot et non par l'histoire racontée par son entourage humain.

Les chiots ayant vécu dans un environnement partagé pendant quelques semaines se développent très différemment une fois qu'ils atteignent la puberté. Et une fois adoptés, les chiots d'une même portée, vivant dans le même logis, dans une même famille, sont traités différemment par leurs propriétaires – même si ceux-ci affirment le contraire – et se développent différemment !

Les différents types de personnalité

Il n'y a pas d'accord entre scientifiques sur la notion de personnalité chez le chien, encore moins sur les types de personnalité et sur les pathologies de la personnalité.

Les évidences

Tous les éléments psychologiques qui ont une forte base biologique, génétique, vont entraîner des traits de caractère inévitables. C'est le cas, tant en niveau d'excès que d'insuffisance, pour le niveau général (ou besoin) d'activité, pour l'excitabilité, la réactivité, le seuil de perte de contrôle (seuil d'explosion) ; c'est aussi le cas du besoin d'attachement et des tendances affectueuses.

Tous les chiens sont classables suivant l'ensemble de leurs critères psychobiologiques :

CLASSIFICATION DES CHIENS SUIVANT LEURS CRITÈRES PSYCHOBIOLOGIQUES

Critère	Insuffisance, « hypo »	Moyenne-Normale	Excès, « hyper »
Activité	Inactif, indolent	Normalement actif	Excité, hyperactif, affairé, agité, remuant, turbulent
Excitabilité, réactivité	Calme, patient, mou, apathique, résigné	Normalement réactif	Excitable, irritable, susceptible, hyperréactif, indocile
Attachement	Hypoattaché, détaché, libre, indépendant, émancipé	Attachement normal	Hyperattaché, dépendant, assujetti, asservi
Affection	Indifférent, peu affectueux, froid	Normalement affectueux	Affectionné, chaleureux, câlin, cajoleur
Poursuite	Peu enclin à poursuivre les choses en mouvement	Poursuite moyenne	Poursuit toute chose en mouvement

On peut continuer cette liste quasiment sans fin et y ajouter tous les comportements qui ont une forte base génétique. On définira alors un chien par sa position dans chacune de ces cases : un chien sera excité, excitable, peu affectueux et peu enclin à poursuivre ; un autre sera calme, affectueux, mais enclin à poursuivre tout ce qui bouge. Il est certain qu'un chien qui poursuit tout ce qui bouge fera un chien de famille urbain peu apprécié. Il en est de même d'un chien excitable et turbulent ou encore d'un chien peu affectueux, même calme.

Les neuf attitudes réactionnelles

Si on utilise le modèle triangulaire d'interprétation des émotions, on peut appliquer à partir de chaque émotion fondamentale un triangle secondaire. Cela aboutit à 9 attitudes réactionnelles de base (ou type de personnalité), qui ont été résumées dans les ennéagrammes[2].

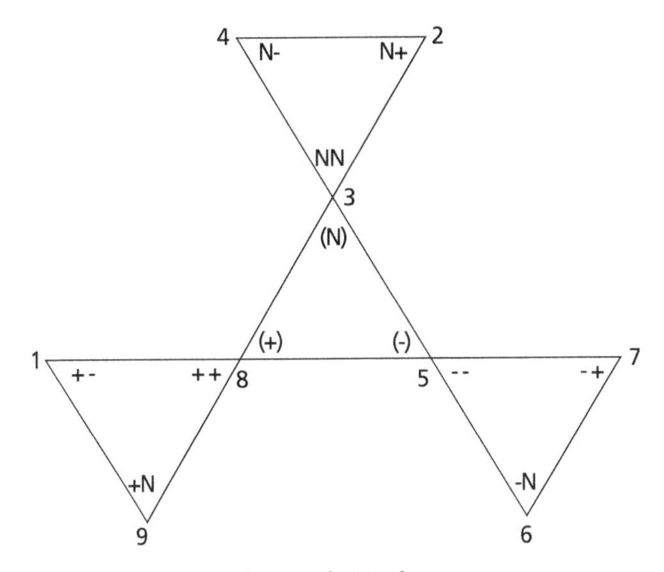

Les neuf attitudes.

- Attitude 1 (+–) : le chien grincheux : hargneux (plus menaçant que mordeur), jamais content, tatillon.
- Attitude 2 (N+) : le chien séducteur : manipulateur, apparemment altruiste.
- Attitude 3 (NN) : le chien compétitif : provocateur, voulant se montrer supérieur, dyssocialisé, ne respectant pas les règles sociales (mensonge), mais performant (chiens de sport).
- Attitude 4 (N–) : le chien envieux : voulant toujours avoir ce qui semble réjouir les autres (jouets), suivant partout, envahissant, jamais invisible, chien gémisseur.
- Attitude 5 (––) : le chien indifférent : peu affectueux, peu expressif, à tendance dépressive.
- Attitude 6 (–N) : le chien craintif : peureux, anxieux jusqu'à la panique, il est bien (loyal) dans son groupe dont il connaît les règles (sécurisantes) et a peur hors du groupe (fuite et/ou agression par peur).
- Attitude 7 (–+) : le chien excitable, « hyper » : il ne fait que ce qui lui plaît (sans pour autant prendre le pouvoir), il supporte mal les contraintes.
- Attitude 8 (++) : le chien macho : dominant, challenger, autoritaire, agressif proactif et à tendance explosive.

- Attitude 9 (+N) : le chien dépendant : silencieux, facile, conciliant, mais aussi intolérant de la solitude.

Ces neuf attitudes universelles[3], adaptées ici aux chiens, sont construites par combinaison des sensibilités génétiques et des expériences de vie.

Les troubles de la personnalité

Les troubles de la personnalité sont définis comme un ensemble de traits (de caractère) ou une disposition psychobiologique, mal adaptés (ou inadaptés), envahissants, inflexibles (peu modifiables), qui conduisent à une perte de l'homéostasie et/ou à des interférences sévères avec les activités sociales normales. Les troubles de la personnalité persistent toute la vie. Il n'y a pas de traitement curatif, juste des adaptations pour une cohabitation correcte.

S'il y a 9 attitudes (types de personnalité), on devrait reconnaître également 9 troubles de la personnalité. Dans les faits, les troubles décrits sont moins nombreux.

La personnalité dyssociale

La dyssocialisation est liée à une absence de connaissance du langage social avec incapacité de tenir une « conversation » sociale, de prendre des postures complémentaires, d'éviter un conflit autrement que par la fuite ou l'agression, en somme une incapacité de suivre certaines règles de communication inhérentes au langage canin. Ce trouble a une base génétique et, aussi, une base ontogénique, puisque lié au manque d'éducation par la mère et au manque d'interaction avec les congénères dans l'enfance. Sont prédisposés les chiots élevés en absence de leur mère ou d'un autre chien éducateur : chiens d'élevages de forte production où la mère est retirée dès l'âge de 4 semaines et où les chiots sont livrés à eux-mêmes.

Les critères de diagnostic

Ce trouble de la personnalité[4] (lié à l'attitude 3) est constitué par un *pattern* envahissant d'un manque de capacités sociales, d'incapacité de communiquer avec des rituels sociaux apaisants, d'agressivité sociale, chez des chiens âgés de plus de 4 mois.

Ce trouble est caractérisé par :

- Des agressions compétitives sans phase d'arrêt en présence d'une posture claire de demande d'arrêt de conflit (posture basse immobile) par l'adversaire. On n'observe ni arrêt ni contrôle de la morsure, d'où agressions par peur chez l'adversaire.

- Des agressions par irritation et par peur lors de toute interférence et lors de situation défavorable dans un conflit avec un autre chien, par incapacité d'exprimer une posture (immobile) de demande d'arrêt de conflit (la posture basse reste toutefois utilisée comme expression émotionnelle d'insécurité).
- Un manque de contrôle des morsures (causant des blessures et de la douleur) dans les jeux, dans l'agression de compétition et dans les agressions par irritation.
- Des réactions impulsives.

Le traitement

Il consiste à gérer l'agression et la dangerosité.

La personnalité dysthymique

Il s'agit d'une personnalité dépressive (liée à l'attitude 5), qui n'a pas tous les critères ni l'intensité de la dépression chronique ou d'un épisode dépressif majeur.

Les critères de diagnostic

Ce trouble de la personnalité[5] est constitué par un *pattern* envahissant d'humeur dépressive modérée, caractérisé par :
- Une humeur irritable ou/et triste (déprimée).
- Une perte d'initiatives ou/et de l'indécision (hésitation), avec besoin de guidance permanente.
- Une réduction des comportements hédonistes (liés au plaisir).

On peut aussi observer :
- Un ralentissement locomoteur (par exemple, le chien traîne en balade sans cause somatique).
- Un retard dans l'apprentissage, avec un apparent retard mental.
- De l'hypersomnie ou de l'insomnie.

Le traitement

Il consiste à encourager la motivation et nécessite beaucoup de guidance.

La personnalité impulsive-explosive

Ce trouble (lié à l'attitude 7) insiste sur le caractère rapide (impulsif) des réponses comportementales de l'animal ou/et sur son caractère intense et non contrôlé (explosif).

La personnalité impulsive

La personnalité impulsive exprime une hyperréactivité à des stimuli apparemment bénins et réagit facilement par agression, avec une phase de menace courte, concomitante à une attaque mal contrôlée (à tendance incontrôlée, comme dans la personnalité explosive).

Les critères de diagnostic

Ce trouble de la personnalité est constitué par un *pattern* envahissant d'humeur (hyper)excitable, caractérisée par de l'impulsivité, des réactions comportementales rapides non contrôlées :

- Hyperréactivité : ainsi que par exemple, aboie au moindre bruit, réagit quand quelqu'un bouge, se précipite vers la porte quand le propriétaire se dirige vers elle.
- Hyperréactivité agressive : réagit agressivement et hors de proportion à la situation, avec une phase de menace courte ou concomitante à la phase d'attaque.
- Impatience : par exemple, se rue sur son bol de nourriture avant même qu'il soit posé au sol ou pendant qu'on y verse des aliments.

Le traitement

Gestion de l'impulsivité, avec médication (type fluvoxamine, fluoxétine, clomipramine).

La personnalité explosive

La personnalité explosive – qui peut aussi être impulsive – exprime une hyperréactivité avec perte totale de contrôle, dont l'intensité est sans aucun rapport avec le contexte. Le chien attaque violemment et mord sans contrôle, parfois à répétition ; ensuite, il semble calmé et agit normalement.

Chaque individu possède un seuil d'explosion individuel (voir plus loin le graphique « Évolution de l'excitation et seuil d'explosion »). Certains explosent vite, d'autres lentement, après de nombreuses stimulations ou harcèlements.

Dans la personnalité explosive, ce seuil d'explosion est très bas, le chien « explosant » pour un rien et, de toute façon, sans aucune corrélation au contexte environnant déclencheur. Par exemple, le chien joue au football avec des adolescents ; par mégarde, dans cette phase d'excitation, un pied touche le chien ; le chien explose dans une agression violente et mord (à sang) ce qui est à portée de dents ; ensuite il se calme et retourne au jeu comme si de rien n'était.

Les critères de diagnostic

Ce trouble de la personnalité est constitué par un *pattern* envahissant d'humeur (hyper)excitable, caractérisée par :

- Des impulsions et des réactions agressives inappropriées qui aboutissent à des attaques mal contrôlées (intenses, hors de proportion avec le déclencheur), des destructions.
- Une perte de contrôle lors de l'excitation et une évolution vers une agression redirigée (avec morsures, ce qui le calme) ou une stéréotypie (tournis, poursuite de la queue, léchage corporel).

Le traitement

Gestion de l'excitabilité, de l'irritabilité et de la dangerosité, avec médication (type fluvoxamine, fluoxétine, clomipramine), qui élève le seuil d'explosion.

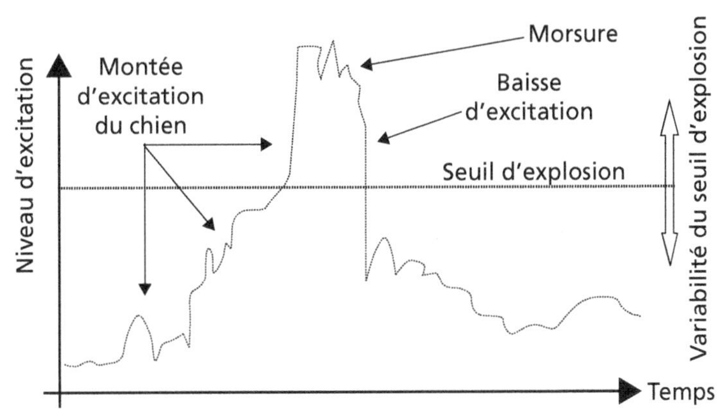

Évolution de l'excitation et seuil d'explosion.

La personnalité dépendante

Ce trouble de la personnalité (lié à l'attitude 9) est constitué par un *pattern* envahissant d'hyperattachement et de peur de la séparation ou de la solitude commençant généralement à la période pubertaire ou chez le jeune adulte.

Le chien qui souffre d'hyperattachement souffre également de la séparation d'avec l'être ou l'objet d'attachement. Le problème est lié à un manque de détachement par rapport aux êtres d'attachement et à un manque d'autonomisation. Le chien fait des crises de panique, de phobie, d'anxiété quand il est loin des figures (chien, humain ou autre animal) ou des objets d'attachement (territoire). C'est à la puberté que le détachement envers l'être d'attachement (mère, adoptant) doit s'affirmer. C'est à cette période que le manque de détachement entraîne l'hyperattachement et l'anxiété de séparation.

Cependant, mettre les troubles sur le dos de l'histoire du chien et de manquement dans l'apprentissage est trop simple. Le chien est prédisposé à être dépendant par la sélection génétique qu'en a fait l'homme. La prédisposition à la dépendance est la personnalité dépendante. Et cela ne se traite pas.

Les critères de diagnostic

Ce trouble de la personnalité[6], débutant vers l'adolescence, est constitué par un *pattern* envahissant d'hyperattachement, de peur de la séparation et de peur de la solitude que manifestent les signes suivants :

- Hyperattachement : le chien suit une figure de référence (d'attachement : propriétaires, autre chien...) partout et sans arrêt, et ne s'en éloigne jamais, même en balade en nature, où le chien contrôle où se trouvent les êtres de référence.

- Hyperattachement : le chien cherche le contact tactile, se couche contre la figure de référence, essaie de grimper sur elle.
- Détresse : le chien manifeste des signes de stress (avec peur, colère ou tristesse) lorsqu'il est éloigné ou séparé de la figure de référence, mais est apaisé par toute présence.

Le traitement

Il n'y a pas de traitement pour la base biologique de la personnalité dépendante. On traite les manifestations de stress et l'évolution en phobie de la solitude ou en anxiété de séparation.

LES PERCEPTIONS SENSORIELLES

Les perceptions du chien influencent ses comportements. Ce qui nous intéresse en psychologie, c'est moins ce que perçoit le chien que ce qu'il décode de son environnement sensoriel. En effet, la perception sensorielle est autant une création de l'imaginaire qu'une activation des récepteurs des sens : deux êtres identiques n'auraient la même perception du monde environnant que s'ils avaient aussi les mêmes désirs, les mêmes humeurs, les mêmes pensées et les mêmes souvenirs ; chacun perçoit sa propre réalité, sa propre illusion de la réalité.

La perception ne doit pas être vue comme une simple réception passive d'informations sensorielles, mais comme une interaction entre l'être (avec ses croyances, ses systèmes logiques, ses humeurs) et le monde extérieur. En sélectionnant les informations, l'être leur donne du sens[1].

Les perceptions sensorielles sont plus nombreuses que les 5 sens traditionnels :

- L'olfaction, l'odorat.
- La gustation, le goût.
- La perception de phéromones.
- Le toucher, le tact.
- La proprioception ou perception kinesthésique.
- La sensation de chaleur.
- La sensation de douleur.
- La vision.
- L'audition.
- L'équilibre et l'accélération.
- L'orientation.
- Les perceptions extrasensorielles.

Olfaction et gustation

L'olfaction est la perception chimique de substances volatiles par la muqueuse nasale ; la gustation est la perception chimique de substances par la muqueuse buccale.

Les substances chimiques restent identifiables dans l'environnement après quelques heures, quelques jours ou même quelques semaines à qui peut les percevoir. Et ici nous entrons dans l'inconnu, puisque l'homme a peu d'odorat. Comment peut-il imaginer ce qu'est un monde canin d'odeurs ? Dans le monde animal, l'odeur est utilisée pour détecter les aliments et se repérer dans l'espace ; le goût sert à déterminer ce qui est mangeable de ce qui ne l'est pas.

Les particularités de l'odorat

L'olfaction est la perception la plus sensible chez le chien. Avec 100 millions de récepteurs olfactifs dans le nez (chez les chiens à nez court) à 300 millions (chez les chiens à nez long) (alors que les humains n'en ont que 5 millions), avec des lobes olfactifs 40 fois plus développés que ceux de l'homme dans le cerveau, et avec une physiologie plus efficace, le chien de famille a un odorat entre 1 000 et 1 million de fois supérieur à celui de l'homme ; les chiens de pistage (dont les bassets et le beagle) montent à 10 millions et le bloodhound jusqu'à 100 millions de fois notre odorat[2].

Depuis que l'homme s'est rendu compte de cette intelligence olfactive, il utilise le chien pour détecter mille choses qu'il ne peut détecter lui-même, ni même avec des gadgets électroniques : explosifs, drogue, aliments frais, mais aussi des personnes disparues sous les décombres ou dans une avalanche, et même des cancers et l'odeur de l'orage (production d'ozone).

Commencées en 1885 par Romanes[3], les études scientifiques sur le sujet sont de plus en plus fréquentes. Dans ces études, on a démontré que pour déterminer la direction de marche d'une personne, le chien a besoin de seulement 5 empreintes[4]. Mais les études scientifiques de fiabilité et de reproductibilité manquent encore. De ce fait, l'odorat du chien n'est pas encore utilisé comme preuve légale[5].

Les particularités du goût

Le goût est utilisé pour reconnaître et déterminer la qualité des aliments. Le goût n'est pas la saveur, qui est un mélange de goût, d'odeur et de stimulation tactile.

Chez le chien (et l'humain), il y a cinq goûts principaux : le sucré, le salé, l'acide, l'amer et l'umami (sensibilité au glutamate, par exemple)[6, 7].

La plupart des chiens ne sont pas très gastronomes et mangeraient quasiment n'importe quoi. Mais certains sont plus difficiles et refusent les aliments insipides, ne se laissant tenter que par les aliments riches en protéines animales, comme le faisaient leurs ancêtres carnivores. Pour manger de la viande crue, il ne faut pas avoir un sens particulièrement délicat du goût.

Le chiot a un sens du goût prononcé. Il se base sur son odorat et son goût pour s'orienter vers les mamelles de sa mère et téter.

La perception des phéromones

Le chien possède un organe particulier, couvert d'épithélium olfactif, dans le palais dur (entre le nez et la bouche) : l'organe voméronasal de Jacobson. Les réceptifs olfactifs sont différents de ceux du nez. Les fibres nerveuses de cet organe vont vers le bulbe olfactif latéral et vers des régions de l'hypothalamus responsables des motivations sociales, sexuelles et sécuritaires. Parmi les phéromones, on distingue :

- Les phéromones sécuritaires d'alarme : les sécrétions des glandes anales et la transpiration des coussinets en cas de stress communiquent la peur du chien émetteur à d'autres chiens (avec conditionnement classique aux lieux activateurs de peur).
- Les phéromones d'identification des partenaires sociaux.
- Les phéromones d'attachement et d'apaisement : émises par la mère et le chiot pour lier les membres de la famille.
- Les phéromones d'activation sexuelle : présentes dans les sécrétions sexuelles et les urines pour la communication sexuelle et le rapprochement des partenaires.

Cet organe permet la perception des phéromones, importantes dans la communication sexuelle et sociale. On pense que cet organe aide aussi à la reconnaissance de l'identité des personnes et des animaux que le chien côtoie.

Le chien renifle les autres chiens à des endroits stratégiques, riches en odeurs et phéromones : les joues, les oreilles, le dessous de la queue, l'anus et le sexe. Il fait de même avec les autres animaux familiers qu'il côtoie et avec les humains ; il ajoute aussi le reniflement des aisselles, des mains et des pieds, toutes zones riches en substances odorantes.

Pour mettre en fonction l'organe voméronasal, le chien mâle fait du flehmen : il claque des mâchoires et de la langue, ce qui force les phéromones dans l'organe voméronasal. Suite à la perception des phéromones sexuelles, le chien se met à baver (ce qui, avec le claquement des mâchoires, provoque une salive mousseuse). Le chien mâle peut aussi faire du flehmen avec des odeurs sexuelles de la femme. Les phéromones sexuelles des chiens et des humains ont probablement des composantes communes (perceptibles) et des composantes spécifiques (qui n'entraînent des réactions que dans l'espèce).

La perception de l'odeur des maladies

De plus en plus, des chiens sont entraînés à détecter des maladies : les infections cutanées, le mélanome[8] (et autres cancers cutanés), le cancer ovarien, le diabète, les crises convulsives. La plupart des maladies présentent des marqueurs chimiques dans le sang, qui s'éliminent dans la transpiration (les odeurs corporelles) et les urines, et peuvent être détectés par un chien entraîné.

Les troubles de l'olfaction et de la gustation

L'inefficacité des phéromones

En cas de dégâts à l'organe voméronasal (par exemple lors d'une infection chronique des voies respiratoires supérieures, accident avec fracture du palais), la communication phéromonale peut être altérée. On le constate, entre autres, par l'inefficacité des phéromones de synthèse. Les modifications des comportements de communication intraspécifique ne sont généralement pas assez apparentes pour que les propriétaires consultent à ce sujet. Mais on doit envisager des problèmes de régulation sociale, de hiérarchie, et de communication sexuelle.

Hyposmie, hypogueusie et hyporexie

La perte d'appétit (hyporexie) est un trouble fréquemment associé avec la perte du goût (hypogueusie et agueusie) et à la perte de l'odorat (hyposmie et anosmie).

Les causes des modifications d'olfaction et de goût (hypo-, a- et dys- gueusie et osmie) sont multiples. On peut citer :

- Une atteinte neurologique : paralysie faciale, atteinte de certains nerfs du visage avec lésion : du nerf facial, du nerf glosso-pharyngien, troubles neurologiques aux lobes olfactifs (tumeur...), atteintes neurologiques multiples à la face et à la tête (fractures multiples, par exemple).
- Une infection virale, bactérienne, de la bouche et du nez, y compris des sinus et des cornets nasaux.
- L'âge avancé, la démence sénile.
- Les effets indésirables de certains médicaments[9] :
  - — inhibiteurs de l'enzyme de conversion (par chélation du zinc et inhibition de la gustine [Martel]),
  - — céphalosporines et macrolides, griséofulvine, kétoconazole, métronidazole,
  - — psychotropes : alprazolam, sertraline, paroxétine, venlafaxine, rispéridone, carbamazépine, phénytoïne.

Les traitements ne sont pas spécifiques.

Autres troubles olfactifs et gustatifs

Les cacosmies (sensation de mauvaise odeur) sont peu (aisément) étudiées chez l'animal.

Les phantosmies (sensation d'une odeur qui n'existe pas) se retrouvent probablement dans les hallucinations complexes des chiens, entre autres dans le trouble dissociatif. Elles sont difficiles à mettre en évidence.

Le toucher, la proprioception, la sensation de chaleur et de douleur

Le toucher est (avec l'odorat et le goût) un sens fondamental pour le nouveau-né (aveugle et sourd) qui doit survivre en se rapprochant de sa mère et y trouver chaleur et nourriture. La chienne mère lèche ses chiots, elle les pousse vers ses mamelles. Leur communication réciproque est essentiellement tactile. Plus tard, le chien continue à communiquer tactilement, avec des poussées du nez, des léchages, des morsures, des frottements, des contacts dans les phases de repos.

Les particularités du toucher

Le corps du chien est plein de récepteurs tactiles dans l'épiderme, mais particulièrement sur la truffe, la face, les pieds (et les coussinets plantaires), mais aussi la région du périnée. En plus de ces récepteurs, le chien possède des senseurs ultrasensibles : les vibrisses. Elles sont sur la lèvre supérieure (les moustaches), au-dessus du coin interne des yeux, et à deux endroits dans le prolongement de la commissure labiale vers les oreilles (au niveau des molaires postérieures et au niveau de l'arcade zygomatique). Il y a aussi de nombreux poils plus longs et plus durs, rattachés à des senseurs tactiles, dans les oreilles, près des poignets. Ces senseurs sont sensibles à la moindre pression (2 mg) telle qu'un courant d'air.

La tolérance au toucher varie d'un chien à l'autre. Les zones les plus tolérantes au contact sont la poitrine ; le contact avec le dessus de la tête et la nuque sont acceptés par les familiers, pas par les inconnus. La plupart des chiens n'aiment pas qu'on touche leurs pieds, qui sont très sensibles.

Les particularités du toucher entre humains et chiens

Le toucher est un sens privilégié dans l'interaction entre humains et chiens. Rares sont les chiens familiers qui ne cherchent pas le contact intime peau contre peau avec l'être humain ou au moins sa proximité, en se couchant contre lui ou à quelques centimètres.

Cette proximité, ce contact et certaines postures (comme se coucher sur le dos) sont souvent considérés par l'homme comme des demandes de caresses, ce que le chien, en fait, ne demande pas et auquel il peut réagir avec agression.

Dans l'interface de la caresse et de la douleur, il faut savoir que les voies nerveuses du contact et de la douleur sont globalement les mêmes et que, dès lors, un contact prolongé et répété peut devenir désagréable et douloureux.

Les particularités de la proprioception

Je rassemble ici la proprioception (perception de soi dans l'espace) et la sensation kinesthésique (perception du mouvement) ; c'est la perception des positions relatives des différentes parties corporelles au repos et en mouvement. Le chien sait exactement où sont ses pattes, comment elles sont repliées ; il a une représentation de son corps, de sa posture et de ses mouvements grâce à un double système proprioceptif : le premier est inconscient et donne des informations sur la posture et les mouvements ; le second est conscient et donne des informations tactiles fines sur la position relative des membres.

Un test neurologique fréquent est de plier l'extrémité d'une patte (les doigts) et de la poser sur le sol ainsi pliée. Le chien normal déplie immédiatement sa patte et la repose sur ses coussinets ; un chien avec des troubles neurologiques de type parésie remet la patte en position normale avec retard, voire jamais. Un autre test est de poser la patte sur un papier et de la faire glisser lentement vers le centre, puis vers l'autre patte, jusqu'à faire croiser les pattes ; un chien normal soulève le pied et le repose pour avoir une position d'équilibre stable ; le chien avec une parésie de patte ne corrige pas et peut se retrouver en position instable.

On trouve des troubles de la proprioception dans des troubles neurologiques et, parfois, dans le syndrome post-traumatique (dépression aiguë) et la peur, lorsque le chien est en forte sidération.

Les particularités de la sensation de chaleur

La sensibilité du chien à la chaleur est très particulière. Le nez, la truffe, est un thermomètre réagissant à des différences de température de 0,2 à 0,5 °C. Le corps, par contre, ne réagit qu'à des variations de température externe de 2 à 12 °C.

Les capacités isolantes du poil changent la sensibilité du chien à la chaleur et au froid. Certains chiens peuvent aussi bien se reposer à proximité d'un feu ouvert que rester quelques heures tapis dans la neige.

Les particularités de la sensation de douleur

La sensation de douleur, aussi appelée nociception, a une fonction défensive importante pour l'homéostasie.

Les particularités sensorielles de la douleur

La sensation de douleur est liée à la stimulation de récepteurs périphériques situés dans la peau, les articulations, les os, les viscères et transmise au cerveau qui va la décoder. Tous les mécanismes ne sont pas encore connus.

Les particularités psychologiques de la douleur

Ce qui nous intéresse au niveau psychologique, c'est que le chien, animal social, peut exprimer ses douleurs et ses souffrances.

Il n'y a pas de signe spécifique de la douleur. Cependant, certaines réactions involontaires (neurovégétatives) font penser que le chien a mal, par exemple :

- Des paupières partiellement fermées et des pupilles resserrées (myosis).
- Une transpiration entre les coussinets.

D'autres signes peuvent apparaître, dépendant de la localisation, de l'intensité et de la durée des douleurs.

Dans les douleurs aiguës et localisées, on peut observer des plaintes (gémissements, cris), de la boiterie, du léchage des régions douloureuses, de l'agression par irritation lors du contact ou de l'approche, une perte d'appétit, une tendance à s'isoler socialement et à se cacher, voire des souillures urinaires quand le chien n'est plus capable de se déplacer jusqu'à ses endroits de toilette.

Dans les douleurs généralisées et chroniques, on observe moins de plaintes, des démarches inhabituelles (lente, dos arrondi), une humeur irritable avec l'expression d'agression par irritation ou par peur, une augmentation de l'appétit (parce que manger est apaisant), une augmentation du léchage du ventre, du périnée et de la face interne des cuisses (parce que lécher ces régions semble apaisant), des souillures urinaires.

Le conditionnement opérant de la douleur

Le chien a une tendance animiste, c'est-à-dire qu'il donne un esprit intentionnel aux choses. Cela entraîne une responsabilisation de l'environnement en cas de douleur (souffrance) plutôt qu'une acceptation d'un processus interne. Dès lors, la cause de la douleur est dans l'environnement. Par exemple, en cas de soins, la personne soignante sera associée avec la douleur (conditionnement classique) et deviendra, dans la cognition du chien, responsable de cette douleur. La personne sera ensuite évitée, parce qu'elle évoque un état de mal-être. L'évitement est fonctionnel puisque le chien évite le mal-être (conditionnement opérant, avec renforcement négatif).

Les troubles de la sensibilité à la douleur

Le manque de sensibilité à la douleur

Ces troubles, mal définis, sont présents dans certaines lignées (races), notamment chez l'amstaff, le bull terrier, le jack russell, le fox terrier. L'insensibilité à la douleur a été associée à un gène récessif chez les humains (engendrant des automutilations et un syndrome dysautonomique), il est également reconnu chez les schizophrènes.

Tout comme chez l'humain, une faible sensibilité à la douleur facilite les automutilations sévères.

La non-perception de (ou résistance à) la douleur réduit l'apprentissage du contrôle de la morsure ; il faut en effet avoir mal quand on est mordu pour apprendre à ne pas faire mal en mordant (apprentissage empathique, voir « Le développement du chiot », page 136). Cela facilite des morsures moins contrôlées, plus intenses, plus destructives. L'arrêt des combats est moins aisé, les combats se poursuivent jusqu'à blessures multiples. Ces chiens utilisent peu les postures d'apaisement et de soumission pour stopper des combats et, face à un chien à sensibilité douloureuse normale, ils finissent par gagner les combats.

C'est, évidemment, une situation recherchée pour les chiens de combat et une situation désastreuse pour les chiens de famille.

L'hypersensibilité à la douleur

La sensibilité à la douleur est une caractéristique biologique. Certains chiens ont peu de sensibilité, d'autres l'ont de façon exacerbée. La douleur est intolérable, elle entraîne des cris aigus et une anticipation de tous les contacts éventuellement douloureux. Cela induit une phobie de certains contacts tactiles et des cris anticipés, des réactions de défense : fuite, immobilisation, agression. L'agression sera d'autant plus violente que la sensibilité, l'anticipation et la peur seront grandes.

La gestion de la douleur

Pour faire la différence entre douleur, maladie et mal-être psychologique, on peut recourir à un test thérapeutique analgésique : anti-inflammatoire non stéroïdien (sur conseil du vétérinaire). Si le test est positif, un traitement antalgique sera mis en place, sur prescription du vétérinaire.

Dans tous les cas, le chien, qui a eu mal, développe la peur d'avoir mal et a tendance à éviter toutes les circonstances associées à la douleur : personnes, environnements, situations, mouvements. Pour l'aider à s'adapter, il faut donc le forcer à affronter ses peurs (d'avoir mal). Il est indispensable de le motiver – ou de le forcer – à bouger, à réutiliser les membres endoloris, à redévelopper sa musculature.

La vision

Les particularités de la vision

Les chiens ont une vision[10] dichromatique[11] : ils voient en deux couleurs fondamentales, de 429 et 555 nm, comme un humain daltonien. Les humains ont une vision trichromatique, sensible à 445, 535 et 570 nm[12]. Cela ne veut pas dire que le chien ne distingue pas les trois couleurs fondamentales (rouge, bleu, vert). En fait, il les distingue[13], mais il ne les voit pas de la même façon que nous. Le monde coloré du chien est fait de jaunes, de bleus et de gris : ce nous percevons en rouge apparaît en jaune au chien et notre vert lui apparaît blanc-gris. Un arc-en-ciel rouge-orange-jaune-vert-bleu-violet lui apparaît jaune-jaune-jaune-blanc-bleu-violet-gris.

Le chien voit moins les détails (acuité) que nous : il est à 2/10e de notre acuité.

De plus, il a tendance à être myope ; il semble voir 20/75e à 20/10e de notre capacité, c'est-à-dire qu'il voit avec précision à 20 mètres de la même façon que nous voyons à 100 mètres.

Toutefois, le chien est bien plus sensible au mouvement que nous et voit mieux dans une lumière moins forte. Il a plus de bâtonnets sensibles à la luminosité au centre de la rétine alors que nous, nous avons des cônes sensibles à la couleur. Il a aussi un tapetum lucidum qui reflète la lumière, ce que nous n'avons pas (d'où nos yeux rouges à la photographie au flash et son œil jaune).

Le champ visuel du chien est bien plus étendu que le nôtre avec près de 270 degrés (pour les chiens à tête longue) contre 180 degrés pour nous, mais son champ binoculaire – et, donc, sa vision en relief – est réduit à 100 degrés contre 140 degrés pour nous.

Autre différence, et c'est important pour regarder la télévision : la capacité à voir le clignotement lumineux. La télévision clignote à 60 Hz. Or la plupart des humains ne perçoivent plus le clignotement au-delà de 50 Hz. D'où la perception d'une image télévisée lisse, alors que le chien perçoit le clignotement jusqu'à 80 Hz.

Les capacités visuelles du chien lui permettent de chasser (poursuivre) en faible lumière, même la nuit, à la lumière de la lune, moins bien qu'un chat mais mieux que nous. Dans ces moments de faible luminosité, la couleur est sans importance. Le chien n'est pas programmé pour voir un monde multicolore comme nous.

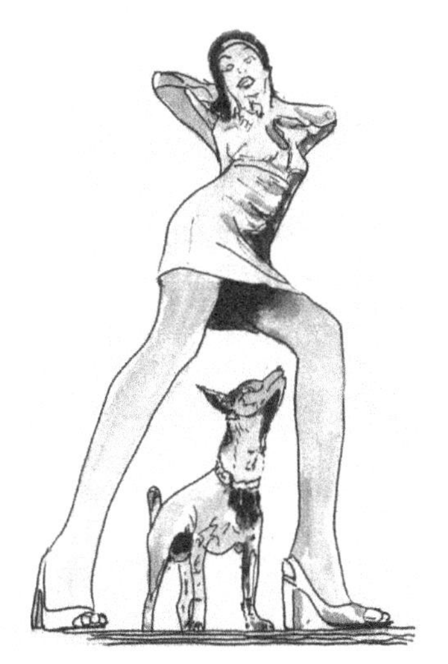

Le point de vue du chien.

Les troubles de la vision

Il y a des troubles visuels partiels (amblyopie, cicatrices de la cornée, symblépharon, cataracte) et des cécités complètes. Les cécités congénitales sont rares. On consulte généralement pour des cécités :

- Héréditaires (cataracte juvénile, atrophie rétinienne progressive, dystrophie des photorécepteurs).
- Liées à des troubles métaboliques (cataracte diabétique, décollement de rétine).
- Liées à l'âge (sénescence).
- Liées à une kératite superficielle (berger allemand).

La vision périphérique du mouvement disparaît plus tard que la vision centrale (détails en stéréoscopie). Elle est plus importante pour l'adaptation de l'animal à son milieu. Dès lors, ce ne sont que des cécités assez avancées ou brutales qui induisent des modifications comportementales qui poussent le propriétaire à consulter.

En clinique, on observe trois situations fréquentes.

La réduction de la vision pour des raisons morphologiques extra-oculaires

C'est le cas de la pilosité au-dessus des yeux (briard, schnauzer, bobtail, yorkshire) ou des anomalies de paupières (sharpei). La perte de vision est généralement partielle.

L'animal ne peut adéquatement anticiper ce qui se passe dans son environnement, ce qui entraîne une hypervigilance (anxiété).

Suivant ses modalités réactionnelles et l'efficacité des stratégies d'action, le chien va réagir par l'inhibition, l'échappement-évitement ou l'agression d'autodéfense. Par exemple :

- Un briard adulte grogne en présence des enfants de la famille ; il les évite tout en restant dans la même pièce. La guérison prend quelques minutes : on lui dégage les yeux.
- Un sharpei présente des comportements d'évitement ; j'observe une posture de tête particulière, à l'horizontale. En effet, s'il baisse la tête ou s'il lève la tête, il ne voit plus rien à cause de la chute des paupières hypertrophiées.

Un briard avec agression envers les enfants de la famille a été guéri grâce à un simple élastique qui lui a permis de voir...

La perturbations de la vision pour des raisons oculaires

Dans cette catégorie, on range notamment la dystrophie des photorécepteurs, la cataracte (diabétique et sénile), l'atrophie rétinienne progressive et le décollement de rétine.

La dystrophie des photorécepteurs entraîne la production d'eidolies, hallucinations visuelles sur base d'un support réel venant perturber l'interprétation des images au niveau cérébral. Il en résulte des états anxieux[14].

Les autres troubles entraînent une cécité progressive de vitesse variable. La vitesse importe beaucoup pour l'adaptation au handicap. Une cataracte diabétique, conduisant à une perte de vision en quelques semaines, entraîne un handicap plus sérieux qu'une cataracte sénile, qui permet à l'animal de s'adapter en plusieurs années. Des cécités brutales (comme dans un décollement de rétine) peuvent entraîner des états de panique avec sidération : perte totale de l'exploration, hyporexie (anorexie), souillures à l'endroit du lieu de couchage[15].

Les comportements exploratoires de l'animal sont conservés dans un milieu familier, ils sont réduits dans un milieu inconnu. Les changements comportementaux peuvent être peu apparents en milieu familier. Les modalités réactionnelles en présence des individus vivants sont comparables à celles du groupe précédent.

La réduction de la vision centrale pour des raisons neurologiques

Outre les cas d'amaurose juvénile expérimentale (fermeture palpébrale en période de socialisation primaire et de développement cérébral), il s'agit surtout de cas de sénescence. Ces troubles de vision centrale participent à la démence sénile. Il s'agit essentiellement d'agnosie (troubles de la reconnaissance du monde extérieur), de paralysie psychique du regard (perte du clignement à la menace, errances ou fixité du regard), de désorientation spatiale.

On observe aussi des cas d'amaurose temporaire dans la phase post-comitiale (épilepsie) et dans certains shunts portosystémiques, avec une expression confusionnelle.

La gestion des troubles de la vision

En présence d'un animal malvoyant ou aveugle, les propriétaires doivent :

- Éviter les modifications dans l'environnement : le chien se crée une carte topographique des lieux qu'il vaut mieux éviter de modifier.
- Placer des tapis[16] aux endroits stratégiques : les tapis ou changement de structure du sol permettent au chien de se repérer plus facilement et d'anticiper des obstacles éventuels.
- Garder les portes fermées ou ouvertes (mais pas entrebâillées).
- Parler ou siffler quand il change de place ou de pièce.
- Garder des sources immobiles de musique ou de bruit : ce sont autant de repères sonores pour les cartes topographiques du chien.
- Parler avant de toucher l'animal et établir des mots clés signifiant une prise de contact afin que l'animal puisse anticiper l'interaction.
- Promener le chien exclusivement en laisse.
- Éduquer à la voix, avec enrichissement du vocabulaire signifiant (conditionnement classique et opérant).
- Pratiquer le clicker training ou le touch-stick training (surtout pour des petits chiens).
- En revanche, rien n'empêche de varier les lieux d'alimentation et d'enrichir la vie du chien aveugle de jeux de recherche alimentaire : son odorat lui permettra de trouver les aliments cachés, même dans des boîtes en carton fermées.

L'audition

Les particularités de l'audition

Les chiens entendent de 40 Hz à 60 kHz, c'est-à-dire une octave de plus que nous (qui nous arrêtons à 20 kHz) (et une de moins que le chat qui monte à 100 kHz[17]).

Avec de nombreux muscles, le chien peut bouger les oreilles pour situer les sons bien mieux que nous et à une distance 4 fois supérieure à la nôtre.

Le chien entend toutes nos vocalises et tous nos borborygmes, des sons graves jusqu'aux sons les plus aigus que nous puissions émettre. Il émet la majorité de ses vocalises dans la gamme de fréquence des sons que nous entendons. S'il n'y a aucune difficulté à s'entendre pour des chiens et des humains, il y a, en revanche, de grandes difficultés à se comprendre.

Les troubles de l'audition

Les acouphènes

L'acouphène est la perception (désagréable à douloureuse) d'un son non lié à une onde acoustique extérieure. Il s'agit essentiellement de bourdonnements, ou de clics. L'acouphène provient de l'oreille même et doit être différencié de l'hallucination auditive, mais l'un comme l'autre ne sont objectivables que par l'observation du comportement du chien qui semble écouter quelque chose ou se gratte les oreilles (pourtant propres).

Certains acouphènes sont liés à des bouchons, des traumatismes auditifs (bruit explosif à proximité) ou des neurinomes (tumeur des cellules nerveuses) ; d'autres au vieillissement de l'oreille ou à des médicaments (toxiques pour l'oreille), etc.

La surdité

Contrairement à la cécité congénitale qui est rare, la surdité congénitale ou héréditaire précoce (juvénile) est beaucoup plus fréquente. On estime que 89 races y sont prédisposées[18]. Par exemple, l'incidence est de près de 30 % chez le dalmatien, de 20 % chez le bull terrier blanc, de 15 % chez le berger australien, de 13 % chez le jack russell, de 12 % chez le setter, et de 6 % chez le cocker spaniel anglais.

On observe aussi des surdités brutales après certaines anesthésies (propofol, kétamine)[19].

Le chien familier s'adapte assez bien aux surdités ; il montre cependant un retard dans l'acquisition de la morsure inhibée (pas de rétroaction par les cris de son partenaire de jeu). Les chiens sourds n'ont, bien entendu, pas peur des bruits et sont handicapés dans la prévention d'une série d'accidents (avec des objets mobiles comme vélos, motos, voitures).

Le chien sourd constitue généralement un challenge pour son éducateur qui, *a priori*, juge l'animal têtu et distrait. Des tests cliniques simples permettent de détecter la surdité de façon plus ou moins objective. Des tests mesurables d'audiométrie existent aussi tel que le Baer test (Brainstem Auditory Evoked Response[20]), exigés dans certains pays pour le dalmatien et pour d'autres races.

L'éducation par signes est très efficace. Il suffit d'utiliser le conditionnement classique et opérant des comportements spontanés, d'associer ceux-ci avec un geste ritualisé et de récompenser[21]. Il est plus simple d'utiliser des gestes réalisés à l'aide d'une seule main que d'utiliser les deux mains (comme dans le langage des humains sourds-muets).

Pour éduquer le chien sourd, comme tout autre chien, il faut capter son attention. Dans le cas présent, l'attention visuelle est indispensable, afin de pouvoir donner des ordres visuels par langage de signes. On peut construire ou acheter un collier vibrant[22] (télécommandé) pour attirer l'attention du chien ou utiliser le collier à jet d'air comprimé[23] (télécommandé).

Parmi les troubles de comportement observables, on remarque les sursauts de surprise (crainte) de l'animal endormi ou au repos, qui ne perçoit pas l'approche ni le contact d'un individu tiers (propriétaire ou autre) et le risque de réaction agressive par autodéfense (agression par irritation et par peur). Il est donc utile d'habituer ces animaux à être dérangés afin de minimiser la réaction de surprise.

L'équilibre et la sensation d'accélération

Les particularités de l'équilibre

L'équilibrioception est la capacité de l'individu de retrouver une posture d'équilibre, une stature droite, dans laquelle les pressions sont compensées entre l'avant et l'arrière et entre le côté gauche et le côté droit. L'équilibre permet de se tenir droit, de marcher et courir sans tomber. Pour ce faire, l'oreille interne et le cervelet travaillent ensemble pour tonifier le système musculosquelettique, équilibrer les forces et lutter contre la pression de la pesanteur.

Le sens de l'équilibre et la proprioception travaillent ensemble pour déterminer la posture, l'accélération et la vitesse de l'organisme.

Les troubles de l'équilibre

On retrouve les troubles de l'équilibre dans les pathologies de l'oreille interne et les pathologies neurologiques, particulièrement les atteintes du cervelet. Les troubles de l'équilibre ne sont pas d'origine psychologique ou comportementale.

L'orientation

Les particularités de l'orientation

L'orientation est un système cognitif spécial. Pour s'orienter, le chien a besoin de savoir où il est et dans quelle direction il se dirige. Des expérimentations ont démontré la présence de réseaux de cellules nerveuses cérébrales spécifiques et séparées pour ces deux paramètres[24]. De ces éléments, le cerveau crée une carte topographique, liée à des repères visuels et, très probablement (mais cela reste à démontrer) à des repères olfactifs, auditifs et tactiles. Chez l'être humain, l'importance du toucher, de la pression et des perceptions kinesthésiques (mouvement) sont fondamentales pour le sens de l'orientation[25]. Il doit en être de même chez le chien.

L'orientation est un critère biologique. Cela signifie que certains chiens ont une excellente orientation sur des dizaines de kilomètres et d'autres peuvent se perdre à quelques centaines de mètres de chez eux. Le chien familier, promené en laisse ou évoluant en parc clôturé, n'est plus sélectionné pour ses capacités d'orientation. Combien de chiens se sont perdus en forêt à quelques centaines de mètres de leur propriétaire ou de la voiture !

Les troubles de l'orientation

Pour déterminer si le chien a un trouble de l'orientation acquis – autre qu'un problème génétique qui lui est personnel –, il faut l'évaluer par rapport à ses compétences personnelles (évaluation ipsative).

On trouve des troubles acquis de l'orientation particulièrement dans la démence sénile (voir « La démence sénile », page 323).

Les interactions des systèmes sensoriels

Les particularités des interactions sensorielles

Chacun des sens interagit avec les autres pour former une perception complète et complexe.

On a démontré chez l'homme que le son (la musique) peut modifier la perception des couleurs et que l'on comprend mieux le langage lorsqu'on voit les lèvres de son interlocuteur. De cela, on ne sait rien chez le chien. Ce que l'on sait, par contre, c'est que certains neurones du cortex visuel primaire répondent aussi à des stimulations auditives, et que certains neurones du cortex auditif répondent à des sons nouveaux lorsque ceux-ci sont produits dans le champ visuel[26]. Ces neurones jouent probablement un rôle dans la localisation spatiale de la source sonore.

La vision interagit avec le système d'équilibre qu'elle améliore.

La prépondérance de certains sens

Quand plusieurs sens interviennent dans des sens divergents au cours de la même activité, il y a des interférences, par exemple entre audition et vision lorsque le chien poursuit une cible en mouvement (lapin, jogger) et que son éducateur l'appelle, même en criant. Pour un prédateur, la poursuite est un comportement biologique prioritaire alors qu'un bruit (anodin, indépendant de la cible qui fuit) devient sans intérêt ; les motivations prioritaires (poursuite) l'emportent sur les motivations secondaires (obéissance).

Dans la prédation, des études ont été faites chez le coyote[27]. La hiérarchie des perceptions dans la chasse au lapin est la suivante : l'ensemble des sens en interaction, puis la vision (48 %), l'olfaction (24 %), l'audition (15 %) et, enfin, le toucher (2,2 %). L'olfaction dépend du vent.

Chez le chien, la prépondérance de tel ou tel sens varie en fonction du travail pour lequel le chien a été sélectionné. Pour les chiens de chasse à vue, la vision sera prépondérante ; pour les chiens de chasse au flair, c'est l'odorat qui sera prioritaire.

Les troubles multisensoriels

En cas de troubles de plusieurs perceptions sensorielles, le chien peut difficilement compenser et s'adapter et ses handicaps s'accroissent. C'est le cas du vieillissement pathologique, illustré par la démence sénile, qui est liée à une altération de la fonction perceptive, mais surtout de la fonction cognitive et de la gestion cognitive des émotions. On y observe une perte de vision, d'audition, de goût et d'olfaction, en plus des troubles cognitifs de reconnaissance et de mémoire.

Les perceptions extrasensorielles

Certains chiens montrent des comportements inexplicables par la connaissance (et la croyance) scientifique (éthologique ou psychologique) traditionnelle. On émet alors l'hypothèse d'une ou de plusieurs perceptions extrasensorielles. Il y a aussi suffisamment d'expériences scientifiques pour conclure que les perceptions en dehors des sens connus (et par des sens inconnus) existent chez le chien et entre chiens et humains[28].

Des expériences ont déjà été réalisées dans les années 1920 par Bechterev[29], le collègue de – et cofondateur de la réflexologie avec – Pavlov. On dispose aujourd'hui d'études plus récentes, avec statistiques, et plus acceptables scientifiquement.

La clairvoyance

La clairvoyance est la capacité de percevoir des objets, des personnes, des informations non visibles.

Dans l'expérimentation de Wood et Cadoret[30], un chien – appelé Chris – devait aboyer de une à cinq fois en concordance avec un symbole inscrit sur une carte (discrimination). La carte était présentée de dos ou cachée dans une enveloppe : le chien ne pouvait donc pas voir le symbole. Si le chien répondait au hasard, il devrait obtenir 20 % de succès.

Après plusieurs milliers d'essais, Chris obtint en moyenne 30 % de résultats corrects – ce qui était statistiquement significatif, c'est-à-dire accepté comme n'étant pas dû au hasard. Dans une phase, il récolta seulement 17 % de succès, soit significativement en dessous des attentes, c'est-à-dire également indépendant du hasard. Il existe en effet des phases où les chiens, comme les humains, vont à l'encontre de leur intuition (*psy-missing*) ou suivent leurs intuitions, obtenant des résultats inexplicables par la science.

Homing et pistage mental

Le homing est le retour vers le territoire : c'est une orientation fondée sur une mémoire cartographique (mnémotaxie). Le pistage mental, lui, est une orientation vers un territoire inconnu (téléotaxie).

Les chiens descendent du loup, qui peut parcourir des dizaines de kilomètres sans se perdre. Le lycaon ou la hyène peuvent laisser leurs chiots au nid et s'en éloigner d'une trentaine de kilomètres pour y revenir[31] ; la chienne mère sauvage probablement aussi. Il est impossible de réaliser une expérience scientifique sur ces sujets. Et l'analyse des cas anecdotiques n'est pas une preuve scientifique.

Une anecdote a été analysée de façon poussée, celle de Bobbie[32], croisement de collie et de berger anglais qui, en 1923, fut séparé de ses propriétaires en Indiana et les retrouva en Oregon six mois plus tard, après avoir parcouru près de 4 000 km. Cette histoire a été le sujet de plusieurs livres et d'un film.

Télépathie

Plus de 50 % des propriétaires pensent que leur chien sait quand ils rentrent à la maison, même si c'est à des horaires variables, et 73 % d'entre eux affirment que leur chien sait quand ils vont quitter la maison[33].

Jaytee est l'un de ces chiens. Observé par caméra vidéo, Jaytee est à la porte 4 % du temps quand sa propriétaire, Pam, est absente (à au moins 7 km de la maison) et 55 % du temps quand elle rentre à la maison. Les horaires de retour de Pam sont déterminés par un expérimentateur. L'expérience[34] a été répétée une centaine de fois. Jaytee sait quand sa propriétaire a décidé de rentrer et est sur le chemin du retour. Il semble que la seule explication soit la télépathie.

LA COGNITION

Intelligence et croyances

Définitions

La cognition (du latin *cognitio*, savoir, connaissance) est « l'ensemble des processus cérébraux par lesquels un organisme acquiert des informations sur son environnement[1] ». Le cerveau crée des réseaux de cartes perceptives et des cartes secondaires, des réentrées, le tout permettant de jouer avec l'information reçue par les sens, de la mémoriser, catégoriser, comparer, et d'activer des stratégies d'action. Ces processus sont cognitifs, ils sont les éléments neurophysiologiques de base de la cognition.

Je donne de la pensée deux définitions. La première est un « ensemble de processus cognitifs » et place la pensée en synonyme de la cognition. La seconde définition est une « manipulation de catégorisations et/ou de concepts », c'est-à-dire l'interaction des cartes secondaires cérébrales.

L'intelligence est, selon Wilson, la « capacité d'apprentissage de l'animal[2] » ; c'est la partie non instinctive de la cognition Pour Vauclair, c'est l'« évaluation d'une performance sur la base d'un critère fonctionnel donné[3] ». Certains scientifiques recommandent d'éviter l'utilisation de ce terme, puisque sa définition change d'un auteur à l'autre.

Parler d'intelligence chez le chien reviendrait à déterminer le degré d'organisation et d'adaptation des comportements, indépendamment de la contrainte génétique. Il est impossible de déterminer la part de l'instinct, de l'hérédité, et de l'apprentissage dans chacun des comportements. Dès lors, je définirai l'intelligence de façon pratique comme une collection de capacités cognitives permettant la résolution de problèmes et l'adaptation à des situations changeantes et/ou nouvelles, particulièrement des situations complexes.

Deux modèles vont nous aider :

- Le modèle de la représentation.
- Le modèle des dispositions intentionnelles.

Exemples de cognition

Avant d'aller plus loin, je vais décrire quelques évidences quotidiennes. Toute personne qui vit avec un chien sait très bien que ce chien la reconnaît et fait la différence entre elle (personne connue) et une personne inconnue. Le chien doit avoir une représentation et une reconnaissance (donc une mémoire de la représentation) de son ami humain et une capacité de catégoriser le connu de l'inconnu. D'autre part, il vit dans un milieu constitué d'objets immobiles et mobiles, et de sujets mobiles et doués de réactivité. Le chien fait la différence entre une balle qu'il mastique et un congénère à l'humeur duquel il adapte ses comportements. Il y a donc une capacité d'interprétation des états affectifs d'autrui et une inférence sur ses comportements possibles, c'est-à-dire une capacité d'émettre des probabilités sur le comportement d'autrui. C'est ce qu'on appelle une croyance. Un chien a des croyances.

La représentation du monde par le chien

La représentation est l'image mentale (interne) d'objets ou de situations sociales ou spatiales. Les cartes perceptives sont déjà un premier niveau de représentation, celui de percept, d'élément perçu, comme une image, une odeur, un goût. L'étape suivante est l'association de ce percept avec des sensations, des émotions, des mémoires. Ensuite, nous avons la comparaison des percepts et leur catégorisation en concepts, c'est-à-dire en éléments construits.

Les 4 niveaux de représentation

On peut catégoriser les représentations en quatre niveaux[4] :

- Niveau 1 : le couplage temporel et spatial.
- Niveau 2 : la comparaison des similitudes et des différences.
- Niveau 3 : les relations d'appartenance et d'ordre.
- Niveau 4 : l'intervention d'opérateurs logiques.

Niveau 1 : le couplage temporel et spatial

Le niveau 1 est caractérisé par le couplage entre une représentation (un percept) et un contexte d'espace ou de temps. Si un chien est nourri toujours à la même heure et au même endroit, il y a un couplage entre la représentation de l'aliment ou de la fonction alimentaire avec l'heure et le lieu du repas. C'est ce type de couplage que l'on retrouve dans le conditionnement classique (pavlovien) et le conditionnement opérant.

Niveau 2 : la comparaison des similitudes et des différences

Le niveau 2 est atteint lorsque la cognition effectue des comparaisons entre objets ou situations, ce qui conduit à des rapports de similitude (homologue) ou de différence (hétérologue).

Un chien reconnaît les humains et les chiens de son groupe social et les distingue des chiens et humains étrangers (qui ne font pas partie de la famille). Cette comparaison permet l'élaboration du concept de connu-inconnu, de familier-ami et de non-familier-étranger, par exemple.

Cette compétence est performante chez les chiens sociaux ; elle l'est peu chez les chiens de garde, qui différencient connu et inconnu, rejettent l'inconnu et l'attaquent. En ce sens, le chien de garde est moins intelligent – et a moins besoin d'intelligence – que le chien de famille qui, lui, a plus de discrimination sociale.

Niveau 3 : les relations d'appartenance et d'ordre

Au niveau 3, la cognition fait des catégories : elle groupe des éléments qui ont des points communs[5].

On est dans le domaine des classes et des concepts comme celui de l'espèce d'appartenance (identité d'espèce) ou de proie. Les apprentissages réalisés pendant la période d'imprégnation (socialisation) et les sensibilisations de la période pubertaire (désocialisation) sont fondamentaux à cet égard.

Niveau 4 : l'intervention d'opérateurs logiques

Avec le niveau 4, on passe à une complexité supérieure. Il y a une comparaison de catégories par des opérateurs logiques (des règles, des lois) tels que « plus grand », « plus petit », « de couleur blanche », « privilégié d'accès à l'aliment », « vainqueur de conflit dans un contexte familial », etc. Le niveau 4 permet l'organisation des représentations et relations sociales.

Parler d'opérateur logique ne signifie pas que le chien a accès à la pensée logique et au raisonnement rationnel, mais que tout comme nous, il fait des déductions simples, des connexions entre objets et concepts. Les humains abandonnent le raisonnement mental après deux syllogismes simples[6] ; pour aller plus loin, ils ont besoin d'écrire. La vie quotidienne et pratique est soumise à des infralogiques, des régularités logiques non raisonnées, comme le fait qu'un élément qui se trouve au centre d'une image a plus d'importance qu'un élément qui se trouve en périphérie. Ce n'est pas vrai pour le chien dont la vision périphérique du mouvement est plus motivante.

Nous vivons tous, chiens et humains, dans le monde du raisonnable, de l'infralogique, des croyances et des superstitions. Le chien ne vit pas dans un monde de pensées déductives, dans un monde rationnel qui serait le produit de la raison raisonnante. Le chien vit dans un monde raisonnable et c'est la consistance mentale de ce monde mystérieux que nous cherchons à pénétrer, avec nos modèles d'interprétation[7].

De même pour le chien comme pour l'humain, la corrélation est toujours une présomption de causalité[8]. Si deux événements se suivent dans le temps et l'espace, c'est que l'un est la cause de l'autre, ce qui n'est pas toujours démontré. Cela est à la base de la pensée superstitieuse.

On peut envisager aux niveaux plus élevés le remplacement d'un concept par un autre plus arbitraire et la manipulation et la coordination de ces concepts arbitraires. C'est le niveau du langage symbolique humain, niveau dont le chien ne dispose pas et dont il n'a pas besoin.

La permanence de l'objet

Un objet a sa représentation (percept) dans le cerveau ; cette représentation persiste-t-elle si l'objet disparaît ou disparaît-elle lorsque l'objet n'est plus perceptible par les sens ? Puisque nous avons adopté la thèse que le chien avait une mémoire et des percepts, des cartes de catégorisation, il va de soi que, pour nous, l'objet existe et persiste.

De toute façon, le chien, comme le chat et l'être humain, se doit d'avoir une permanence de l'objet puisqu'il chasse des proies qui disparaissent à la vue (dans des trous, derrière des obstacles[9]).

Le stade 4, tel qu'il a été défini par Piaget pour l'enfant, est la capacité de rechercher un objet caché derrière un seul écran. Le chiot y parvient à l'âge de 7 semaines. Un bol de nourriture lui est présenté, puis caché derrière un écran ; le chiot doit aller s'y nourrir : il y va. Le stade 5 est atteint vers 8 semaines : le bol est placé sur un petit chariot qui glisse sur des rails de droite à gauche ; il est caché derrière un premier écran, il réapparaît ensuite devant le chiot, puis disparaît derrière un second écran. Dans cette expérience, l'aliment n'a disparu que visuellement, le chiot peut le sentir. Au cours de la chasse en forêt, la proie aussi disparaît derrière un fourré ou un arbre et le chien doit pouvoir la retrouver là où elle s'est cachée. Dans la maison, la boîte de biscuits est cachée dans l'armoire. Pour de nombreux chiens, avant l'âge de 1 an, l'existence de la boîte de biscuits ne fait aucun doute ; il suffit seulement de... trouver un système pour ouvrir l'armoire !

Le sixième et dernier stade n'est pas, disent les scientifiques, atteint par le chien – il s'agit de retrouver un objet dont on a vu la direction de déplacement au départ mais qui s'est déplacé totalement caché. Je crois, pour ma part, que, à l'aide d'autres compétences sensorielles comme l'olfaction, le chien arrive très certainement au sixième stade de la permanence de l'objet (la proie, un jouet) qu'il va chercher derrière un arbre ou sous un meuble. Si on cache un aliment dans une boîte, le chien (avec un peu d'entraînement) va ouvrir ou détruire la boîte pour accéder à l'aliment.

Il existe cependant des différences entre les chiens et les enfants. Si un objet disparaît d'une boîte et qu'il passe derrière 3 écrans sans qu'on puisse l'avoir vu, l'enfant de 4 à 6 ans explorera le premier, le deuxième puis le troisième écran beaucoup plus vite et intensément que le chien[10]. Des recherches récentes montrent qu'en fait le chien a besoin d'informations complémentaires pour imaginer qu'un objet qui a fait un déplacement caché, existe toujours ou peut être recherché. Le chien ne semble pas pouvoir imaginer mentalement le déplacement d'un objet[11,12] sur plus de 90 degrés de rotation[13] ; il lui faut des indications supplémentaires (la présence d'un objet, d'une personne, d'un signe, d'une odeur).

Ce que le chien n'a probablement pas, et dont il n'a pas besoin, c'est la permanence de certains concepts abstraits. Vous pouvez vous imaginer une situation de vacances, de retraite, ce qu'il faut faire pour y arriver et mettre toutes vos pensées et votre énergie pour obtenir cette situation (au point d'en être obsédé). Je pense que le chien ne le peut pas. Le chien vit dans le moment présent.

La représentation et la reconnaissance de soi

La représentation de soi

La représentation de soi est l'ensemble des percepts et des idées que l'on a sur soi. Le soi dans cette phrase, c'est-à-dire le moi, décrit l'ego. Je définis l'ego comme la somme de tous les désirs, de toutes les croyances, de toutes les illusions d'un être, c'est-à-dire la somme de toutes ses représentations. Puisque le chien fait la différence entre lui et une proie, il doit avoir une connaissance de lui-même par rapport aux autres, c'est-à-dire aussi une « re-connaissance » de lui-même, même si nous n'avons aucune idée de ce qu'est cette reconnaissance dans la conscience du chien.

Le chien perçoit des parties de son corps. Il voit ses pattes, sa queue, il se sent, s'entend, se lèche et se goûte. Il se perçoit de l'intérieur, sent les vibrations de son cœur, ses muscles. Le chien mémorise des représentations (percepts) de lui-même qui aboutissent à une représentation globale de lui.

Des expériences d'imprégnation ont montré que le chien avait aussi une représentation conceptuelle de son espèce d'appartenance et que l'on pouvait fausser cette représentation en faisant vivre des chiots avec une autre espèce entre l'âge de 3 et 12 semaines (voir « Le développement du chiot », page 136). Le chien a une représentation de son image (prise de façon multisensorielle) en corrélation avec l'image de l'espèce d'appartenance.

Finalement, le chien qui reconnaît très bien son espèce d'appartenance (le chien) la distingue des autres animaux, qu'il s'agisse de proies ou d'espèces amies. Avec les chiens, ses comportements sont différents d'avec les non-chiens. Pour cette raison, le comportement sexuel, ou parental, s'exprime de façon préférentielle (à exclusive) aux individus des espèces d'imprégnation (chiens et, secondairement, humains).

Outre cette représentation de soi comme chien, appartenant au concept (et à l'espèce) « chien », le chien a une bonne idée de son espace corporel, représentation qu'il utilise dans le camouflage. Dans la chasse, tous les canidés utilisent une posture basse, rasant le sol, afin de s'approcher de la proie sans être vu. Ce camouflage est utilisé dans le guet, la traque et l'attaque. Je ne dis pas que ce camouflage est conscient, qu'il n'est pas la conséquence de l'instinct et de l'apprentissage, je dis simplement qu'il existe et témoigne d'une représentation de soi et de ses propres limites corporelles chez le chien.

Il y a d'autres exemples comme le fait de se déplacer dans une maison sans se cogner et se glisser entre deux meubles ou sous un meuble : ces opérations nécessitent la connaissance de son espace corporel.

La reconnaissance de soi dans le miroir

Depuis les expériences de Gallup en 1970, le test de la reconnaissance de soi d'un primate (singe ou humain) en face d'un miroir est devenu un classique de la représentation de son apparence. Mais ce test n'est pas applicable aux animaux dépourvus de mains. L'observation anecdotique des chiens face au miroir donne quelques indications intéressantes. Les chiots de 5 à 12 semaines proposent à leur image dans le miroir de jouer ; ces interactions diminuent et disparaissent après 12 semaines et j'imagine que c'est parce que l'image ne répond pas de façon complémentaire mais de façon identique ; le jeu ne peut que s'arrêter. Certains chiens reprennent un intérêt pour leur image dans le miroir vers l'âge de la puberté et passent parfois une dizaine de minutes à se regarder, penchant la tête d'un côté ou de l'autre. Par anthropomorphisme, nous dirions que ces chiens pensent, qu'ils réfléchissent ! Actuellement, ce comportement n'a pas d'explication mais la reconnaissance de soi pourrait être une hypothèse intéressante à suivre scientifiquement.

La représentation de soi et la conscience de soi

Il n'y a pas synonymie entre représentation de soi et conscience de soi. La conscience est une expérience subjective de ses propres actes mentaux, de ses états émotionnels, de ses perceptions sensorielles et de ses croyances[14]. La conscience de soi est la prise de connaissance de soi-même en tant qu'être distinct d'autrui[15]. Dans cette définition, le chien a manifestement une conscience de lui-même[16]. En revanche, si la définition de la conscience de soi est la conscience de ses propres états de conscience passés[17], c'est-à-dire d'une métaconscience (une conscience d'une conscience), alors cela s'applique aux humains (et peut-être aux chimpanzés) et nous n'avons pas encore la réponse pour le chien.

Les troubles de la représentation de soi

Comment expliquer que certains chiens attaquent leur queue au point de la blesser ? Il s'agit peut-être d'un trouble dans la représentation de soi, de son corps. C'est une hypothèse !

La représentation sociale

La représentation sociale est la représentation du groupe social auquel l'individu appartient et de sa place dans ce groupe, éventuellement de sa place hiérarchique si le groupe social est hiérarchisé. La représentation d'appartenance est du niveau 3 tandis que la représentation de soi dans le groupe nécessite le niveau 4, celui des opérateurs logiques.

Le chien bien à sa place dans un groupe sait s'il est plus fort ou moins fort qu'un congénère (avec lequel il peut être en conflit pour un aliment, un espace, une figure d'attachement...), il connaît et reconnaît ses champs territoriaux, il a une image cartographique de l'espace occupé par lui-même et le groupe, il a une représentation des relations sociales, affiliatives, ludiques et agressives dans le groupe. L'ensemble de ces représentations, depuis le percept jusqu'aux opérateurs logiques, entraîne une nouvelle représentation d'un niveau de complexité supérieure. C'est une hypothèse logique, mais c'est un modèle, personne ne sait ce que peut être cette représentation, le chien vivant dans un monde mental qui ne nous est pas accessible.

Croyances et dispositions intentionnelles

Le chien a des représentations mentales complexes de lui-même et de son environnement. Cette représentation n'est qu'une image, une illusion en quelque sorte, de la réalité ; il s'agit de croyances.

Qu'est-ce qu'une croyance ?

La croyance est un état de représentation distinct du besoin physiologique et du désir émotionnel qui déclenche ou inhibe l'action[18] ; c'est une carte secondaire (cognitive). Être une représentation distincte du désir n'exclut nullement une participation émotionnelle ni un conditionnement dans la croyance.

Par exemple, si on demande à un propriétaire de faire un détour pour rentrer chez lui, il faut près de 150 répétitions pour que le chien démarre le détour avant l'homme ; le chien a développé une croyance (inférence) que la personne allait prendre un détour[19] ; cette croyance s'établit par conditionnement pavlovien, mais elle entraîne bien un processus cognitif d'anticipation, donc une croyance.

La croyance est un concept fonctionnel, mais ce n'est pas un concept scientifique. Il est impossible de prouver que le chien a ou n'a pas de croyances.

Le modèle de la croyance animale emprunte au vocabulaire des dispositions intentionnelles.

Les dispositions intentionnelles

Nous savons que les émotions ont une importance sociale puisqu'elles permettent à un observateur de se représenter (inférer) l'état affectif de l'individu ému. À partir de cet état mental, l'observateur peut-il inférer les croyances et les intentions de l'individu observé et lui transmettre ses propres croyances et intentions ?

Dennett a proposé un modèle hiérarchisé d'organisation des données dans les relations sociales[20]. Il se fonde sur deux hypothèses, auxquelles je souscris :

- La continuité des états mentaux[21] depuis le système autorégulateur jusqu'à la pensée consciente.
- L'intentionnalité dans les échanges sociaux.

Avec Dennett, faisons le pari que l'animal attribue à autrui des états mentaux (désirs, attentes, croyances) et qu'il va agir en fonction de cette projection. Ces hypothèses reconnaissent une légitimité aux représentations et aux croyances animales.

Le modèle proposé par Dennett est organisé en 4 niveaux appelés ordre 0 à ordre 3.

LES ORDRES DES DISPOSITIONS INTENTIONNELLES

Ordre		Croyance
0	Automatismes, réflexes, émotions, impulsivité, conditionnements	Absente
1	X croit Q	Personnelle
2	X croit que Y croit Q	Inférence
3	X croit que Y croit que X croit Q	Information et manipulation

L'ordre 0 est le niveau des réactions automatiques, liées à un état d'excitation. C'est en quelque sorte les comportements et réactions physiologiques activés par l'émotion. C'est le niveau de l'impulsivité, liée au manque de contrôle de soi. C'est aussi le niveau des réactions conditionnées, devenues automatisées, qui peuvent être considérées comme une réduction du niveau cognitif (du niveau d'intelligence) même si elles sont adaptatives.

Par exemple, chaque fois qu'un chien voit un congénère, il s'excite, s'énerve, aboie et veut l'attaquer ; il s'agit d'une réponse conditionnée : conditionnement pavlovien de l'énervement, conditionnement opérant du comportement d'agression.

L'ordre 1 est le niveau de la croyance élémentaire. Le chien X a une croyance, une attente, un objectif (imaginaire). On l'exprime par la formule : X croit/veut que Q. Le chien de berger qui poursuit un mouton a la croyance qu'il peut le rabattre ; un lévrier qui poursuit un lièvre a la croyance qu'il peut l'attraper ; cette croyance est renforcée par l'expérience qui lui démontre en effet qu'il peut en rabattre ou capturer de temps en temps. Les réactions d'éveil et d'excitation par les sons et les mouvements de la « proie » sont du niveau 0, de l'ordre des réflexes. Toute la poursuite (rabattage, chasse) pourrait être basée sur des réflexes ; cependant, l'expérience aidant, le chien abandonne certaines poursuites et en continue d'autres, ce qui témoigne de son système de croyance.

L'ordre 2 est la croyance que l'autre a une croyance, c'est l'inférence que l'autre a des intentions. La formulation est : X croit que Y croit que Q. C'est le niveau même de la communication posturale et vocale volontaire, contrairement à la communication involontaire liée aux réactions physiologiques (de l'état affectif et hormonal, tel que hérissement du poil et émission de phéromones).

C'est, par exemple, la menace du chien X envers Y lors de compétition pour un lieu de couchage, un jouet, un os proche de Y. L'agression territoriale est aussi de ce niveau : un chien « désire » qu'un autre individu (auquel il infère une intention d'invasion) quitte les lieux.

Les postures de communication du chien donnent une information sur son état émotionnel (posture haute d'assurance, posture basse de crainte) ; le chien peut exagérer les postures pour faire croire à l'autre qu'il est sûr de lui (posture très haute) ou qu'il est en insécurité et non dangereux (posture très basse).

L'ordre 3 obéit à la formulation suivante : X croit que Y croit que X croit que Q. Cet ordre 3 nécessite que X reconnaisse qu'il a une connaissance et qu'il désire transmettre à Y, non pas cette connaissance, mais la croyance qu'il a cette connaissance. Cela ne pourrait être démontré que si X pouvait aussi faire croire en une connaissance contraire, éventuellement. Nous en sommes au niveau de la transmission d'information et de sa falsification active, au niveau de la manipulation cognitive.

Des travaux complémentaires sur la communication vocale des chiens devraient nous donner plus d'informations sur une éventuelle sémantique des vocalises. D'autres communications transmettent intentionnellement un contenu ; c'est le cas des rituels. Mais transmettent-ils des croyances ? Si je poursuis l'exemple de l'ordre 2, une chienne jack russell se couche immobile en présence d'autres chiens ; le chien comprend qu'elle n'est pas sûre d'elle et qu'elle est donc inoffensive ; quand il s'approche d'elle, elle bondit et le mord à la gorge, en tenant la prise ; le chien est surpris par l'attaque imprévisible. Dans ce cas, la chienne utilise une posture basse pour faire croire à un état de non-dangerosité, ce qui est bien compris par son congénère ; elle ment ; elle peut ainsi attaquer le congénère surpris. Ce mensonge est du niveau d'ordre 3.

Croyance et superstition

Le mot croyance se dit *superstitio* en latin. Il y a des analogies entre croyance et superstition. L'animal est superstitieux au sens où il « se croit » acteur des événements qui se produisent et non spectateur du monde : ce qu'il accomplit est la cause des événements qui suivent (les conséquences). La superstition n'est pas logique, elle est infralogique[22]. Des événements qui se suivent peuvent n'être en rien reliés les uns aux autres ; et pourtant, de nombreux hommes et tous les chiens transforment ces corrélations en causes et conséquences.

Cette croyance existe dans certaines situations de la vie quotidienne. Si un chien souffre d'une plaie douloureuse, que son propriétaire plein d'amour le soigne, le chien associe la douleur et le propriétaire, rendant ce dernier responsable de la douleur ; il anticipe ses venues, grogne, s'éloigne.

Si le facteur s'approche de la maison, le chien aboie, et le facteur s'en va ; il a y corrélation entre l'aboiement territorial et l'éloignement du facteur ; alors qu'en fait le facteur vient et part indépendamment du comportement du chien ; le chien croit que le facteur est parti à cause de son comportement de défense territoriale ; il est autorécompensé de son comportement qui se voit renforcé ; il s'agit de superstition.

Croyance, moralité et éthique

La moralité est un ensemble de normes qui régulent les comportements des individus, telles que les idées de bien et de mal, de réciprocité, d'aide. La moralité est culturelle. Le chien n'a d'autre moralité que son bien-être personnel. Son éthique est basée sur la satisfaction de ses besoins et de ses plaisirs et l'éloignement de ses déplaisirs.

Le chien va éviter certaines situations qui entraînent des conséquences aversives : dans ce sens, on pourrait penser qu'il a un sens du bien et du mal, en miroir de son propriétaire. Le chien sait-il qu'il est mal de détruire, de souiller dans la maison, de mordre les enfants ? Non, mais le chien sait que cela risque d'entraîner pour lui des répercussions désagréables s'il détruit, souille ou mord.

Croyance et curiosité

La curiosité est la motivation à explorer la nouveauté. L'éthologie fait de la curiosité et du comportement exploratoire des synonymes[23].

La curiosité peut être décodée en fonction de sa partie cognitive, une croyance d'ordre 1. En effet, il faut que l'animal soit motivé pour aller à la découverte de l'inconnu, motivé à s'éloigner de son groupe social, des figures ou des lieux d'attachement (connus et apaisants), motivé pour affronter l'inconnu et ses dangers ; cette motivation vient d'une croyance, d'un espoir, qu'il y a à découvrir des contextes agréables. Cette croyance n'a pas besoin d'être consciente pour être efficace. La nature a doté les chiens d'un certain degré de curiosité, sans lequel ils n'auraient pas osé affronter le risque de coloniser des biotopes variés, y compris l'habitat humain.

On retrouve dans la population des chiens une répartition de la caractéristique (biologique) « curiosité et exploration » entre les chiens téméraires et les chiens inhibés et timorés. Les chiens téméraires ont une forte curiosité et un taux de mortalité élevé. Les chiens inhibés (timorés) ont un niveau de curiosité faible et un taux de mortalité faible en milieu domestique, mais un taux de mortalité élevé en milieu naturel ; en effet, n'explorant pas, ils restent auprès de leur mère et épuisent facilement leur territoire de chasse limité, souffrant dès lors des moindres perturbations dans la densité de population de proies. La nature a favorisé les chiens à curiosité moyenne ; grâce à cette caractéristique, les chiens ont exploré les habitats humains et se sont installés avec nous !

Seuls les animaux d'humeur normale, joyeuse et « hyper » sont capables de curiosité ; les chiens souffrant d'anxiété, d'irritabilité ou de dépression sont peu capables d'exploration ; le monde leur paraît (dans leur croyance) soit dangereux, soit menaçant, soit sans intérêt.

Les formes d'intelligence

Je définis l'intelligence comme une collection de capacités cognitives permettant la résolution de problèmes et l'adaptation à des situations changeantes et/ou nouvelles, particulièrement des situations complexes.

On peut envisager plusieurs types d'intelligence :

1. L'intelligence kinesthésique.
2. L'intelligence spatiale.
3. L'intelligence logico-mathématique.
4. L'intelligence émotionnelle (et sociale).
5. L'intelligence linguistique.
6. L'intelligence artistique (musicale).
7. L'intelligence pratique.

L'intelligence kinesthésique

L'intelligence kinesthésique concerne la perception consciente de la position et des mouvements des différentes parties du corps.

Le chien qui se faufile entre deux arbres (ou deux canapés) connaît non seulement la position de son corps mais aussi l'espace qu'il occupe. Le chien couché immobile connaît bien la différence entre cette posture basse et une posture haute, debout, et la signification que cela a dans la relation avec ses congénères.

L'intelligence spatiale

L'intelligence spatiale est la représentation consciente de l'espace, c'est la capacité de cartographie de l'espace et le déplacement volontaire dans cet espace. Le chien est-il capable de garder en mémoire et de se représenter les distances, surfaces et volumes de son espace, de s'y représenter les objets et de déterminer les trajets les plus intéressants, les plus courts par exemple, entre deux objets ? Si le chien établit une carte de son espace, il doit pouvoir imaginer de nouvelles trajectoires dans cet espace.

On observe qu'un chien qui a peur fuit par le trajet le plus court vers une issue de secours, que celle-ci passe à côté ou au-dessus des meubles. Mais dans certains états de panique, le chien n'utilise plus son intelligence spatiale et peut s'enfuir droit devant lui, en se frappant la tête contre un mur ou une porte fermée !

L'intelligence logico-mathématique

J'ai parlé des 4 niveaux de représentation, le niveau 4 étant celui des opérateurs logiques. Je dirai ici quelques mots sur les capacités de numérisation du chien.

La numérisation est la capacité d'évaluer un nombre (calcul élémentaire) ; le calcul mathématique est une opération sur des grandeurs (nombres). Les capacités de calcul sont considérées comme étant intelligentes. De nombreux animaux ont des capacités de calcul élémentaire.

L'exemple évident est celui de la chienne qui connaît le nombre de chiots qu'elle a dans son box, et qui est en détresse s'il en manque un ou plusieurs ; elle est apaisée s'ils sont à nouveau réunis dans le nid. La chienne est donc capable de faire des évaluations inconscientes du nombre et, peut-être, des soustractions et des additions de base. Cela ne signifie pas, pour autant, que ce processus soit conscient.

En laboratoire, on montre aux chiens une boîte contenant un biscuit ; si on fait passer un écran devant la boîte, pour cacher celle-ci, et qu'on ajoute un biscuit à ce moment, le chien regarde avec plus d'attention la boîte une fois qu'on enlève l'écran[24] ; cette attention supérieure démontre que le chien peut percevoir des différences dans des nombres élémentaires d'objet. Mais chaque propriétaire de chien sait cela, pour avoir observé son chien essayer de prendre deux biscuits (ou os) ou plus, ou de voler tous les os dans un groupe de chiens. Le chien sait que 2 est plus que 1 et que 3 est plus que 2.

L'intelligence émotionnelle

L'intelligence émotionnelle se divise en 5 sections[25] :

- La reconnaissance de ses propres sensations, émotions et sentiments : la capacité de se voir dans l'émotion.
- La gestion des émotions et sentiments : s'y adapter, en modifier leur fréquence, leur intensité, leur durée afin de s'adapter plus vite aux circonstances de la vie, par exemple gérer ses peurs, ses colères, le retard d'une gratification, ses impulsions.
- La motivation de soi : utiliser les émotions et les sentiments pour activer ses décisions et avancer dans la vie.
- La reconnaissance des émotions et des sentiments chez les autres : essentiellement l'empathie, qui mène à l'altruisme.
- La gestion des relations sociales : la gestion des émotions et des sentiments des autres, ce qui permet l'efficacité sociale et l'amitié, même le leadership.

Le chien a des émotions, mais sait-il qu'il les a, c'est-à-dire en est-il conscient ? Il ne peut pas dire « j'ai peur » ou « je suis en colère », mais il semble impossible qu'il ne soit pas conscient de ses sentiments. Peut-il gérer ses émotions et ses sentiments ? Certains chiens semblent plus doués que d'autres dans leurs capacités de gérer leurs émotions, d'y être tolérants ; ils semblent se complaire dans de nombreux contextes, quelles que soient les émotions d'autrui ; d'autres sont impulsifs et réactifs ; ils réagissent à chaque émotion.

Les chiens reconnaissent bien les émotions de leurs congénères et de leurs familiers, même celles d'autres espèces (humains, chats...), et certains semblent plus doués que d'autres pour s'en accommoder et, par exemple, rester neutres face aux irritations d'autrui.

Certains chiens s'entendent avec tout le monde ou presque tout le monde. On peut imaginer qu'ils ont une intelligence émotionnelle supérieure à la moyenne.

Je connais des chiens qui harcèlent gentiment les gens même s'ils sont plusieurs fois rejetés ; ils reviennent jusqu'à ce que la personne accepte et soit, elle, forcée de changer de comportement et/ou d'humeur.

L'intelligence linguistique

Le chien n'a pas la capacité de parler comme un humain, il ne possède ni le larynx vertical, ni les lèvres mobiles, ni les aires cérébrales du langage (verbal) symbolique. Si le chien a une intelligence linguistique, c'est celle de transmettre des informations et des croyances (ordre 3 des dispositions intentionnelles de Dennett) et celle de comprendre la communication non verbale (corporelle) et le langage verbal et paraverbal d'autres espèces.

Le décodage de la communication non verbale

La communication humaine est faite de nombreux signaux physiques que le chien peut interpréter. C'est pourquoi le chien peut répondre à des signaux quasi imperceptibles de la main ou du visage.

Par exemple, dans une étude de communication, un homme doit signaler non verbalement, à l'aide des signes des bras et de la main, qu'il y a de la nourriture cachée ; le chien réussit mieux que les grands singes et beaucoup mieux que les loups domestiqués ; les scientifiques émettent l'hypothèse que la domestication a provoqué la sélection de compétences cognitives sociales entraînant un décodage du non-verbal de l'homme[26].

Le décodage du langage humain

Il est logique d'imaginer que si le chien ne parle pas un langage symbolique, il n'est pas non plus programmé pour le comprendre. Et c'est bien ce que l'on observe. Les phrases des langages humains n'ont pas de sens pour le chien ; cependant, ces phrases sont aussi des mélodies dans lesquelles se retrouvent des sons ; et ces sonorités peuvent prendre du sens dans certains contextes. Si l'humain est fâché, toutes les sonorités de ce qu'il dit sont modifiées et, même sans comprendre le moindre mot, le chien a compris ses émotions et ses intentions ! C'est le paraverbal, c'est-à-dire ce qui entoure le verbal que le chien a compris.

Le chien comprend plus que le paraverbal ; il comprend aussi des mots. Un mot c'est aussi une sonorité, tout comme les ciseaux à viande, l'ouvre-boîte, et d'autres sons de l'environnement. Les sonorités du langage humain se retrouvent dans les fréquences que le chien entend bien. Chaque son peut être associé à un contexte plaisant ou déplaisant. On imagine volontiers que le mot « jambon » soit associé à un goût agréable et que de dire le mot « jambon » tout en donnant du jambon au chien lui permette d'associer un sens (gustatif et hédoniste) au mot. Dès lors accourra-t-il lorsque le propriétaire dira le mot « jambon ». Il s'agit d'un conditionnement associatif très simple. Certains chiens sont même suffisamment doués pour reconnaître le mot dans une phrase.

Si le propriétaire le désire, il peut apprendre à son chien jusqu'à 300 mots, voire plus !

Ce chiot, qui fait semblant de lire, un sourire aux lèvres, cherche simplement à s'occuper.

Le décodage des langages animaux

Le chien ne vit pas qu'avec des humains, il vit aussi avec d'autres animaux dont il partage le milieu de vie et aussi la communication vocale et posturale. Le chien comprend-il les chats ? La hauteur des postures est généralement compréhensible parce que commune aux chats et aux chiens. Mais le chien a un langage social plus riche que le chat et certains comportements n'ont pas le même sens... par exemple, il y a une différence de signification de la posture « couché sur le dos » : il s'agit de demande d'arrêt d'interaction sociale (« soumission ») en cas de conflit chez le chien ; par contre, il s'agit d'une sortie de toutes les armes chez le chat qui prend une posture de défense extrême. Le chat peut s'approcher du chien en soumission mais la réciproque n'est pas vraie ; si le chien s'approche du chat couché sur le dos toutes armes dehors, il se fera griffer et mordre.

Le chien de ferme décode très bien le comportement inoffensif de la poule qui picore, le comportement agressif de la poule mère qui défend ses poussins et le comportement combatif du coq dont il reste à distance.

Le chien décode finalement assez bien les comportements, états affectifs et intentions des animaux auxquels il a été imprégné et socialisé.

L'intelligence artistique

À l'époque de l'obérythmé (et du free style), des chiens qui s'expriment avec leur éducateur en musique, on peut se demander si le chien a une intelligence artistique. En obérythmé, il n'a pas été démontré que le chien dansait sur la musique.

Quelques chiens peintres font aussi la une des médias, mais ont-ils du talent ? Certainement autant que certains peintres (humains) dont les toiles se vendent très cher. Mais ce n'est pas une preuve significative d'une intelligence artistique.

L'intelligence pratique

L'intelligence pratique est à l'œuvre pour résoudre des problèmes concrets par l'action.

Toutes les intelligences des animaux qui ne parlent pas un langage (conceptualisé et symbolique) sont pratiques. On connaît particulièrement les expériences sur chimpanzés qui doivent cueillir une banane attachée hors de portée directe mais qu'ils pourraient atteindre en utilisant des blocs empilables et des bâtons. Le chien est-il capable du même niveau d'intelligence pratique ?

Le chien n'a pas de main, il n'a pas de pouce opposable (aux autres doigts), il ne peut tenir des objets dans une patte ; cependant il peut tenir (plaquer au sol) un objet avec une patte antérieure (comme un os à ronger). Le chien n'est pas programmé pour tenir des outils, ni pour en utiliser. Comparer l'utilisation d'outils du chien avec celle de l'homme ne permet que de démontrer que le chien n'a pas la compétence manuelle de l'homme.

Cependant, si on met un chien dans une cage de laboratoire qui comprend un levier[27], on observera que le chien émet une série de comportements d'exploration, déterminant ceux qui sont efficaces pour son bien-être et ceux qui sont inefficaces ; si le fait de pousser sur le levier lui ouvre la porte ou lui donne de la nourriture, il apprendra facilement à utiliser cet objet pour sa corrélation avec l'accroissement de plaisir, alors que cet objet n'est nullement programmé par son instinct pour cette fonction. Cet objet a une valeur symbolique d'un besoin naturel tel que le besoin alimentaire ou le besoin de liberté et de se déplacer. Le chien peut donc manipuler un levier, considéré ici comme un outil, pour obtenir une satisfaction. La question qui se pose à nous est de savoir si le chien peut apprendre à utiliser un outil avec intelligence, c'est-à-dire sans passer par l'étape de la sélection (le conditionnement) d'un comportement spontané ; le chien peut-il utiliser le levier (plus vite) en ayant vu un congénère le faire ? Ce serait une expérience à tenter !

Dans la vie quotidienne, un chien qui vit avec un congénère qui ouvre les portes, les armoires ou le frigidaire, apprend-il à ouvrir les armoires, les portes et le frigidaire ? La réponse est : rarement.

Finalement, si on veut totalement différencier le chien de l'humain, on peut dire que jamais le chien n'a fabriqué d'outils, même rudimentaires. Le chien utilise son corps comme un outil, il utilise son intelligence kinesthésique.

En revanche, le chien joue avec des objets ; il utilise des objets pour son plaisir, telles des balles de tennis, des bouteilles en plastique, des peluches qu'il frappe, bouscule, jette en l'air et attaque férocement. L'objet devient un support pour son imaginaire ludique. L'objet est utilisé en tant que tel, pour lui-même ou en tant que représentation d'une fonction de plaisir, tout comme les joueurs de football frappent sur une balle, mais il n'est pas utilisé pour obtenir un autre objet tel que de la nourriture. Contrairement au chat de dessin animé, notre chat familier ne va pas empiler des boîtes en carton pour atteindre le canari, par contre il imaginera le trajet le plus efficace dans les trois dimensions de l'espace pour s'en rapprocher (intelligence spatiale).

Le chimpanzé brillant d'intelligence délaissera les caisses et le bâton pour prendre l'expérimentateur par la main, le placer sous la banane, sauter sur ses épaules et décrocher le fruit. Le chien intelligent (mais anxieux) saute dans les bras de son propriétaire pour éviter le contact avec la seringue du vétérinaire.

Au-delà de ces usages simples d'objets ou de sujets, le chien n'est pas près d'inventer la roue, ni le chiot d'utiliser la télécommande pour mettre son programme favori à la télévision.

Le QI du chien

Certains proposent un QI (quotient intellectuel) pour les chiens. D'autres classent même les races de chiens pour l'intelligence de travail et d'obéissance[28]. Chaque race de chien ayant été génétiquement modifiée pour des tâches spécifiques, il me semble illusoire de comparer un border colley, un chihuahua et un greyhound.

Des dizaines de tests de QI existent sur Internet et dans des livres, tous de valeur anecdotique ; aucun n'a été scientifiquement validé.

Les troubles cognitifs

Les troubles de la représentation

Les représentations sont des images virtuelles, individualisées par le cerveau de chacun.

Dès le niveau 1 on peut observer des couplages entre des humeurs, des comportements, des horaires ou des contextes. Une mauvaise humeur ou une humeur excitable à heure fixe peut être une conséquence dysfonctionnelle.

Au niveau 2, le chien pourrait avoir des difficultés à faire la différence entre familiers et inconnus. Un chien qui poursuit (chasse) un enfant avec lequel il a vécu souffre d'un sérieux trouble de reconnaissance symbolique, lié à un trouble de l'imprégnation et des patrons-moteurs de chasse trop motivants.

Au niveau 3, le chien peut avoir eu des difficultés d'imprégnation et avoir une représentation de lui-même appartenant à une autre espèce ; mais c'est heureusement rare (et surtout expérimental) : ce peut être le cas du chiot trouvé dans une poubelle, biberonné, vivant exclusivement avec des gens et qui s'imprègne uniquement à l'espèce humaine.

Au niveau 4, le niveau d'une intelligence plus complexe, les problèmes peuvent être plus fréquents, même si peu visibles. Dans la vie quotidienne, ces problèmes peuvent ne pas s'observer. Nous manquons de tests scientifiquement validés pour étudier ces problèmes.

La permanence de l'objet est acquise chez tous les chiens ; elle peut se perdre dans la démence sénile.

La représentation de soi pose probablement problème lorsque le chien attaque (et blesse) une partie de son corps (le plus souvent sa queue, parfois sa patte), comme s'il s'agissait d'un élément étranger à son organisme.

Golden retriever qui ronge un os et attaque sa patte postérieure qui s'approche de sa face, comme mue d'une intention propre (dessin à partir d'une vidéo).

Le chien simulateur

Le chien simulateur produit un comportement ou un signe physiologique en présence d'un être qui va répondre de façon à lui donner un avantage (renforcement positif). On parle de recherche d'attention, qui devient une ritualisation pathogène.

Les critères de diagnostic

C'est l'apparition d'un rituel (de communication, de recherche d'attention) organisé sur la base d'un symptôme somatique tel qu'une toux, une blessure de léchage, une boiterie, une régurgitation, etc.

Le traitement

Il consiste en l'extinction du rituel mis en place et en la proposition de rituels non pathogènes, comme des activités ludiques intelligentes, structurantes, et récompensées.

Le trouble dissociatif

Le trouble dissociatif[29] ressemble à la schizophrénie humaine.

Les critères de diagnostic

C'est l'altération progressive et invasive des comportements adaptatifs ainsi que l'augmentation des troubles hallucinatoires et des stéréotypies, débutant en péripubertaire et chez le jeune adulte, accompagnées des signes suivants :

- Réduction des réponses aux sollicitations de l'environnement (des propriétaires).
- Hallucinations.
- Mouvements répétitifs : stéréotypies telles que marche en cercle, attaque de la queue, tournis, surtout pendant les phases hallucinatoires.
- Hébétude, avec des prises de contact avec le corps (léchages).

Le traitement

Il n'y a pas de guérison ; le traitement conservatoire est à base de neuroleptiques.

Les troubles des croyances

La croyance, l'inférence, l'infralogique, la superstition et l'animisme sont autant de mécanismes normaux de la cognition du chien. Même normale, la croyance peut être fausse, c'est-à-dire être différente de la réalité factuelle ; en fait la croyance crée sa propre réalité et ses propres souffrances[30].

Le premier trouble cognitif, l'illusion de base, c'est l'identification de soi avec ses pensées[31], avec ses croyances. C'est dire que toute croyance est de toute façon fausse, parce qu'elle ne perçoit qu'une facette de la réalité et que sa perception est déjà une transformation de cette réalité, donc une illusion. Nous, humains, pouvons ne pas prendre nos croyances au sérieux ou les modifier en fonction de notre vécu. Pour le chien, c'est une autre affaire : il ne peut se libérer de ses croyances (lorsqu'il en a) ; heureusement, la majorité des croyances du chien sont liées à l'instant présent et ne persistent pas.

Quand la croyance est fausse et persistante, elle peut devenir dysfonctionnelle et entraîner une perte des capacités adaptatives du chien. C'est un problème qui se passe dans la généralisation d'un processus, comme une peur ; si le chien a été maltraité par un humain, il peut développer une crainte anticipée (phobie) de nombreux – voire de tous les – humains. Cette crainte anticipée généralisée est une croyance d'ordre 2.

Un des troubles les plus fréquents liés aux croyances erronées, c'est l'agression de distancement (voir « Les comportements d'agression », page 186) qui ressemble quelque peu à de la paranoïa. Le chien agresse quelqu'un (chien ou humain) qui entre dans sa distance (bulle) de sécurité ; le chien attaque proactivement (comme pour faire partir l'intrus) ; si l'intrus persévère, le chien peut penser qu'il est vraiment insécurisant puisqu'il reste dans la bulle de sécurité, voire il menace le chien en le regardant et en s'approchant ; le chien est renforcé dans son interprétation d'une situation à risque. Il s'agit bien d'un problème de croyance.

Les troubles de l'intelligence

Le retard mental

Certains chiens sont manifestement moins intelligents que d'autres ; ils ont des difficultés d'apprentissage, malgré des techniques d'enseignement performantes, et malgré l'absence d'autres troubles comme l'hyperactivité (avec sa distractibilité).

Les critères de diagnostic

Tous les chiots ne sont pas intelligents. Certains souffrent de retard mental, même si c'est difficile à objectiver. Ces chiots donnent des chiens adultes qui ont quelques caractéristiques :

- Ils manquent de persistance de l'objet caché.
- Ils restent souvent malpropres.
- Ils sont infantiles.
- Ils sont vite distraits.
- Ils apprennent lentement, difficilement et semblent oublier facilement les apprentissages.
- Ils semblent parfois hébétés et manquent d'initiative dans les interactions sociales ou les jeux.

Il faut vérifier toutes les causes somatiques : neurologiques (hydrocéphalie), endocriniennes (hypothyroïdie).

Le traitement

Il n'y a pas de traitement au retard mental, si ce n'est d'encourager toutes les activités cognitives et d'enrichir le chiot.

La démence sénile

La démence, définie comme l'affaiblissement progressif et irréversible des fonctions cognitives et affectives, caractérisé par des troubles de la mémoire, de la communication, de l'orientation et du sommeil, existe chez le chien âgé[32]. Ce trouble est tellement fréquent que les publications scientifiques sur le sujet abondent et qu'il est devenu un modèle animal pour la démence sénile humaine[33]. Il apparaît dès l'âge de 7 ans ; on le retrouve chez 28 % des chiens de 11 et 12 ans et chez 68 % des chiens de plus de 15 ans[34].

Processus inéluctable, le vieillissement altère progressivement une multitude de fonctions physiologiques et métaboliques. Le système nerveux est affecté par des processus d'oxydation. Les radicaux libres (oxydes, peroxydes) attaquent autant les protéines, les enzymes, l'ADN, et les lipides ; à partir d'un certain niveau d'oxydation, la cellule ne peut plus faire face par des mécanismes compensateurs. L'ensemble de ces mécanismes entraînent une perte synaptique, un dommage à l'ADN, etc., conduisant à une altération fonctionnelle de la fonction nerveuse et une dégénérescence cellulaire. L'examen microscopique révèle l'augmentation de la densité des plaques séniles (dépôts extracellulaires de protéines contenant de la bêta-amyloïde). La quantité de ces dépôts est corrélée avec la détérioration cognitive[35].

Les symptômes apparaissent de façon progressive, en vagues, avec des rémissions passagères. Ils sont de deux types : la détérioration cognitive[36] et la difficulté croissante de gérer les émotions, qui s'expriment sans inhibition.

Les critères de diagnostic

C'est un état invasif et empirant progressivement de perte cognitive et de désafférentation cognitivo-émotionnelle, avec observation de plusieurs signes parmi les suivants :

- Désorientation dans l'espace : difficulté à sortir d'une pièce bien connue : rester coincé dans un coin, déambuler sans but, etc.
- Désorientation dans le temps : prendre le jour pour la nuit, bouger la nuit et dormir le jour, etc.
- Détérioration des habitudes et des routines de vie : perte de la propreté, etc.
- Détérioration face à la persistance des objets cachés : perte d'intérêt pour les objets qui disparaissent à la vue, etc.

- Détérioration dans la représentation de soi dans l'espace : tentative de franchir un passage trop étroit au lieu de contourner un obstacle, etc.
- Détérioration dans les compétences de communication sociale : isolement du groupe social par la perte de la reconnaissance des rituels de communication, etc.
- Détérioration de la mémoire et des apprentissages : perte des réponses aux codes biens connus (donne la patte, roule sur le sol), etc.
- Détérioration dans les comportements d'ingestion alimentaire : pica (ingestion de substances non alimentaires), etc.

Ce tableau peut s'accompagner de signes accessoires :
- Confusion mentale.
- Comportements ambivalents : grogner en agitant la queue, etc.
- Comportements répétitifs et/ou stéréotypés : déambulations, etc.
- Hébétude : lenteur et difficultés à répondre à des ordres simples bien connus, etc.
- Hésitation : latence allongée entre un ordre habituel et l'obéissance, hésitation avant de manger un repas connu (le chien regarde alternativement son maître et la nourriture), etc.
- Présentation de comportements infantiles : mettre des objets en gueule, les ingérer ; éliminer sans attendre d'être dans un endroit routinier pour éliminer.
- Réactions impulsives.
- Détérioration de la fonction sphinctérienne : énurésie, encoprésie.
- Crises similaires à des attaques de panique.

On peut spécifier le type de démence sénile :
- Début brusque ou lent (progressif).
- Début précoce (vers 5 à 7 ans) ou tardif (après 10 ans).
- Avec troubles de l'humeur de type dépression ou de type productif (hypomaniaque).
- Corrélé à une maladie spécifique, un trauma, un trouble neurologique, un trouble endocrinien, une perte de statut social, une mise à la retraite (professionnelle), etc.

Le traitement

Le traitement est à base d'antioxydants alimentaires[37], de sélégiline[38] (0,5 mg/kg/jour) et d'activateurs de la circulation cérébrale et du métabolisme des cellules nerveuses (piracétam).

Cependant, toutes les stratégies médicamenteuses sont possibles pour autant qu'on améliore la fonction cognitive et le bien-être de l'animal (et du système). Les médecines alternatives, comme l'homéopathie, sont aussi efficaces.

Les TOC

Les troubles obsessionnels-compulsifs[39], les TOC, groupent des tableaux cliniques de comportements répétitifs inadaptés et envahissants. C'est comme si l'animal était contraint par une motivation interne, un « drive », une propension, à réaliser et répéter ledit comportement de façon répétée.

L'aspect obsessionnel (cognitif) décrit en psychiatrie humaine est peu accessible à l'analyse en psychologie animale. Cependant, on peut envisager deux niveaux de compulsions :

- La compulsion cognitive avec séquence comportementale maintenue.
- La compulsion avec séquence comportementale répétitive et stéréotypée. Dans ce cas, il n'y a plus d'adaptation de la séquence, de la structure, de la fonction, de la durée, aux stimuli de l'environnement.

Cette spécification peut avoir un impact au niveau des stratégies de traitement.

En absence de signes de peur (ou d'anxiété), il n'y a pas de raison majeure d'en faire un trouble appartenant au groupe des troubles anxieux, tel qu'on le classe en psychiatrie humaine[40].

Les critères de diagnostic

C'est un état invasif dans lequel on observe des comportements compulsifs fréquents, excessifs, consommateurs de temps et stéréotypés, de type varié :

- Léchage : dans l'air, de patte (avec/sans lésion d'alopécie, de dermatite, de granulome).
- Locomotion : marcher en cercle, déambuler, tourner en rond comme une toupie avec/sans capture de la queue.
- Mastication : mâcher des tissus et objets, se ronger les griffes.
- Prédation et poursuite : chasser des mouches inexistantes, chasser des ombres et/ou des reflets, etc.).
- Vocalisation : aboiements répétitifs (non modulés).
- Alimentation : manger tout ce qui traîne avec ou sans pica, ou coprophagie.

Ces comportements ne sont pas déclenchés par une recherche d'attention (comportement de recherche d'attention ritualisé).

Le traitement

Les traitements médicamenteux sont les mêmes que pour les troubles de l'humeur de type « hyper », l'hyperactivité : fluvoxamine, fluoxétine, clomipramine.

Les thérapies sont fondées sur la formule d'activité : le respect de la satisfaction des besoins d'activité et la motivation à des activités structurantes récompensées.

L'APPRENTISSAGE

Qu'est-ce que l'apprentissage ?

L'apprentissage est le processus (cognitif) par lequel l'animal acquiert des compétences non instinctives.

Il y a trois grandes voies d'acquisition des compétences : l'instinct (biologie), l'intuition (conscience) et l'apprentissage (psychologie). Elles travaillent ensemble, dans la même finalité de permettre une plus grande adaptation du chien à son milieu (et du milieu au chien).

N'oublions pas que le comportement est égoïste et hédoniste, c'est-à-dire que le chien s'occupe de lui-même avant tout, même s'il est parfois empathique et altruiste. La nature veille à ce que les comportements qui permettent la persistance de l'espèce soient pourvus par la satisfaction des comportements individuels. L'apprentissage augmente les compétences individuelles sur la base du principe (hédoniste) du plaisir individuel[1].

Toute la relation du chien avec l'homme repose plus sur l'apprentissage que sur l'instinct. La nature ne l'a pas programmé pour cela ; il s'est autodomestiqué et a développé des rituels avec l'être humain à partir d'apprentissages complexes.

Il y a différentes formes d'apprentissage :

- L'habituation.
- Le conditionnement classique, pavlovien ou associatif.
- Le conditionnement opérant ou instrumental.
- L'imprégnation.
- L'apprentissage par imitation.

L'apprentissage par habituation

L'habituation

L'habituation est la capacité d'apprendre à ne pas réagir à certains stimuli.

L'habituation entraîne une diminution relativement permanente d'une réponse comportementale à la suite de la présentation répétée d'une stimulation.

Le chien qui dort malgré les fracas et les turbulences de la vie quotidienne d'une famille est un bon exemple d'habituation ; c'est aussi le cas du chien imperturbable lors de la promenade en ville, malgré la cacophonie urbaine.

Le chien qui se couche au milieu des passages et que ses propriétaires enjambent sans le déranger apprend qu'il ne lui arrive rien de désagréable à cet endroit ; il ne doit pas chercher un endroit plus confortable ; il s'est habitué.

L'habituation est donc l'association d'une représentation (percept) avec une non-réponse émotionnelle et une non-réponse comportementale. C'est dire que le chien reste serein malgré la présence de stimuli innombrables dans l'environnement.

L'habituation se retrouve systématiquement lorsqu'un stimulus est répétitif et sans conséquence déplaisante pour le bien-être de l'individu. La caractéristique déplaisante dépend bien entendu des croyances et des humeurs du chien. Un chien anxieux est aux aguets de tout ce qui peut lui faire peur et s'habituera moins vite qu'un chien joyeux.

La déshabituation

La déshabituation est l'annulation de l'habituation, et donc la réapparition de la sensibilité (perceptive) et de réponse comportementale. Le chien qui se couchait dans les passages peut changer de lieu si un objet lui tombe sur la tête ou si quelqu'un lui marche sur la queue ; le stimulus parasite a perturbé son bien-être et a stoppé son habituation.

La généralisation de l'habituation

L'habituation est spécifique au stimulus. Pour être fonctionnellement adaptée, l'habituation ne peut se limiter au stimulus spécifique, elle doit aussi se généraliser aux situations qui présentent un certain degré de similitude avec les conditions premières[2].

Imaginez que le chien ne s'habitue qu'au bruit de casseroles dans la cuisine, mais pas à la télévision, aux voix de ses propriétaires, à la sonnette d'entrée ni au téléphone ; sa vie ne sera guère plus paisible. Le chien doit s'habituer à l'ensemble des bruits non nocifs de son environnement. L'ensemble de ces informations se retrouve dans une représentation de niveau 3 (appartenance et ordre) (voir « La cognition », page 304).

La généralisation est liée au regroupement des informations dans le même concept (représentation complexe) et à l'extension du comportement (d'habituation) à cette représentation globale.

Le chien de notre exemple associe différentes catégorisations perceptives ; c'est l'ensemble des stimuli sensoriels (sonores, visuels, tactiles, olfactifs...) qui sont globalisés dans un concept contextualisé ; c'est en effet à la maison que notre chien reste serein, qu'il s'est habitué. S'il est déplacé de maison, il redevient aux aguets ; il peut s'habituer à ce nouvel environnement en quelques jours à quelques semaines. C'est ce qui arrive lors d'un déménagement. Dans la nouvelle maison, la représentation n'est plus exactement la même, des odeurs ont changé, les sonorités sont différentes, même si les personnes sont les mêmes. Le chien construit une nouvelle représentation et s'habitue à sa nouvelle maison.

Le conditionnement classique ou pavlovien

Qu'est-ce qu'un conditionnement classique ?

Le conditionnement classique est une association automatisée entre un événement psychobiologique (psychel) involontaire – physiologique (saliver, éliminer), affectif (humeur, émotion) ou cognitif (représentation, croyance) – et un stimulus externe.

Pour vous faire comprendre, tentez de trouver en vous des réactions psychobiologiques déclenchées par un stimulus *a priori* neutre. Chez l'être humain, c'est assez facile à trouver. Pensez à un repas appétissant, et vous vous mettrez peut-être à saliver ou avoir déjà du plaisir ; pensez à la mort d'un proche et vous serez triste ; pensez à un coup de téléphone important que vous n'avez pas reçu à temps et vous serez fâché ! La pensée n'est pas l'événement mais elle rappelle cet événement.

Le chien associe facilement :

- Une douleur et la personne qui le soigne (et lui fait mal), comme le vétérinaire, le propriétaire forcé de refaire ses pansements.
- Une émotion et un endroit : l'approche de la forêt l'excite, l'approche d'un autre chien le rend querelleur.
- Une mise en appétit (salivation, contraction de l'estomac...) et une odeur alimentaire, ou un horaire de repas, ou un bruit de ciseaux à viande.
- Une pensée d'insécurité et toute personne qui entre dans sa bulle de sécurité.

Les émotions, pensées et activités neurovégétatives vont apparaître automatiquement en présence du stimulus extérieur conditionné.

Pavlov et le conditionnement salivaire

Au début des années 1900, l'équipe de Pavlov (1849-1936) met en évidence les mécanismes du conditionnement associatif. Avec Bechterev[3], il fonde une nouvelle discipline scientifique et philosophique : la réflexologie. Pour la petite histoire, c'est un assistant de Pavlov qui a remarqué que les chiens du laboratoire qui attendaient pour manger se mettaient à saliver à l'audition d'une sonnerie qui précédait de peu leur repas.

Le mécanisme de ce réflexe peut être découpé de la façon suivante :

Réponse physiologique (inconditionnelle)			
Présentation du repas		→	Salivation
Stimulus inconditionnel		→	Réponse inconditionnelle
Introduction du stimulus neutre en association avec la réponse inconditionnelle			
Présentation du repas	+ Sonnerie	→	Salivation
Stimulus inconditionnel	Stimulus neutre		Réponse inconditionnelle
Résultat de l'association : stimulus conditionnel et réponse conditionnée			
	Sonnerie	→	Salivation
	Stimulus conditionnel	→	Réponse conditionnée

CONDITIONNEMENT PAVLOVIEN DE LA SALIVATION

La sonnerie est un indice qui permet aux chiens de prévoir que le repas va être distribué. Cet indice engendre toutes les réactions physiologiques préparatoires à la digestion du repas, entre autres la salivation (visible), mais aussi les contractions de l'estomac, la production d'acide gastrique (invisible).

Cette expérience de laboratoire est réalisée au quotidien avec le chien familier. Quel est le chien qui n'accourt pas, salivant, lorsqu'il entend les bruits associés à la préparation de son repas – l'ouverture du frigo ou de l'armoire aux croquettes, le déplacement de son bol, le cisaillement des ciseaux à viande, l'ouverture de l'emballage du jambon !

Nature et fonctions du conditionnement classique

Le conditionnement classique (associatif) démontre que le chien associe des événements internes et externes ; cette association se fait dans ses cartes de catégorisation, avec un niveau 1 de représentation (voir « La cognition », page 304) et un niveau de croyance simple d'ordre 1, sans nécessité de conscience.

Il prépare l'organisme à réagir de façon plus rapide, plus automatique, plus adaptative à l'environnement.

Il y a 2 types de réponse conditionnée :

- La réponse conditionnée appétitive : recherche de l'événement plaisant : eau, nourriture, partenaire social, partenaire sexuel, etc.
- La réponse conditionnée aversive : évitement de l'événement déplaisant : médicament au goût désagréable, douleur, menace, insécurité, etc.

Le conditionnement associatif est à la base de nombreux procédés éducatifs, mais aussi de processus spontanés et de problèmes comportementaux liés à des préférences acquises.

Le conditionnement classique des éléments psychobiologiques

Tous les éléments psychobiologiques peuvent être classiquement conditionnés.

Le conditionnement des activités neurovégétatives

Les activités neurovégétatives, qui accompagnent les processus affectifs (émotions, humeurs) ou le stress, subissent le conditionnement au même titre que la réponse inconditionnelle primaire. Citons :

- Le conditionnement de la réponse cardiaque : accélération cardiaque (tachycardie) à la clinique vétérinaire (situation aversive), au retour des propriétaires (situation agréable), etc.
- Le conditionnement de la transpiration des coussinets : à la clinique vétérinaire, lors de manipulations, etc.
- Le conditionnement de la salivation : bruit associé à un repas appétissant, etc.

Le conditionnement des émotions et des humeurs

Les processus affectifs, comme les émotions et les humeurs, se conditionnent facilement :

- Réponse émotionnelle conditionnée : colère (irritation, querelle) à la vue d'un autre chien, peur (ou attrait) (à la vue du cabinet vétérinaire), tristesse au départ des propriétaires le matin, etc.
- Réponse thymique (de l'humeur) conditionnée : bonne ou mauvaise humeur à une heure précise de la journée suite à des événements répétitifs agréables ou désagréables s'étant déroulés à ces heures.

Le conditionnement des cognitions

Les processus cognitifs, tels que les représentations ou les croyances, sont aussi automatisés par association avec des événements :

- Représentation conditionnée : un repas à heure fixe entraîne non seulement une activation de la physiologie de la digestion, mais aussi des représentations du repas et du lieu du repas...
- Croyance conditionnée : après des soins douloureux, le chien a tendance à éviter son propriétaire : croyance que la personne cause la douleur (alors qu'il est associé à de la douleur causée par d'autres processus)...

Le conditionnement des perceptions

Les perceptions se conditionnent. C'est le cas, par exemple, de l'aversion gustative apprise, appelée aussi « effet Garcia » : refus de manger un aliment dans lequel a été camouflé un médicament amer ou qui a entraîné des vomissements ; il y a un conditionnement de l'émotion de dégoût, de la perception de dégoût et de la représentation de l'aliment.

Le conditionnement des activités partiellement (in)volontaires

Certaines activités, comme la miction, la défécation, les vomissements, sont des activités involontaires sur lesquelles peut agir la volonté ; il y a d'ailleurs un contrôle volontaire possible pour retarder ces comportements. D'autres activités neurovégétatives sont purement involontaires comme la salivation, la transpiration, le hérissement du poil. Citons :

- Le conditionnement de la miction à la demande (« fais pipi ») ou à la vue de ses lieux de toilette favoris.
- Le conditionnement de la salivation : un aliment ou un médicament amer entraîne une salivation abondante ; ensuite la moindre amertume ou même seulement l'aliment dans lequel était caché le médicament amer, entraîne une salivation dense.
- Le conditionnement des vomissements : un aliment qui a été suivi de vomissements peut être refusé ou, s'il est ingéré, s'accompagner de vomissements conditionnés.
- Le conditionnement de la transpiration : un contexte accompagné d'une émotion de peur avec inhibition et transpiration des coussinets peut entraîner un conditionnement de la transpiration même s'il n'y a pas de danger pour le chien (consultation vétérinaire, voyage en voiture).

Le conditionnement de l'immunité

Des recherches en immunologie humaine ont démontré que les réactions immunologiques, notamment allergiques, pouvaient être conditionnées[4]. De nombreuses expériences ont démontré le conditionnement allergique chez l'animal de laboratoire, mais je n'en ai pas connaissance chez le chien. Il n'y a pas de raison que l'immunité ne subisse pas de conditionnement chez le chien, notamment tout ce qui est en relation avec les états de détresse. Comme l'écrit Dantzer, « l'état physiologique d'un individu qui anticipe la survenue de quelque chose de désagréable est différent de celui d'un autre individu qui ne peut prévoir ce qui va lui arriver et son système immunitaire a de grandes chances d'en porter la trace[5] ».

Le contre-conditionnement classique

Le contre-conditionnement classique est un conditionnement classique d'un nouvel élément psychobiologique dans les mêmes contextes qui activaient une réponse psychobiologique antérieure.

Si un contexte déclenchait de la crainte, de la peur, de l'insécurité, on va proposer au chien de la joie, du jeu. Le chien qui détruit quand il est seul et qui est puni au retour des propriétaires anticipe la punition avec crainte et prend des postures basses pour apaiser les propriétaires, ce qui généralement entraîne des punitions redoublées. Si, à leur retour, les propriétaires lançaient des morceaux de saucisson et jouaient avec leur chien - qu'il ait détruit, souillé, ou non - le chien anticiperait un jeu, du plaisir et ses émotions anticipées changeraient, dans le même contexte de retour des propriétaires.

Le conditionnement opérant ou instrumental

L'apprentissage ou conditionnement opérant (ou instrumental) permet à l'animal d'agir sur son environnement et d'en tirer des avantages. Pour cela, l'animal doit mettre en place des croyances (même inconscientes) sur les causes des événements et, surtout, sur les conséquences de ses comportements (volontaires) sur l'environnement.

Qu'est-ce que le conditionnement opérant ?

On peut définir le conditionnement opérant par les caractéristiques suivantes[6] :

- L'animal exécute un comportement ; on parle généralement de comportement volontaire, on ne parle pas d'un élément psychobiologique involontaire (comme une émotion, une humeur ou une activité neurovégétative), ni d'un mouvement involontaire lié à une émotion (comme les halètements en cas de panique), mais bien de comportements intentionnels tels qu'un mouvement, une agression.
- L'exécution du comportement est suivie par l'apparition, le retrait ou l'élimination d'un stimulus ou d'un événement : le comportement est suivi de conséquences qui sont des modifications dans l'environnement, ce qu'on appelle l'effet, tel que l'apparition ou la disparition d'un événement agréable ou désagréable.
- Les effets du comportement sur l'environnement entraînent une modification de la probabilité de réapparition de ce comportement : les effets

agréables en augmentent la probabilité et les effets désagréables en réduisent la probabilité.

On ne parlera de conditionnement opérant que lorsqu'on aura vu les effets des conséquences de ce comportement sur son intensité (fréquence).

Prenons l'exemple d'un chien qui poursuit des joggers et des chiens ; la poursuite des joggers est généralement efficace (le jogger court plus vite) mais celle des chiens est plutôt infructueuse pour lui (le chien se retourne, le charge et le mord). Que va-t-il faire ? Notre chien va augmenter la probabilité de poursuivre des joggers et va diminuer la probabilité de poursuivre des chiens.

Parlons thérapie ! Un chien a tendance à agresser les autres chiens ; son propriétaire l'en empêche toujours ; il n'est jamais confronté réellement à l'autre chien, n'est jamais mordu, ne subit jamais de conséquences négatives ; son comportement insultant (aboiements, foncer sur l'autre chien) se renforce. Si on le garde à jeun et qu'on lui propose un morceau de saucisson chaque fois qu'il regarde son éducateur en présence d'un autre chien, il a le choix entre deux comportements : agresser le chien, et se retourner vers son éducateur ; le comportement le plus motivant l'emporte et se voit renforcé.

Nature et fonctions du conditionnement opérant

Renforcement et punition

Si on analyse l'évolution de la probabilité (la fréquence, l'intensité et le taux) du comportement, on observe 2 mécanismes :

- L'augmentation de la probabilité du comportement, appelée renforcement.
- La diminution de la probabilité du comportement, appelée punition.

Les termes utilisés, renforcement et punition, ont un sens précis en psychologie expérimentale, sens qui diffère quelque peu de ce qu'on entend en psychologie populaire, qui parle de récompense et de punition.

Si on analyse l'élément qui dans l'environnement a un effet sur la probabilité du comportement, c'est-à-dire l'élément – l'agent – renforçateur ou punitif, on observe 2 mécanismes lorsque le comportement est reproduit :

- L'agent réapparaît : on parle d'effet positif.
- L'agent disparaît : on parle d'effet négatif.

MÉCANISMES IMPLIQUÉS DANS LE CONDITIONNEMENT OPÉRANT

Probabilité du comportement	Apparition de l'agent	Disparition de l'agent
Augmentation : Renforcement = R	R +	R –
Diminution : Punition = P	P +	P –

On observe donc 4 situations :

- Le renforcement positif : le chien poursuit les joggers ; il est efficace et fait fuir les joggers ; la probabilité de la poursuite des joggers augmente ; la probabilité que l'agent (le plaisir de faire fuir le jogger) apparaisse, augmente.
- Le renforcement négatif : le chien a été poursuivi par un autre chien et s'est enfui, échappant à son agresseur ; la probabilité de la fuite augmente ; la probabilité que l'agent (le chien qui l'agresse) réapparaisse (à distance dangereuse), diminue.
- La punition positive : le chien a attaqué plusieurs fois un autre chien et a été mordu ; la probabilité d'attaquer l'autre chien est diminuée ; la probabilité que l'agent (la morsure) réapparaisse en cas de répétition du comportement (si l'attaque est récidivée) est augmentée.
- La punition négative : le chien chasse les oiseaux ; il est inefficace et n'en capture pas ; la probabilité de la chasse aux oiseaux diminue ; la probabilité que l'agent (l'oiseau) réapparaisse, diminue.

Voici des exemples :

- Le chien s'assied à la demande d'assis + il reçoit un biscuit = le chien s'assied plus souvent à la demande : R+.
- Le chien reste debout à la demande d'assis + il reçoit une claque = le chien s'assied plus souvent (et reste moins souvent debout) à la demande d'assis : R– (de l'assis), P+ de la position debout.
- Le chien prend un aliment à table + il reçoit une claque = le chien prend moins souvent un aliment à table : P+.
- Le chien recherche de l'attention en aboyant + il est isolé = le chien recherche moins l'attention en aboyant : P–.

Pour simplifier, on parle essentiellement de renforcement et de punition. Et l'évitement d'une punition entraîne le renforcement négatif du comportement réalisé. Par exemple, le chien tire à la marche en laisse ; l'éducateur donne un coup sérieux sur la laisse (et le collier étrangleur) ; le chien a mal ; il tire moins en laisse : tirer en laisse a été puni ; le chien tire moins en laisse : c'est un renforcement négatif de la marche au pied.

Contiguïté et corrélation entre comportement et effet

Si on approfondit quelque peu l'analyse des conditionnements opérants, on se rend compte que l'animal développe une croyance que son comportement a des effets sur l'environnement. C'est ainsi que j'ai défini la superstition (voir « La cognition », page 304). Les deux éléments, comportement et effets, sont corrélés. Cette corrélation n'est possible que si les deux éléments sont liés dans le temps. Cette liaison dans le temps varie en fonction du comportement.

Dans l'éducation du chien par l'homme (s'asseoir, donner la patte, se rouler sur le dos), la récompense doit arriver tout de suite et la durée entre les deux événements ne peut excéder quelques secondes.

Acquisition ou sélection de comportements

Le conditionnement opérant permet-il au chien d'acquérir de nouveaux comportements ou plus simplement de sélectionner des comportements spontanés ?

Le chien de laboratoire, placé dans une cage vide à l'exception d'un levier, va émettre des comportements spontanés divers, tels que grimper sur les parois, marcher de long en large, explorer les coins, pousser sur le levier. S'il est à jeun et que pousser sur le levier entraîne l'apparition d'un aliment appétissant, la probabilité de pousser sur le levier augmente. Dans ce cas, l'agent renforçateur permet au chien de sélectionner le comportement le plus efficace pour son bien-être. La répétition de l'expérience montre que le chien passe de moins en moins de temps à explorer la cage et de plus en plus de temps à pousser sur le levier. Il a de cette manière acquis un nouveau comportement, celui de la manipulation d'un objet, ce qu'il n'aurait pas eu l'occasion d'apprendre dans la nature.

Dans l'environnement humanisé, le chien se retrouve dans un milieu bien plus complexe qu'une cage de laboratoire. Il est sans cesse stimulé par des événements divers qui orientent son intérêt et ses motivations, en relation avec son état interne. Ses comportements sont spontanés, mais déclenchés par les stimuli de l'environnement. Ses comportements sont renforcés ou punis par leurs effets efficaces ou inefficaces. Une fois encore, ce sont les comportements spontanés qui sont sélectionnés ; en fait, ce sont les fractions efficaces des comportements qui sont sélectionnées. De cette façon, les comportements ont tendance à devenir plus efficaces avec l'expérience.

Particularités des récompenses

Je m'éloigne intentionnellement du vocabulaire scientifique pour aborder quelques notions de psychologie populaire, à savoir les récompenses et les punitions, dans le cadre de la théorie de l'apprentissage.

Renforcements et récompenses

L'idée de récompense est très anthropomorphisée : c'est ce que l'on donne à un enfant lorsqu'il a « bien fait », c'est ce que l'on s'offre lorsqu'on est content d'avoir bien fait quelque chose. Il y a une notion de mérite. Il y a aussi l'intention de récompense conditionnelle en promettant à quelqu'un une récompense : « Si tu..., je te donnerai... »

Tout cela est utilisable avec le chien et est fonctionnel. On peut montrer un morceau de jambon à son chien, le mettre à 30 cm au-dessus de sa tête afin qu'il se lève sur ses pattes postérieures et lui laisser capturer la friandise tout en prononçant un mot-code, afin d'associer la posture prise, l'ordre (le mot-code) et la récompense. C'est une façon de soudoyer – d'acheter une activité particulière de – son chien. C'est efficace et c'est naturel.

L'agent renforçateur, la récompense, est externe (une récompense, comme un aliment appétissant) ou elle est interne (comme l'amélioration du bien-être, la stimulation des centres de plaisir, la réduction de stimulation des centres de déplaisir). Tout fonctionne avec les centres de plaisir et de déplaisir ; le moindre comportement est influencé par ces systèmes de valeurs, la satisfaction de ses besoins, ses plaisirs et ses désagréments (déplaisirs).

Quelle récompense ?

N'importe quoi peut être une récompense, du moment que cela entraîne plus de comportement.

On a trop souvent tendance à définir la récompense par des critères humains, anthropomorphiques, et dire : une récompense, c'est une caresse, un aliment, dire « c'est bien », dire « bon chien », caresser le chien après une obéissance. C'est vrai et c'est faux. Tous ces stimuli peuvent être des récompenses, et tous peuvent ne pas en être. Tout va dépendre des effets qu'ils ont sur le comportement. La récompense est qualifiée uniquement par son efficacité.

Alors revenons un court moment à la psychologie expérimentale. Aucun animal de laboratoire à qui on apprend des trucs inouïs et bizarres ne travaille gratuitement. Seuls vous et moi pouvons travailler gratuitement, mais pas sans valorisation ; il y a une valorisation morale, éthique, à faire du travail bénévole ; mais sans valorisation, ce travail ne s'effectue plus.

La seule récompense est celle qui est efficace pour augmenter l'incidence d'un comportement.

Quelle sera la récompense, le stimulus efficace, pour votre chien ?

Généralement, la récompense est une gratification qui sort de l'ordinaire : une caresse ne suffit pas, un morceau de fromage, du saucisson, peut s'avérer très efficace si le chien « produit plus de comportement » pour cette gratification.

Il y a plusieurs types de récompenses :

- La récompense consommable, alimentaire : une petite bouchée d'un aliment extraordinaire (surtout si le chien a faim).
- La récompense sociale et affective : une attention sociale extraordinaire (une caresse pour un chien qui n'est jamais caressé, un regard pour un chien qui n'est jamais regardé).
- La récompense activité : un jouet, une balle de tennis, pour autant que cela focalise l'attention du chien et le fasse réaliser des prouesses.
- La récompense possession : obtention d'un objet, du contact privilégié avec une personne.
- La récompense symbolique : renforcements de second ordre (voir « Le renforcement positif de premier et de second ordre », page 338).

Récompenser avec quelle technique ?

La récompense, administrée systématiquement après chaque réponse (obéissance), permet d'apprendre rapidement un comportement. Administrée de façon intermittente, une fois sur deux, une fois sur trois ou quatre, au hasard, la récompense permet de mémoriser le comportement (codé) appris.

En psychologie expérimentale[7], on dit que :

- Les réponses renforcées de façon continue s'acquièrent plus facilement que les réponses renforcées de façon intermittente.
- Les réponses renforcées de façon intermittente résistent plus facilement à l'extinction que les réponses renforcées de façon continue (elles sont mémorisées à plus long terme).

Il y a donc deux étapes dans l'utilisation des récompenses :

- Au départ, chaque fois que le chien à obéi.
- Ensuite, quand le chien connaît le code, de temps en temps, au hasard, quand le chien a obéi.

Il est donc faux de penser qu'un chien que l'on récompense n'obéira plus si on ne le récompense plus.

Récompenser à quel moment ?

La récompense doit survenir juste après l'acte, la partie d'acte, à récompenser.

Si vous désirez que le chien s'assoie à l'ordre « assis », il faut récompenser quand il s'est assis, juste après. Si vous attendez une minute de plus, ce n'est pas « assis » que vous récompenser mais l'acte précédant la récompense, c'est-à-dire « rester assis » si le chien est resté en place sans bouger, ou « se lever » si le chien s'est déjà mis debout.

De même, si vous désirez récompenser une élimination sur un carré d'herbe dehors (alors que le chien urinait dans la maison, par exemple), il ne faut pas attendre d'être de retour à la maison, après 5 minutes, pour récompenser le chien et lui dire « c'est bien d'avoir uriné dehors », c'est immédiatement après la bonne action qu'il faut le récompenser.

Faut-il récompenser pendant l'acte ?

On pourrait récompenser pendant un comportement, mais alors c'est la partie de l'acte qui précède la récompense qui est renforcée, et non l'acte au complet. Pour une élimination, la séquence ne peut pas être divisée, et c'est après l'acte que l'on récompense. Pour une séquence complexe, on peut récompenser progressivement des actes de plus en plus échafaudés, de plus en plus complets. Si on désire que le chien se couche, ensuite s'assoie, se recouche à nouveau, se mette sur le dos, tourne sur le dos, se relève et se rassoie, on peut récompenser séparément chaque acte, ensuite les mettre en séquence, ensuite récompenser les actes plus compliqués avant de se limiter à ne récompenser que la séquence complète. On appelle cela du façonnement (*shaping*) (voir « Le façonnement », page 349).

Le renforcement positif de premier et de second ordre

Le renforcement positif de premier ordre est cet élément intéressant et recherché (agréable, appétitif) qui apparaît ou est ajouté lorsque le comportement désiré est effectué. Ce peut être, nous l'avons vu, de la nourriture, un contact, des félicitations, une attention, l'accès à un jouet, etc. Ce que démontre la psychologie expérimentale, c'est que ne sont efficaces que les renforcements extraordinaires, c'est-à-dire ceux qui sortent de l'ordinaire de l'animal (et qui seront ainsi très motivants). Dès lors, est extraordinaire et fait office de récompense :

- La caresse pour le chien qui n'est jamais caressé et qui est en demande d'attention.
- Les félicitations avec une voix chaleureuse pour le chien qui est en demande d'amour.
- L'aliment ordinaire pour le chien affamé.
- L'aliment spécial pour le chien nourri.
- Le jouet pour le chien en demande de jeu.

Ne seront correctement récompensés par une caresse et des félicitations vocales que les chiens de chenil, les chiens mal aimés, les chiens en manque d'affection. Les chiens de famille ne seront pas gratifiés par ce type de récompense, il leur faudra des stimulations plus extraordinaires.

Un renforcement positif de second ordre (secondaire) est un élément symbolique qui a été associé à un renforcement de premier ordre et signale l'arrivée du renforcement de premier ordre.

Ordre à obéir	**Obéissance**	**Récompense 1er ordre extraordinaire**	**Récompense 2nd ordre symbolique**
« assis »	le chien s'assied	biscuit	–
« assis »	le chien s'assied	biscuit	« c'est bien »
« assis »	le chien s'assied	–	« c'est bien »

Le « c'est bien » est devenu une récompense symbolique.

Voici d'autres récompenses symboliques : les claquements de lèvres, les mots symboliques « bon chien », les « clics » (clicker) et les sifflements qui ont été associés avec une vraie récompense extraordinaire dans l'éducation de l'animal.

Le renforcement négatif

En cas de punition, un comportement voit sa probabilité se réduire. Cependant, le chien ne fait pas rien : pour éviter ou échapper au stimulus punitif, il émet un comportement de distancement. Ce comportement voit sa probabilité augmenter ; il est donc renforcé. Dès lors, le stimulus punitif apparaît moins souvent ; on parle de renforcement négatif (du comportement d'échappement et d'évitement).

Les chiens de travail

Il est écrit dans certains règlements officiels qu'un chien de travail risque d'être exclu d'une épreuve de brevet si le conducteur lui présente de la nourriture ; mais ce chien peut être récompensé, sans faire appel à des objets, jouets... mais seulement entre les exercices.

On ne peut que se féliciter de voir mentionner l'utilisation de récompenses, mais étant donné les nombreuses exclusions – nourriture, objets, jouets... –, que reste-t-il comme récompense permise et/ou efficace ? Les félicitations verbales, les contacts tactiles et les caresses, les sifflements, onomatopées, et autres productions vocales, la bonne humeur du conducteur... (dont on a vu qu'ils ne sont efficaces que sur des chiens en manque d'affection sociale).

De plus, ces récompenses ne peuvent être administrées après l'acte mais seulement entre les exercices, donc à distance de l'acte à récompenser. Quelle est encore leur efficacité ?

Les chiens de travail devraient suivre le même protocole que tous les chiens et obtenir :

- D'abord des récompenses de premier ordre continues.
- Ensuite des récompenses de premier ordre intermittentes, associées à des récompenses de second ordre continues.
- Enfin des récompenses de second ordre intermittentes.

Particularités des punitions

La punition est aversive et immédiate

L'idée de punition est aussi très anthropomorphisée[8] : c'est l'élément (que l'on croit désagréable) infligé à un enfant ou l'élément (que l'on croit) agréable qu'on lui enlève lorsqu'il a fait quelque chose de mal (c'est-à-dire qui ne convient pas à notre éthique ou à notre demande de parent [qui sait mieux que l'enfant ce qui est bon pour lui]). Les mots entre parenthèses sont importants ; ils font référence à nos croyances. En fait, la punition devrait faire référence aux croyances de l'individu qui est puni.

La punition entraîne une réduction de probabilité d'un comportement, c'est tout et c'est très simple. La punition active les centres du déplaisir et le chien va éviter cela pour conserver son bien-être.

Par exemple : un chien poursuit les joggers ; un jogger s'arrête, fait face au chien, et lui met du spray au poivre dans la figure. Le chien est puni ; la probabilité d'attaquer les joggers est réduite ; ou du moins la probabilité de rester à proximité du jogger, s'il s'arrête, est réduite (risque de punition) ; tandis que la probabilité de poursuivre le jogger qui court plus vite peut être accrue (renforcement positif), si le chien (comme un chien de berger) a un besoin instinctif de poursuivre.

Toutes les émotions aversives peuvent être punitives, telles que la douleur, la peur, la colère, le dégoût. Tous les événements, les contextes ou les individus liés à ces punitions sont englobés dans la punition.

Une des particularités de la punition est qu'elle ne supprime jamais un comportement tout à fait, elle n'en ramène pas la probabilité à zéro. Tout dépend des facteurs de motivation. Punir un comportement motivant réduit sa probabilité mais la motivation est toujours là, sous-jacente, prête à faire surface et à activer un comportement de curiosité et d'exploration. Il est vraiment important de considérer que la motivation pour un comportement ne peut être réduite que si on donne une alternative intéressante à l'animal. Le chien qui poursuit les joggers même sans les attraper va continuer parce qu'il y a autosatisfaction du besoin de poursuivre, le comportement de poursuite est autorécompensé. Pour que ce soit efficace, il faut proposer au chien une alternative (plus) motivante à son besoin de poursuivre.

Pour résumer, pour être efficace, une punition doit :

- Être aversive.
- Être immédiate.
- Être systématique.
- Être permanente et continuelle.
- Être corrélée au comportement ou à la séquence spécifique du comportement.
- Permettre la réorientation et l'expression de la motivation par un comportement analogue.

Il est regrettable de constater que la plupart des punitions utilisées par l'humain (en laboratoire, en éducation familiale, en cours d'éducation) ne respectent pas les conditions énumérées ci-dessus et entraînent souvent des états de détresse chez le chien puni. C'est le cas si nous nous mettons en colère devant un chien qui s'est comporté de façon qui ne nous convient pas ; le chien ne peut échapper à la colère envahissante du propriétaire.

Quelle punition ?

La punition est définie par la réduction du comportement

N'importe quoi peut être une punition, du moment que cela réduit l'incidence du comportement.

On a trop souvent tendance à définir la punition par des critères humains, anthropomorphiques, et dire : une punition, c'est une claque, un coup de journal sur le dos, dire « c'est mal », dire « mauvais chien », frapper le chien après une désobéissance, secouer une boîte en fer pleine de cailloux...

C'est vrai et c'est faux. Tous ces stimuli peuvent être des punitions, et tous peuvent ne pas en être. Tout va dépendre des effets qu'ils ont sur le comportement. La punition est qualifiée uniquement par son efficacité (pour réduire l'expression d'un comportement volontaire).

En laboratoire, un animal est puni par des stimuli spécifiques, comme des chocs électriques, c'est-à-dire une stimulation désagréable, voire douloureuse, qu'il n'aura pas envie de ressentir à nouveau. Il évitera les circonstances et les comportements qui engendrent cette punition.

La seule punition est celle qui est efficace. Mais attention ! l'efficacité doit être réelle sur le comportement sans casser le lien d'attachement, sans créer des émotions négatives de longue durée. Donc, la seule punition est celle qui est efficace sur le comportement spécifique, sans influencer l'affectif, l'affection et la relation.

Quelle punition ?

Il y a plusieurs types de punition :

- Un contact désagréable ou douloureux : une intervention qui atteint le chien dans son corps : une claque sur le nez, sur la face, sur les oreilles, une prise en main de la peau de la nuque avec abaissement du chien vers le sol. Par extension : une claque, un coup avec un objet, une violente traction de laisse sur le collier étrangleur, une décharge électrique par un collier.
- Une expression vocale et ritualisée : un grognement de menace et, par extension, une engueulade, un « non » avec une voix forte et grave.
- Un stimulus social et affectif : un retrait social, une mise « hors jeu », hors du groupe, en isolement temporaire (pour un chien qui recherche la compagnie sans arrêt).
- Une intervention symbolique : punition de second ordre (voir « La punition de premier et de second ordre », page 343).

Si, pour récompenser, on avait un double choix entre systématique-continu et intermittent-aléatoire, on n'a pas ce même choix avec la punition. La punition aléatoire ne fonctionne pas bien. La punition doit être systématique et continue.

L'efficacité de la punition est directement en proportion avec l'intensité et la durée du stimulus punisseur. Cependant la punition est d'autant moins efficace que le délai d'application du stimulus punisseur est long.

Le moment de la punition

La punition, administrée systématiquement pendant un acte fautif ou intolérable, en flagrant délit de mauvaise action, est la seule efficace.

Pour une punition éducative, il faut :

- Punir pendant l'acte délictueux (1 seconde après l'acte, c'est trop tard).
- Punir sans colère (la colère engendre peur ou irritabilité).
- Punir sans rien dire, sauf « non ».

- Punir physiquement : les chiens se mordent le cou et les oreilles, c'est très efficace, mais pas toujours pratique. Alors empoignez votre chien par la peau du cou et forcez-le à se coucher.
- Après la punition, toujours proposer une activité alternative, à récompenser.

Pourquoi faut-il punir le plus vite possible ?

Dans les cas où le chien émet des comportements productifs, comme tirer sur la laisse, aboyer, ronger un meuble, etc., il est dans un état d'excitation croissante. Plus la punition est tardive, plus il faudra d'énergie pour contrer celle du chien. Si une claque suffisait pour stopper le comportement en début de séquence, il est possible qu'au milieu ou en fin de séquence, cette même claque ne soit pas plus du tout ressentie comme punitive, mais juste comme irritante et qu'elle amplifie l'excitation du chien, aggravant le problème.

L'intensité de la punition

C'est un procédé courant et inefficace que d'augmenter progressivement l'intensité de la punition : on dit « non », on crie, on donne une petite claque sur le dos, ensuite on prend un journal, on frappe et on hurle. La punition d'intensité progressive est inefficace. En fait, l'excitation du chien monte en symétrie. C'est à celui qui ira le plus haut et le chien est presque sûr de gagner.

Il faut donc commencer par une punition d'intensité correcte, assez forte, suffisante pour stopper net un comportement. Ensuite, des interventions de plus en plus modérées (voire symboliques) seront suffisantes.

Peut-on frapper un chien ?

Une claque retentissante est parfois bien salutaire. Encore faut-il que la claque ne soit pas une caresse, car elle pourrait devenir récompense. Il faut donc l'adapter à l'âge, au gabarit et à la personnalité de votre chien.

Par contre, frapper un chien d'un bâton, d'un journal n'est guère utile. Punir ne sert pas à se défouler, ou à se libérer de sa colère, même à faire mal dans l'intention de faire mal. Punir est éducatif. Une claque sur le museau, retentissante mais peu douloureuse, sera efficace parce que surprenante, immédiate et désagréable.

Peut-on punir un chien de la main ? Les chiens se lèchent et se mordent avec la même gueule. Dès lors, vous pouvez sans crainte caresser et corriger de la même main. Le chien le comprendra très bien.

La punition par objet interposé

L'homme est un être technologique. Il n'est pas étonnant qu'il ait inventé des technologies pour punir.

La trappe à souris

C'est un engin d'utilisation variable. Une fois enlevé le crochet qui pourrait blesser, la trappe devient un objet inoffensif pour des chiens de plus de 5 kg.

Réparties autour d'un objet à protéger, les trappes viendront pincer la patte ou le museau du chien qui s'en approche. C'est une façon d'apprendre à un chien à ne pas voler le steak sur la table de cuisine. La trappe a cette élégance qu'elle ne nécessite pas votre présence et permet à l'objet défendu de se protéger tout seul. Attention, certains chiens s'amusent à faire sauter les trappes.

Le collier électrique

Le chien porte un boîtier autour du cou. Qu'il soit déclenché par l'aboiement du chien (collier antiaboiement) ou par une télécommande dans les mains de l'éducateur, c'est une technique dure et violente, qui ne respecte pas mon éthique.

Si l'intensité est trop faible, l'excitation ou l'agressivité du chien augmente. Le propriétaire s'attend aussi à avoir un effet immédiat du type tout ou rien, alors que la punition agit parfois en réduisant un comportement progressivement ; le propriétaire intensifie alors la décharge. Si l'intensité est trop forte, le chien développe des peurs paniques aux endroits où il a reçu une décharge.

Une question importante est de savoir ce que le chien associe à la douleur de la décharge électrique. Si le chien aboie sur des enfants, la douleur sera-t-elle associée à la désobéissance de l'éducateur qui disait « non » pour le faire taire ou à l'enfant ? Et l'aboiement ne risque-t-il pas de se transformer en attaque ? Cela s'est vu en clinique.

Le collier-spray éducatif

Le chien porte un boîtier autour du cou. Qu'il soit déclenché par l'aboiement du chien (collier antiaboiement) ou par une télécommande dans les mains de l'éducateur, c'est un système qui envoie un jet d'air comprimé sur le menton du chien, le distrait ; le chien devient alors réceptif à un ordre de la part de son éducateur (dont l'obéissance sera récompensée). Le chien doit donc impérativement être mis dans un processus d'apprentissage différentiel.

La clôture invisible

Un fil est enterré autour de la propriété. Quand le chien s'approche de ce fil, un son se fait entendre. S'il continue et va franchir le fil, il reçoit, au niveau d'un collier spécial, un spray d'air ou une décharge électrique (suivant le modèle). Ce double processus : annonce de la punition et punition réelle, est un processus efficace... pour certains chiens. D'autres tendent les muscles et courent au-delà du fil.

La punition de premier et de second ordre

La punition de premier ordre est réelle, physique, désagréable et, surtout, efficace.

Une punition de second ordre (symbolique) est un élément symbolique qui a été associé à une punition de premier ordre et signale l'arrivée de la punition de premier ordre.

Ordre à obéir	Désobéissance	Punition de premier ordre	Punition second ordre symbolique
Marcher en laisse	Le chien tire	Traction brusque sur la laisse	-
Marcher en laisse	Le chien tire	Traction brusque sur la laisse	« Non »
Marcher en laisse	Le chien tire	-	« Non »

Le « non » est devenu une punition symbolique.

Voici d'autres punitions symboliques : les claquements de lèvres, les mots symboliques « mauvais chien », les sifflements qui ont été associés avec une vraie punition dans l'éducation de l'animal.

Les effets temporaires des punitions

On a longtemps pensé que si la récompense renforçait un comportement à long terme, la punition agissait, elle aussi, à long terme. Ce n'est pas le cas. La punition n'est pas une symétrie, négative, de la récompense.

La punition n'est pas efficace à long terme.

La répétition des punitions n'est pas efficace à long terme.

Pourquoi ? Parce que la punition n'a jamais appris de nouveaux comportements, de nouvelles stratégies. Le chien qui est limité dans la production de ses comportements ne pourra rien faire d'autre que de les répéter, de récidiver, tant qu'il n'a pas appris à se comporter autrement, à se comporter mieux.

Une question d'éthique

L'éthique est ce code de morale, de bonne vie et mœurs, que chacun se doit d'avoir. L'éthique peut être personnelle, professionnelle, institutionnelle. Ce sont ces règles de morale que l'on impose à soi, à son travail, à son institution.

À chacun de définir son éthique, face à la punition. Le monde occidental a basé ses techniques d'apprentissage sur la coercition et la punition.

Mon éthique est l'apprentissage différentiel, c'est-à-dire qui utilise avec discrétion récompenses et punition. Je propose d'utiliser la punition à 20 % et la récompense à 80 %. C'est mon éthique – parce que je n'arrive pas à 100 % de récompense[9] – et c'est efficace.

L'apprentissage aversif

L'être humain a tendance à utiliser des techniques aversives pour apprendre et changer. C'est probablement inscrit dans l'humanité, comme une violence intrinsèque : 80 à 90 % des enfants sont ainsi frappés pour des raisons éducatives, avec la tolérance des tribunaux[10]. Cela n'est toutefois pas inéluctable : il suffit de prendre conscience de cette violence et des techniques éducatives alternatives.

Il y a plusieurs méthodes aversives :

- La punition positive : application d'une conséquence aversive, voire douloureuse.
- La punition négative : retrait de conséquences positives et désirables.
- Le renforcement négatif de l'évitement et de l'échappement : les comportements qui permettent d'éviter ou d'échapper à un stimulus désagréable sont (auto)récompensés par le retrait du désagrément (douleur).

Comme l'apprentissage aversif se fait sans respect des règles de la punition, à savoir sans colère ni agression, il entraîne une réaction émotionnelle chez le chien de type peur, colère ou dégoût du punisseur. Il entraîne une rupture affective.

Dans l'ensemble des techniques aversives, les claques et les coups de pied sont les préférées (43 %). Viennent ensuite l'engueulade et le grognement (41 %), la force physique pour reprendre un objet de la gueule du chien (39 %). On peut aussi retourner le chien sur le dos (31 %), fixer le chien dans les yeux (30 %), plaquer le chien sur son flanc (29 %) ou attraper le chien par la joue ou la nuque et le secouer (26 %).

Ces techniques entraînent des réactions agressives de la part de 25 % des chiens[11].

Il est urgent de reconsidérer les méthodes éducatives et de s'orienter vers le renforcement positif.

Le contre-conditionnement opérant

Le contre-conditionnement opérant est le conditionnement d'un nouveau comportement alternatif dans le même contexte déclencheur.

Si le chien présente une agression de distancement avec des chiens ou des gens, il suffit de lui proposer de regarder son éducateur (propriétaire) dans le même contexte et de récompenser ce regard.

Il faut environ 500 à 1 500 répétitions pour voir apparaître un nouveau conditionnement opérant.

Le double conditionnement

Les effets des renforcements et des punitions sont le résultat d'un double processus de conditionnement, l'un pavlovien, l'autre instrumental. Chaque comportement est sous-tendu par des émotions et des cognitions (élément psychobiologique).

Si on se reporte aux éléments psychobiologiques d'un individu, on comprend aisément que :

- Les actes moteurs (comportements volontaires) subissent l'effet du conditionnement opérant.
- Les émotions, cognitions, réactions neurovégétatives subissent l'effet du conditionnement pavlovien (classique, associatif).

Il est impossible de trouver un seul comportement qui ne subisse pas l'effet du double conditionnement.

Un stimulus aversif (SI, stimulus inconditionnel) entraîne une émotion de crainte ou de peur. Celle-ci active les réactions d'échappement ou d'évitement. Le conditionnement pavlovien facilite l'anticipation des situations aversives (SN [stimulus neutre] devenant SC [stimulus conditionnel]) et active l'émotion de crainte ou de peur (RC [réponse conditionnée]) qui précipite les comportements d'évitement.

L'apprentissage par imprégnation (empreinte)

L'imprégnation, étudiée lors du développement du chiot (voir « Le développement du chiot », page 136), est un processus d'apprentissage précoce et complexe. Il s'agit d'une période d'intégration de catégorisations et de conceptualisations, entre autres, les concepts d'identité, d'ami et d'étranger, de référentiels, de contextes connus et nouveaux.

Cette période d'imprégnation et de socialisation primaire est une phase extraordinaire sur le plan psychomoteur et psychologique. Cette forme d'apprentissage donne un crédit supplémentaire au modèle des cartes perceptives et de catégorisation (voir « La cognition », page 304). Cet apprentissage est très rapide et doit être lié à un support anatomophysiologique, à un réseau de cellules nerveuses établissant des cartes et des réseaux.

L'empreinte est un processus qui restreint les préférences sociales à une classe spécifique d'objets[12]. Elle possède quatre caractéristiques essentielles :

- L'empreinte se déroule pendant une période critique.
- L'empreinte sociale en bas âge possède une influence sur le comportement à l'âge adulte (notamment le comportement sexuel).
- Les effets de l'empreinte sont (quasi) irréversibles.
- L'empreinte permet une connaissance des caractéristiques supra-individuelles de l'objet d'empreinte, c'est-à-dire des caractéristiques générales de la classe à laquelle appartient l'objet.

On parle d'empreinte et de période critique chez les oiseaux parce qu'elle dure quelques heures ; on parle d'imprégnation et de période sensible chez le chien parce que cette phase dure quelques semaines.

Que ce soit chez les oiseaux ou les mammifères, l'empreinte (l'imprégnation) a des effets sur les comportements adultes, sociaux et sexuels, et sur l'habituation au milieu de vie.

On a beaucoup insisté sur l'irréversibilité de l'empreinte chez le canard ou l'être humain. On a appliqué cette caractéristique au chien, avec un bonheur mitigé. Étant donné que le chiot peut s'imprégner à plusieurs espèces, on observe des différences dans la qualité de la permanence et l'irréversibilité de cet apprentissage. L'empreinte intraspécifique est plus irréversible que l'empreinte interspécifique. L'empreinte des parents biologiques est optimale : elle est donc plus complète et plus irréversible que l'empreinte à des sujets différents.

Un chien imprégné aux chiens devient chien dans l'âme, mais accueille certains humains comme amis et familiers. Un chien uniquement imprégné aux humains a d'énormes difficultés à s'identifier à l'espèce canine et, s'il le peut, le processus ne sera que partiel. Un chien uniquement imprégné aux chiens peut, dans certaines circonstances, développer des comportements sociaux avec des humains. Un chien bien imprégné aux humains dans le jeune âge peut perdre cette imprégnation sociale et perdre le concept d'humain-familier ou d'humain-ami.

L'irréversibilité est d'autant moins observable que l'espèce à laquelle le chien est imprégné est distante de la sienne.

L'apprentissage par imitation

De l'observation à l'imitation

Il y a apprentissage par observation (ou imitation) lorsque l'animal, après observation d'une certaine séquence d'événements se déroulant pour un congénère (ou un autre individu) (apparition de stimuli, exécution d'un comportement, distribution d'agents attractifs ou aversifs), modifie ses comportements en présence des stimuli comparables[13].

L'apprentissage par observation nécessite une observation, une mise en mémoire, un décodage des séquences (y compris des causes, des motivations, des actes moteurs et des conséquences), une motivation de répétition, et une reproduction motrice du comportement observé. Cette reproduction est imparfaite et s'améliore par essais et erreurs et conditionnement opérant (renforcements et punitions). Pour qu'il y ait motivation, il faut que le chien infère que l'observé tire un bénéfice de ce comportement. L'ensemble de ce processus nécessite un niveau cognitif élevé sans pour autant exiger une prise de conscience !

Pour des raisons historiques, l'apprentissage par observation est aussi appelé apprentissage social[14], vicariant (ou sans essai), par démonstration, par empathie ou à partir de l'expérience d'autrui.

Démonstration scientifique

Le chien est-il capable de modeler son comportement sur celui d'autrui ?

Nous savons depuis l'étude de l'empathie que la réponse est « oui ».

Les propriétaires qui ont plusieurs chiens ont pu observer qu'un chien invente un jeu et comment les autres l'imitent. Il en est de même pour la recherche d'aliments dans les endroits où les gens les cachent (armoires, frigidaire).

Il existe de nombreuses expériences de laboratoire mettant en évidence chez le chien l'apprentissage par observation. On a montré l'apprentissage du nom de certains objets seulement en observant des personnes parlant et manipulant l'objet[15] ; la récompense dans cet apprentissage est l'obtention de l'objet lui-même et non la nourriture. Le chien peut également déceler des indications juste en observant les gestes ou le regard des personnes et, cela, mieux que le chimpanzé.

Le chien est capable de voir un chien « modèle » appuyer de la patte sur un levier pour obtenir de la nourriture et, ensuite, appuyer lui-même sur le même levier pour obtenir le même résultat. Si le chien modèle a une balle en gueule, les chiens observateurs utiliseront leur gueule pour tirer le levier ; si le chien modèle n'a rien en gueule, les chiens observateurs utilisent de préférence leur patte pour appuyer sur le levier[16]. Les chiens démontrent non seulement la capacité d'imiter, mais aussi d'inférer.

Des chiots de 9 à 12 semaines apprennent plus facilement à détecter des narcotiques à l'âge de 6 mois s'ils ont pu voir leur mère exercer ce comportement[17]. Ceci démontre que l'imitation (ou une pré-imitation) est mémorisée inconsciemment mais efficacement. Cela prouve aussi qu'on devrait changer les méthodes d'apprentissage des chiens d'assistance et les exposer très tôt, déjà en période d'imprégnation, non seulement aux contextes dans lesquels ils devront vivre une fois adultes, mais aussi à l'observation des comportements spécifiques qu'ils devront apprendre.

Pour un apprentissage efficace et éthique

Philosophie de l'apprentissage efficace

Si vous avez lu ce chapitre dans sa totalité, vous aurez compris que, pour être efficace à court et à long terme, l'apprentissage doit respecter le chien dans ses émotions et ses cognitions.

L'apprentissage le plus efficace est le suivant :

- Renforcement positif : le chien a une récompense (un salaire).
- Mode ludique : tout s'apprend par le jeu et la bonne humeur[18].
- Système gagnant-gagnant : le chien et son guide (éducateur) gagnent tous les deux.

Le conditionnement des actes spontanés

La façon la plus simple et la plus rapide d'apprendre des trucs à son chien est de renforcer les comportements spontanés et de façonner les séquences d'actes.

Le chien s'assied, on en profite pour dire « assis » et récompenser. Quelques répétitions suffisent pour intégrer le code, la demande. Il en est de même pour tous les comportements simples.

Si on désire que le chien passe entre les jambes de l'éducateur, il suffit de motiver ce comportement, par exemple en proposant du saucisson au chien et en guidant son comportement, on donne le code et on récompense.

C'est la même chose si le chien doit apprendre à regarder (les yeux de) son éducateur plutôt qu'un stimulus extérieur (chien, personne, jogger) ; il suffit de lui présenter quelque chose d'appétissant devant la truffe, de l'orienter vers soi ; le chien suit l'aliment du regard jusqu'à ce qu'il croise le regard de son éducateur ; on associe le code « regarde-moi » et on récompense le chien.

Le façonnement

Quand on veut apprendre à un chien une séquence d'actes, on peut découper la séquence en comportements simples, que l'on apprend par conditionnement ; ensuite, on commence la séquence et on ajoute un élément à chaque fois ; la récompense est donnée à la fin de chaque séquence intermédiaire.

Par exemple vous pouvez apprendre à votre chien à s'asseoir, se coucher, se relever, passer entre vos jambes, s'asseoir, se coucher, se rouler sur le dos, faire le mort, se remettre debout, tout cela avec un seul code. Bien entendu, il aura fallu lui apprendre chaque élément séparément et, ensuite, la séquence élément par élément, jusqu'à la séquence complète.

Pour apprendre au chien à jouer au Frisbee, c'est la même procédure. Si votre chien a déjà appris le rappel et le rapport, tout ce qu'il vous reste à faire est de l'intéresser au Frisbee, de le lui faire saisir au bond et d'accroître progressivement la distance de lancer. Voici un exemple de procédure :

- Agiter le Frisbee devant le chien jusqu'à ce qu'il le saisisse en gueule.
- Lancer le Frisbee à un mètre jusqu'à ce que le chien le saisisse au vol.
- Lancer le Frisbee à deux mètres jusqu'à ce que le chien le saisisse au vol.
- Augmenter la distance de jet du Frisbee, tout en veillant à ce que le chien réalise la séquence adéquatement.

En un rien de temps, vous avez un chien qui court 20-30 mètres, ou plus, et se saisit d'un Frisbee après avoir effectué un saut très esthétique.

La capture du Frisbee, un sport amusant.

Le clicker training

Le clicker training[19,20,21] est un renforcement positif symbolique.

Le « clic », produit par un cliquet (*clicker*) est associé à une récompense alimentaire. Le « clic » est émis au moment (précis) où le chien exprime un comportement à récompenser ; il est suivi rapidement d'une récompense alimentaire. Le

« clic » pointe le moment où le chien réalise ce qu'on attend de lui ; il est ainsi dissocié de la récompense alimentaire qui vient après.

Histoire du clicker training

En entraînant les dauphins à sauter dans une piscine, il a fallu trouver un système qui disait au dauphin qu'il « faisait bien », à distance, puisqu'on ne pouvait pas lui donner de récompense (un poisson) à ce moment. Le « clic » a permis au dauphin de savoir qu'il faisait ce qu'on attendait de lui ; ensuite il revenait vers le bord où l'éducateur lui donnait un poisson.

L'effet cognitif du clic

Le clic signifie : « Une récompense arrive en raison du comportement que tu viens de produire. »

Comme le clic n'est pas accompagné de paraverbal, il donne (contrairement à la voix) toujours le même message quelle que soit l'émotion de l'éducateur.

Le timing du clic

C'est le timing qui indique au chien le comportement qui est récompensé. C'est comme si on prenait une photographie. Le chien s'assied ; il est assis : « clic » ; pas une seconde après ou avant, sinon la photo risque d'être floue. Et comme le chien peut bouger de plus de 10 mètres par seconde, le timing doit être très précis.

Comment fait-on ?

Le chien produit un comportement, par exemple un « assis ». Dès qu'il s'assied, « clic ». La procédure est répétée jusqu'à ce que le chien comprenne bien et répète sans faute le comportement cliqué.

Ensuite, l'éducateur introduit le code (le *cue* en anglais), dans ce cas le mot « assis » pour associer le comportement et le code. Quelques répétitions, et c'est en mémoire.

Une fois le comportement appris, il n'a plus besoin d'être cliqué ni récompensé par de la nourriture, sauf occasionnellement, pour le garder en mémoire.

Le reste est affaire de pratique, de préférence avec un bon entraîneur.

Les troubles de l'apprentissage

De nombreux chiens apprennent mal ce que leur demande leur propriétaire. Le problème est généralement dans une mauvaise compréhension et une inadéquation des techniques d'éducation. En dehors de ces cas, il y a des troubles intrinsèques de l'apprentissage chez le chien, liés à des troubles thymiques, cognitifs, émotionnels ou sensoriels.

Les troubles structurels de l'apprentissage

En cas de problèmes génétiques, un chien peut avoir des problèmes neurologiques structurels réduisant ses capacités d'apprentissage.

L'imprégnation dans le jeune âge permet de compenser les déficiences génétiques (d'intelligence notamment). Cependant, si l'imprégnation est insuffisante, la génétique montre toute sa puissance, y compris celle de ses défectuosités. Un chien génétiquement bête et mal socialisé restera bête toute sa vie : il aura de grandes difficultés d'apprentissage (voir « Le retard mental », page 322).

Les troubles thymiques de l'apprentissage

Les troubles thymiques sont les troubles de l'humeur. Le chien qui souffre de dépression et d'anxiété montrera des difficultés d'apprentissage. Le chien dépressif montre une sorte d'apathie et de lenteur, un manque d'initiative et de réponse aux sollicitations de l'éducateur. Le chien anxieux montrera une sensibilisation (un apprentissage très rapide) à tous les indices environnementaux qui s'accompagnent parfois de conséquences aversives.

Les chiens hyperactifs sous médication (comme la fluvoxamine) apprennent mieux (ou récupèrent leurs capacités d'apprentissage) : ils semblent plus focalisés sur les tâches à apprendre ; ils dorment mieux et rêvent, ce qui permet la mémorisation des apprentissages.

Les troubles émotionnels de l'apprentissage

Les chiens qui ont peur apprennent mal. Les chiens hyperactifs apprennent mal, eux aussi, s'ils souffrent en même temps de distractibilité, ce qui est très fréquent. Les chiens tristes sont peu motivés à bouger, à être curieux, et donc à apprendre.

Les troubles cognitifs de l'apprentissage

Outre l'idiotie génétique que l'on retrouve chez quelques rares jeunes chiens, la plupart des troubles cognitifs de l'apprentissage s'observent chez les chiens âgés souffrant de démence sénile (voir « Les troubles cognitifs », page 320).

Les troubles sensoriels de l'apprentissage

L'appareil sensoriel intact facilite les apprentissages. Dès qu'un handicap sensoriel apparaît, les techniques d'apprentissage doivent être adaptées (voir « Les perceptions sensorielles », page 287).

LE JEU

Le jeu est une activité hédoniste, de plaisir ; c'est un élément important de la vie du chien et particulièrement du chiot qui passe 90 % de son temps d'activité à jouer[1]. Le jeu est le témoin de la bonne santé émotionnelle du chien. Il possède au moins deux fonctions, celle d'apprentissage chez les jeunes, et celle d'exutoire du manque d'activité pour les adultes.

Les particularités du jeu

Définition

Le jeu se différencie des comportements fonctionnels sérieux par ses émotions et ses séquences d'actes. Le jeu est composé d'une séquence spécifique de mouvement dans laquelle certains mouvements sont répétés, exagérés, incomplets, réorganisés, et la séquence elle-même peut être terminée avant sa finalité par l'introduction d'activités qui n'ont rien à voir avec le contexte[2]. Dans le jeu, on retrouve des séquences comportementales et des attitudes que l'on retrouve dans tous les comportements fonctionnels (poursuite, capture, agression) mais tout est mélangé, aucune séquence ne va à son terme fonctionnel.

Dans le jeu, on ne retrouve pas les émotions aversives (colère, peur, tristesse) ni les comportements émotionnels de la réalité : pas de menace, pas de posture de peur, pas de réactions neurovégétatives (ni transpiration, ni vidange des sacs anaux). Dès que l'on observe un comportement sérieux et aversif, il n'y a plus de jeu. Même si le jeu est rude et brutal, il est pris comme du jeu, et la douleur est sans grande importance ; une même douleur dans un contexte sérieux entraîne des réactions émotionnelles aversives.

On peut aussi rattacher à cette définition celle de jeu de rôle : l'animal (ou l'être humain) joue une situation imaginaire autour d'un thème défini. Le chien joue le rôle du chasseur et la balle joue le rôle du lapin ; elle s'échappe lors des coups de patte ; elle crie même lors des morsures !

Les règles du jeu

Le jeu a des règles : s'amuser, être théâtral (exagérer les postures et les mouvements), contrôler (au mieux) ses mouvements, griffades et morsures (ne pas nuire, ne pas blesser), faire des acrobaties (sauts, chutes, cabrioles, voltiges, culbutes, dégringolades) !

Le jeu a des conditions d'entrée : les postures de jeu ou d'appel au jeu, la face lisse, l'humeur réjouie. En présence d'un congénère de mauvaise humeur, on n'entre pas dans le jeu.

Le jeu a des conditions de sortie : le sérieux, la fatigue, la douleur stoppent le jeu. Dans les jeux de morsure entre chiots, quand le mordu a mal et se fâche, le jeu s'arrête.

Les jeux individuels

Les jeux individuels sont de deux types : avec ou sans objet.

Les jeux sans objet

Les jeux sans objet se limitent aux comportements locomoteurs et psychomoteurs, hors contexte. Il s'agit de courses (sprint), généralement en cercle, de sauts, de cabrioles, de culbutes et de chutes, de glissades, de plongés, etc.

Les jeux avec objets

La mise à mort de la peluche

Le chien joue avec un objet (balle, peluche, morceau de bois, bouteille en plastique...) comme s'il s'agissait d'une proie : poursuite, capture (en vol, au sol), morsure, déchirure (éventrement), secouements, mastication, etc.

Mise à mort de la peluche, proie de remplacement.

La poursuite

Le chien attrape un objet et le jette ; ensuite il le poursuit et le capture ; il le jette à nouveau et le capture... Ce jeu est plus facile avec des objets qui roulent et rebondissent, de préférence de façon inattendue, comme une balle en caoutchouc, un Kong®, etc.

Un chien a capturé une balle et un Kong®.

Jeu de football.

L'objet mobile

Certains objets permettent des jeux locomoteurs, comme la planche à roulettes.

Le skating.

Les jeux sociaux entre chiens

Les jeux sociaux nécessitent un partenaire de jeu, qui respecte les règles du jeu et présente des comportements complémentaires (théâtraux).

Postures et comportements d'appel au jeu

Pour appeler un congénère dans un jeu social, le chien utilise deux postures principales :

- Le chien prend une posture basse avec les antérieurs (fléchis ou étirés), l'arrière du corps restant en posture haute, la queue relevée. Il fait de petits sauts dans cette posture. C'est l'appel au jeu de bagarre ou de poursuite.
- Le chien se roule sur le dos et expose son ventre : il faut comprendre cette posture dans son contexte : c'est une posture de jeu si la face est lisse et s'il s'ensuit un jeu ; c'est une posture de demande d'arrêt d'interaction, si le chien est immobile, regard détourné.

Posture d'appel au jeu.

Les jeux de combat

Les jeux de combat commencent dès l'âge de 5 semaines. Les chiots font de la lutte, s'empoignent, se mordent, se font tomber. Ils en profitent pour apprendre à contrôler leurs morsures (voir « Le développement du chiot », page 136).

Un trio infernal joue à se battre.

Les jeux de poursuite

Un chien vient en provoquer un autre, faisant un appel au jeu ; quand l'autre chien répond (regard dans les yeux, mouvement de la tête ou de l'avant du corps vers le bas, comme une salutation), le premier s'encourt, suivi du second.

Certains chiens jouent plus souvent – et se spécialisent dans – le rôle du poursuiveur ; d'autres dans celui du poursuivi. Certains ne supportent pas du tout le rôle de poursuivi : le jeu dégénère alors en bagarre.

Jeu de poursuite et de compétition pour un Frisbee.

Comment jouer avec un chien ?

Tous les jeux sociaux sont recommandés. Certains sont préférés avec les chiens de famille, d'autres avec les chiens de travail. Pour le chien de famille, on décourage le mordant, donc les jeux de traction.

Les jeux de combat

Humains et chiens jouent parfois à se battre, en se roulant au sol. Le chien fait des mises en gueule sans mordre. L'homme attrape le chien et le pince, sans faire mal, au cou, repousse la tête. Des prises de catch et de lutte s'ensuivent.

Ce jeu est plus fréquent avec les hommes qu'avec les femmes.

Les jeux de poursuite et de capture

Un chien vient provoquer un humain, faisant un appel au jeu, ou bien c'est l'humain qui se penche en avant de façon répétée et brusque, excitant le chien. Le chien se met à courir suivi de l'humain qui le poursuit. Il fait des cercles autour de l'humain, revient vers lui. L'humain essaie de le toucher. Le chien s'échappe.

Si on ne guide pas le chiot, il trouvera tout seul comment jouer avec nous...

Les jeux de rapport

Le jeu le plus fréquent entre humains et chiens est le rapport d'objet. L'homme jette un bois, une balle, un Frisbee et le chien va chercher l'objet et le rapporte. Certains chiens sont des rapporteurs nés et le jeu est autorécompensant. Pour d'autres, le rapport doit être encouragé (façonné) et le chien récompensé (friandise) quand l'objet est rapporté et déposé (par terre ou dans la main).

Pour les chiens qui recherchent l'objet à grande distance, et pour les propriétaires qui ne lancent pas loin, il y a des lance-balles. Pour les propriétaires paresseux, il y a des machines lanceuses de balles.

Les jeux de compétition pour un objet

L'homme taquine le chien avec un bâton, une corde, un objet. Le chien tente de capturer l'objet, le mord, le tient et tire. Homme et chien tirent chacun de son côté. Le chien peut grogner, mais c'est du théâtre. Chacun essaie de gagner l'objet. Le jeu s'arrête quand un des deux joueurs a capturé l'objet, puis reprend.

Les jeux locomoteurs

Il s'agit de faire des mouvements dans les 3 dimensions de l'espace avec son chien : slalom, saut, ramping, contournement des obstacles, cerceau, tunnel, planche d'équilibre, etc. Tous ces exercices peuvent être faits dans la maison ou à l'extérieur. Ce sont des exercices d'agilité (agility), des concours sont organisés.

Voici quelques exemples d'obstacles possibles en appartement :

- Chaise droite ou retournée : contournement, ramping en dessous, saut au-dessus, monter sur l'assise.
- Tapis : enroulé, il devient un tunnel à franchir.
- Échelle : couchée au sol, elle devient un obstacle où mettre les pattes avec précaution.
- Pots de plantes : à contourner.

- Cadre d'une porte : on place une serviette avec de l'adhésif, on met une chaise basculée sur le côté : on obtient un obstacle de saut en hauteur et même en longueur.

Cet épagneul slalome entre des barrières en concours d'agility.

Les jeux cognitifs

C'est l'homme qui propose au chien des jeux intelligents simples comme la recherche de nourriture cachée ou des jeux de réflexion plus complexes comme la discrimination de formes, de symboles[3] (voir « Éduquer un chien », page 459).

Les jeux de cirque

Ce sont simplement des jeux d'obéissance un peu poussés dans lesquels le chien fait des prouesses. J'ai proposé plus d'une centaine de jeux de ce type dans *Mon chien est heureux*, comme tenir une balle en équilibre sur le nez ou sauter au travers d'un cerceau (ou des bras mis en cerceau).

Boxer tenant une balle en équilibre sur le chanfrein.

Les jeux de recherche de nourriture cachée

Il suffit de cacher un peu de nourriture appétissante que le chien va découvrir avec son flair remarquable. On peut la cacher :

- Sur une surface de gravier.
- Dans une pièce obscurcie.
- Dans un objet creux, comme un Kong®, une balle ou un objet en caoutchouc.
- Sous un tapis, dans une couverture repliée.
- Dans une bouteille en PET que le chien doit éventrer.
- Dans une boîte en carton que le chien doit ouvrir ou déchirer.
- Dans des boîtes gigognes[4] en carton : une petite boîte est cachée dans une boîte plus grande ; on augmente progressivement le nombre de boîtes.
- Sous un pot (de fleur) ou une passoire en plastique ou en carton, que le chien doit soulever.
- Dans une bassine d'eau, où le chien doit plonger la tête pour capturer l'aliment (viande ou fromage de préférence).
- En hauteur sur une chaise, sur un tronc d'arbre (en balade).

Le jeu peut être un peu plus élaboré :

- Le chien doit choisir entre plusieurs pots (passoires) retournés lequel cache de la nourriture.
- Le jeu contient des tiroirs avec des clapets à glisser, que le chien doit ouvrir en grattant de la patte.
- Etc.

Jeu de recherche de nourriture.

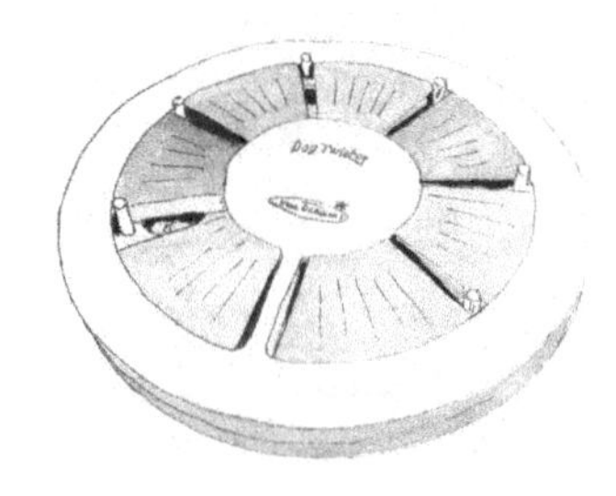

Les jeux de discrimination

La discrimination consiste à différencier deux objets. Le chien différencie facilement entre ses propriétaires, entre humains et chiens, entre chiens et chats, mais il peut aussi discriminer des objets (et même des symboles) et les classer par catégorie suivant :

- La forme : des peluches animales comme l'ours, le chat, la girafe, le singe ; des cubes, des sphères (balles) ; etc.
- La couleur : une peluche de singe noir, de singe blanc et de singe bleu ; une balle (de tennis) jaune, verte, blanche ; un cube blanc, bleu ou vert ; un billet de 5 €, 10 €, 20 € (utilisez des photocopies) ; etc.
- Le symbole : un cercle, un carré, un triangle, une étoile, dessinés sur des balles de tennis identiques ; etc.
- L'odeur de viande et l'odeur d'huile imprégnées sur un papier tampon ; odeur des mains de madame et de monsieur sur leurs clés ou un objet identique tenu en main ; etc.

Il y a plein d'autres jeux de discrimination possibles. À vous d'imaginer !

Les jeux de société

Il y a de nombreux jeux que les humains peuvent jouer en groupe avec leurs chiens.

Les K9 games

Les K9 games®[5] (inventés par Ian Dubar) sont des compétitions de 9 jeux de société. Des K9 games® sont organisés en France[6].

Les chaises musicales[7]

Dans cette variation du jeu de société humain, les joueurs promènent leur chien dans le sens inverse des aiguilles d'une montre autour des chaises (une de moins que le nombre de joueurs) ; quand la musique s'arrête, chaque joueur fait asseoir (« assis-reste ») son chien en périphérie du local (ou derrière une ligne) par un code verbal ou visuel, sans toucher le chien ; ensuite il va s'asseoir sur une chaise. Le joueur qui n'a pas de chaise essaie de distraire les chiens (sans dire leur nom ni les toucher) ; si un chien quitte l'assis-reste, son éducateur quitte sa chaise pour le remettre à sa place. Quand toutes les chaises sont occupées et les chiens en assis-reste, le joueur sans chaise et son chien sont éliminés. On enlève une chaise et le jeu reprend.

La course de rappel[8]

Deux chiens courent l'un contre l'autre. Chaque chien est tenu sur la ligne de départ par un aide (un steward) qui lâche le chien à l'ordre du juge : « Prêt, go » ; le chien court vers son propriétaire et doit ensuite s'asseoir ; le premier qui s'assied après la ligne a gagné et a le droit de jouer au second tour ; l'autre couple joueur-chien est éliminé.

Le rapport de Kong®[9]

Le chien a une minute pour accumuler le maximum de points en allant chercher des jouets (à mâcher) dans un endroit fermé et les rapporter chez son éducateur, situé dans un espace de 2 m^2, qui doit placer les jouets dans un saut. Chaque jouet a un nombre de points particulier.

Le chien doit apprendre à discriminer les jouets et rapporter ceux qui ont le plus de points ; et le chien doit être rapide.

La capture à distance[10]

Chaque joueur a trois tentatives de lancer d'un objet (balle, jouet, Frisbee, sac de grains avec corde) à capturer en vol par son chien par la bouche ou les pattes. Le lancer le plus long gagne.

Le prendre et lâcher[11]

En 1 minute, le chien doit prendre un objet (le même pour tous les chiens, et fourni par le juge) donné par son éducateur et doit le déposer le plus près d'une marque, qui est un billet de 100 $ collé au sol au milieu de nombreux autres papiers divers. L'éducateur doit rester assis à 10 mètres de la marque.

Le chien doit apprendre à distinguer le billet de 100 $ des autres papiers similaires et, bien sûr, obéir à des ordres de direction.

Le relais Joe Pup[12]

Chaque équipe est constituée d'un chien et de 4 joueurs. Deux équipes sont en compétition. Chaque chien court dans son propre couloir d'un joueur à l'autre qui lui fait faire une routine d'obéissance, dont le joueur est informé le jour même de la compétition.

Le relais de rappel[13]

Deux équipes de 4 chiens sont en compétition. Chaque chien est au « assis-reste » ou est tenu par un membre (humain) de l'équipe adverse. Au signe de départ du juge, le 1er chien est rappelé par son éducateur ; une fois la ligne franchie, il doit s'asseoir. Une fois assis, l'éducateur donne une légère tape sur la tête du chien, ce qui signale au 2e éducateur d'appeler le 2e chien. Et ainsi de suite jusqu'à ce que le 4e chien ait franchi la ligne. Ensuite, tous les chiens doivent se coucher à la demande.

Le relais d'aboiements[14]

Une équipe est composée de 5 chiens et 5 joueurs. Chaque chien doit, à son tour et à la demande, aboyer trois fois et, ensuite, se taire, pour laisser le 2e chien aboyer. On calcule le temps réalisé pour les 15 aboiements. L'équipe qui a produit les 15 aboiements dans le moins de temps a gagné.

La danse avec chien, l'obérythmé[15]

Chaque joueur réalise une chorégraphie unique et originale de 3 minutes avec son chien, devant un panel de juges (techniques et artistiques).

Pile-poil, le défi[16]

Ce jeu, créé par Antonio Ruiz, consiste en 369 exercices ludiques à faire avec son chien, seul ou en groupe. Les exercices sont de difficulté variable ; certains sont réservés aux experts.

Les troubles des comportements de jeu

Les comportements de jeu peuvent être inexistants ou dégénérer en bagarre. Il s'agit d'un signe, d'un symptôme, témoignant d'un trouble de l'humeur.

Le manque de comportement de jeu

En dehors de toute raison somatique (fièvre, infection), le jeu manque chez les chiens stressés, anxieux ou déprimés.

La dépression est caractérisée par une humeur triste, un manque d'initiative et un manque de réponse aux sollicitations d'activités par les propriétaires ; le jeu est rarement initié par le chien déprimé ; parfois, celui-ci répond aux propositions du propriétaire mais abandonne rapidement (voir « Les humeurs », page 268).

Les chiens phobiques sociaux et anxieux peuvent avoir peur que les jeux dégénèrent en harcèlement ou en bagarre, ou anticipent des réactions aversives ou douloureuses. Dès lors, ils restent distants face aux jeux d'autres chiens ou même devant les sollicitations de leurs propriétaires (voir « Les émotions », page 261, et « Les humeurs », page 268).

Les jeux « hyper »

Les chiens excitables, hyperactifs, prompts à la colère et à l'explosion émotionnelle font de très mauvais partenaires de jeu ; ils ne respectent pas les règles, entrent rapidement dans une perte de contrôle de leurs mouvements et de leurs morsures, ce qui entraîne des réactions aversives chez leurs partenaires et l'arrêt du jeu (voir « Les humeurs », page 268).

Les chiens dyssocialisés sont incapables de comprendre et donc de respecter les règles du jeu, tout simplement parce qu'ils ne décodent pas le langage canin de façon suffisante et correcte (voir « La personnalité », page 279).

LES TROUBLES PSYCHOLOGIQUES

Le lecteur trouvera ici, outre des informations sur le stress et les troubles psychosomatiques, une liste de tous les troubles décrits dans ce guide.

Le stress

Le stress est la réponse non spécifique que donne le corps à toute demande (exigence) qui lui est faite[1]. Le stress est une réaction, appelée « syndrome d'adaptation » ; le déclencheur externe du stress est appelé « stresseur » ou « agent stressant ». Toute émotion est génératrice de stress : peur, colère, joie, tristesse. Tout stress n'est pas générateur d'émotion. Le stress étant réaction, il est synonyme de *vie*. Il n'y a pas de vie sans réaction, pas de vie sans stress.

La définition populaire insiste sur l'aspect négatif du stress, sur ses effets psychosomatiques, par exemple chez l'homme, l'épuisement professionnel (burn-out), l'ulcère de l'estomac, la colite ulcéreuse, les troubles cardio-vasculaires. Ces effets sont liés aux stress négatifs chroniques. Chez le chien, on observe entre autres de la gastrite (vomissements), de la colite chronique (diarrhée) et de nombreux troubles auto-immuns.

Le modèle classique du stress

Le modèle classique du stress présente 3 phases :

- La phase d'alarme : l'organisme mobilise ses ressources.
- La phase d'adaptation ou de résistance : l'organisme s'adapte par différentes réactions.
- La phase d'épuisement : en cas de persistance de l'agent stressant, l'organisme peut s'épuiser et présenter des maladies.

C'est cette phase d'épuisement que de nombreuses personnes, y compris des auteurs scientifiques, appellent indûment stress.

L'ensemble du système nerveux, endocrinien et immunitaire est mis en jeu dans les réactions de stress. On insiste essentiellement sur quelques mécanismes simples : une fois un agent stressant perçu, l'organisme réagit au niveau de l'hypothalamus. Ce dernier active l'hypophyse par le CRF (corticotrophin-releasing factor ou corticolibérine) et l'hypophyse active la surrénale par l'ACTH (adreno-corticotrophic hormone), activant la sécrétion de glucocorticoïdes (cortisol). L'hypothalamus active aussi le système orthosympathique, qui libère de la noradrénaline, et la médullo-surrénale, qui sécrète de l'adrénaline. Il s'ensuit des modifications physiologiques comme une accélération cardiaque, une augmentation de la pression artérielle, des changements de la motricité de l'estomac et de l'intestin, modifications de la composition du sang (en glucose...), etc. Ce schéma simpliste de l'activation de l'axe hypothalamo-hypophyso-surrénalien se complexifie de sécrétions de peptides opiacés, de neurohormones, de transformations dans le système immunitaire...

Dans ce modèle, le chien (ou l'être humain) réagit aux pressions déstabilisantes de son environnement pour retrouver son équilibre. La réaction est loin d'être stéréotypée, identique chez tous les chiens ; elle est très individualisée. La réaction se situe dans l'interaction entre le tempérament et la pression de l'environnement. Cela explique pourquoi un chien fera une colite chronique, un autre un léchage cutané, un troisième une maladie auto-immune, un quatrième une réaction anxieuse, un cinquième des infections répétées, un autre des comportements stéréotypés (TOC)... En somme, chacun fait son propre stress.

Dire de quelqu'un, chien ou humain, qu'il est stressé, c'est, suivant le modèle que l'on utilise, dire soit qu'il est victime de la pression de son environnement, soit qu'il est victime de son propre tempérament (et de sa génétique). Les stratégies pour déstresser cet individu vont donc essayer de rendre son environnement plus apaisant ou modifier l'excès de ses réactions personnelles, par médicaments par exemple. Ce modèle est efficace ; je ne sais pas s'il est juste pour autant.

Les types de stress

Autant le chien sauvage est un animal de stress, craintif, hypervigilant, autant le chien familier est un animal placide, sécurisé, n'ayant plus à se battre pour sa survie. Il reste néanmoins soumis à son programme instinctif, génétique, et à ses besoins d'activité. Le stress le plus grand et le plus fréquent chez le chien familier est le manque d'activité (voir « Génétique et motivations biologiques », page 48).

Les réactions immunologiques au stress

Le stress implique une production de glucocorticoïdes et de catécholamines (adrénaline et noradrénaline) qui diminuent les réactions immunitaires.

En fait, l'augmentation du cortisol lors d'un stress tend à protéger l'organisme contre sa propre réaction en atténuant les réponses potentiellement destructrices liées au stress, empêchant l'apparition des maladies auto-immunes, de phénomènes inflammatoires et de lésions tissulaires qui pourraient résulter de l'hyperactivité du système immunitaire[2, 3]. D'autres mécanismes se mettent en place pour faciliter la récupération, telle la production d'hormone de croissance ou de prolactine qui sont toutes deux immunostimulantes[4].

Les effets du stress sur l'immunité sont contradictoires. Pour résumer un modèle complexe, plus l'individu croit qu'il a de contrôle sur l'environnement, plus le stress est gérable[5]. Un chien dans une cage de laboratoire au plancher électrifié serait moins stressé s'il pouvait anticiper les chocs électriques que s'il y était soumis de façon imprévisible, s'il pouvait les contrôler (stopper) en poussant sur un levier que s'il ne le pouvait pas. Un chien familier en mauvaise entente avec un congénère est moins stressé s'il sait où se trouve le congénère et quand il le rencontre que s'il ne le sait pas ; dès lors séparer ces chiens et les mettre ensemble lors de périodes fixes et prévisibles réduit le stress et, dès lors, les réactions psychosomatiques liées au stress.

Psycho-neuro-endocrino-immunologie

Les différents systèmes de défense communiquent entre eux. Le système nerveux innerve le système immunitaire ; ce dernier possède des récepteurs pour les neurotransmetteurs et les neuromodulateurs ; il sécrète des facteurs humoraux influençant le système nerveux et endocrinien, par exemple de l'ACTH, de l'hormone thyréotrope, de l'hormone de croissance, des cytokines (dont les nombreuses interleukines).

S'il faut retenir une information, c'est que l'organisme n'est pas réductible à une de ses fonctions. Le psychisme n'est ni plus ni moins la cause ou la conséquence d'atteintes du système nerveux, endocrinien ou immunitaire ; il les accompagne. Il n'y a pas plus de psychosomatique qu'il n'y a de somatopsychique. Tout est avec tout et dans tout. Si le cerveau a centralisé autour de lui certains organes de perception et a activé la vitesse de transmission entre ces organes sensoriels et certaines aires d'association (de représentation, de conceptualisation) pour l'efficacité de ses réactions, il n'en est pas moins aussi une glande influençant et influencée par les autres glandes représentées par le système hormonal et le système immunitaire.

Le cœur – siège géographique du thymus, organe fondamental de l'immunité –, la tête – lieu géographique du cerveau, organe fondamental du psychisme –, et le ventre – lieu géographique de la surrénale, organe fondamental du système hormonal – travaillent ensemble pour l'harmonie de l'être.

Stress et eu-stress

À force de voir le stress comme une incapacité de se gérer dans un environnement particulier, comme une vision de soi victime d'une situation d'agression chronique, on oublie que le stress est simplement la vie en réaction et qu'il y a autant de bons stress que de mauvais stress. En fait il n'y a ni l'un ni l'autre mais seulement un stress conduisant à plus d'équilibre (adaptation) ou à plus de déséquilibre (inadaptation) ; dans ce cas le stress est dit pathogène. Et même dans ce cas, est-ce le stress qui cause les affections psychosomatiques et psychologiques ou est-ce un tiers facteur qui agit sur le tout ? Je n'ai pas la réponse.

Un stress pathogène favorise :

- Les immunodépressions, avec infections récidivantes ou chroniques, cancers, maladies auto-immunes, etc.
- Les atteintes psychologiques avec troubles de l'humeur, stéréotypies, etc.
- Les maladies dites psychosomatiques.

Un stress équilibrant, adaptatif ou eu-stress favorise :

- Une meilleure résistance aux maladies infectieuses et cancéreuses.

- Un meilleur équilibre psychologique, émotionnel et de l'humeur.
- Une meilleure santé organique.

Les troubles psychosomatiques

Psychosomatique et médecine totale

Est dite psychosomatique une maladie qui a un déclencheur psychologique et une expression somatique (physique). Par exemple, la colite ulcéreuse (idiopathique) du chien est liée à des troubles psychologiques (l'anxiété, le stress) et s'exprime par une inflammation du colon.

Les mécanismes du stress et la pycho-neuro-endocrino-immunologie permettent d'imaginer comment un facteur psychologique, quel qu'il soit, a une influence pathogène sur le corps.

Quand on dit qu'une maladie est psychosomatique, cela ne veut pas dire que la psychologie est la seule cause du trouble physique ; ce n'est qu'un déclencheur parmi d'autres. Somme toute, l'aspect psychologique et l'aspect somatique sont peut-être tous les deux secondaires à une interférence énergétique (quantique). Mettre la faute sur le dos du stress, c'est oublier que l'être vivant est sensible ou résilient. Un stresseur n'affecte pas un chien comme il en affecte un autre ; il y a une interférence entre le stresseur et la personnalité du stressé. Dans une vision globale, holistique, il n'y a pas plus de psychosomatique que de somatopsychique, le corps et le psy ne sont plus divisés (séparés), mais unifiés.

La croyance que le stress est la cause de la maladie organique entraîne une tentative d'éliminer le stress pour guérir la maladie. Même si on y arrive, cela ne signifie pas que la maladie s'estompe immédiatement ; cela peut prendre plusieurs jours à plusieurs semaines ou ne pas changer s'il y a d'autres déclencheurs non psychologiques en cause.

On dit souvent, partiellement à tort, qu'une maladie dont on ne trouve pas la cause est psychosomatique ou psychologique. Ce n'est que partiellement faux puisque dans toute maladie intervient l'aspect du terrain[6] (personnalité, immunité, psychologie) et l'aspect du stresseur (virus, bactérie, inactivité, cellule cancéreuse...).

Les maladies psychosomatiques existent.

Les troubles psychosomatiques du chien

Les organes qui vont manifester des symptômes lors de stress varient d'une espèce à l'autre. On peut parler de prédisposition des espèces. Par exemple, le chien est sujet à l'ulcère de l'estomac, à l'asthme bronchique ou à la colite chronique.

L'asthme bronchique

La part du stress, de l'allergie et des surinfections est mal définie dans cette affection respiratoire qui entraîne de la toux et de l'insuffisance respiratoire.

La gastrite chronique

Le chien est sensible au niveau de l'estomac et le moindre stress peut entraîner des vomissements d'aliments, de glaires, de bile, de la stase, de l'inflammation chronique, des ulcères ou une sténose du pylore.

Colite et diarrhée chronique

Le chien est très sensible au niveau intestinal et le moindre stress peut entraîner des diarrhées aiguës, intermittentes ou chroniques. L'inflammation intestinale peut apparaître plusieurs jours après un stresseur aigu.

L'alopécie psychogène

Certains chiens perdent ou s'arrachent les poils (par léchage, trichotillomanie) sans qu'on puisse trouver de raison dermatologique ni atopique. Dans le cas de perte de poil, la présence du stresseur est souvent évidente. Dans le cas d'arrachage du poil, on attribue cette alopécie au comportement de léchage, lui-même devenu excessif, stéréotypé ou compulsif (TOC) pour des raisons psychogènes.

Même dans l'atopie (réaction allergique par inhalation ou ingestion d'allergène) interviennent des facteurs psychosomatiques.

Les maladies auto-immunes

Dans la majorité des maladies auto-immunes, y compris le diabète, on retrouve le facteur stress.

Traiter les troubles psychosomatiques

L'approche thérapeutique des troubles psychosomatiques est holistique. C'est le domaine idéal des thérapeutiques énergétiques, comme l'homéopathie, la kinésiologie, l'acupuncture, les fleurs de Bach, la phytothérapie.

La gestion du stress est essentielle en réduisant d'une part les stresseurs dans l'environnement et en favorisant, d'autre part, la résilience de l'organisme, c'est-à-dire en lui donnant plus de capacités d'adaptation. C'est le vaste domaine des médicaments psychotropes et des thérapies comportementales et systémiques.

Liste des troubles du comportement

Je rassemble ici l'ensemble des troubles évoqués. Ils sont structurés de la même façon que dans le guide. Vous en retrouverez aisément la description détaillée et les traitements appropriés.

Les troubles du comportement prédateur

- Le chien englué.
- Le TOC de prédation.

Les troubles du comportement alimentaire et dipsique

- L'anorexie, l'hyporexie, l'aphagie et l'hypophagie.
- L'hyperphagie, la boulimie et l'obésité.
- Le pica.
- La coprophagie.
- L'hypodipsie, l'adipsie.
- La potomanie.
- L'alcoolisme.

Les troubles des éliminations

- Le malpropreté urinaire.
- Les souillures fécales.
- L'incontinence urinaire.
- L'incontinence fécale.
- Le marquage urinaire.
- Le marquage fécal.

Les troubles du comportement de confort

- Le léchage de recherche d'attention (voir « Le chien simulateur », page 321).
- Les TOC.

Les troubles du comportement de sommeil

- L'hyposomnie.
- L'hypersomnie.
- Les troubles du cycle nycthéméral.

- Les crises pendant le sommeil.
- Autres troubles du sommeil.

Les troubles des comportements locomoteurs

- Les dyskinésies et les tics.
- Les stéréotypies locomotrices : tournis, va-et-vient.

Les troubles des rythmes

- La désynchronisation circadienne.
- Les troubles circannuels.

Les troubles de l'attachement

- Les troubles de l'hyperattachement.
- Les troubles du détachement.

Les troubles du développement

- Le trouble hyperactivité.
- Le trouble d'imprégnation à l'espèce canine.
- Le syndrome de privation.
- La dyssocialisation et la personnalité dyssociale.
- L'anxiété de séparation.
- Le détachement pathologique, le stress post-traumatique et la dépression.
- Le retard mental.

Les troubles de la communication

- Les troubles des marquages.
- Les troubles de la communication sociale.
- La communication par doubles messages contraires.

Les troubles du comportement sexuel

- Les hypersexualités.
- Les hyposexualités.

Les troubles du comportement parental

- Le négligence de soins.
- L'infanticide.

Les troubles émotionnels

- Les troubles de la peur.
- Les troubles de l'excitation.
- Les troubles de la tristesse et du dégoût.

Les troubles de l'humeur

- Les hyperthymies.
- L'hypothymie.
- Le trouble bipolaire.

Les troubles de la personnalité

- La personnalité dépendante (hyperattachement).
- La personnalité dyssociale (absence de compréhension du langage canin).
- La personnalité dysthymique (dépressive).
- La personnalité impulsive-explosive (excitation).

Les troubles cognitifs

- Les troubles des représentations.
- Les troubles des croyances.
- Les troubles de l'intelligence.
- Les TOC.

Les troubles des perceptions sensorielles

- Les troubles de l'olfaction et de la gustation.
- Les troubles de la perception des phéromones.
- Les troubles de la proprioception.
- Les troubles de la sensibilité à la douleur.
- Les troubles de la vision.
- Les troubles de l'audition.
- Les troubles de l'équilibre.
- Les troubles de l'orientation.

Les troubles de l'apprentissage

- Les troubles structurels.
- Les troubles émotionnels, thymiques, cognitifs, sensoriels (voir « Les troubles émotionnels », page 263 ; « Les troubles de l'humeur », page 270 ; « Les troubles cognitifs », page 320 ; « Les perceptions sensorielles », page 287).

Les troubles des comportements de jeu

- Le manque de comportements de jeu.
- Les jeux « hyper ».

Les troubles psychosomatiques

- Les maladies chroniques (asthme, gastrite, colite, diarrhée).
- L'alopécie psychogène.
- Les maladies auto-immunes.

Les troubles de l'organisation sociale

- Le chien challenger.
- La famille rigide.
- La famille chaotique.

Les troubles de la conscience

- Le chien de remplacement.
- Le trouble dissociatif (voir « Les troubles cognitifs », page 320).

Le chien culturel

Règles et modèles

Le chien culturel est le chien forgé par nos cultures, guidé et forcé à respecter nos règles. Le chien a le droit de vivre, mais dans les limites que nous lui imposons. Il a le droit de respirer, mais pas d'être inspiré.

Bouledogue français, chien sélectionné pour avoir une morphologie ronde, néoténique.

LA RELATION ENTRE L'HOMME ET LE CHIEN

On raconte que l'homme et le chien sont les meilleurs amis du monde. Vrai ou faux ? Et si c'est vrai, le chien est-il libre ou bien forcé de devenir le meilleur ami de l'homme ?

Le point de vue du biologiste

Symbiose ou parasitisme ?

Du point de vue du biologiste, une espèce qui vit avec une autre interagit sur la survie, le bien-être et le développement de l'autre espèce. Plusieurs modèles existent suivant les effets observés :

- La symbiose : les deux espèces sont mutuellement favorables ou défavorables, mais obligées de vivre ensemble.
- Le mutualisme : les deux espèces sont mutuellement favorables, tout en étant libres de vivre séparées ou ensemble.
- Le parasitisme : une espèce croît obligatoirement aux dépens de l'autre – l'esclavagisme est un parasitisme social.
- Le commensalisme : une espèce bénéficie et l'autre ne perd ni ne gagne rien dans l'échange – par exemple, une espèce fournit une partie de sa nourriture à l'autre, sans rien recevoir ni perdre en échange.
- L'amensalisme : une espèce bloque le développement de l'autre.

La symbiose

Le chien de famille est obligé de vivre avec l'espèce humaine. En effet, le chien domestique est modifié génétiquement depuis des générations pour plaire à diverses exigences humaines ; ses patrons-moteurs sont modifiés au point de devenir dysfonctionnels dans la nature. Dès lors, à l'exception de quelques individus plus authentiques, le chien est perdu et ne peut survivre sans l'espèce humaine.

En revanche, celle-ci n'est pas obligée de vivre avec le chien.

Une famille occidentale sur trois possède un chien. Pour ces familles, la présence d'un chien est souvent obligatoire, les personnes se sentant en manque si le chien est absent de leur vie.

Symbiose bénéficiaire ou perdante ?

La théorie des jeux[1] permet de distinguer trois situations, suivant les conséquences de l'expérience :

- Le gagnant-gagnant : la somme est positive, tout le monde gagne ; on retrouve cette situation dans le commensalisme.
- Le gagnant-perdant : la somme est de zéro, si l'un gagne, l'autre perd ; c'est ce qu'on retrouve dans le parasitisme, l'esclavagisme et l'amensalisme.
- Le perdant-perdant : la somme est négative, tout le monde y perd. Cette situation est rare en biologie. Parfois, un parasite tue son hôte et meurt en même temps, mais la nature n'aime pas du tout cette expérience qui entraîne l'autodestruction de deux espèces.

La symbiose bénéficiaire

Cette situation est très rare entre humains et chiens de famille. Elle existait à l'époque où le chien ratier détruisait les rongeurs qui menaçaient les réserves alimentaires humaines : le chien aidait l'homme à préserver sa nourriture et l'homme aidait le chien en lui fournissant le gîte ; la coopération était favorable.

En ce qui concerne le chien de famille, il reçoit le gîte et le couvert de l'homme, mais ce qu'il donne en échange n'est pas mesurable en termes biologiques de survie, seulement en termes psychologiques de bien-être et de développement personnel. Encore faut-il en prendre conscience !

Bien souvent, et c'est le coach en comportement qui l'observe, le chien entraîne des nuisances (parasitisme), qui poussent les propriétaires à chercher conseil auprès d'un spécialiste, afin de retrouver leur propre bien-être.

Le mutualisme

Le mutualisme – bénéfice mutuel et réciproque tout en gardant sa liberté – n'est plus possible avec le chien (de famille) puisque ce dernier est dépendant de l'homme pour sa survie.

Le parasitisme

Dans la civilisation occidentale (développée et riche), le chien de famille est en compétition avec l'homme pour la nourriture et les autres ressources. Sur le plan familial, il est en compétition avec les enfants et les partenaires pour l'attention sociale, l'affection, les soins, pour le temps et les ressources des parents ou du conjoint ; les chiens peuvent aussi infliger des blessures[2] et de nombreuses nuisances (aboiements, destructions).

Sur le plan économique et écologique, les 100 millions de chiens du monde occidental mangent à eux seuls pour plus de 50 milliards d'euros, sans compter le coût lié aux soins des 4 millions de morsures annuelles[3]. Le biologiste estime que, pour que le chien ne soit pas un parasite, il faudrait que les bénéfices (personnels) de l'acquisition d'un chien familier dépassent ses coûts (pour la société).

L'esclavagisme

Si le chien familial semble être un parasite affectif et alimentaire, le chien de travail et le chien de beauté également sont utilisés par l'homme pour rendre des services divers qui profitent à l'homme. Si l'homme force le chien à des activités pour lesquelles il n'est pas intrinsèquement motivé, il le traite en esclave. Par contre, si l'homme permet au chien de réaliser ce pour quoi il est génétiquement prédisposé, alors on se trouve dans une évolution coopérative.

Le commensalisme

Le chien commensal vivait près des humains tout en se nourrissant de restes et détritus ; mais il apportait peu de bénéfices ou de nuisances aux gens à part des aboiements nocturnes ou une morsure occasionnelle. C'est un peu l'équivalent de la situation du rat des villes d'aujourd'hui : omniprésent, invisible, non nocif.

L'amensalisme

L'homme a décidé de façonner le chien en fonction de ses désirs. Les nombreux concours de beauté entraînent la sélection de formes et de comportements (patrons-moteurs) qui sont préjudiciables au bien-être du chien. Il suffit de penser aux nombreux troubles génétiques, à l'achondroplasie, au nanisme. Le bouledogue anglais peut à peine marcher et respirer, le sharpei souffre de dermatite des plis cutanés (quand il peut encore ouvrir ses paupières hypertrophiées), les chiens à poil facial long (briard, bobtail, komondor) n'ont plus le droit de voir... Les chiens de berger n'ont plus rien à poursuivre et rassembler que des voitures et des joggers... Dans toutes ces situations, l'homme stoppe le développement du chien et le conduit dans une voie génétique[4] sans issue. La castration des chiens est un autre exemple de cette impasse biologique.

Un basset-hound est sous l'emprise du vent.
Une morphologie préjudiciable à son bien-être, mais le meilleur flair au monde.

Une coévolution coopérative

Chiens et humains ont évolué ensemble depuis plus de dix mille ans. L'évolution de la structure de la société a modifié la génétique humaine[5] et celle du chien. L'homme a supprimé ses prédateurs, il a domestiqué ses anciennes proies, il a altéré le mode de vie de nombreuses espèces autour de lui, il a modifié les paysages et le climat de sa planète. L'homme occidental s'est distancié des processus de sélection naturelle ; et il a fait de même pour les animaux domestiques, le chien inclus.

La culture coopère avec la génétique pour fabriquer le nouvel humain, le nouveau chien. L'homme est incapable désormais d'échapper à sa culture, à sa société et le chien est incapable d'échapper à l'homme. L'être humain est symbiotique d'une entité virtuelle (une croyance, une illusion) : la société occidentale. Le chien est emporté par cette même vague qui transforme l'être humain libre en fourmi d'une fourmilière, en pion impersonnel. C'est de l'amensalisme de la part de la société qui empêche le développement de l'être, dans un système gagnant-perdant, l'homme étant le perdant. C'est aussi un esclavagisme, la société utilisant l'être à son profit afin de croître à ses dépens[6]. L'homme fait de même avec le chien. Rares sont les humains qui permettent à leur chien de créer pleinement leur vie, de vivre intensément, de développer tous leurs potentiels ; la plupart des chiens sont maltraités (passivement) par l'irrespect de leurs besoins éthologiques minimaux d'activité[7] et d'interaction sociale.

La coévolution coopérative existe cependant chez quelques êtres. L'expérience est vécue ensemble dans le respect et l'enrichissement mutuels ; cela nécessite de prendre conscience des messages engendrés par l'expérience[8]. On y retrouve très peu de chiens de famille, mais bien certains chiens de travail, de sport, de danse (free style), ou encore quelques chiens d'assistance.

Pour arriver à une coévolution coopérative, la question à se poser devrait être : « Qu'est-ce que je possède qui puisse améliorer la vie de mon chien et, réciproquement, que possède-t-il pour améliorer la mienne ? » Nous verrons que dans un modèle d'autoresponsabilité, le chien nous apporte à chaque instant un miroir de conscience ; s'il n'améliore pas nos capacités de survie biologique, ni notre apparent bien-être psychologique, il nous donne des messages de réalisation de soi et de développement spirituel[9].

Le point de vue existentiel

Même si le biologiste estime que le chien est devenu un parasite – un esclave (comme les vaches laitières, les poules pondeuses...) – de l'humanité (occidentale), j'observe que le chien, en tant qu'espèce, se multiplie. Il devient de plus en plus dépendant, mais néanmoins sa popularité augmente. Alors que les canidés sauvages disparaissent petit à petit, le chien domestique a trouvé une niche où proliférer. De nombreux individus paient un prix biologiquement colossal (castration), mais l'espèce vit très bien, croît et se propage.

Que gagne le chien dans cette aventure avec l'homme ? Probablement une expérience cognitive (voir « La cognition », page 304).

Comment mieux définir cette évolution que de dire que le chien est devenu un animal de cirque, qui fait des trucs et des tours ? Le chien a quitté le monde des prédateurs pour devenir commensal ; ensuite il a quitté le commensalisme pour entrer dans le cirque humain.

Le chien est-il le meilleur ami de l'homme ?

L'amitié est une relation d'attachement privilégiée (généralement entre des individus qui ne sont pas de la même famille). L'amitié vertueuse est, selon Aristote, sans codépendance, et permet de progresser sur son chemin de vie grâce à l'ami qui est notre miroir[10].

Déjà, en fonction de cette définition, le chien dépendant ne peut pas être un ami. À part cette dépendance, il a les caractéristiques d'un ami : proximité privilégiée, absence de jugement, indépendance du temps. J'ajouterai que le chien est un miroir de conscience (de l'inconscient et du subconscient) de son ami privilégié (voir « Le chien conscience », page 411).

Un chien regarde par la fenêtre, seule activité pendant les heures de solitude.

Le chien fait-il du bien à l'homme ?

La vision apaisante

Une étude réalisée avec des enfants et des chiens montre que les enfants sont moins stressés de rencontrer une personne inconnue si cette personne est accompagnée d'un animal calme (un chien dans cette étude) même si l'enfant n'interagit pas avec l'animal[11]. La vision d'un animal tranquille est apaisante. L'explication qu'en donnent les scientifiques est que l'humain est un animal de fuite (comme le chat ou le cheval) et que les signes de fuite chez les autres animaux activent la peur et les processus de défense alors que l'observation d'animaux calmes et apaisés réduit les mécanismes de peur et de fuite et entraîne une forme de transmission de l'apaisement.

L'étude avec un chien agressif n'a pas été réalisée ou publiée, mais l'enfant sera stressé de rencontrer une personne inconnue avec un chien agressif. Vu la psychose actuelle avec les chiens (dits) dangereux, le moindre signe d'agression avive un stress colossal chez les humains, enfants compris.

Touchers et caresses

Toucher un chien (calme) apaise un humain

Il y a beaucoup à dire sur le besoin des humains de toucher les animaux, même aux dépens du désir des animaux. Une étude très publicisée[12] avait mis en évidence que la présence d'un animal de compagnie augmentait les chances de survie des personnes souffrant d'hypertension et de risque d'infarctus. Les statistiques ne mentent pas : avoir un animal de compagnie peut aider à se sentir bien. Encore faut-il que cet animal de compagnie ne pose pas de problèmes, sinon je suis certain que la tension risque de monter au lieu de descendre et que la survie risque d'être réduite plutôt qu'augmentée.

Lorsque l'animal a un effet apaisant, on peut observer une véritable relaxation du visage de la personne, l'apparition d'un sourire, et la recherche d'un contact oculaire ; si la personne parle à l'animal, elle utilise une voix douce et presque inaudible. La lenteur du débit de parole est corrélée à la baisse de pression artérielle. D'autres observations ont montré les gens jouant distraitement avec leur animal comme s'ils entraient dans un état de rêverie, caressant et roulant le pelage entre leurs doigts, touchant l'animal comme s'ils se touchaient eux-mêmes, comme si l'animal était une extension d'eux-mêmes[13].

La présence, le toucher et la chaleur du chien familier, calme, apaisé, sont apaisants ; ils entraînent une relaxation de l'être humain qui recherche un contact avec le chien. Cela va jusqu'à entraîner un état de rêverie, avec contacts (caresses, pincements, massages) involontaires, inconscients comme ceux que la personne aurait avec son propre corps (comportements substitutifs)[14].

En cas d'aversion, de crainte ou de phobie des chiens, la personne sera stressée lors du contact avec l'animal.

Être touché par un humain apaise-t-il un chien ?

Le besoin de toucher l'homme par le chien est en miroir apparent de celui de l'homme de toucher son chien. Et il est dès lors interprété comme analogue. Mais le chien ne caresse pas l'homme, il préfère lécher, comme la chienne mère lèche ses chiots. Le léchage du chien est un analogue de la caresse de l'homme. Qu'on ne s'y méprenne pas, le contact et le frottement du chien ne sont pas une caresse !

Il y a peu d'études scientifiques sur les effets du toucher sur le chien.

Le chien de laboratoire maintenu en harnais et isolé montre une baisse du rythme cardiaque quand il est touché gentiment par un humain[15]. Par contre, un chien familier habitué à son environnement ne montre aucun changement de son rythme cardiaque par la caresse de son propriétaire[16]. Mais un chien stressé, craintif, voire dans un état de panique, pourrait être apaisé par le contact de son propriétaire calme.

Le chien (calme) réduit le stress

Il y a de nombreuses études qui montrent que la présence d'un chien calme et sans problème réduit le stress de la vie quotidienne, augmente la résilience des gens en souffrance, prolonge la survie des personnes malades.

On a mis en évidence 7 raisons[17] :

- Le chien procure de la compagnie, il réduit la sensation de solitude et d'isolement.
- Le chien stimule l'activité chez les gens.
- Le chien stimule le don de soin (indispensable pour la survie de l'animal).
- Le chien donne au propriétaire la sensation (l'illusion) de se sentir en sécurité.
- Le chien permet l'échange de contacts affectifs (touchers, caresses).
- Le chien est un « objet visuel » intéressant.
- Le chien stimule l'exercice.

Par contre, avoir un chien qui cause des nuisances par ses comportements (ou ses maladies) est un stresseur considérable.

Face aux troubles de l'humeur

On parle beaucoup des bienfaits du chien dans de nombreux troubles humains, mais peu de publications objectives viennent confirmer cette croyance populaire.

La dépression

Une étude a montré que le chat réduit les humeurs négatives sans changer (ni activer) les humeurs positives[18]. Les propriétaires de chats sont de moins mauvaise humeur et ont moins de sensations d'isolement. Un partenaire humain a les mêmes effets sur les humeurs négatives. Ce n'est pas le cas du chien, qui n'améliore pas les humeurs négatives. C'est l'importance de l'effet miroir du chien : il montre l'insupportable image de soi, ce qui n'arrange pas nos humeurs maussades.

Cependant, si la dépression est liée à la solitude, l'isolement social, l'absence de mouvement, on peut utiliser des chiens d'assistance pour aider les personnes dépressives à se remettre dans l'action, en promenant le chien (ce qui permet des rencontres sociales), en le nourrissant, en le brossant, en le prenant en charge (même quelques heures par jour), en en prenant la responsabilité. La présence du chien permet de développer de nouvelles routines et de nouvelles croyances.

De même, le chien peut prévenir des personnes à risque de développer un état dépressif ; c'est le cas des patients atteints du sida[19]. Pour que cet effet soit notable, il faut que la personne ait un fort lien d'attachement avec son chien.

L'anxiété

L'anxiété est l'anticipation de peurs, de situations stressantes et de soucis ; le chien a un effet modulateur : l'effet est calmant (rassurant) quand le chien est calme ; l'effet est stressant si le chien est en alerte et réactif. Le chien ne change pas la personnalité anxieuse en profondeur ; l'être humain est un animal de fuite (plus proie que prédateur) et est hypersensible à tous les signes anxiogènes.

Les troubles de l'excitation

Le chien n'a aucun effet sur les troubles de l'excitation, la mauvaise humeur, les crises de colère, les troubles explosifs, les personnalités caractérielles et les troubles unipolaires (hypomaniaques). Si le chien n'est pas parfait, comme attendu dans la croyance de la personne, s'il cause des nuisances (souillures, destructions, vocalises, agressions...), s'il ne marche pas à la vitesse de son propriétaire, s'il ne répond pas assez vite au rappel... l'énervement augmente ; si le chien est trop soumis, il risque d'essuyer les agressions redirigées de son propriétaire.

Les troubles de la relation entre hommes et chiens

Dès que la réalité du chien s'éloigne de l'image que l'on avait de lui, les problèmes apparaissent. L'humain essaie de modifier le chien pour qu'il corresponde à ses attentes, à coups d'éducation, de consultation comportementale, de coaching, de médications. Si le chien peut être rapproché de son modèle idéal, les choses peuvent bien se passer pour le chien et l'humain, et l'affection peut persister ou renaître. En revanche, si le chien ne peut être modifié ou continue à s'éloigner de son modèle idéal, les problèmes s'aggravent : le chien risque d'être abandonné ou euthanasié ; l'humain risque de ressentir l'insupportable montée de culpabilité, d'anxiété et de colère ; s'il n'arrive pas à gérer ses émotions, il vit des troubles psychosomatiques.

Le chien étant rarement accueilli tel qu'il est, l'opprobre est mis sur son dos. Dès lors le chien souffre de troubles, dans un univers d'humains en bonne santé mentale. La réalité est tout autre. Chiens et humains souffrent de troubles psychologiques. Dans les pays occidentaux, on estime à 10 % le nombre de gens qui souffrent annuellement de troubles psys et à 50 % ceux qui en souffrent au moins une fois dans leur vie[20]. Ce chiffre annuel monte à 20 % simplement pour les troubles anxieux ou dépressifs dans d'autres études[21]. On peut estimer que les chiffres sont analogues pour les chiens familiers. C'est dire que (plus de) 20 % des familles avec chiens risquent de connaître des troubles personnels (de la personne ou du chien) et, donc, de la relation.

Ces troubles vont s'exprimer sous forme de :

- Troubles de la communication homme-chien (voir « La communication sociale », page 160).
- Troubles de l'organisation sociale (voir « L'acculturation du chien », page 384).

L'ACCULTURATION DU CHIEN

L'acculturation[1] est l'adoption d'éléments appartenant à une autre culture, ce qui entraîne une modification de son propre modèle culturel.

L'acculturation comportementale

Le chien peut adopter spontanément certains comportements humains au profit d'une meilleure communication avec nous.

Pencher la tête dans la demande

Dans les différents comportements d'interaction sociale, il en est un que l'enfant utilise avec ses parents et autres adultes : pour demander quelque chose, l'enfant tend la main et penche la tête sur le côté. Ce comportement a évolué rituellement : les adultes se donnent et serrent la main, en guise de salutation.

Le chien tend la patte ; on peut le conditionner à un ordre « donne la patte » pour poser la patte dans la main tendue, paume vers le haut, ainsi que « patte gauche » ou « patte droite » ou encore « tape » pour taper la patte contre la paume de la main tenue verticalement face au chien. Le chien donne spontanément la patte pour demander quelque chose, comme une attention ; il gratte aussi de la patte contre la jambe ou le genou d'une personne assise. Le chien possède donc une partie du comportement humain.

Les chiens qui vivent avec des enfants adoptent fréquemment l'inclinaison de la tête en tendant la patte. C'est un comportement acquis spontanément par imitation ; c'est une adoption d'une règle de communication d'une autre culture.

Regarder vers la gauche d'un visage humain

Les humains ont une tendance à regarder davantage (plus longtemps, plus intensément) le côté droit du visage de leur congénère lors d'une rencontre sociale, mais également en regardant une photographie de visage. Les enfants acquièrent ce comportement vers l'âge de 7 mois. Le chien montre également ce comportement face aux visages humains, mais pas face aux visages de chiens ou de singes[2].

Cette particularité du chien s'expliquerait par une adaptation cognitive liée à une prédominance de l'hémisphère cérébral gauche dans la gestion de l'information faciale. Cela signifie-t-il que le chien décode nos expressions émotionnelles faciales ? En tout cas, il est certain qu'il décode nos émotions, non seulement par l'interprétation des micromouvements de notre visage, mais par notre posture et, probablement, par notre odeur.

Le chien regarde vers la partie droite de notre visage dans l'interaction affective.

L'acculturation sociale

Le chien est obligé de s'adapter à notre organisation sociale hiérarchique. Il assimile cette organisation pour vivre plus facilement avec nous, sans pour autant toujours comprendre le bien-fondé de nos réactions d'autorité.

L'acculturation cognitive

Le chien est avec l'homme depuis des milliers d'années ; malgré l'opinion du biologiste qui dit que le chien est un parasite et un esclave, je vois le chien prospérer, comme dans une symbiose avec l'homme. Je pense que le chien gagne une expérience mentale. Pour le prouver, il faudrait tester la cognition du chien familier par rapport à ses congénères sauvages.

L'analyse de la cognition du chien, le décodage des émotions humaines, l'interprétation des visages : tout cela montre que le chien a des compétences intellectuelles que son ancêtre loup n'a pas ; en même temps, il a perdu la capacité de s'autodéterminer et de vivre autonome dans la nature.

LES ORGANISATIONS SOCIALES IMPOSÉES

Le chien familier vit avec les gens, intégré dans la famille, souvent considéré comme membre à part entière de la famille, un peu comme un enfant. Le chien est aussi intégré à la société ; il doit obéir à des règles de sécurité, d'hygiène et de respect du bon voisinage. Toutes ces règles sociales humaines, le chien doit les assimiler, les intégrer à sa cognition sociale ; ces règles imposées façonnent le chien familier.

Le chien ne vit pas spontanément en hiérarchie

La hiérarchie de pouvoir chez le chien commensal

On a longtemps cru – et j'y ai longtemps cru et je l'ai écrit[1] – que le chien vivait en hiérarchie, comme certains loups. On a décidé que puisque le loup gris nordique vivait en hiérarchie, le chien, son descendant, vivait lui aussi en hiérarchie. Or on a oublié que le chien n'est pas un loup.

Pourtant, sur cette fausse croyance, on a décrété que le modèle hiérarchique était le seul valable et on a analysé tous les comportements et problèmes psychologiques du chien à travers cette vision. Ce modèle étant un dogme tautologique[2], on trouvera toujours à le confirmer et jamais à l'infirmer. Dès lors, depuis des années, les chiens sont obligatoirement soumis à leur propriétaire qui doit jouer le dominant, le maître. Ce modèle a fait son temps ; il est temps d'en changer.

L'ancêtre de notre chien de famille – le chien indigène commensal – ne vit pas en meute (hiérarchisée) ; il est même plus grégaire que social ; il s'attache à un espace et aux (poubelles des) gens qui s'y trouvent.

Chez le chien sauvage commensal, les jeunes sont trop petits pour entrer en compétition avec les adultes ; ils apprennent à respecter les adultes. Les adultes seraient stupides d'entrer en conflit avec leur progéniture (leur copie génétique). Les conflits surviennent quand deux chiens sont en compétition pour une ressource limitée, surtout alimentaire ; c'est le rapport des forces et des motivations qui détermine le gagnant. Bien sûr, si un chien perd tous les conflits, il a intérêt à faire l'économie des combats, avant que de mourir de ses blessures. Et le vainqueur de tous les conflits se voit attribuer une paix souveraine. Mais ces relations de respect mutuel ne signifient pas qu'une hiérarchie de dominance soit installée et doive être respectée.

La hiérarchie familiale

Le chien de famille est différent du chien indigène. Il s'attache aux personnes plus qu'aux lieux d'habitation. Vivant dans la maison, il interagit avec les membres de la famille et doit s'adapter aux structures familiales existantes. Cette adaptation se fait avec plus ou moins de bonheur.

J'émets l'hypothèse que c'est la structure familiale qui va décider de l'organisation sociale du chien. Il faudrait tester cette hypothèse en comparant diverses familles hiérarchisées ou non.

Le chien s'adapte à la grande majorité de ces organisations familiales. En France, comme quasiment partout dans le monde, la structure de la société et de la famille étant très hiérarchisée, le chien est forcé d'être hiérarchisé. Étant donné que l'homme revendique le pouvoir de décision et d'autorité, le chien n'a plus qu'à se soumettre sans revendiquer d'autonomie. Il y a dès lors des conflits avec des chiens qui revendiquent un minimum d'autorité, de liberté et d'indépendance. La devise « liberté, égalité, fraternité » se résume pour le chien à « dépendance, soumission, fraternité » ; et même la fraternité est en train d'être remplacée par des discours racistes à l'encontre de certains chiens.

Comme le chien ne vit pas spontanément en hiérarchie de dominance, il est inutile de se transformer en maître autoritaire pour bien vivre avec lui. Et ce n'est donc pas le manque d'autorité du propriétaire qui est la source des problèmes d'obéissance ; c'est une question de technique et de motivation, rien d'autre.

Le chien a besoin d'un guide plus que d'un chef

La plupart des chiens ont perdu leur capacité d'autoréalisation, c'est-à-dire de savoir quoi faire de leur vie. Ils sont en manque d'activité quasi permanente ; leur activité s'exprime au travers de leurs patrons-moteurs innés dans un environnement inadéquat : ils poursuivent... les joggers et les voitures, ils mâchonnent... les plinthes et les chambranles, ils courent... autour de la table du salon. Au niveau social, c'est à peine s'ils peuvent renifler un autre chien, voire jouer – et encore moins se disputer – avec lui, et pourtant ils aiment ça, l'empoignade ! Et avec l'homme, il n'y a pas intérêt à dire un mot plus haut qu'un autre ; c'est « ici, assis, couché, reste » ou « panier, couché, tais-toi ». L'homme demande au chien de « ne pas faire », alors que le chien a besoin de « faire » ; et, surtout, le chien familier a besoin qu'on lui dise « quoi faire » (dans notre monde urbanisé).

Le chien a besoin d'un coach, d'un guide, pas d'un maître autoritaire.

À part les quelques chiens de travail qui sont valorisés par leur activité professionnelle, la grande majorité des chiens est méjugée par rapport à ses compétences réelles, elle est dépréciée.

Pour une organisation symbiotique

Quand chacun est reconnu pour ses compétences, l'organisation sociale prend un autre aspect, celui de multiples hiérarchies de compétences imbriquées. La hiérarchie est inévitable : chacun est plus ou moins compétent que les autres, dans chaque compétence. Il ne s'agit pas d'une hiérarchie de pouvoir, mais d'une multiplicité de hiérarchies de compétences ; chacun « domine » dans sa compétence, mais personne ne prend sur lui de dominer le groupe en toutes circonstances. Chacun participe avec ses compétences pour un mieux-être du groupe. Et rendons au chien le pouvoir de ses compétences : détection olfactive, pistage, vitesse...

L'exemple du chien de traîneau

La société du chien de traîneau[3], pendant une course, est un système symbiotique. Il y a plusieurs leaders, qui donnent le rythme, et des substituts pour remplacer les leaders en cas de fatigue et perte du rythme. Tous les chiens sont mus par une passion commune : courir. Et les chiens sont appariés par égalité de compétence. Ils ne courent pas en meute, mais en fraternité coopérative. En aucun cas il n'y a de hiérarchie de pouvoir ni de querelles pour savoir qui est l'alpha, le dominant, du groupe ; cette notion est sans intérêt, elle n'existe pas.

Comme l'écrit Coppinger, « les chiens de traîneau sont un avancement évolutionnaire par rapport aux loups ».

L'exemple du free style ludique

Pendant un exercice de free style (danse avec chien), la dyade homme-chien est symbiotique. Le chien est libre d'improviser et de répondre aux suggestions du danseur humain qui le guide dans une chorégraphie et s'adapte aux ressources du chien.

Hiérarchie et revendication d'autorité

On peut se demander pourquoi le modèle hiérarchique est tellement répandu dans le monde, quand on parle des relations entre les hommes et leurs chiens.

Quasiment toutes les sociétés humaines sont hiérarchisées[4]. Le mot « hiérarchie » signifie littéralement le « pouvoir du sacré » ; c'est dire que les premières organisations sociales humaines étaient une revendication de pouvoir (dictature) des représentants de la religion. Ensuite, avec la séparation des pouvoirs religieux et politiques, on est passé à une dictature profane (roi, empereur, sultan...) ou à une (pseudo) démocratie où le peuple élit des représentants, y compris un président à qui il donne des pouvoirs royaux, y compris d'impunité. En fin de compte, rien n'a vraiment changé depuis la nuit des temps, le peuple étant toujours assujetti et dépendant de personnes et de lois.

J'observe que (les gens croient que) le chien se doit d'attendre la volonté de son maître, de lui obéir en toutes circonstances, de ne pas prendre d'initiatives et de n'avoir aucun privilège. Quand il ne répond pas à ces critères, le chien est qualifié de « dominant », la tare par excellence : le chien montre des velléités intolérables de supériorité et son propriétaire manque d'autorité ; l'homme est disqualifié (et culpabilisé) et le chien doit être « cassé ».

Ce vocabulaire esclavagiste démontre bien la relation qu'ont les hommes – plus souvent que les femmes – avec les chiens. En psychologie, on revendique en général ce que l'on n'a pas ; si l'homme revendique l'autorité, la dominance et le pouvoir sur le chien, c'est qu'il manque d'autorité naturelle et de pouvoir personnel. Qu'a donc fait l'homme de son pouvoir pour devoir le revendiquer aux dépens du chien (et de ses proches : enfants et compagne) ? L'homme est devenu esclave de la société ; il est soumis à ses règles et ne peut y échapper ; il en est dépendant ; il lui appartient. Le pouvoir étouffé de l'homme s'exprime par des voies détournées, notamment avec le chien. L'homme reproduit avec le chien ce que la société fait avec lui : il se l'approprie, il le soumet, il le rend dépendant, il l'asservit. Ce faisant, l'homme sauve quelques étincelles de son pouvoir de vie. Le chien, apparemment esclave, apprend quelque chose lui aussi du domaine de l'énergie mentale.

Si on veut changer cette situation, il faut que l'homme trouve une autre expression de son pouvoir – par la créativité, par exemple – et qu'il affranchisse son chien de la hiérarchie de pouvoir, afin d'entrer dans un système de symbiose bénéficiaire où le chien a l'opportunité de se réaliser, d'exprimer ses besoins éthologiques – un système où tout le monde gagne.

Un modèle parfois utile

Une hiérarchie gérée par un couple

Dans quelques rares cas, le modèle de la hiérarchie de pouvoir reste utile. Mais quelle description donner à cette organisation hiérarchique ?

Mon modèle de la hiérarchie de pouvoir s'inspire d'une famille canine :

- Couple dominant : mâle et femelle, sans hiérarchie entre eux.
- Hiérarchie linéaire des mâles pubères.
- Hiérarchie linéaire des femelles pubères.
- Groupe des chiots et juvéniles non pubères, non hiérarchisés.

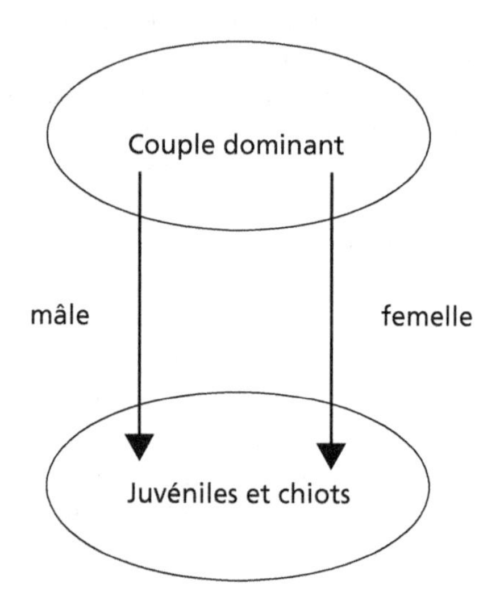

Ce modèle permet de comprendre qu'un chien challenger tente de faire alliance avec une personne (considérée comme) dominante de sexe opposé, afin de générer une dyade dominante.

Les particularités du chien dominant

Le chien dominant a le pouvoir ; il est sûr de lui, il est compétent et intelligent, il n'a besoin ni d'agresser ni de harceler ; c'est une force tranquille. Quand il doit réagir, c'est avec rapidité et la force juste nécessaire pour résoudre le conflit, sans engendrer la peur chez l'autre. Le dominant apaise ; il est source de tranquillité ; et le groupe se rassemble autour de lui. Il a de nombreux privilèges parce que les autres lui accordent ces privilèges. Il laisse à chacun l'occasion d'exprimer ses compétences, que ce soit le pistage, le rabattage, les soins aux jeunes, l'alerte, la guidance du groupe.

Les particularités du chien challenger

Le chien challenger, c'est celui qui revendique le pouvoir, qu'il n'a pas, qu'il voudrait avoir, et qu'il ne pourra pas gérer, parce qu'il n'a ni les compétences, ni l'intelligence, ni l'autorité naturelle. Le chien challenger est macho ; il se met dans une posture exagérément haute, pour faire croire qu'il est sûr de lui ; il harasse, il agresse. Il revendique de :

- Manger en présence de spectateurs : assister à son repas accélère la vitesse d'ingestion des aliments – et le chien challenger prend une posture haute.
- Dormir où il veut, dans la chambre, dans les fauteuils, au milieu d'une pièce : le déranger est source de conflit et d'agression.
- Contrôler les passages entre les pièces et le déplacement des personnes en se mettant sur le chemin ou à l'endroit qui permet de voir tous les déplacements, de tout savoir.
- Recevoir des attentions gratuitement, ou à sa demande ; les stopper à sa demande, avec grognements ou morsures.
- Accéder à la sexualité devant tout le monde.
- Empêcher les individus (humains ou chiens) d'entrer ou de sortir du groupe ou de la pièce.
- Faire alliance avec les autres figures (qu'il croit) dominantes de la famille.
- Se mettre à proximité de la personne de sexe opposé et à une distance plus courte que la personne de même sexe.
- Ne pas obéir aux ordres non suivis de gratification intéressante : c'est une revendication d'autonomie de type « je fais ce que je veux quand je veux », sauf si la récompense à la clé est intéressante.
- Marquer à l'urine au-dessus (et plus haut) des marques des autres.
- Marquer à l'urine (dans la maison) en cas de mécontentement, par exemple quand il est laissé seul.
- Déposer des selles normales dans des lieux très visibles.
- Attaquer (ronger, gratter) les objets qui entourent le lieu de départ des autres membres du groupe (chambranles, portes) : expression de colère et de frustration.
- Décider quand il va promener, où et combien de temps.
- Décider quand il veut jouer et imposer le jeu (le type de jeu et sa durée) aux autres.

La chienne macho ajoute à cette liste :

- S'approprier les chiots d'une autre chienne et leur empêcher l'accès à celle-ci.
- S'approprier les enfants de la propriétaire et leur empêcher l'accès à celle-ci.

Tous les critères ne sont pas obligatoires. Certains chiens challengers n'ont que quelques critères. Les plus revendicateurs ont plus de 7 critères.

Le chien challenger, en posture haute exagérée et en revendication d'autorité, menaçant.

La hiérarchie en éthologie et en systémique

En éthologie, les scientifiques ont essayé de déterminer qui était dominant dans un groupe de chiens en mettant les chiens en conflit pour une ressource : un os. Comme expliqué auparavant (voir « Les comportements alimentaires », page 77), le chien qui l'emportera sera celui qui, à poids égal, sera le plus motivé (celui qui aura le plus faim, celui qui revendique de tout avoir pour lui) ; lorsque la différence de poids est importante, il est parfois difficile de juger. Ce modèle d'analyse de la dominance n'a guère d'intérêt pour le chien familier.

En systémique, on regarde davantage les alliances sociales et le pouvoir de ces dyades (triades ou plus) sur l'obtention de privilèges et de ressources. C'est un jeu qui se joue beaucoup dans les familles humaines et le chien y participe volontiers. C'est ainsi que le chien obtiendra un privilège avec monsieur (un biscuit à table) et un autre avec madame (l'accès au divan) en absence ou en présence du conjoint : en absence du conjoint pour ne pas générer de conflit familial ; en présence du conjoint comme revendication d'autorité (et déclaration de guerre).

C'est en utilisant ces différents modèles, en fonction des familles dans lesquelles vit le chien, qu'on arrive à trouver des stratégies d'action pour changer les comportements gênants d'un chien. On ne changera pas le chien, sauf avec médication et pendant la durée d'administration de celle-ci, mais bien ses comportements, que l'on peut façonner avec des techniques appropriées (renforcement positif).

Les troubles de l'organisation sociale

Le chien n'arrive pas toujours à s'adapter à l'organisation sociale de sa famille d'accueil. Il y a plusieurs situations, dont voici quelques exemples :

- Le chien challenger, qui perturbe le fonctionnement social de la famille.
- La famille à structure rigide qui empêche d'être spontané et oblige de suivre des règles strictes.
- La famille chaotique dans laquelle tout le monde fait n'importe quoi, le chien y compris.

Le chien challenger

Un chien challenger est en pleine revendication d'un pouvoir qu'il serait incapable d'assumer et, surtout, en demande de liberté dans un système protégé. C'est dire qu'il voudrait faire ce qu'il veut quand il le veut, et le système familial l'en empêche. Il entre en conflit avec certains membres de la famille ; l'agression compétitive est un outil pour obtenir du pouvoir[5].

Le chien challenger est insécurisé. Accepter certaines règles serait apaisant, mais il s'y oppose.

Il y a plusieurs façons de traiter ce problème :

- La régression sociale dirigée[6] qui consiste en la suppression des (soi-disant) privilèges du dominant. Cette thérapie est mise en échec quand le chien a une personnalité revendicatrice ; elle est efficace lorsque la structure familiale est floue et que la communication homme-chien est chargée de doubles messages contraires (autorisation par une personne, interdiction par l'autre ou la même personne).
- Le façonnement des comportements par renforcement positif : c'est une thérapie très efficace. Si le chien entre en compétition avec ses propriétaires, c'est qu'il a le temps et pas grand-chose d'autre d'intéressant à faire. Dès lors, l'occuper de façon motivante est efficace. De plus, on peut récupérer l'obéissance de façon ludique en renforçant les comportements intéressants pour le chien et pour les propriétaires.
- L'administration de médicaments : si le chien est agressif (et dangereux), des médicaments (type fluvoxamine, fluoxétine, clomipramine) réduiront l'agressivité de 30 à 50 %.

La famille rigide

La famille rigide étouffe par ses règles irrépressibles la libre expression comportementale et psychologique du chien (et des humains de la famille). L'avantage des règles est qu'elles clarifient la situation de toute ambiguïté ; elles sont apaisantes. Le désavantage de règles strictes est qu'elles empêchent la liberté, l'expression et l'initiative ; elles sont étouffantes. L'idéal est d'avoir des règles apaisantes et suffisamment souples pour permettre d'être. C'est un jeu d'adaptation et d'accueil mutuel et réciproque rarement observé dans un système : on se trouve soit du côté rigide, soit du côté laxiste.

Le chien réprimé dans un système rigide peut développer deux tendances :

- La revendication, avec des sautes d'humeur et des agressions, particulièrement lors de contraintes, de harcèlement d'ordres et de contacts.
- La dépression avec ou sans irritabilité et des troubles psychosomatiques.

Le traitement est essentiellement systémique : faire prendre conscience aux propriétaires de l'importance du respect des initiatives. Des médicaments peuvent aider le chien à compenser le stress de la rigidité des interdits.

La famille chaotique

Au contraire de la famille rigide, la famille laxiste ou chaotique permet tout. Le chien est sans guidance, sans structure. Si le chien est libre de sortir à la campagne, il peut vivre sa vie et redevenir autonome et autodéterminé. Dans les faits, le chien familier développe souvent de l'anxiété (parce qu'il n'est pas apaisé par une guidance), des comportements chaotiques (pour peu qu'il soit inactif) et de l'agression par irritation lors des contraintes.

Le traitement est systémique : faire prendre conscience aux propriétaires de l'importance de règles et d'activités (ludiques) structurées (et structurantes).

CROYANCES ET LIMITES

Personne ne peut connaître la réalité intrinsèque du chien. Nous avons des modèles explicatifs qui nous permettent de croire que nous comprenons le chien, qui nous permettent d'anticiper ses réactions comportementales. Mais le chien reste mystérieux. Dès lors, nous – propriétaires de chiens, éducateurs, coaches, scientifiques – sommes limités par nos modèles, par notre vision du chien. Ce faisant, nous limitons le chien à notre vision.

L'effet Pygmalion

L'effet Pygmalion[1] – ou effet Rosenthal – est une prophétie autoréalisante qui consiste à influencer l'évolution de quelqu'un en émettant une hypothèse sur ses compétences. Il peut s'agir d'étudiants, d'athlètes, de rats ou de chiens, ou même de son conjoint ou de ses propres enfants.

Dans l'expérience d'origine[2], Robert Rosenthal donne à 12 étudiants un rat avec pour objectif de l'entraîner à traverser un labyrinthe ; à 6 étudiants, il dit que le rat est intelligent ; aux 6 autres, il signale que le rat est stupide. Les rats dits intelligents sont plus performants que les rats dits stupides. Pourquoi ? Parce qu'ils ont reçu plus d'attention, de sympathie, de chaleur affective. L'expérience est répétée avec des enfants dont on fausse le test de QI pour le surévaluer ; les enfants dits plus intelligents sont, en fin d'année scolaire, plus intelligents au test de QI et dans leurs résultats scolaires.

J'ai participé à une expérience avec des chiens de police à l'entraînement[3]. Cette expérience a démontré que les attentes d'un traitement aux phéromones entraînaient des effets positifs dans la direction de l'attente : chiens plus calmes, moins d'insomnie, moins d'aboiements, meilleur apprentissage.

L'effet Pygmalion, même si ses mécanismes psychologiques sont mal compris, permet de mieux percevoir l'importance des croyances des propriétaires sur les performances de leur chien familier : les croyances façonnent le chien ; les croyances négatives limitent son potentiel ; les croyances positives amplifient ses compétences.

Les méfaits de la croyance hiérarchique

La croyance hiérarchique est simpliste et réductionniste

La croyance hiérarchique engendre plus de problèmes qu'elle n'en résout. C'est une croyance simple, simpliste qui dit que le propriétaire, ou l'éducateur, est un maître, qu'il doit être la figure dominante, qu'il doit avoir le pouvoir et, en corollaire, que le chien doit se soumettre.

On se trouve exactement dans le cas sociologique de l'esclavagisme. Le chien doit obéir parce qu'il est un chien ; c'est la règle, la loi de la hiérarchie de pouvoir ; l'être humain a (ou doit avoir) le pouvoir, le chien ne peut pas avoir le pouvoir. Si un chien acquiert du pouvoir, il faut le « casser ». Si le chien est agressif, il faut être plus fort (plus agressif) que lui. Si le chien mange, il faut mettre sa main dans son écuelle et il doit accepter sans broncher. En somme, le chien doit accepter tous les sévices de l'autorité sans rien dire.

Dans ce modèle, qui plaît à certains pour des raisons (philosophiques ou éthiques) personnelles, qui plaît surtout parce qu'il simplifie toutes les relations entre maître-dominant et chien-soumis, tout est interprété en termes hiérarchiques. Si le chien grogne, que ce soit de colère ou de peur, c'est qu'il est dominant ; si le chien désobéit, c'est qu'il est dominant ; quoi que le chien fasse qui déplaise à son maître, c'est qu'il est dominant. La solution est aussi simpliste et réductionniste que le modèle : on enlève au chien tous ses pouvoirs, privilèges et ressources. Si le chien s'empire, il faut le soumettre davantage, jusqu'à ce qu'il soit l'ombre de lui-même et l'ombre de son maître.

La croyance hiérarchique engendre des troubles comportementaux

Les exemples sont innombrables. Ce propriétaire de dogue de Bordeaux me présente son chien qui l'a mordu à la jambe. Il promenait son chien le matin avant d'aller travailler ; le chien avait du plaisir à renifler des odeurs (succulentes) ; monsieur a rappelé son chien qui n'est pas revenu ; monsieur a cru que le chien désobéissait ; il l'a rappelé plus fort (fâché) ; le chien a relevé la tête, et est revenu vers lui, lentement, la tête basse ; monsieur (fâché) a demandé au chien de venir plus vite ; le chien s'est arrêté, tête basse ; monsieur a crié sur son chien et levé le bras ; le chien s'est couché et a grogné ; monsieur a interprété le grognement comme de la dominance et a donné un coup de pied au chien ; le chien a intercepté la jambe et a mordu, en contrôlant sa morsure mais en causant néanmoins un hématome.

Dans cette histoire, c'est le chien qui a été agressé par son propriétaire, plus que l'inverse. Mais c'est sur le chien qu'est rejetée la faute, puisque le maître a interprété dans ses croyances les comportements du chien comme étant dominant, ce qui est interdit dans sa culture personnelle et en cynophilie classique.

Cet autre chien, lui, m'avait été présenté pour hyperactivité. Ce qui signifie qu'une fois excité, il était incapable, biologiquement, d'être assis calmement. Tout se passait bien jusqu'à ce qu'un éducateur dise que, dans le modèle hiérarchique, le chien ne pouvait pas se coucher au milieu d'une pièce, parce qu'il risquait de contrôler les passages, ce qui est un privilège dominant. Le panier du chien a dès lors été exilé dans un coin de pièce ; ce qui n'a pas posé de problème dans l'immédiat. Quelques jours plus tard, les propriétaires ont reçu de la visite ; le chien, content, a voulu s'exprimer socialement, mais a dû aller se coucher dans son panier ; il a obéi. Plus tard, les visiteurs sont partis ; le chien étant dans son panier, une des deux adolescentes de la maison a descendu l'escalier en courant ; le chien a couru vers elle en aboyant ; elle a eu peur, et elle a obligé le chien à retourner dans son panier ; il a obtempéré en grognant. Interprétant ce grognement comme une dominance, la jeune fille a poursuivi le chien à son panier ; le chien a grogné ; la sœur s'est jointe à elle ; le chien, acculé dans son panier, a grogné de plus belle ; la mère s'est jointe à ses filles ; le chien a grogné. Pour soumettre le chien, la mère est allée chercher une cravache, est revenue et a menacé le chien ; le chien a bondi vers elle, mais sans toucher personne, s'est enfui de la pièce.

C'est un chien remarquable qui, face à l'agression de trois personnes, décide d'échapper au harcèlement des trois femmes, pour éviter de devoir les mordre ; bien sûr la seule échappatoire était de passer à travers le barrage, ce qu'il a fait sans mordre quiconque.

Bien sûr, dans le modèle hiérarchique, le chien aurait dû se soumettre, c'est-à-dire accepter les agressions verbales et la proximité agressante de ses maîtresses, sans rien dire, en prenant une posture basse, en arrondissant le dos afin de mieux recevoir les coups de fouet virtuels.

Il y a toujours plusieurs lectures à chaque comportement. La lecture hiérarchique entraîne dans ce cas-ci, comme bien souvent, une maltraitance du chien.

Pour ceux qui désirent une autre lecture, il eût été plus simple de comprendre que le chien avait été frustré d'activité, qu'il a « explosé » en aboyant, ce qui lui a fait du bien mais a effrayé la jeune fille ; au lieu d'en vouloir au chien de lui avoir fait peur, elle aurait pu prendre conscience de la frustration du chien, et aurait pu, toujours, lui accorder quelques instants d'activité d'obéissance ludique récompensée ; et personne n'aurait agressé personne.

La croyance hiérarchique engendre des troubles de l'humeur

Voici l'exemple d'un chien magnifique. Les propriétaires désiraient avoir un chien parfait ; ils ont donc étudié la question, lu des livres, sélectionné une race, un élevage, choisi un magnifique golden retriever mâle, qu'ils ont acheté et emmené chez eux. Riches de leurs connaissances livresques, les propriétaires ont appliqué les modèles appris dans les livres. Comme la plupart des livres sur le chien parlent de la hiérarchie, les propriétaires ont appliqué religieusement les principes de marginalisation hiérarchique du chien : manger après les « maîtres », sortir après, se coucher dans un coin de pièce, en dehors des passages, ne jamais répondre aux demandes du chien, que ce soit une demande de caresses ou de jeux... Après 8 mois de ce régime, les propriétaires m'ont présenté le chien parce qu'il grognait. Mon diagnostic fut : dépression, avec irritabilité ; le déclencheur était : la frustration de ne pas pouvoir vivre sans l'autorisation d'une personne plus forte (dominante, autoritaire) que lui.

Les gens avaient reproduit avec leur chien ce que la société occidentale fait avec eux : un univers d'interdictions où les autorisations de vivre sont conditionnées au respect de règles préétablies. Cela frustre les gens, comme cela frustre les chiens.

Pour reprendre les termes qualifiant ce type de relation, il s'agit d'amensalisme et d'esclavagisme. Le chien réel n'existe plus, n'est plus respecté ; seul le chien imaginaire a le droit d'exister. Et dans ce cas, le chien s'est révolté contre l'image qu'on voulait lui faire prendre.

Les propriétaires ont voulu bien faire. En voulant bien faire, ils ont enfermé le chien dans leur modèle du chien, leur croyance hiérarchique[4], limitant, frustrant les potentiels de l'animal, et engendrant des problèmes sérieux chez lui et dans leur système familial.

Quelles solutions alternatives peut-on envisager ? Le modèle activité que je défends[5] en est une. Il est très efficace et ne coûte rien.

Le chien limité par l'homme

Le modèle hiérarchique n'est qu'un exemple des limitation que nos croyances imposent aux expressions et au bien-être des chiens.

Le chien limité dans son intelligence

La plupart des chiens peuvent répondre à 300 codes ; la plupart des chiens répondent à moins de 10 codes (« assis », « couché », « ici », « panier »). Où est l'erreur ? On s'extasie devant des chiens de cirque qui sautent à la corde et on regarde avec pitié son propre chien qui ne connaît aucun truc. Où est l'erreur ?

C'est une des pires insultes que nous faisons au chien que de le croire bête. Le croire bête, c'est le vouloir bête. Nous limitons ses activités cognitives parce que nous ne croyons pas à son intelligence.

Quand un chien n'apprend pas bien ce qu'on voudrait qu'il apprenne, la première question n'est pas « est-il bête ? », mais « est-ce que je lui apprends d'une façon adéquate ?, ma technique éducative est-elle efficace ? ».

Le chien limité dans ses activités

Nos ancêtres chasseurs-cueilleurs avaient beaucoup de temps libre ; ils travaillaient 3 heures par jour et le reste du temps, ils pouvaient s'amuser et créer. Avec l'arrivée de l'agriculture, le travail est monté à 10 heures par jour, les terres ont été épuisées, les déserts se sont créés et l'homme n'a plus eu de temps pour ses loisirs. À notre époque, l'être humain travaille 40 heures par semaine et se libère au plus vite de son travail pour regarder la télévision ou partir en vacances, c'est-à-dire faire tout et n'importe quoi sauf travailler. Alors, dans ce modèle, on croit que le chien a de la chance de ne pas devoir travailler et d'avoir des vacances toute l'année.

Biologiquement, humains et chiens sont faits, programmés, pour s'activer, au moins 3 à 5 heures par jour. Pour le chien, les vacances à ne rien faire toute l'année sont un cauchemar. Et c'est pourtant à cette vie d'inactivité et d'inertie que nous forçons 80 % de nos chiens urbains. Le chien veut vivre ; et vivre c'est bouger, c'est s'animer. L'immobilité, c'est la mort ; ou la maladie comportementale ou psychosomatique. De nombreux chiens forcés à l'immobilité entrent en dépression, en TOC, ou explosent leur environnement en destructions, vocalises, souilles et agressions. C'est le thème central de mon livre *Mon chien est heureux*, qui est un complément indispensable à celui-ci.

La promenade du chien…

Le chien limité dans son savoir-faire

La mode du chien de compagnie a entraîné la « capture » de chiens dans des groupes de chiens de travail[6] (chasse, garde, troupeaux, course) et des chiens de concours de beauté. Il est encore trop rare que le chien soit sélectionné (génétiquement) pour vivre en famille en milieu urbain. Et c'est une insuffisance qui crée de nombreux déboires autant chez les humains que chez les chiens. La majorité des chiens n'est tout simplement pas adaptée à la vie de famille.

Le chien trahi par l'homme

Choisir un chien de famille au sein d'un groupe de chiens de travail, sans lui donner l'activité du chien de travail, est une trahison. L'homme a sélectionné des chiens, les a modifiés génétiquement artificiellement pour son agrément et son service et, ensuite, il empêcherait le chien de réaliser les activités pour lesquelles il a été créé ?

Imaginez un chien de berger qui court et rassemble les moutons 12 heures par jour ; vous choisissez ce chien et le mettez dans un appartement avec trois promenades en laisse d'une demi-heure par jour ; n'est-ce pas une trahison ? Même si vous choisissez un chien qui n'a jamais couru après les moutons, mais qui descend en droite ligne d'un berger de travail, n'est-ce pas le trahir que de l'enfermer dans un appartement ?

C'est la même chose avec un chien de chasse, que ce soit un teckel ou un jack russell d'un élevage de chasse qui n'ira jamais dans un terrier, d'un lévrier qui ne courra jamais après un lièvre (même artificiel), d'un épagneul qui ne verra jamais les plumes d'un faisan...

Le chien sélectionné pour le travail a été modifié génétiquement pour accomplir ce travail ; accomplir ce travail est un besoin irrépressible ; ne pas lui donner l'opportunité de réaliser ce travail est une trahison, une maltraitance. Il faut alors trouver des solutions pour lui donner des activités alternatives, en espérant qu'elles soient suffisantes[7].

Le chien sélectionné pour la beauté a une esthétique prévisible mais un tempérament et un ensemble de comportements imprévisibles, variant entre les tendances de son collègue de travail et celles d'une « patate de divan » (« couch potato », comme disent les Anglais). On peut trouver un border colley ou un autre berger qui refuse de sortir, un lévrier qui n'aime pas courir, un terrier qui n'aime pas creuser et entrer dans un terrier. C'est le hasard du chien de beauté, beau mais au tempérament imprévisible. Et je ne parle pas des chiens de garde – rottweilers, malinois et autres – à qui l'on confie la garde de la maison tout en étant la nounou des enfants.

La plupart des gens qui choisissent un chien ne connaissent rien des besoins d'activité spécifique de ce chien. Leur trahison à l'encontre du chien est involontaire, mais néanmoins bien réelle. L'éleveur qui vend un tel chien à des gens de la ville participe à cette trahison.

Le chien de famille est un « chien », c'est-à-dire un organisme biologique et psychologique hautement complexe qui ne ressemblera que rarement à l'idée qu'on s'en faisait avant de l'acquérir. Plus on veut que le chien ressemble à l'image qu'on a de lui, moins on accepte le chien tel qu'il est, plus on le trahit.

LE CHIEN D'ASSISTANCE

Le chien d'assistance assiste l'homme, qui y trouve son avantage. Mais quel est l'avantage du chien ? Et puis, est-il respecté ou, simplement, corvéable ?

Aide, assistance, service

Les types d'assistance

Le chien d'assistance est celui qui assiste l'homme, qui l'aide dans différentes tâches :

- Le chien guide pour malvoyant, malentendant, personne avec handicap moteur.
- Le chien diagnostic : détection des crises d'épilepsie, détection des mélanomes.
- Le chien des AAA (activités assistées par l'animal) et de zoothérapie qui, entre autres, visite les hôpitaux, les maisons de retraite, les prisons.
- Les chiens de police, qui détectent les mines, les explosifs, les drogues, les fruits et les légumes, ceux qui retrouvent les disparus enfouis sous les décombres ou les avalanches, et ceux qui sont spécialisés dans la recherche des cadavres.

On ne met pas dans les chiens d'assistance les chiens de chasse (qui assistent pourtant l'homme à chasser pour son plaisir), les chiens de sauvetage en mer (qui assistent à sauver les personnes tombées à l'eau et à tirer des bateaux).

Quel est le gain biologique du chien d'assistance ?

Tous ces chiens rendent des services réels et remarquables à l'être humain ; dans certains cas, ils pourraient être remplacés par des gadgets électroniques, mais le potentiel psychologique de la relation avec le chien est irremplaçable.

La question qui se pose est : que gagne le chien dans ces activités[1] ? Quel est son bien-être[2] ? Ou se trouve l'avantage biologique du chien en tant qu'individu et en tant qu'espèce ?

Laïka, chienne cosmonaute

Quand les Soviétiques envoyèrent Laïka[3], une petite chienne bâtarde de type fox (de 3 ans et 6 kg), dans l'espace le 3 novembre 1957, dans le premier vol spatial habité (dans la fusée Spoutnik 2), ils démontrèrent qu'un être vivant était capable de survivre dans l'espace, en cabine pressurisée. Pour ce vol, la chienne dut apprendre à vivre en cage de plus en plus petite, à supporter les accélérations en centrifugeuse et à manger un gel nutritif.

Comme tous les chiens de laboratoire, Laïka a été utilisée pour faire de l'expérimentation à l'usage de l'homme. Le stress qu'elle a enduré a sans doute permis d'oser envoyer des cosmonautes et des astronautes à la conquête de l'espace. Les premiers chiens qui sont revenus vivants d'un vol spatial sont Belka et Strelka, à bord de Spoutnik 5, le 19 août 1960[4].

Mais quel est le bénéfice biologique pour la chienne (elle est morte en 7 heures d'une défaillance du système de refroidissement) et pour l'espèce canine ? Laïka a eu une fille, Pouchinka, qui a été offerte en 1961 par Nikita Khrouchtchev à Jackie Kennedy[5]. Pouchinka a eu des petits avec un des chiens Kennedy ; sa descendance existe encore aujourd'hui.

La création du chien d'assistance

Le chien d'assistance ne naît pas avec les compétences toutes faites ; elles ne sont pas génétiques, mais bien apprises. Le chien doit montrer des prédispositions (dans ses patrons-moteurs) et ensuite être façonné pour le travail bien spécifique qu'on va lui demander.

Dans la plupart des cas, le chiot est choisi chez un éleveur, placé en famille d'accueil, ensuite placé en chenil vers l'âge de 12 à 18 mois pour subir une soixantaine d'heures d'apprentissage spécialisé ; après cela il passe un examen ; s'il réussit, il quitte le chenil pour être confié au milieu de travail.

Après entraînement, le chien passe un examen qui définit s'il est apte ou inapte au service. Or plus de 50 % des chiens entraînés ratent l'examen. C'est dire s'il y a dans le processus de façonnement classique des imperfections :

- La sélection du chiot : il devrait être choisi en fonction des performances à accomplir ; donc il faut le sélectionner sur la génétique de ses parents.
- L'imprégnation du chiot : il devrait être imprégné aux environnements et individus auxquels il sera confronté dans le milieu d'assistance ; par exemple, un chien pour handicapé moteur doit être imprégné aux chaises roulantes ; un chien pour malvoyant doit être imprégné aux malvoyants, mais aussi aux chats (pour ne pas faire un écart en rue à la poursuite des chats, et cohabiter avec des chats dans le milieu de travail).
- La famille d'accueil : la plupart des chiots sont placés un an en famille d'accueil ; il devrait être préparé par les mêmes techniques d'obéissance qui seront utilisées en formation spécialisée.
- La formation spécialisée en chenil : le chien quitte la famille pour vivre en milieu d'isolement, en rupture d'attachement avec ses familiers, en pré-

sence d'autres chiens inconnus et d'un éducateur professionnel qui doit entraîner plusieurs chiens par jour ; il passe quelques heures d'entraînement avec un inconnu et le reste en chenil, sans activité particulière.

- L'examen : le chien passe un ou plusieurs tests et est dit apte ou inapte au service.
- Le placement en milieu de travail : le chien quitte le chenil d'entraînement pour être placé dans un milieu familial avec une personne handicapée – qui n'a pas spécialement des connaissances cynologiques ni de respect pour le chien – ou dans le milieu de travail (pistage, détection...).

En deux ans, le chien passe dans au moins 4 milieux de vie très différents ; et on ne fait guère attention à son bien-être à chaque changement de milieu : il vit 3 ruptures d'attachement et/ou de milieu de vie.

Le chien de police (du moins le chien de patrouille) est bien souvent le chien du policier, vivant avec lui et sa famille et travaillant avec lui, après avoir passé les examens requis. Le chien d'intervention spécialisé vit souvent en chenil et n'en sort que pour travailler.

Dans la situation idéale, le chien est sélectionné et élevé pour le travail spécifique, le chiot est sélectionné, imprégné, observe un autre chien (ami) réaliser les comportements spécifiques[6], vit directement avec son éducateur qui l'entraîne et, après examens, travaille avec lui ; le chien vit en famille. Il y a continuité dans l'attachement, dans les techniques d'apprentissage, dans les milieux de vie. Et le chien est un compagnon de vie, respecté pour qui il est et pour ce qu'il fait.

Le chien d'utilité

Le chien d'utilité – chien de police, d'intervention, de défense... – vit souvent en chenil et en est sorti pour travailler. L'homme profite de ses performances. Le chien est récompensé par son travail, ses repas, une caresse pendant le travail ; l'isolement en chenil, en dehors du travail, est censé augmenter la motivation du chien à travailler. Le travail est la seule source d'activité, de socialité et d'attachement. Le chien est souvent – pas toujours – traité en tant que serviteur tant qu'il est performant ; quand il ne l'est plus, il est recyclé comme chien de compagnie ou euthanasié.

Le chien d'assistance humanitaire

Le chien d'assistance est-il heureux ?

Généralement stérilisé, ses capacités et performances supérieures sont perdues pour l'espèce. Tout au plus pourrait-on le rendre heureux pour lui-même, tout en faisant profiter la personne handicapée de son aide. Mais est-ce possible ?

Au moins il a un job, quelque chose à faire – même si ce n'est pas en respect de sa spécialisation génétiquement modifiée –, ce que la majorité des chiens de famille n'a pas.

Cela dit, le chien d'assistance ne peut courir, poursuivre (un écureuil, un chat, un oiseau...), faire des gestes brusques, faire un écart, entrer dans des conflits (avec d'autres chiens) ; « ce sont des mauviettes qui évitent d'avoir des troubles[7] » ; mais sont-ils heureux ?

Le chien de thérapie

À part la chienne mère qui prodigue les soins à ses chiots (de façon plus réflexe que volontaire), et à part quelques rares chiens héroïques qui sauvent des humains de périls mortels, le chien s'occupe de son bien-être sans s'occuper d'autrui. Le chien n'est pas programmé pour donner de l'affection ; pas encore.

On pourrait sélectionner les chiens qui ont de la dévotion, de l'adoration, pour les humains, les reproduire, et créer des lignées de chiens plus affables, plus calmes, plus tolérants au contact physique, plus « peluches » et se « vendant » pour une simple caresse. On pourrait très certainement sélectionner cette tendance qui doit être influencée par des dizaines de gènes, mais aussi par des environnements d'imprégnation favorables.

Cette sélection n'étant pas faite à ce jour, on choisit, comme chien « serviteur » d'affection – en zoothérapie[8] –, des chiens provenant des chiens de famille, polis avec les gens, dont la tolérance à la proximité d'inconnus (de malades, d'enfants, de personnes âgées...) est plus grande que la moyenne (et que celle de nombreux thérapeutes). Les chiens sont préparés, puis exposés dans des milieux spécialisés. Quand tout va bien, l'éducateur, le zoothérapeute, qui connaît bien son chien, décèle les signes de stress et permet à son chien de quitter le lieu de travail. Certains chiens tolèrent stoïquement le contact en demandant que cela s'arrête en détournant le regard. Peu d'entre eux sont compris ; beaucoup subissent ; combien sont heureux ou au moins respectés ?

Le respect du chien de zoothérapie fait partie des enjeux éthiques de cette discipline[9, 10].

LE CHIEN ENFANT
ET LE CHIEN OBJET

À l'extrême du façonnement du chien vers l'image que s'en fait l'homme, on trouve le chien enfant, le chien objet et le chien jouet.

Le chien enfant

Le chien équivaut à 80 % de la charge d'un enfant

Il suffit de regarder des photographies de personnes et de chiens ensemble pour se rendre compte que le chien a une place privilégiée : proche des gens, dans les bras, sur une chaise, dans le fauteuil, à table, dans un buggy (landau), porté dans un harnais, sur un vélo, et plus rarement en laisse, en terrain de sport, au travail. C'est très comparable aux photographies d'enfants avec leurs parents, sauf que l'on voit plus d'activité commune entre enfants et parents qu'entre chiens et propriétaires.

Le chien est dépendant, les propriétaires assurent sa sécurité, le nourrissent, l'hébergent, l'éduquent... ; ils en prennent la responsabilité légale, civique, sociale, financière ; ils doivent assurer son bien-être physique et psychique et ne peuvent le maltraiter. En somme, à part l'école qui est obligatoire pour l'enfant, le propriétaire a les mêmes devoirs envers son chien qu'un parent envers son enfant ; et les enfants et les chiens ont le devoir d'aimer, de respecter et d'obéir à leurs parents/propriétaires. Il y a d'autres différences : le chien n'assurera pas la pérennité biologique (génétique) de ses parents adoptifs, et le chien est un objet pour la loi : on peut en faire commerce.

Avoir un chien et assumer ses responsabilités, cela prend du temps. J'estime qu'un chien vaut, en charge, temps, responsabilité, l'équivalent de 80 % d'un enfant.

Le chien est de plus en plus considéré comme un « équivalent enfant », un substitut, au point de lui donner des noms jusque-là réservés pour les enfants. Les jeunes couples reportent à la trentaine la naissance d'un enfant pour se consacrer à leur développement professionnel, mais ils compensent le manque d'enfant par un chien.

Le chien à morphologie néoténique

Depuis que l'homme sélectionne le chien, il lui a fait prendre un aspect enfantin : tête ronde, yeux globuleux. C'est comme si on avait arrêté la croissance du chiot à un stade infantile, et que sa morphologie n'évoluait plus vers celle de son ancêtre sauvage : tête avec museau pointu. C'est un processus de néoténie (infantilisation) morphotypique. C'est aussi le cas de l'homme, à la morphologie néoténisée (tête ronde, grand crâne) par rapport aux grands singes.

L'homme a sélectionné chez le chien un aspect qui évoque de plus en plus des réactions instinctives vis-à-vis des enfants : se pencher vers, prendre dans les bras, toucher et caresser. Dès lors, il est logique d'observer que les gens dans la rue aient envie de caresser la plupart des chiens à tête ronde, comme ils ont envie de s'approcher et de caresser les enfants. Et ce harcèlement de caresses n'est agréable ni pour l'enfant ni pour le chien. En effet, si le chien a une morphologie infantile, il n'a pas de tempérament infantile, à part la dépendance ; et il ne supporte pas toujours les harcèlements d'approche, d'envahissement de sa zone critique (bulle d'espace personnel) et de contact physique.

Le chien à tempérament néoténique

Les chiens à tempérament infantilisé sont encore rares, mais leur nombre va croissant. Ce seront des chiens infantilisés à l'extrême, à puberté tardive, à vocalisation aiguë, et terriblement dépendants, donc incapables de rester seuls.

Actuellement, on trouve plutôt des chiens à tolérance extrême, acceptant d'être brossés, habillés, promenés dans une poussette. Ce sont plus des chiens jouets que des chiens enfants.

Le chien enfant roi

Dans ce modèle de vie, le chien a tous les droits, comme s'il était un enfant roi. Le chien peut tout faire, tout décider ; tout le monde se plie à ses désirs[1].

Ce modèle engendre-t-il des problèmes et des solutions ? Comme les chiens rois sont souvent de petits chiens, les problèmes de comportement liés au manque de repères, au manque de limites, sont peu dangereux. D'autre part, c'est un modèle qui laisse le chien libre de s'exprimer. Le problème de beaucoup de ces chiens, c'est qu'ils ont perdu leur guidance pour vivre dans la sécurité des familles humaines et que, dès lors, en dehors de la guidance humaine, ils présentent des comportements chaotiques.

Le chien objet

Du chien de manchon au chien peint

Le chien a toujours été un objet suivant la loi, un objet un peu spécial puisqu'il a des droits. Néanmoins, comme un objet on peut le détruire : c'est l'euthanasie, dans le meilleur des cas.

Mais la tendance à considérer psychologiquement le chien comme un objet prend de l'ampleur.

Le chien objet existe depuis longtemps ; il a été associé aux civilisations décadentes. À Rome, il y a plus de 2 000 ans, César avait remarqué, à son retour de la guerre des Gaules, que les femmes portaient dans leurs bras des singes et des petits chiens plus que des enfants. La Chine impériale a inventé le chien de manchon qui, porté dans les bras des princesses, était caché dans les plis des longues manches de leurs vêtements. Aujourd'hui, on porte les chihuahuas et autres loulous et bichons dans les bras, comme s'ils n'avaient pas de pattes pour marcher par eux-mêmes ; on leur achète aussi des poussettes, des colliers en pierres précieuses. On les teint en rose ou en fuchsia.

Ce comportement qu'ont les humains avec les chiens n'est possible qu'avec la coopération des chiens. Dans les 400 et quelques races de chiens façonnées par les humains, il en est quelques-unes pour se prêter au jeu de la peluche de remplacement. C'est tout de même nettement plus intéressant de se trimbaler avec une peluche vivante et tolérante qu'un teddy-bear inanimé.

Le chien de divertissement

Il ne faut pas critiquer les gens qui ont besoin d'un teddy-dog. Ils ont simplement poussé plus loin l'idée des cynophiles qui font des concours de beauté avec leurs chiens, tout comme on le fait avec des femmes lors des concours de miss nationales. Les chiens sont présentés à des juges qui décident s'ils sont conformes au standard de beauté de la race. Pour pouvoir être jugé beau, le chien doit se laisser faire par des juges. Il y a donc un minimum de sélection comportementale nécessaire pour que le chien tolère la manipulation. Cependant, cette sélection comportementale est très artificielle et n'aide guère les chiens de famille.

De même, depuis des centaines d'années, on a sélectionné le chien pour le plaisir de l'homme. Le chien de chasse (en meute) va courir des heures à la poursuite d'un renard ou d'un chevreuil, sans obtenir, par la capture de la proie, compensation pour ses dépenses d'énergie. L'homme a sélectionné un chien qui court et poursuit de façon répétitive et redondante, pour son propre plaisir. Ce chien qui court sans cesse est aussi réduit à un objet de plaisir sportif ; mais sans utilité pour le chien. Le lévrier court derrière une peluche de lièvre pour le plaisir des parieurs. Un autre objet dont l'homme use et abuse, puis abandonne quand il ne sert plus, quand il ne donne plus de plaisir. Il en est de même pour le chien de combat qui, lui, ira jusqu'à mourir pour le plaisir de son maître ; ce n'est pas que le chien veuille mourir pour faire plaisir à son maître, mais qu'il a été programmé comme une machine de mort et ne peut échapper à ce destin ; c'est ce qui réjouit son propriétaire.

Depuis les concours de beauté, jusqu'au chien de buggy, en passant par le chien de course, il y a une évolution irrévocable. On peut envisager l'avenir avec des... frissons. On aura bientôt deux espèces de chiens : les chiens, ceux qui courent tout seuls, et les chiens de bras et de buggy, aux membres atrophiés et dépendants des humains comme le sont des bébés nouveau-nés.

Chien de divertissement, chien objet.

La dog fashion

Il y avait les concours de beauté ; il y a les défilés de mode pour chien : manteaux, bottes, lunettes, chapeaux, diadèmes, perruques... C'est la tendance... de la société de consommation occidentale de trouver d'autres choses à créer et à vendre. Et pourquoi pas, tant que le chien n'en souffre pas !

Le chien jouet

Le chien poupée

Le chien jouet est une poupée vivante. C'est le cas du chien de buggy, mais aussi du chien déguisé pour Halloween, du chien peint, teint en rose.

Tant que le chien n'en souffre pas et qu'il a la satisfaction de ses besoins de chien, pourquoi pas ? Mais si ce n'est pas le cas, bonjour la maltraitance.

Le chien de pub

Le chien est utilisé, comme l'est l'enfant et la femme, pour attirer le regard et permettre de passer un message, publicitaire le plus souvent, mais esthétique et créatif aussi. Le chien va alors charger l'image de l'énergie de la croyance qu'on lui attribue : la fidélité et la défense des chiens de berger et de bouvier, l'élégance de l'afghan, la bonté du retriever...

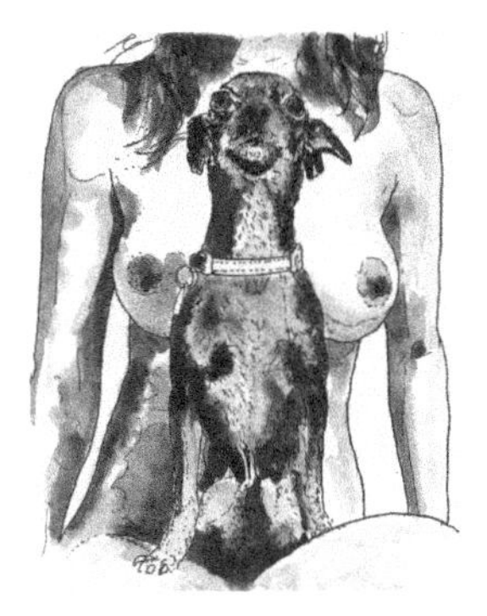

Chien de pub, chien faire-valoir, chien sujet d'art...
Du chien ou de la femme, qui domine cette image ?

Les politiciens aiment se faire tirer
le portrait accompagné d'un chien.
Est-ce pour adoucir leur image ?

Le chien conscience

Identification et dépendance

Le chien, en tant qu'individu, est un révélateur, un miroir, de certaines particularités psychologiques de la conscience humaine. En même temps, le chien en tant qu'espèce dévoile ce que l'homme a fait de lui-même. Comme si l'homme avait fait le chien à son image. Et malgré tout ce que l'homme a fait au chien, la principale qualité que l'on reconnaît au chien est son acceptation inconditionnelle de son partenaire humain.

Le chien miroir de l'espèce humaine.
Le chien miroir de son partenaire humain.
La conscience du chien.
Le coaching assisté par chien.

Le chien est un miroir, physique parfois, psychologique surtout.

LE CHIEN MIROIR DE L'ESPÈCE HUMAINE

Pourquoi l'homme a-t-il choisi le chien pour être son meilleur ami ? Et pourquoi essaie-t-il d'exterminer le loup ?

Si le chien d'origine est bien un loup qui a troqué son autoréalisation, son autonomie et sa vie libre mais stressante de chasseur nerveux et intelligent contre la sécurité d'un milieu grégaire, apaisant, nourrissant, mais dépendant d'une autre espèce (l'homme), qu'est-ce que cela nous dit sur nous-mêmes ?

J'émets deux hypothèses :

1. Le chien est un miroir psychologique de son compagnon humain.
2. L'homme fait avec le chien ce qu'il fait avec (des parties) de lui-même.

Ce sont des hypothèses de travail de conscientisation, non des vérités scientifiques démontrées statistiquement. Ce qui m'intéresse ici, c'est ce que le chien nous raconte sur nous-mêmes.

L'homme et le chien : dépendance et sécurité

L'homme et le chien abandonnent la liberté pour la sécurité

Le chien vient nous révéler, en miroir, que nous ne sommes plus des loups, que nous avons perdu notre autodétermination, notre liberté, notre autonomie, que nous sommes dépendants d'une autre espèce, un être artificiel (la société) dont nous sommes de plus en plus un objet (et non plus un sujet). Nous avons troqué notre liberté contre la sécurité. Et dans certains cas cette recherche de sécurité devient une obsession.

Le but de la vie ne semble pas de vivre, mais de vivre longtemps, de ne pas mourir. Le but du travail ne semble pas de s'éclater dans la créativité, mais de pourvoir aux besoins de sécurité, quitte à s'ennuyer toute la vie.

Comme le chien regarde vers son maître, regardons-nous vers des gourous qui nous diront comment mener notre vie ?

Du loup libre au loup commensal et au chien dépendant

Le chien est un loup qui a perdu son essence de prédateur efficient pour devenir un être commensal dépendant d'une source de nourriture aisée à ramasser. Cette recherche de facilité va de pair avec une perte des compétences et des motivations à assurer son autonomie. Avec le temps, le chien commensal, encore libre de s'en aller loin des hommes, est devenu symbiotique, dépendant des hommes pour survivre.

Cette tendance symbiotique spontanée du chien a été renforcée par l'homme qui a récupéré, aux dépens du chien, une illusion de pouvoir et d'autorité. L'homme a sélectionné les chiens de plus en plus dépendants et soumis – serviles – en éliminant tous les chiens qui voulaient se libérer de sa tutelle, de son emprise, de son autorité. Encore aujourd'hui, le chien de famille qui chasse, tue, fugue doit être ramené dans le droit chemin de la soumission à son maître ou il est euthanasié si la rééducation[1] n'est pas efficace à court terme.

Si le chien commensal était tolérant de l'être humain, le chien de famille, lui, est dépendant de son groupe familial. Isolé de ses congénères, le chien est obligé de s'attacher aux humains, au point de ne plus supporter d'être loin d'eux.

C'est la même évolution qu'a vécue l'homme, de chasseur-cueilleur (libre et nomade) à agriculteur (sédentaire et dépendant) ; l'homme est de plus en plus grégaire, dépendant des autres, de la société, pour sa sécurité et son bien-être. Si nos ancêtres chasseurs-cueilleurs travaillaient 3 heures par jour à rassasier leurs besoins, l'homme actuel a besoin de travailler 8 heures pour la même rentabilité et pour nourrir la société et son gestionnaire insatiable, l'État. L'homme actuel est plus dépendant que ses ancêtres, exactement comme il a façonné le chien à son image.

Le chien attaché

Figurativement, le chien est attaché par la laisse à son propriétaire. Psychologiquement, le chien est aussi dans l'attachement obligatoire (voir « L'attachement indispensable », page 129). Le chien montre autant de proximité relationnelle que les parents ou la fratrie des humains attachés à leur chien : l'attachement est mutuel et d'un même niveau que l'attachement interhumain familial. L'attachement de l'homme à son chien est corrélé à la façon dont le chien répond aux besoins de relation de son propriétaire, à l'ouverture d'esprit de l'homme et aux caractéristiques d'énergie et d'intelligence du chien[2]. L'homme aime son chien s'il satisfait ses besoins affectifs et s'il est plein d'énergie et d'intelligence. L'homme aime bien moins son chien quand il ne satisfait pas ses besoins d'affection, quand il est stupide et manque d'énergie.

Le chien résigné

L'homme a voulu le chien soumis, discipliné, déférent, docile et obéissant. Il l'a sélectionné dans cette optique. Il a obtenu un chien intolérant et dépendant de la solitude. Or il le fait vivre seul près de 8 heures par jour, bien souvent plus. La détresse du chien dépendant isolé entraîne des nuisances (vocalises, destructions, crises de panique) intolérantes pour la famille. Il faut désormais que le chien apprenne à rester seul sans détresse, c'est-à-dire qu'il faut paradoxalement lui redonner la capacité d'autogestion alors qu'on le désire justement dépendant et infantile. La solution la plus fréquente a été de lui apprendre la résignation, si nécessaire à l'aide de médicaments.

La résignation, base de la structure dépressive, est une autre caractéristique de l'être humain.

L'homme et le loup : identification et extermination

L'extermination du loup autonome

L'homme a peur du loup.

Que ce soit dans l'histoire du petit chaperon rouge, de la bête du Gévaudan, de la chèvre de monsieur Seguin, des trois petits cochons, l'homme a créé le mythe du « grand méchant loup », du loup cruel mangeur d'homme, et il a ajouté le mythe du loup-garou (l'homme qui se change en loup, ou lycanthrope[3]).

L'homme occidental a décidé d'exterminer le loup. S'il n'y a plus de loup, il n'y aura plus de peur du loup. L'homme fait actuellement la même chose avec le pit-bull.

L'extermination du loup, c'est aussi l'élimination de la menace contre les troupeaux ; et le troupeau, c'est la sécurité d'être rassasié toute l'année. L'homme ayant troqué son habit de chasseur pour celui d'agriculteur, le loup devenait non plus un exemple à suivre mais une menace. Il a fallu l'abattre.

L'homme tue ce dont il a peur, c'est-à-dire l'autoréalisation et l'autonomie. Et l'homme extermine ce qui menace ses possessions, c'est-à-dire autant ses acquis matériels qu'idéologiques, ainsi que ce qui menace sa sécurité.

Après avoir exterminé le loup, l'homme veut exterminer certaines races de chiens, comme le pit-bull ou l'amstaff.

L'identification au loup

L'homme prédateur respecte le loup, tout comme il respecte tous les super-prédateurs : le tigre, le lion, le guépard, l'ours. Les Indiens (d'Amérique du Nord) considéraient le loup comme leur père de savoir, comme leur égal[4]. Et comme le loup, les Indiens ont été quasi exterminés par les colons européens.

Et pourtant de grandes civilisations sont nées sous le signe du loup : la Rome de Romulus et Remus allaités par une louve, la naissance du peuple T'ou-kiue (les premiers Turcs) de l'accouplement d'un homme et d'une louve[5].

Actuellement, on essaie de sauver le loup, de le réintroduire dans l'écosystème. C'est une métaphore très intéressante de ce que l'homme peut faire pour l'homme, retrouver le loup en soi, l'être autonome capable de mener sa vie.

LE CHIEN MIROIR DE SON PARTENAIRE HUMAIN

Parler du chien commensal ou symbiotique, soumis et dépendant, n'a pas qu'un intérêt éthologique et sociologique. Le chien permet une observation du monde des hommes d'aujourd'hui. Mais nous ne changerons pas la société. Par contre, nous pouvons prendre conscience des dynamiques personnelles grâce au chien. En effet, si le chien en tant qu'espèce est un miroir de l'espèce humaine, et de ce que nous en avons fait, le chien, en tant qu'individu, est aussi un miroir pour son partenaire de vie humain.

Le chien miroir de dépendance

Le chien est notre miroir. Il ne s'agit pas d'un miroir au premier degré, mais bien d'un message subtil. Si je désire un chien soumis et obéissant, c'est peut-être que je désire soumettre et faire obéir une partie de moi, une facette que je ne veux pas accepter et qui, elle, voudrait exister et se faire connaître. Si mon chien est dépendant et résigné, qu'est-ce que cela dit sur une facette de ma personnalité qui est dépendante et résignée ? Ma dépendance n'est peut-être pas liée à une présence sociale (avec l'intolérance de la solitude), mais à la dépendance au travail, à l'action, à une substance (l'alcool, le tabac, le chocolat, les médicaments, les somnifères), à une idée (une croyance, une religion, une image de soi).

En dire plus, c'est travailler avec chacun en coaching, psychologie ou kinésiologie, à la découverte de notre inconscient. C'est un travail personnel.

Le chien collé aux bras de sa propriétaire.

Le chien miroir d'amour inconditionnel ?

On dit du chien qu'il est loyal et généreux, qu'il apporte sa compagnie et son amitié, et qu'il ne juge jamais. C'est souvent les qualificatifs que l'on donne à l'amour inconditionnel. Mais a-t-il le choix ?

Le chien est loyal et ne juge jamais

Le chien est le meilleur ami de l'homme ; oui, tant qu'il répond à nos attentes affectives. Et c'est bien vrai que quoi qu'on lui fasse, le chien ne peut pas se passer de nous. On appelle cela de l'amour inconditionnel. En fait, comme l'enfant aimé ou maltraité qui ne peut pas se passer de ses parents, le chien est dans une aventure sans issue, un attachement obligatoire, dont il ne peut pas s'échapper. Le chien est bien dans une acceptation sans condition de son état ; mais son acceptation a plus le goût d'une observance que d'un accueil libre et volontaire.

Pour qu'il puisse nous donner de l'amour inconditionnel, il faudrait que le chien soit libre. Et c'est justement cette liberté que l'homme s'est évertuée de lui enlever au cours des millénaires de transformation du loup autodomestiqué en chien familier.

Le chien est dévoué

Hachi (ou Hachiko) est un akita inu adopté par un professeur. L'histoire se passe au Japon en 1923[1]. Hachi accompagne le professeur à la gare tous les matins et vient le chercher tous les soirs. Un jour, le professeur ne revient pas (il est décédé d'une hémorragie cérébrale) ; mais Hachi continue sa routine jour après jour pendant 9 ans, jusqu'à sa mort.

On a naturalisé Hachi pour le montrer au musée de Ueno ; on a élevé une statue à sa mémoire, l'exemple de la loyauté et de la dévotion du chien pour son ami humain. Il est le sujet de plusieurs livres, notamment pour les enfants. Et les Américains en ont fait un film[2].

C'est dire que le message de loyauté et de dévotion, déjà présent dans la Bible[3], est un message fort, qu'il faut enseigner aux enfants et transmettre à tous comme élément fondamental de l'éthique humaine (être dévoué à ses figures d'autorité et à sa culture et sa religion).

L'homme et le chien miroirs d'asservissement ?

La relation du chien avec l'homme montre, en miroir, celle de l'homme avec lui-même : la domestication de l'homme, son assujettissement (asservissement) à son monde mental (ses croyances, sa culture, sa société, sa religion...), son incapacité de sortir de ses dépendances et son besoin extrême de sécurité. Rien d'inquiétant à cela, l'homme est grégaire et conformiste ; les fortes têtes et libres-penseurs l'ont toujours dérangé.

Le chien miroir de réification

Le chien objet

Si mes hypothèses – (1) le chien est un miroir psychologique de son compagnon humain et (2) l'homme fait avec le chien ce qu'il fait de lui-même – sont correctes, alors que dire du chien objet, qui devient (ou redevient) à la mode ?

Cela signifie simplement que l'être humain se préoccupe plus d'être un objet qu'un sujet, que ce qui compte est davantage l'apparence que de s'accueillir soi-même (avec ses qualités et ses défauts), que ce qui importe est de faire et paraître plutôt que d'être. L'être humain devient un objet de décoration ; la culture consacre l'apparence. Et en même temps, paradoxalement, l'être humain ne s'est jamais autant penché sur son être.

Le chien robot

Récemment, Aibo – le chien de Sony (Artificial Intelligence roBOt dog) – a reçu un programme de conscience sociale ; il devient un animal de compagnie quasiment à part entière (et plus attachant que le Tamagochi virtuel d'il y a quelques années).

Les enfants (60 % des enfants de 7 à 15 ans) ont tendance à interagir avec Aibo comme si c'était un vrai chien, même s'ils passent plus de temps avec un vrai chien (un berger australien)[4].

Aibo, le chien robot.

Que penser de l'évolution de l'humanité ? Rien d'effrayant, rassurez-vous. Cela fait longtemps que l'être humain est en relation avec des entités virtuelles, s'y est attaché et s'en est épris. La relation avec un chien robot est même plus saine que celle avec un chien objet, puisque le chien robot est conçu pour être un objet, alors que le chien vivant ne l'est pas et que sa transformation en jouet n'est pas respectueuse de sa personnalité. Mais c'est bien ça que l'être humain fait avec lui-même, n'est-ce pas ?

LA CONSCIENCE DU CHIEN

La conscience de soi

Le chien a une représentation de lui-même et une conscience de lui-même.

La conscience d'être distinct d'autrui

Comme je l'ai dit (voir « La cognition », page 304), il n'y a pas synonymie entre représentation de soi et conscience de soi. La conscience est « une expérience subjective de ses propres actes mentaux, de ses états émotionnels, de ses perceptions sensorielles et de ses croyances[1] ». La conscience de soi est « la prise de connaissance de soi-même en tant qu'être distinct d'autrui[2] ». Dans cette définition, le chien a manifestement une conscience de lui-même[3].

Toutefois, si la définition de la conscience de soi est la conscience de ses propres états de conscience passés[4], c'est-à-dire d'une métaconscience (une conscience d'une conscience), alors cela s'applique aux humains (et peut-être aux chimpanzés) et nous n'avons pas encore la réponse pour le chien.

La conscience de ses émotions

Le chien vit ses émotions, mais en est-il conscient ?

L'émotion entraîne des réactions comportementales et neurovégétatives impulsives, c'est-à-dire qui ne sont pas modérées par le raisonnement ; l'impulsion comportementale est sous contrôle du système nerveux autonome, involontaire et inconscient. C'est dire que l'émotion vient sans contrôle mental ; l'impression subjective (le sentiment) est secondaire ; on peut dire : « c'est de la peur, de la colère, du désir » ; mais on ne peut pas l'éviter. Le chien est-il capable, lui, de prendre conscience des émotions qui l'envahissent ? A-t-il cette pensée sur l'émotion ?

L'émotion nous traverse, nous la subissons sans pouvoir rien y faire dans l'instant. Si on ne peut pas éviter l'émotion, on peut contrôler son expression comportementale. Le chien est capable d'inhiber l'expression de certaines émotions, de certains comportements émotionnels, comme son irritabilité qui s'exprimerait en agression sociale : il est donc conscient de son état émotionnel, du contexte environnant, et des risques de conséquences aversives (ou bénéfiques) de ses comportements ; il est capable de gérer l'expression de ses émotions. Dans les mêmes contextes, il n'aurait aucun problème à exprimer des émotions de joie. Dès lors, le chien est bien conscient de certaines de ses émotions.

Le chiot apprend à contrôler ses mouvements, ses morsures, mais aussi à ne pas exprimer toutes ses émotions. C'est l'apprentissage opérant qui lui permet de corréler les conséquences avec ses actes et de décider s'il est opportun ou non de les exprimer ; la corrélation se fait également avec les ressentis émotionnels et cognitifs par conditionnement classique. Ces capacités mettent en œuvre une conscience (même minimale) de ses états d'esprit.

C'est aussi une caractéristique de la démence sénile de ne plus pouvoir gérer ses émotions qui s'expriment dès lors sans contrôle. Le chien sénile perd la conscience et le contrôle de ses émotions.

La conscience de ses croyances et superstitions

Le chien est superstitieux, puisqu'il se croit acteur plus que spectateurs des événements qui se produisent autour de lui et qu'il met en corrélation ses comportements et des conséquences qui n'ont parfois rien à voir avec son comportement (voir « Croyance et superstition », page 312).

La prise de conscience de ses croyances et superstitions est un travail déjà compliqué à réaliser pour l'être humain ; il n'y a pas de preuve que le chien y arrive.

La conscience morale

La morale[5] est la conscience du concept du juste et de l'injuste, également désignés par le bien et le mal. Il s'agit d'un concept culturel, changeant avec chaque culture (ou religion). Il s'agit d'une conscience apprise, liée au respect des lois et des principes sociaux (et religieux).

Le chien va apprendre à vivre dans une famille, dans une société, et va intégrer les règles élémentaires pour obtenir le plus de bien-être. Il va apprendre ce qui est bien pour ses propriétaires et aussi ce qui est mal (détruire, aboyer la nuit, souiller, mordre ses propriétaires, tuer les poules du voisin) ; il va l'apprendre seulement s'il y a des conséquences aversives pour son bien-être. On ne peut pas lui inculquer ces notions par l'enseignement verbal répétitif (type catéchisme) ni par l'exemple parental, mais par l'expérience propre.

La conscience morale intrinsèque (indépendante de la culture) est donnée par l'empathie.

La conscience de la mort

Le chien se comporte différemment face à un chien endormi ou à un autre chien mort. En tant que vétérinaire, j'ai pu l'observer maintes fois. Le chien fait la différence, probablement, sur le manque de réaction de l'animal décédé, mais aussi sur l'odeur, ou d'autres facteurs inconnus. On peut entraîner les chiens à retrouver les disparus et les cadavres ; et le chien fait la différence.

Il y a aussi les chiens qui vont sur la tombe de leur propriétaire[6] ; c'est peu courant mais observable. Pourquoi font-ils cela et comment trouvent-ils la tombe de leur propriétaire, sans y avoir été emmenés pour l'enterrement ?

L'empathie

Qu'est-ce que l'empathie ?

L'empathie est un sentiment de compréhension des états affectifs (émotions, sentiments et humeurs) d'autrui avec acceptation (sans jugement).

La sympathie est la capacité de ressentir (plaisir ou souffrance) en soi une analogie de ce qu'un autre ressent.

Pour avoir de l'empathie, il faut la croyance que les autres ont des états affectifs et être capable de les décoder ; le chien a ces compétences. Pour être empathique, l'individu doit être en position méta par rapport à la situation, par rapport à ses propres émotions et il ne doit pas se sentir concerné directement par l'état affectif d'autrui. C'est plus aisé quand on est observateur et non acteur dans la situation. Par exemple, si votre meilleur ami vient de perdre un emploi, ou un parent, vous pouvez être empathique avec lui ; par contre, s'il vous agresse au cours d'une conversation, vous serez dans la réaction défensive ou agressive et non dans l'empathie. C'est la même chose pour le chien.

Le chien est-il capable d'être observateur sans être acteur d'une situation, sans se sentir concerné ?

Pour moi, la réponse est « oui, mais... » ! Chez le petit enfant, on parle d'imitation motrice, l'enfant ressentant la détresse d'un autre enfant, essuyant ses propres larmes – par sympathie – et tentant d'apaiser l'autre en lui apportant des jouets ou en lui amenant sa mère (comportements qui l'apaiseraient lui-même). On peut grouper dans cette imitation motrice la contagion de bâillement chez l'humain, contagion qui existe chez le chien dans certaines circonstances. Chez l'humain adulte, des études ont démontré l'état de résonance physiologique entre deux personnes en empathie, par l'imitation inconsciente de leurs réactions physiologiques telles que le rythme cardiaque ou la transpiration des mains[7]. Ces études n'existent pas, à ma connaissance, chez le chien ; nous en sommes réduits à observer et réfléchir et à émettre des hypothèses sans encore en avoir le support scientifique.

L'empathie est donc une prise de conscience des états affectifs d'autrui, sans jugement, c'est-à-dire en acceptant que telle est la vie affective d'autrui, sans pour autant se sentir obligé de vivre de la même façon. C'est, en fait, accepter que chacun a son histoire individuelle et sa personnalité et qu'il n'y a pas à changer autrui ni à lui imposer ses propres codes éthiques. Le chien a, bien entendu, une empathie élémentaire, se contentant d'observer les états affectifs des autres sans se sentir concerné. Il ne fait pas, comme moi, un discours philosophique sur le sujet. Il vit l'empathie sans y penser.

Biologie de l'empathie

Depuis peu, les scientifiques s'intéressent beaucoup aux systèmes miroirs[8,9]. Ces systèmes sont constitués de cartes de neurones qui s'activent lors de la représentation d'une action, sans participer à son exécution. Ces neurones s'activent lors de l'observation d'une action qui va jusqu'à son but. Une action mimée n'active pas les neurones miroirs. Et c'est quand on a vécu une action comparable qu'en l'observant effectuée par autrui, les neurones miroirs s'activent.

Non seulement les systèmes praxiques (ceux de la mise en action) ont des neurones miroirs, mais aussi les systèmes sensoriels.

Cela signifie que nous avons un système qui nous permet de comprendre facilement et de façon automatique les divers ressentis et les comportements des êtres qui nous entourent. Ces systèmes facilitent l'inférence, l'empathie et l'apprentissage par imitation.

Le chien a-t-il un système miroir ? Il y a de nombreuses affirmations que oui, mais peu de recherche scientifique. Les chiens apprennent par imitation des autres chiens et des humains, ils assimilent par acculturation, il est probable qu'ils aient des systèmes miroirs performants.

L'apprentissage empathique

L'apprentissage empathique est celui qui se passe par observation d'un tiers et déduction des avantages ou inconvénients de ses actions. Le comportement est répété et ensuite affiné par essai et erreur et apprentissage opérant.

Tous les chiens sont capables d'un certain degré d'apprentissage empathique. Nul besoin, pour s'en convaincre, de mettre des chiens dans un laboratoire de sciences cognitives. Il suffit de regarder les chiens observer leur congénère se régaler d'un aliment et de quitter leur propre gamelle pour tenter de manger celle de l'autre qui semblait avoir tant de plaisir (même si la nourriture est identique à la leur).

Empathie et altruisme

L'altruisme, c'est faire quelque chose pour autrui, dans l'intérêt d'autrui. Nous savons que tout le monde est égocentrique et hédoniste (humains et chiens pareillement), que personne ne fait rien pour autrui sans en tirer un bénéfice personnel. Cela dit, on peut se faire du bien tout en faisant du bien à autrui. Ce comportement est altruiste.

Je crois que toute la dynamique psychologique de l'animal domestique est basée sur ce principe. L'animal nous fait du bien, volontairement ou involontairement, par sa présence et ses comportements. Le succès inégalé du chien comme animal familier prouve que le chien est altruiste et que l'humain apprécie cet altruisme. Probablement l'altruisme du chien est quelque peu forcé par la sélection artificielle de chiens dépendants, dès lors obligés de rester proches de nous (voir « Le chien culturel », page 373).

Au-delà de cet altruisme involontaire et inconscient (et forcé), pouvons-nous démontrer que le chien est altruiste conscient et volontaire ? La chienne mère qui défend ses chiots est-elle altruiste ?

La définition éthologique de l'altruisme est de favoriser le bien-être, le fitness, voire la reproduction, d'un congénère aux dépens de son propre bien-être, fitness ou même de sa propre reproduction[10]. Dans ce dernier cas, l'altruisme risque de s'éteindre avec le porteur du gène altruiste, en favorisant la reproduction des individus qui ne sont pas porteurs du gène, sauf lorsque c'est un parent qui se sacrifie pour ses enfants, porteurs eux-mêmes de son gène altruiste. Dans tous les autres cas, l'altruisme semble, par définition, masochiste, c'est-à-dire qu'il fait du tort à soi-même au profit d'autrui. Et logiquement, dès lors, cette caractéristique doit être rare. C'est le cas des chiens héroïques, remarquables, insolites et exceptionnels.

Empathie chez ce chien qui guide un chien aveugle au cours de la balade.

L'héroïsme

Il y a de nombreuses anecdotes de chiens héroïques.

Spot était la mascotte des pompiers de Camden, dans le New Jersey ; il accompagnait les pompiers et assistait aux combats contre le feu. Un jour, Spot emménagea en face de la caserne, chez Mme Anna Souders, une veuve qui vivait avec ses deux enfants, Nora, 11 ans, et Maxwell, 8 ans. Une nuit, Spot fut réveillé par l'odeur de fumée ; il aboya dans la maison, se précipitant d'une pièce à l'autre, se jetant contre la porte de la chambre de Mme Souders, ouvrant la porte, courant vers le lit, arrachant les couvertures. Mme Souders réveilla ses enfants, ouvrit une fenêtre, appela au secours puis tomba évanouie. Spot continua à aboyer à la fenêtre et attira l'attention d'un policier. Tout le monde fut sauvé. Spot refusa de quitter la maison avant que tout le monde ne soit hors de danger[11].

Jack, un dalmatien mascotte de la Engine Company 105 de Brooklyn, reçut la Medal of Valour de la Humane Society de New York pour l'exploit suivant. Un jour qu'il était sur le camion des pompiers, un gosse de 3 ans se jeta devant le camion ; le conducteur appuya de toutes ses forces sur le frein mais il se rendit compte que le poids du véhicule et sa vitesse étaient trop grands et que... Jack sauta du camion, dépassa le véhicule, se saisit du gamin et le fit rouler hors du trajet des roues meurtrières dans la fraction de seconde précédant l'impact[12].

Quel que soit le nombre des anecdotes, elles restent rares par rapport aux millions de chiens existant sur terre. On ne peut pas tirer de conclusion scientifique sur leur signification. Et, surtout, on ne doit pas se baser sur elles pour décider d'acquérir un chien : le chien citadin, à l'instar des humains, n'est pas héroïque.

LE COACHING ASSISTÉ PAR CHIEN

Le coaching est l'accompagnement d'une demande d'un client par le coach (le conseiller).

Le coaching assisté par chien est un coaching dans lequel le chien nous donne un coup de main, soit dans la facilitation de l'expression des ressentis du maître, soit – et c'est ce qui m'intéresse ici – dans la révélation d'informations (conscientes ou non) dont le chien serait le catalyseur ou le miroir.

C'est le domaine des modèles de lectures hermétiques, de la métamédecine et de la métapsychologie.

La lecture symbolique taoïste

L'organisation hermétique de ce guide

Ce guide est organisé en 5 sections fondamentales qui correspondent aux 5 éléments du Tao.

Le Tao (ou Dao) est un système philosophique chinois datant d'avant le VIIe siècle avant J.-C. Ce système propose que l'énergie (unitaire, le Chi ou Qi) s'exprime en ses deux polarités (yin et yang), et à travers les 5 éléments, qui ont ici plus une valeur symbolique et énergétique (un mode d'action) que de matière. Ce système tente d'expliquer l'ensemble des phénomènes de l'univers[1].

Ces 5 éléments ont reçu une signification particulière en kinésiologie[2]. C'est en partie de cette interprétation dont je me suis inspiré pour construire la structure de ce livre.

Les 5 éléments coopèrent pour créer un être complet. Chaque être doit faire des expériences dans chacun des 5 éléments. Le chien, en tant qu'espèce, expérimente particulièrement la puissance de l'élément bois, la psychologie, et est soumis (sans pouvoir s'échapper) à l'élément eau, nous, avec nos croyances et notre culture.

À la question : « Qu'est-ce que le chien a à gagner à vivre avec l'être humain ? », alors qu'il est modifié génétiquement et physiquement pour assouvir nos fantaisies, je dirai qu'il expérimente le monde psychologique et mental. C'est aussi pourquoi j'ai écrit *Mon chien est heureux* : pour donner à chaque propriétaire l'occasion d'exercer l'intelligence de son chien dans le respect de ses besoins d'activité[3].

Les 5 éléments du Tao

Les 5 éléments

Le chien biologique : l'élément eau

L'élément eau donne l'essence biologique (parfois aussi alchimique) : la vie est née dans l'eau et nous sommes composés d'eau en majorité. L'élément eau exprime les potentiels de l'être ; l'être est animé, mais en même temps limité, par sa structure biologique : génétique, besoins d'activité et patrons-moteurs, sensorialité. Il ne peut pas échapper à sa biologie, il doit composer avec elle : elle lui impose ses plans, sa taille, sa morphologie physique et comportementale, ses instincts, ses dispositions. Mais en même temps, la biologie ne décide pas de tout ; l'être possède un degré certain de liberté.

L'être se crée dans l'eau (dans l'espace intra-utérin) ; à la naissance, il est composé essentiellement de réflexes biologiques. L'être finit sa vie dans les réflexes, soumis à la dégénérescence de sa biologie. Il naît et meurt dans l'angoisse existentielle.

Le chien social : l'élément terre

L'élément terre apporte l'hédonisme et la structure sociale fraternelle, stabilisatrice. L'être prend sa place dans un groupe social dont il cherche le soutien, l'accueil et la compréhension ; le groupe lui permet de se former, s'adapter et de se répliquer : socialité, communication, agression, sexualité, parentalité.

Le chien psychologique : l'élément bois

L'élément bois apporte la croissance, l'expansion, la transformation. L'être passe à l'acte, il fait des choix et se transforme, il prend des décisions pour son bien-être, son intégration sociale, son développement mental ; il prend conscience qu'il « est », qu'il est différent des autres et qu'il peut s'adapter au monde : émotions, cognitions, humeurs, personnalité, et apprentissages. C'est l'affirmation de soi et de son identité.

L'élément bois, c'est le printemps, la croissance, l'adolescence. C'est aussi l'envie de créer le monde à son image.

Le chien culturel : l'élément métal

L'élément métal est dur et rigide, il ne plie pas ; seul le feu (la conscience) peut le fondre. La culture (l'humanité, la société, la religion) est un être virtuel (imaginaire) rigide, peu flexible, auquel on a confié le coaching et la gestion de son être, au point de lui avoir donné le pouvoir de déterminer notre vie. La culture exprime la responsabilité face au monde ; source d'inspiration, elle donne ou enlève le sens de la vie[4].

La culture fait de même avec le chien, domestiqué, c'est-à-dire façonné pour vivre avec nous, au milieu de nos sociétés rigides et fibrosées.

Le chien est une force concentrée qui n'attend que sa libération, mais qui est canalisée. Le chien cherche la guidance qui lui permettra de se transformer, mais il se heurte contre des limites qui lui sont imposées par nous, notre culture qui le bloque et le force dans des directions non naturelles : relations humains-chiens, modèles sociaux (modèle hiérarchique, modèles systémiques, relation symbiotique), le chien corvéable (chien d'utilité), le chien serviteur d'affection (remplacement d'enfant, zoothérapie).

Le chien conscience : l'élément feu

L'élément feu est celui qui éclaire les choses cachées, il révèle. Il apporte la complétude de la joie, de l'amour, de l'empathie, de la générosité, de l'ouverture, de la création. L'être crée et se crée, il devient lumière, il est rayonnant, signifiant : le chien miroir (de son propriétaire), révélateur (de l'inconscient et du non-dit de son environnement humain), l'amour inconditionnel et l'assimilation des expériences.

L'élément feu crée et brûle. Comme le feu fond le métal, la conscience contrôle le biologique et permet de le transcender.

La relation entre les 5 éléments

Dans le Tao, les 5 éléments sont en relation les uns avec les autres.

Le cycle d'engendrement

Il y a le cycle d'engendrement : Eau > Bois > Feu > Terre > Métal > Eau... Ce cycle signifie que chaque élément favorise (nourrit) la croissance du suivant : l'eau nourrit le bois, qui nourrit le feu, dont les cendres vont nourrir la terre, dont on extrait le métal qui permet de fabriquer la coupe avec laquelle on boit l'eau...

On peut utiliser cette métaphore pour les 5 éléments comportementaux du chien (ou de l'homme) : biologie > psychologie > conscience > socialité > culture > biologie.

La biologie donne les fondations, sur lesquelles l'être peut construire son « soi » (psychologique) ; à partir de là, il peut élaborer une conscience de lui-même. Cet être ainsi construit entre en relation avec les autres, d'abord la famille et ensuite les autres miroirs de lui-même : c'est la socialité. Enfin, l'être social élabore et vit dans un système structuré : sa culture.

Le cycle de domination

Les 5 éléments sont aussi soumis à un cycle de domination : Eau > Feu > Métal > Bois > Terre > Eau. L'eau éteint le feu ; le feu fond le métal ; le métal coupe le bois ; le bois appauvrit la terre ; la terre absorbe l'eau.

On peut utiliser cette métaphore pour les 5 éléments comportementaux du chien (ou de l'homme) : biologie > conscience > culture > psychologie > socialité > biologie...

Les pulsions de la biologie éteignent les feux de la conscience ; la conscience contrôle la culture ; la culture décide de ce qui est psychologiquement correct ou incorrect et réprime la façon dont le « soi » peut s'exprimer ; la psychologie contrôle la socialité ; la socialité décide qui peut perpétuer sa génétique (biologie).

Les 5 éléments et les 3 émotions

Il y a 3 émotions fondamentales : la peur, l'excitation et la tristesse. Elles sont liées aux 5 éléments :

- La peur : c'est l'angoisse de l'eau et l'inquiétude (et les soucis) de la terre.
- L'excitation : c'est la colère du bois et la joie du feu.
- La tristesse : c'est le dégoût, la culpabilité, la critique de soi du métal.

L'utilité des 5 éléments du Tao

Si on désire comprendre un comportement – et éventuellement le modifier – on doit comprendre l'être qui exprime ce comportement. Nous n'avons que quelques modèles de lecture, de compréhension. Le modèle du Tao est très riche à cet égard.

- Le chien est un être unique, animé par son énergie, son chi.
- Le chi est divisé en deux pôles énergétiques : le yin et le yang.
- Le chi s'exprime au travers des 3 émotions fondamentales : la peur, l'excitation et la tristesse.
- Le chi s'organise au travers des 5 éléments : Eau/biologique, Bois/psychologique, Feu/conscience, Terre/socialité et Métal/culture.
- Le chi circule dans les 12 méridiens et les 2 vaisseaux merveilleux. Chaque élément est divisible en organe yin et yang, sauf l'élément cœur qui est divisé en 2 paires. Le chi circule dans les méridiens liés à chaque organe. Aux méridiens s'ajoutent le vaisseau Conception et Gouverneur.

La lecture symbolique moderne

Une autre classification en 5 éléments est plus moderne que le Tao.
Voici ces 5 éléments[5] :

- L'élément Liquide qui correspond au biologique.
- L'élément Gaz qui correspond au social.
- L'élément Informatique qui correspond au psychologique.
- L'élément Solide qui correspond au culturel.
- L'élément Plasma qui correspond au conscient.

Il y a de fortes ressemblances entre ce modèle et celui du Tao. Il introduit l'élément informatique auquel ont souvent été comparés le cerveau et son fonctionnement. La programmation informatique peut donner un semblant de psychologie et même de conscience sociale aux robots. Cela démontre que ce qui est réellement propre à l'être, c'est sa conscience.

Le coaching individuel

Il est difficile de donner plus d'information sur le travail de discussion que l'on peut faire avec sa conscience, grâce aux messages que nous donne le chien. C'est très individuel.

Par exemple, imaginons qu'un chien fasse des crises explosives d'agressivité ; le message est souvent que la personne qui est en miroir avec ce chien retient ses émotions qui, du coup, s'expriment de façon explosive. Cette information a-t-elle du sens pour la personne, évoque-t-elle des images ? Si oui, on travaille en coaching sur cette information.

Chaque signe psychologique du chien peut ainsi donner de quoi explorer sa propre conscience.

La perte de son chien

La disparition d'un chien entraîne des bouleversements émotionnels à la mesure de l'attachement que l'on avait pour lui. C'est la réaction de deuil. C'est une réaction à laquelle nous avons le droit !

Le deuil

Le deuil est divisé en 3 phases :

- La détresse.
- La réaction de stress post-traumatique.
- L'adaptation.

Il y a une réaction personnelle (l'affliction) et une réaction sociale (le deuil).

Dans la phase émotionnelle, l'affliction se compose de plusieurs types d'émotions, qui se mélangent ou s'alternent :

- La colère : sur ceux (y compris sur soi-même) qui n'ont pu empêcher la perte et sur le chien lui-même d'être parti et de nous causer tant de peine.
- La peur : de ne pas avoir tout fait pour rendre son chien heureux, de ne plus jamais retrouver la même relation d'amour...
- La culpabilité : de s'être emporté sur le chien disparu, de ne pas avoir tout fait pour le rendre heureux...

Il y a plusieurs phases : le déni de la perte, une phase d'intériorisation (peur, culpabilité), une phase d'extériorisation (colère), et finalement une phase de résolution et de détachement ; le détachement ne signifie pas la perte des mémoires affectives ni d'amour, mais bien un distancement émotionnel, comme si on voyait les choses avec une autre perspective.

Dans la phase de deuil social, on retrouve :

- Le besoin de montrer du respect au chien disparu.
- Le besoin de suivre des rituels culturels.
- La facilitation des émotions douloureuses par les rituels tels que l'enterrement ou l'incinération.
- La lutte contre l'opinion dévalorisante de la société, comme les conseils du type : « ce n'est qu'un chien, prends-en un autre ! », qui nient le droit au chagrin.

Le deuil est à la mesure de l'attachement, de l'investissement affectif et de la dépendance que l'on a à son chien. Je propose que chaque personne en deuil vive cette expérience en accueillant toutes ses émotions, y compris les moments de joie du quotidien familial. Beaucoup de gens croient qu'ils trahissent la mémoire de l'être aimé, s'ils rient et ont du bon temps : ils se culpabilisent de rire. Pourtant, rire et pleurer sont des émotions normales pendant cette phase, comme pendant toute la vie. Seul l'accueil des émotions leur permet de s'exprimer jusqu'à satisfaction ; toute émotion refusée va exiger son expression.

Les prises de conscience

Le deuil est une expérience très douloureuse ; c'est aussi une occasion unique pour aller voir en soi-même les raisons de l'attachement et de la dépendance à son chien. Il n'est nullement obligatoire de faire ce travail ; c'est juste une possibilité.

On peut travailler avec les enfants qui, par le deuil d'un chien, peuvent se préparer au deuil de personnes familières.

Les troubles de la conscience

Parler de la conscience n'est pas facile ; parler des troubles de la conscience est encore plus malaisé. J'en retiendrai seulement deux ici :

- L'anxiété du chien de remplacement, qui est liée à l'effet Pygmalion.
- Le trouble dissociatif, qui affecte la conscience propre du chien.

L'anxiété du chien de remplacement

Ce trouble[6] est plus fréquemment diagnostiqué lorsqu'un chien a été acquis après le décès ou la disparition de quelqu'un, plus particulièrement d'un autre chien. La phase de deuil du propriétaire n'est pas complète/terminée ; la mémoire du chien disparu est embellie ; le chien de remplacement (parfois prénommé de la même façon que le chien disparu) est sans arrêt comparé au chien perdu et soumis à une dévalorisation constante. Il s'agit d'un effet Pygmalion (voir « Croyances et limites », page 395).

En même temps il est aimé, mais jamais accueilli pour lui-même. Il est soumis à un double lien.

Le chien s'améliore spontanément lorsque la phase de deuil est terminée ou si la famille d'adoption a de nombreux membres ; dans ce cas, le chien peut vivre une vie normale avec certains d'entre eux.

Les critères de diagnostic

- Le chien a été acquis en remplacement d'un individu (chien, humain, autre animal) disparu ou décédé, ou le chien est comparé à un autre chien connu auparavant (même des années plus tôt).
- On est en présence d'un épisode anxieux (voir « L'anxiété généralisée », page 272).
- On note des postures basses et des signes d'apaisement de fréquence excessive.
- On observe des signes neurovégétatifs de fréquence excessive.

Le traitement

Je fais un coaching avec la personne dont le deuil n'est pas fait. Je lui fais prendre conscience du besoin d'accueil du nouveau chien en tant que lui-même, sans la nécessité de comparer avec l'être (le chien) disparu. Je lui propose d'accueillir les émotions comme elles viennent, autant la tristesse de la perte que la joie des facéties du nouveau venu. Souvent, la personne culpabilise d'avoir de la joie, comme s'il s'agissait d'une trahison envers l'être disparu. Sont également efficaces l'intervention systémique et stratégique ainsi que la médication classique : anxiolytique (sertraline) et contre les troubles psychosomatique (Zylkène®) ; traitements alternatifs en homéopathie et fleurs de Bach.

Le trouble dissociatif

Dans le trouble dissociatif, le chien est de moins en moins présent et réactif au monde environnant ; c'est comme s'il s'enfermait dans un monde parallèle, personnel, dans lequel il vit des événements (hallucinations) inaccessibles à l'observateur. Il s'agit d'un trouble cognitif, mais aussi d'un trouble de la conscience de soi.

Voir « Les troubles de la représentation de soi », page 309.

Troisième partie

Cahier pratique

Bien vivre avec son chien

Sans reprendre la totalité du contenu d'autres livres[1], je donne ici des éléments essentiels pour choisir et éduquer son chien, et le faire vivre en bonne entente avec sa famille.

> Choisir un chien.
> L'enfant et le chien.
> Éduquer un chien.
> L'arrivée et l'insertion d'un chien à la maison.
> L'école des chiots.
> Le matériél nécessaire.
> Le chien et les autre animaux.

Chien handicapé en voiturette, s'amusant dans les feuilles mortes.

CHOISIR UN CHIEN

Choisir un chien se fait encore le plus souvent au hasard, par coup de cœur, par sympathie, et rarement par un processus raisonné, voire raisonnable. Le chien que l'on a est rarement le chien que l'on aurait aimé avoir. Peut-on augmenter les chances d'obtenir le chien de ses rêves ?

Ce qui suit est valable pour le chien familier et, en partie, pour le chien de travail ; ce dernier nécessite des critères de sélection particuliers. Je rappelle que le chien de travail doit être confronté au travail et à l'environnement de travail pendant la période d'imprégnation (voir « Le développement du chiot », page 136, et « L'apprentissage », page 326).

Les deux questions essentielles

Pourquoi un chien ?

Pourquoi est-ce que je désire (acquérir, adopter) un chien ?

Parce que j'ai toujours eu des chiens, parce que j'ai eu un chien quand j'étais petit, parce que j'ai vécu une histoire d'amour avec un chien, parce qu'un ami a un chien formidable, parce que je vais me retrouver seul(e), parce que je m'installe dans mon propre appartement...

Qu'est-ce que j'attends de la présence d'un chien dans ma vie[1] ? Quelles sont mes attentes exprimées et mes attentes cachées ?

- Je cherche un compagnon pour moi-même : quelqu'un à qui parler, pour ne pas être seul...
- Je voudrais offrir un compagnon à mon enfant : quelqu'un avec qui jouer, pour éviter trop de télé...
- Je voudrais une protection : pour avoir un sentiment de sécurité quand je suis seul à la maison ou en promenade, pour avertir lorsqu'il y a quelque chose d'inhabituel dans le voisinage...
- Je désire un partenaire pour des loisirs de plein air : pour jouer, se balader, faire du jogging, du vélo ou du cheval accompagné...
- Je voudrais un partenaire de sport : pour faire du sport accompagné ou pour lui faire faire du sport ou même de la compétition...
- Je voudrais de l'affection inconditionnelle : par amour, par attachement, parce que je ne peux pas vivre sans chien, pour combler un (éventuel) manque affectif...
- J'ai des intentions éducatives : pour apprendre aux enfants des leçons de vie, comme objet transitionnel pour faciliter à l'enfant le passage du giron

maternel à l'autonomie de l'adolescent, pour lui apprendre le sens des responsabilités...

- Je veux m'engager dans des activités assistées par chien (ou zoothérapie) : pour faciliter l'expression sociale d'un enfant handicapé, pour soigner mon couple en problème de communication, pour faciliter le deuil d'un chien précédent...
- Je voudrais faire du coaching facilité par l'animal : pour faciliter l'expression émotionnelle chez mes clients en coaching...
- J'aimerais un chien de prestige et de réussite : pour montrer qu'on a un chien et pas n'importe quel chien, pour se faire valoir en compétition d'agility...
- Je désire un être d'attachement pour remplacer un être cher (enfant, parent, conjoint, ami) perdu (parti, décédé)...
- Je voudrais un chien de famille et, en même temps, de travail...
- ...

Toutes ces motivations sont bonnes ; elles auront un impact pratique sur la sélection du type de chien.

Pourquoi un chien maintenant ?

Et pourquoi est-ce que je désire un chien maintenant ? Parce que...

- J'ai vu un chiot (dans une vitrine de magasin, chez un ami...) et j'ai craqué ; c'est tellement chouette, un chiot !
- J'ai longtemps réfléchi après la mort de mon chien et je pense que maintenant est le bon moment.
- Mon chien vient de décéder et comme je ne peux pas vivre sans chien...
- Ma fille demande un chien depuis cinq ans et on lui a dit que ce serait le cadeau d'anniversaire de ses 12 ans ; je ne savais pas qu'elle ne l'oublierait pas et je respecte mes promesses (même si je n'ai pas envie d'un chien dans ma vie maintenant).
- ...

Est-ce le bon moment ?

Un chien change la vie

Les changements psychologiques

Un chien va changer plein d'éléments dans la vie : émotions, humeurs, cognitions, comportements, relations familiales, relations de voisinage.

Les changements pratiques

Un chien bouleverse la vie de tous les jours et cela pour environ quinze ans.

Des changements dans le temps

Le rythme quotidien est le suivant :

- Entre 4 et 6 sorties hygiéniques pour que le chien fasse ses besoins dehors (besoins qu'il faudra ramasser).
- Une longue balade quotidienne pour l'exercice locomoteur.
- Des séances d'obéissance ludique (au plus, au mieux).
- La préparation et l'administration des repas.

Le rythme hebdomadaire va comporter une à deux sorties plus longues pour permettre au chien de se défouler librement, sans laisse, à travers parcs, champs ou bois.

Le rythme annuel nécessite de prendre des décisions pour les vacances semi-annuelles ou annuelles et de déterminer si on prend des vacances avec ou sans chien ; dans ce dernier cas, il faut trouver une solution pour faire garder le chien (amis, chenil de vacances). De même, il faut programmer les visites de contrôle chez le vétérinaire, les vermifuges, etc.

Le rythme de la décade doit tenir compte des besoins particuliers du chiot et du chien âgé, c'est-à-dire des sorties plus ou moins fréquentes, par exemple.

Des changements dans l'espace

Le chien nécessite de l'espace et cet espace ne dépend pas que de la taille du chien, il dépend aussi et surtout de son niveau d'activité (voir « La gestion de l'espace », page 181).

Le chien ne transpire pas, mais dégage de la vapeur par sa respiration. Il faut donc des lieux de vie aérés. En général, un chien prend la place d'une personne. Pensez donc à l'aménagement des locaux en conséquence.

Où va dormir le chien ? Il faut prévoir un lieu de couchage qui convienne à tous. Il peut dormir dans la cuisine, dans le salon, à la cave ou dans le hall de jour, ou même dans la chambre, à votre convenance et en fonction du rôle qu'il doit jouer.

Un lieu adéquat pour ronger un os, sans mettre des détritus sur votre plus beau tapis, est aussi à envisager.

Faut-il un jardin ou une cour ? Un chien ne jouera guère seul dans un jardin ou une cour. Il préférera être accompagné de ses maîtres, d'enfants, d'autres chiens. Acquérir une maison avec jardin n'est pas obligatoire, pour autant que le chien puisse courir tous les jours (dehors) et si possible sans laisse.

Vivre en ville avec un chien, est-ce possible ? Oui, les villes sont de plus en plus aménagées de parcs accessibles aux chiens, de poubelles (pour déposer les déjections ramassées par les propriétaires). La ville n'est pas un problème. Le chien des champs a plus de liberté que le chien des villes ; mais le chien des villes peut faire des visites dans les forêts et les champs, autant que possible.

Les accès (en vacances) à la mer ou à la montagne sont parfois réglementés, les chiens étant obligés d'être tenus en laisse. À la mer, les accès peuvent aussi être aménagés par tranches horaires.

Des changements dans l'organisation familiale

Quelle que soit la situation familiale actuelle (célibataire, marié, avec ou sans enfants, retraité...), imaginez les changements dans l'organisation actuelle mais aussi dans les dix à quinze prochaines années. Que se passera-t-il si vous vous mariez, si vous avez des enfants, si vous partez à la retraite, si vous souffrez d'un handicap ? Et qui va s'occuper de suivre les cours obligatoires[2], de promener le chien, de ramasser les déjections, de l'éduquer au quotidien, de faire les courses pour sa nourriture, de l'emmener chez le vétérinaire, au salon de toilettage ?...

Le budget « chien »

Que coûte un chien[3] ? Il y a différents coûts à envisager :

- L'achat : le prix d'acquisition.
- L'alimentation : aliments industriels ou ménagers, os, objets à mâcher (oreilles de cochon, os en cuir).
- Le matériel : collier, laisse, panier, couverture, jouets, manteaux, bottes.
- Les assurances.
- Les soins de santé : visites chez le vétérinaire, vaccinations annuelles, vermifuges, médicaments divers, opérations de convenance (stérilisation), pour maladie ou accident, radiographies, analyses de sang.
- Les soins d'entretien : brosse, peigne, matériel de toilettage, visites dans un salon de toilettage.
- L'éducation : livres, éducateur, école de chiots, école d'écoute, dressage particulier, terrain d'agility, vétérinaire comportementaliste, congrès d'information et formation, journées d'éducation pratique, gadgets éducatifs (collier brumisateur).
- Les vacances : chenil de vacances, billet d'avion, surcoût du logement (hôtel, chambre d'hôte), gilet de sauvetage (en bateau), grille de séparation dans la voiture.
- Divers : matériel détruit à remplacer (chambranles, fils, téléphone portable).
- ...

Le coût moyen annuel d'un chien de 20 kg est d'environ 1 000 euros, sans compter les frais d'acquisition ou les interventions chirurgicales.

Quel chien pour moi ?

Le chien doit vous convenir tant au point de vue esthétique (style longiligne ou bréviligne, taille, poids, pelage) que du point de vue de l'activité, celle dont le chien aura besoin et celle que vous pouvez lui fournir. Inutile d'acheter le border collie de vos rêves dans un élevage de chiens de travail pour le mettre en appartement, sans accès à un parc ; ni vous ni votre chien ne serez jamais heureux.

Suivant votre mode de vie, quel chien vous conseiller[4] ?

Les conseils donnés dans le tableau suivant sont à prendre avec un brin d'humour.

CHIEN CONSEILLÉ OU DÉCONSEILLÉ SELON LE MODE DE VIE DU PROPRIÉTAIRE

Mode de vie	Chien déconseillé	Chien conseillé
Sédentaire, casanier	Chien de chasse, berger, bouvier, terrier, husky...	Chien miniature, race géante...
Actif, sportif	Chien miniature, race géante...	Chien de chasse, berger, bouvier, terrier, husky, border collie, colley...
Méticuleux	Terrier, jack russell, chiens à babines pendantes (dogues, races géantes...)	Caniche, bichon, chiens miniatures, chiens à poil dur...
Chaotique, négligé, laxiste	Tous	Aucun
Disponible	Aucun	Tous
Très occupé	Tous	Chien en peluche
Professionnel de sécurité	Chien nain, géant, de chasse	Berger, bouvier : bien dressé
Présence d'une personne âgée	Tous les grands, tous les actifs	Petit chien à faible niveau d'activité
Présence d'enfants	Tous les chiens nerveux, réactifs, proactifs	Tous les chiens calmes, contrôlés

Quelle race choisir ?

Une race canine est un ensemble d'individus qui ont la même morphologie prédictive. Cependant, comme la sélection se fait plus sur l'esthétique que sur le bon comportement, il y a trop de variance comportementale dans la race : la race n'est pas un bon critère de sélection comportementale.

Vous choisirez donc la race de votre choix esthétique.

Par contre, dans la race, vous pourrez sélectionner des lignées ou familles de chiens avec des tempéraments particuliers, pour autant que l'éleveur sélectionne

Quel chien pour moi ? Un chien de sport ?

sur ce critère. Au mieux, vous observez les ascendants, collatéraux et descendants éventuels (de la lignée) du chien que vous désirez et vous vous faites votre propre idée sur sa génétique et ses besoins biologiques (voir « Génétique et instincts », page 48).

La classification des races

Les races sont classées en 10 groupes, en fonction du morphotype et de l'ancienne fonction du chien, avant qu'il ne devienne un chien de famille (pas toujours sélectionné génétiquement pour cette fonction) :

1. Premier groupe : chiens de berger et de bouvier.
2. Deuxième groupe : chiens de type pinscher et schnauzer, molossoïdes et chiens de bouviers suisses.
3. Troisième groupe : terriers.
4. Quatrième groupe : teckels.
5. Cinquième groupe : chiens de type spitz et de type primitif.
6. Sixième groupe : chiens courants et chiens de recherche au sang.
7. Septième groupe : chiens d'arrêt.
8. Huitième groupe : chiens rapporteurs de gibier, chiens leveurs de gibier et chiens d'eau.
9. Neuvième groupe : chiens d'agrément et de compagnie.
10. Dixième groupe : lévriers.

Pour chaque groupe, je vous donne une liste des races les plus populaires.

1	2	3	4	5
Bergers, bouviers	Pinscher, schnauzer, molossoïdes, bouviers suisses	Terriers	Teckels	Spitz et primitifs
Berger allemand Berger belge Colley Bearded collie Border collie Shetland Bobtail Beauceron Briard Berger des Pyrénées Bouvier des Flandres	Bouvier bernois Boxer Doberman Dogue allemand Léonberg Montagne des Pyrénées Rottweiler Saint-bernard Schnauzer Sharpei Terre-neuve	Airedale Amstaff Cairn terrier Fox terrier Jack russell Jagd terrier Scottish terrier Welsh terrier Westie Yorkshire	Teckel poil long Teckel poil ras Teckel poil dur	Akita inu Alaskan malamute Chow chow Eurasier Samoyède Siberian husky Spitz
6	**7**	**8**	**9**	**10**
Courants	Arrêt	Rapporteurs, leveurs, chiens d'eau	Agrément, compagnie	Lévriers
Ariégeois Basset artésien normand Basset bleu de Gascogne Basset fauve de Bretagne Basset hound Beagle Beagle harrier Bruno du Jura Griffon bleu de Gascogne Griffon fauve de Bretagne Nivernais Petit bleu de Gascogne Porcelaine	Braque allemand Braque d'Auvergne Braque de Weimar Braque français Draathaar Épagneul breton Épagneul français Griffon Korthals Pointer Setter anglais Setter gordon Setter irlandais	American cocker spaniel English cocker spaniel English springer Flat coated retriever Golden retriever Labrador retriever	Bichon frisé Bichon maltais Bouledogue français Caniche Carlin Cavalier king-charles Chihuahua Cotton de Tuléar Dalmatien Épagneul papillon Lhassa apso Pékinois Shih tzu Terrier du Tibet	Afghan Azawakh Barzoi Greyhound Irish wolfhound Petit lévrier italien Saluki Sloughi Whippet

Quel sexe ?

Je vous renvoie à (« Les comportements sexuels et érotiques », page 226), pour déterminer les avantages et inconvénients du mâle, de la femelle et du chien stérilisé.

En général, les relations avec les enfants se passent mieux avec les chiennes qu'avec les chiens mâles.

Un ou plusieurs chiens ?

Le chien est un animal grégaire, plus social que solitaire, tout comme l'être humain. Les humains vivent rarement seuls ; quand ils sont seuls, ils prennent un chien... Le chien a été façonné génétiquement pour être dépendant ; il ne supporte pas d'être seul. Dès lors, il est bien que le chien ne vive pas seul. S'il doit vivre 8 à 10 heures par jour seul dans un appartement vide, c'est stressant (et c'est de la maltraitance). Il lui faut la compagnie d'un être de référence, d'un être d'attachement : humain, chat, chien ou, s'il vit dehors, une chèvre, un cheval.

Je suis favorable à l'adoption de plusieurs chiens, par exemple de plusieurs chiots en même temps.

Sélectionner un chien

On peut se fier à la grande générosité de l'univers pour qu'il détermine le chien qui nous convient. On peut aussi donner un coup de pouce au destin et utiliser quelques critères rationnels de sélection.

Sélectionner un chiot

L'âge d'acquisition

Un chiot doit être adopté quand il a été correctement imprégné, c'est-à-dire :

- Après 3 mois, si l'éleveur a fait un excellent travail d'imprégnation.
- Entre 7 et 8 semaines, si l'éleveur n'a pas fait un excellent travail d'imprégnation et si l'acquéreur veut faire ce travail lui-même.

Voir « Le développement du chiot », page 136.

L'entourage du chiot

L'information génétique

La morphologie et les comportements du chien adulte sont très différents de ceux du chiot. Observer le chiot ne donne pas une bonne idée de qui il sera plus tard. Il est indiqué d'observer au minimum le père et la mère ; le chiot a une forte probabilité d'être à l'âge adulte semblable à ses parents. Idéalement, il faudrait observer aussi les ascendants (grands-parents) et descendants éventuels d'une précédente portée ; cela donnerait une idée plus précise des potentiels (de la lignée) du chien. Ces observations devraient se faire dans différents habitats, les chiens ne montrant pas toutes leurs facettes comportementales seulement à l'élevage.

Dans les critères comportementaux, certains sont fondamentaux :

- Les besoins d'activité, leur durée quotidienne et leurs spécificités : un chien peut avoir besoin de 3 heures d'activité ou de 12 heures ; il peut préférer chasser (poursuivre) que mastiquer ou inversement.
- Les émotions d'excitation et les comportements d'agression.
- Les émotions de peur et les comportements d'évitement.

Choisir comme chien familier un chien sélectionné pour le travail est le pire scénario envisageable[5]. C'est la source principale des chiens hyperactifs et, donc aussi, des consultations en médecine vétérinaire comportementale.

L'information environnementale

Si la génétique est importante, l'environnement de croissance est aussi fondamental. Il faudra vérifier la bonne imprégnation et la socialisation des chiots tant à l'espèce canine qu'à l'espèce humaine, voire à d'autres espèces d'animaux familiers (voir « Le développement du chiot », page 136).

L'hygiène des lieux d'élevage est aussi un critère des soins et de l'affection donnés par l'éleveur aux chiots.

Les tests de santé

Il faut observer si le chiot ne souffre pas de problèmes de santé. Il faut notamment examiner rapidement :

- Les yeux : absence de rougeurs et d'écoulements.
- Les mâchoires : bonne coaptation des dents.
- L'abdomen : pas de hernie à l'ombilic.
- Les organes génitaux : présence des deux testicules chez le mâle.
- Organes urinaires : le gland du pénis doit pouvoir être visualisé sous peine de phimosis ; le chiot ne doit pas perdre des gouttes d'urine de façon involontaire.
- La vitalité : le chiot doit être plein de vitalité, sauf s'il vient de se réveiller ou de manger.

Les tests psychologiques

Les tests psychologiques sont des tests faciles à faire, qui donneront quelques indications sur les compétences psychologiques du chiot et sur son tempérament. Aucun test n'est fiable à 100 %, tous devraient être répétés dans des environnements différents et à des heures différentes ; il est parfois préférable d'effectuer les tests en absence des autres chiots et de la mère.

Un chiot équilibré devrait être curieux, un peu réservé – ne pas se jeter dans les bras du premier venu –, mais il doit dépasser sa méfiance pour s'avancer vers l'inconnu (objet, personne, environnement). Certains chiots sont téméraires, n'ont peur de rien, agissent comme sans réfléchir. D'autres sont craintifs, refusent d'explorer, restant dans leur petit monde limité. Je conseille d'éviter de prendre des chiots qui présentent des manifestations de peur et d'agressivité non contrôlée, ils deviennent des chiens à problèmes.

Les tests de comportement permettront de préciser ces quelques informations. Quasiment aucun test réalisé sur un chiot n'est prédictif du comportement du chien adulte : en effet, il y a des phénomènes péripubertaires (désocialisation, expression génétique tardive) qui peuvent venir changer le tempérament et, bien sûr, tout le vécu du chiot vient façonner ses comportements adultes.

Les tests sensoriels

- Le toucher et la douleur : toucher, caresser, et pincer le chiot qui doit réagir, mais sans excès, et sans fuir le contact.
- L'audition : claquez des doigts, des mains sans que le chiot vous voie : il doit réagir, sans faire un sursaut excessif (ni tomber à la renverse), sans fuir.
- La vue : agitez un foulard, faites rouler une balle : le chiot doit suivre l'objet des yeux.
- L'équilibre : retournez le chiot sur le dos et lâchez-le immédiatement : le chiot doit se retourner sur le ventre, et peut se mettre debout.

Le test d'approche

Un chiot devrait être content de voir un humain, même inconnu, puisqu'il doit le considérer comme une espèce amie. Il faudrait réaliser ce test avec plusieurs types d'humains, y compris des enfants.

S'approcher de la portée ou d'un chiot isolé, d'un pas normal ; s'accroupir à un mètre de lui ; l'appeler à voix douce, en l'encourageant à venir vers soi. Comment se comporte le chiot ?

- Il est prudent mais curieux et vient vers vous, avec une posture décontractée, la queue haute et frétillante : rien à signaler.
- Il court vers vous et saute sur vous, queue haute et frétillante, et mordille vos chaussures : rien à signaler, sinon un chiot qui a (et aura) besoin de mâcher (des objets).
- Il court vers vous et empêche les autres chiots d'accéder à votre contact : chiot qui aura peut-être plus tard des tendances à agresser les autres chiens.

- Il est craintif et reste à distance, s'éloignant à votre approche, se mettant dans un coin, avec une posture basse, la queue basse : risque de mauvaise socialisation et de phobie.
- Il est peu réactif et inexpressif (en absence de phase postprandiale) : risque de dépression et d'absence d'attachement (mais test à répéter).
- Il est sans arrêt en mouvement, même pendant une demi-heure à une heure d'affilée ; il vient vers vous, va ailleurs, semble infatigable : chiot à tendances hyperactives (mais test à répéter).

Le test de la contrainte

On plaque le chiot en position couchée (sur le ventre ou le côté) et on le regarde réagir :

- Il accepte et attend qu'on le relâche : réaction normale chez un chiot acceptant.
- Il se débat quelques secondes puis se détend et attend qu'on le relâche : réaction normale.
- Il se débat, se tortille, mord, hurle, urine, défèque, les pupilles dilatées : réaction de peur et d'intolérance à la contrainte chez un chiot à potentiel (anxieux) agressif.

La troisième réaction est prédictive. Il y a de grandes probabilités que le chiot devienne un chien peu tolérant à la manipulation, à toute contrainte ; ce chien pourrait être sans problème avec ses propriétaires, mais son tempérament réactif se remarquera avec des inconnus ou en cas de stress.

Le test de mordant

On provoque le chiot avec un chiffon, une corde (à nœuds), jusqu'à ce qu'il le prenne en gueule et tire, et on l'observe réagir :

- Il tire directement, grogne, retrousse les babines, présente une queue dressée et raide, et il refuse de lâcher : beaucoup d'ardeur à mordre, intéressant pour un chien de défense, moins pour un chien de famille.
- Il tire, grogne mais sans retrousser les babines, et tout en agitant la queue, puis se désintéresse du jeu ou accepte que vous repreniez le chiffon : mordant acceptable, compatible avec un chien de famille.
- Il renifle et/ou s'éloigne sans tirer : peu d'intérêt au mordant, compatible comme compagnon pour une personne âgée.

Le test d'isolement

L'isolement d'un chiot par rapport au groupe est révélateur de l'attachement qu'il a à ses frères et sœurs ou à sa mère. De même, voyez si votre présence et votre comportement permettent de calmer ses cris de détresse. Si oui, c'est de bon augure pour un lien d'attachement avec vous.

Le chiot (de 7 semaines ou plus) est isolé dans une pièce inconnue, avec vous et vos familiers.

- Le chiot va dans un coin, se couche, est indifférent : risque d'absence d'attachement et de dépression. Il faut vérifier si le chiot n'a pas juste mangé ; sinon, la réaction d'endormissement et d'indifférence peut être normale.
- Le chiot jappe, aboie, hurle sa détresse, mais fuit absolument tout contact : c'est une réaction asociale aux gens. Un attachement peut se faire à long terme, mais pas toujours avec l'ensemble de l'humanité.
- Le chiot pleure, jappe et cherche à retrouver sa mère et la portée, sans s'occuper de vous : la réaction est normale. Si vous parvenez à l'apaiser, cela signifie que vous êtes une figure apaisante et que l'attachement se fera sans problème.
- Le chiot pleure et jappe un moment, puis s'apaise à votre contact et vos paroles douces : son attachement ne posera pas de problème.

Le test de rapport d'objet

On attire l'attention du chiot avec un jouet adapté à son âge et, ensuite, on lance l'objet à un ou deux mètres de distance. Que fait le chiot ?

- Il court derrière l'objet, le prend en gueule et vient vers vous à votre appel : réaction espérée pour un futur chien de rapport.
- Il court derrière l'objet, l'explore, le prend en gueule puis l'abandonne : réaction partielle mais attendue d'un futur chien de rapport.
- Il commence par courir derrière l'objet puis abandonne : réaction qui révèle un manque d'intérêt. Ce chiot peut encore apprendre, mais il n'a peut-être pas le rapport dans ses patrons-moteurs.
- Le chiot n'a aucun intérêt pour l'objet, alors qu'il a bien vu qu'il était lancé à proche distance : cette réaction peut faire douter de ses performances futures au rapport d'objet.

Il faut répéter ce test plusieurs fois, à des moments différents, parce qu'un chiot peut simplement être engourdi par un repas ou un réveil pour répondre avec punch à votre test.

Sélectionner un chien adulte

Certaines personnes ne veulent pas prendre un chiot ; elles préfèrent choisir un chien adulte pour différentes raisons :

- Il est éventuellement déjà éduqué à la propreté et à l'obéissance de base.
- Ses caractéristiques esthétiques sont définitives.
- Il est plus aisé de déterminer son tempérament.

Des personnes âgées prennent parfois un vieux chien en SPA afin de lui survivre ; il est parfois malaisé de replacer un chien d'une personne décédée.

Les tests de sélection

On peut appliquer tous les tests préconisés chez le chiot au chien adulte. On fera très attention avec le test de contrainte : un chien anxieux, réactif, craintif, peut répondre agressivement.

L'insertion et la ritualisation d'un chien adulte dans la famille

Quand un chien change de groupe social, il perd ses rituels de communication spécifiques au groupe antérieur et doit tester l'efficacité de ces rituels dans le nouveau groupe et, si besoin est, en recréer de nouveaux. Tout cela prend du temps : de 3 à 6 semaines. Après cette période, le chien exprime sa vraie personnalité, adaptée au groupe ; il peut montrer un tempérament très différent – et parfois très surprenant – de celui qu'il avait à l'adoption (voir page 273).

Acquérir un chien

Où se procurer un chien ?

Il y a plusieurs possibilités :

- Le particulier qui a (par hasard ou intentionnellement) fait couvrir sa chienne de famille : le chien peut être de race ou bâtard ; si le chiot a grandi au milieu de la maison (cuisine), il peut avoir une excellente imprégnation.
- L'éleveur amateur ou professionnel : le chien a un pedigree qui garantit qu'il est bien de la race ; il faudra vérifier les qualités génétiques tempéramentales et les conditions d'imprégnation.
- Le magasin animalier : il importe, rassemble en lots et distribue des chiens de race ou sans race, avec ou sans pedigree. Il est impossible de vérifier la génétique et l'imprégnation.
- La SPA : elle recueille les chiens non désirés, trouvés, saisis ; elle les redistribue aux gens à grand cœur pour leur donner une seconde ou énième chance. La génétique et l'imprégnation sont inconnues ; le chien a une histoire partiellement connue, souvent fallacieuse : des études montrent que les chiens ont souvent (jusqu'à 80 % des cas) été abandonnés en SPA pour des problèmes comportementaux ; l'ancien propriétaire donne rarement la totalité du tableau comportemental en abandonnant son chien.
- L'association de chiens d'aide dont un chien n'a pas réussi les tests d'aptitude et qui doit replacer un chien de 1 à 2 ans *a priori* bien socialisé et éduqué.

Si vous désirez acquérir des reproducteurs de race, il faut prendre un chien dans un élevage de qualité, dont les parents ont réalisé des performances en exposition. Ce chien sera d'un prix élevé. Ce n'est cependant pas une garantie d'avoir un bon chien de famille, qui puisse vivre avec les enfants, les personnes âgées, les inconnus en visite, les chats, les lapins et les hamsters des enfants.

Comme dit auparavant, analysez la génétique de l'élevage, au niveau des comportements observés, observables, et discutez-en ouvertement avec l'éleveur. Si l'éleveur vous dit que ses chiens sont parfaits en tous sens, changez d'élevage ; en effet, chaque chien présente au moins trois problèmes comportementaux et/ ou physiques, aussi minimes soient-ils.

Éventuellement, faites mettre au contrat vos desiderata particuliers, que ce soit au niveau morphologique ou comportemental.

Les documents

Dans toute cession de bien – et le chien est un bien commercialisé – il faut le contrat de vente/achat, la facture, le pedigree (optionnel), les documents d'identification, le carnet de vaccination (avec signature d'un vétérinaire), les informations et conseils du vendeur (éleveur) sur les caractéristiques de la race, ses besoins, l'alimentation recommandée (optionnel).

L'acquéreur prendra contact avec son courtier d'assurances pour faire inclure le chien dans son assurance responsabilité familiale ou multirisque habitation. Une assurance de remboursements des frais de soins de santé existe dans certains pays.

Visite de contrôle et vices cachés

Suivant la loi du pays, le chien peut être expertisé pendant 1 à 2 (ou plus) jours pour vices cachés par un vétérinaire, qu'il est judicieux de consulter.

L'ENFANT ET LE CHIEN

La plupart des chiens familiers vivent dans des familles avec des enfants. La plupart des accidents de morsures de chiens sur enfants se passent dans les familles. Pour que les enfants et les chiens vivent bien ensemble, dans la joie et la sécurité, il est bon de donner quelques précisions sur leurs relations.

Le chien et l'enfant nouveau-né

La grossesse

Dans de nombreux cas, le chien semble informé de la grossesse de sa maîtresse. Il est même parfois le premier informé et son comportement se modifie. Il se pourrait que cette communication passe par des voies olfactives, par des odeurs (des phéromones). Le chien semble parfois irritable, parfois excitable, parfois sexuellement énervé. Son irritabilité se manifeste vis-à-vis de tout le monde, y compris de la femme enceinte[1].

Naissance et retour de maternité

L'arrivée d'un bébé est un changement important dans les routines de vie et le temps que l'on peut consacrer à son chien.

Le niveau d'attention accordé au chien

Le niveau général d'attention

D'habitude, pendant la grossesse, on continue à s'occuper de son chien, parce qu'on a toujours le temps. Dès la naissance, le bébé a besoin d'attention et de soins (et cela occupe plus d'un temps plein parental) ; le bébé est prioritaire ; le chien est mis de côté. La réaction du chien face à ce manque d'attention, cette réduction d'activité sociale, et l'arrivée d'un bébé varie fort d'un animal à l'autre : frustration et irritabilité, crises d'excitation, agression...

Pour éviter ces problèmes, je recommande que le niveau d'attention baisse progressivement pendant la grossesse pour arriver au niveau minimum, ce qu'il sera après la naissance.

Puisque le chien a moins d'attention, moins d'activité locomotrice (balade) et d'occupation sociale, il faut compenser ce manque par d'autres formes d'activité,

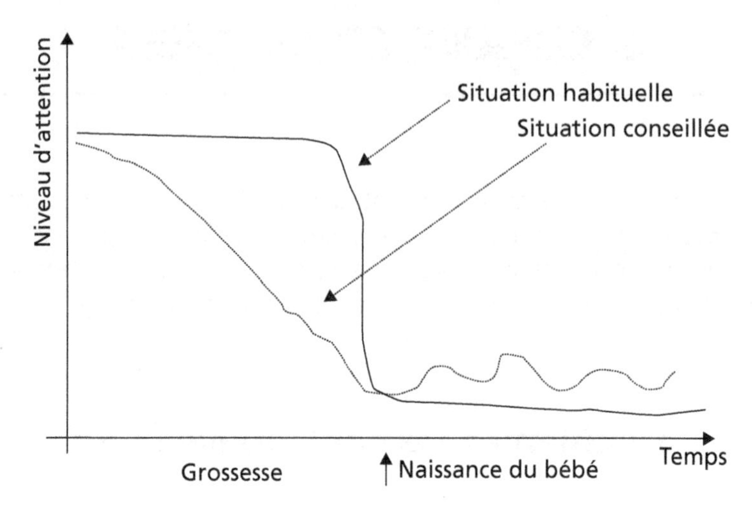

Niveau d'attention donnée au chien.

telles que l'activité d'obéissance ludique, l'activité cognitive ou, plus simplement, l'activité masticatoire (voir « Le besoin biologique d'activité », page 57).

Le niveau d'attention en présence du bébé

Pour que le chien associe le bébé avec un plaisir et non un déplaisir, une frustration d'attention, je recommande aussi de donner de l'attention au chien quand le bébé est présent (avec les parents ou avec la gardienne, dans la famille) et de ne pas en donner lorsque le bébé est absent (dans sa chambre ou dans une autre pièce).

Préparer la venue de bébé

Quelle réaction attend-on du chien ? Le respect, éventuellement l'indifférence, par rapport au bébé. Mais l'arrivée du bébé est un chamboulement des habitudes et des rythmes, un envahissement d'odeurs, de bruits, d'agitation. On peut préparer le chien à s'habituer plus aisément.

L'habituation olfactive

Quand la maman est à la maternité, le papa peut apporter des langes (sales) à la maison ainsi que les vêtements de la maman et du nourrisson. Il ne faut pas déballer les langes et les mettre sous le nez du chien. Son flair, plus puissant que notre odorat, lui permet de capter toutes les informations même si les langes et les vêtements ne font que passer dans la maison.

Beaucoup de gens présentent le nourrisson au chien, attendant de lui une reconnaissance. Une reconnaissance de quoi ? Dans la nature, la chienne mère ne présente pas ses chiots nouveau-nés au reste de la meute, mais elle les garde au moins trois à cinq semaines à l'abri du groupe. Ce n'est que quand ils s'aventurent seuls hors du nid qu'ils rencontrent les autres adultes. Alors, faut-il ou non présenter le bébé au chien ? Je ne sais pas, honnêtement. Ce qui est certain, c'est qu'il ne faut pas le retirer à tout prix du contact et faire de grands gestes pour éviter que le chien vienne lécher l'enfant. Cela ne ferait qu'exciter le chien et lui signaler que l'enfant est un objet d'excitation, de jeu ou de conflit.

L'habituation visuelle et auditive

Pour habituer le chien aux changements de comportements des parents, aux cris et à la vue du bébé, certains auteurs recommandent aux parents de se promener avec une poupée (qui rit et pleure) de la taille d'un bébé et de répéter les gestes qu'ils auraient avec le bébé : se promener avec la poupée dans les bras, faire pleurer et rire la poupée...

Le comportement du chien face à l'enfant

Le chien n'est pas prédisposé à aimer les enfants

Au risque de choquer le lecteur, je dirais que pour un chien ordinaire, un enfant, c'est *a priori* juste une espèce qui se chasse (on court derrière et on capture), une espèce comestible (« bon à manger ») ou une espèce dangereuse (il faut en avoir peur). Il n'y a rien qui, génétiquement ou biologiquement, prédispose un chien à être l'ami d'un enfant ; le gène de l'amitié n'existe pas[2]. Le chien apprend que l'enfant fait partie des espèces ou des types « amis », surtout pendant la période d'imprégnation (socialisation primaire) (voir « Le développement du chiot », page 136). Il doit élaborer des cartes cognitives correspondant à chaque type d'enfant, chaque âge (et type morphologique), chaque couleur, mais aussi à chaque mouvement horizontal (marche à quatre pattes vers 7 mois) ou vertical (à deux pieds, vers 12 mois), à chaque mouvement coordonné ou incoordonné. Idéalement, pour intégrer le concept d'enfant, le chiot doit avoir eu des rencontres fréquentes, ludiques, hédonistes, avec au moins 7 types (morphologiques) d'enfants.

Le chien peut apprendre à aimer ou détester les enfants

Si le chien a été (hyper)socialisé aux enfants (de types variés) quand il était tout petit, s'il a ensuite continué à avoir des rencontres fréquentes et positives avec des enfants, si chaque rencontre a été accompagnée d'une récompense (des conséquences positives) et pas de conséquences aversives, et s'il n'a pas de tendance évitante (chien prédisposé à se socialiser difficilement et à développer des phobies sociales), s'il a un tempérament sociable, s'il est en contrôle (par apprentissage correct) de ses mouvements et morsures, s'il n'a pas de variations d'humeur, s'il n'est pas mis dans une situation de stress ingérable, alors, oui, le chien se montrera un bon ami de l'enfant. Cela fait beaucoup de « si », mais ils sont nécessaires pour une situation idéale.

Si, par contre, le chien est (biologiquement) évitant et peu sociable, s'il n'a pas été imprégné et socialisé dans le jeune âge aux enfants (d'au moins 7 types morphologiques différents), si la socialisation éventuelle n'a pas été réactivée par des expériences positives, s'il a eu des expériences aversives avec des enfants, s'il est systématiquement écarté quand l'enfant est présent (avec la frustration sociale que cela génère), le chien ne se montrera pas un bon copain pour l'enfant.

Il est plus fréquent d'avoir une situation non idéale qu'une situation idéale ; cela explique en grosse partie le nombre d'accident de morsures de chiens sur des enfants.

Les comportements spécifiques du chien avec l'enfant

Le chien se comporte avec un enfant comme il le ferait avec un adulte. On n'observe pas de comportements spécifiques. L'enfant étant plus joueur que les adultes, le chien joue volontiers avec lui.

La plupart des recherches sur interactions chiens-enfants se font sur le sujet de la sécurité de l'enfant, la prévention des morsures et la détermination de l'influence du chien sur le comportement de l'enfant (zoothérapie). Aucune étude n'essaie de déterminer si le chien a un éthogramme particulier avec l'enfant.

Le comportement de l'enfant en présence du chien

Le développement psychologique des enfants

Je ne suis ni pédiatre ni pédopsychologue. J'ai divisé les enfants en catégories suivant ce que je connais de leur développement psychomoteur et suivant mes observations cliniques[3] :

- De la naissance à 4 mois : l'enfant n'a pas de capacité motrice volontaire vers l'animal.
- Vers 4 mois, les enfants précoces peuvent marcher avec un trotteur et se diriger volontairement vers un chien, le déranger dans ses activités (repos, repas...).
- Vers 8 à 9 mois, l'enfant marche à quatre pattes, et marche en trotteur, il se déplace activement vers le chien.

- Vers 1 an, l'enfant marche debout, de façon vacillante et mal coordonnée puis de mieux en mieux coordonnée ; il va activement vers le chien.
- De 18 mois à 2 ans et demi-3 ans, l'enfant entre dans l'âge du « non », c'est-à-dire de l'autonomie de décision ; il teste ses parents et s'oppose à leurs conseils ; c'est le moment où on lui interdit de toucher le chien et l'enfant, en regardant ses parents droit dans les yeux, va empoigner le pelage du chien, lui mettre les doigts dans les yeux, les oreilles ou l'anus.
- De 3 à 6 ans : quand l'enfant vit avec des chiens, il comprend mieux leur langage et les respecte ; d'autre part, l'enfant va à l'école et n'est plus en permanence avec le chien.
- De 6 à 12 ans, l'enfant reste distrait, émotif, impulsif et peu réfléchi ; malgré ses connaissances sur le comportement du chien et ses risques, il fait peu attention.
- Après 12 ans, l'enfant est plus mûr cognitivement et plus respectueux du chien.
- À la puberté, les filles ont tendance à enlacer et embrasser (et harceler affectivement) les chiens plus que les garçons ; les garçons jouent plus, par des jeux de combat, à provoquer des réactions d'excitation, voire d'agression et à se faire valoir par chien interposé.

Développement psychologique et respect du chien

Le développement psychologique de l'enfant influence ses réactions face au chien et ses relations avec lui. Avant 3 ans, un enfant comprend mal le langage corporel et vocal du chien. L'enfant respecte peu le chien jusqu'à l'âge de 6 ans ; il réfléchit mieux et contrôle son impulsivité émotionnelle après 12 ans, ce qui permet de mieux entrer avec le chien dans une relation respectueuse.

Il faut bien entendu apprendre aux enfants à gérer leur relation avec les chiens et cela dès le plus jeune âge. C'est ce que font certaines associations, qui présentent des chiens en école gardienne et primaire, ou qui proposent des jeux de rôles pour développer les réflexes de protection des enfants, ou qui expliquent par DVD interposé comment réagir face à un enfant. Néanmoins, l'enfant ne peut pas contrôler totalement ses réactions émotionnelles et gérer de façon réfléchie les environnements avec chien avant l'âge de 12 ans.

Dès lors, les enfants de moins de 6 ans, voire de 12 ans, ne devraient jamais être laissés seuls avec un chien.

Le chien est souvent le seul à qui l'enfant peut confier ses secrets.

Le chien, le seul être à qui parler

Comme le disait un ami psychologue[4], en France, l'enfant rentre chez lui après l'école et se retrouve seul avec son chien. Le sentiment de solitude chez l'enfant et l'adolescent est considérable : 80 % le vivent de façon temporaire, 20 % le vivent sur la longue durée[5]. Il est compréhensible d'entendre l'enfant dire alors : « Je n'ai que mon chien à qui parler ! »

L'effet de la mort du chien

Plus l'enfant est jeune, plus il semble résilient face à la mort d'un chien copain. Les adolescents ont plus de problèmes.

Il faudra cependant faire très attention à l'explication qu'on donne à un jeune enfant de la mort d'un chien. En effet, l'enfant s'identifie (de façon animiste) à son chien et apprend par imagination et inférence de ce qu'on lui raconte (apprentissage par imitation et observation). Si on lui dit qu'on a abandonné le chien en SPA ou qu'on l'a piqué parce qu'il était malpropre, que va penser l'enfant si, un jour, il souffre d'énurésie ? C'est la même chose pour les agressions, les destructions, etc.

Je ne conseille pas de remplacer un chien décédé par un nouveau chien immédiatement ; je propose de laisser l'enfant faire le deuil, avant de reconstruire une nouvelle relation avec un nouveau chien.

Les enfants, cibles d'agressions

Les enfants sont victimes d'agressions et de morsures de chien.

Pour réduire le nombre d'enfants mordus (voir « Prendre conscience des risques : les morsures en chiffres », page 206), il faut :

- Prendre conscience des risques (voir les chiffres [de l'épidémiologie] des morsures).
- Sélectionner des chiens sociables et sociabilisables.
- Imprégner le chien à différents types d'enfants.
- Associer dans la pensée du chien l'enfant avec un plaisir.

Pour réduire l'incidence des morsures sur les enfants, il est recommandé de :

- Ne jamais laisser un enfant interagir avec un chien sans supervision d'un adulte.
- Ne jamais laisser un enfant de moins de 6 à 8 (voire 12 ans) seul avec un chien.
- Ne pas croire que, parce qu'on a expliqué les risques à un enfant, il soit à même d'agir rationnellement ou même raisonnablement.
- Conditionner l'enfant à avoir un réflexe de sécurisation lors d'une attaque de chien : se mettre par terre, en boule sur les genoux et les coudes, les mains sur la nuque, et rester immobile.
- Conditionner l'enfant à appeler le chien à lui et à ne pas aller vers le chien.
- Consulter un psychologue ou un pédopsychiatre si l'enfant a été mordu.

Présenter mutuellement un chien et un enfant : attention, ce chien a peur !

Faut-il offrir un chien à un enfant ?

On fait distinguer deux situations[6] :

- L'enfant fait la demande.
- Le parent désire que son enfant soit éveillé au monde de l'animal.

La réponse va dépendre de l'âge de l'enfant, de sa capacité à prendre en charge l'animal, de la réflexion que l'on pourra avoir en famille sur le devenir du chien – qui a une vie moyenne de 10 à 15 ans – lorsque l'enfant aura grandi et sera devenu adolescent, puis jeune adulte et aura quitté la maison.

Il s'agit d'une *décision* familiale. Et si, en apparence, le chien est dit « appartenir » à l'enfant, il appartient en fait à son groupe familial en entier. À aucun moment on ne devrait reprocher à l'enfant de négliger son chien et de le culpabiliser, puisqu'il s'agit d'une décision du groupe.

Il s'agit d'une *organisation* familiale. Je conseille de faire un *contrat* au sein de la famille, décidant des rôles de chacun, pour une durée limitée. C'est-à-dire que le contrat est réévalué tous les 3 ou 6 ou 12 mois, au choix des cosignataires. Et ce délai est inscrit au contrat.

Il s'agit d'un *financement* familial. C'est la famille qui prend la charge financière du chien, de son alimentation, de ses frais vétérinaires, de ses vacances. On peut préciser dans le contrat ce que l'on attend de l'enfant ou de l'adolescent en fonction de son âge.

Il s'agit d'une *gestion* familiale. Promener, nourrir, sortir le matin, le midi, le soir, la nuit, réconforter, soigner, emmener chez le vétérinaire ou le toiletteur, éduquer, nettoyer les salissures, et toutes autres activités plaisantes ou déplaisantes seront réparties entre les membres de la famille suivant leurs âges respectifs et leurs possibilités et compétences à participer (temps libre...).

À partir du moment où tous ces critères sont conscients et clairs, on peut très bien offrir un chien à un enfant.

ÉDUQUER UN CHIEN

L'éducation pratique d'un chien consiste à lui apprendre une série de codes auxquels il va répondre : « assis », « ici », « couché »... Répondre à des commandes simples permet au propriétaire de contrôler son chien, si possible en toutes circonstances, et donne au chien une activité, si possible ludique.

Je ne parle pas de dressage[1], qui signifie étymologiquement « rendre droit », mais plus d'éducation, qui signifie « guider ». En anglais, on utilise le mot *training* qui signifie entraîner. L'éducation est un mélange de guidance et de conditionnement, c'est-à-dire l'établissement de réflexes (conditionnés) ; qui dit réflexe, dit aussi automatisation des réponses comportementales.

Les stratégies et les techniques d'éducation

Conditionnement opérant et façonnement

Comme stratégies d'éducation, je préconise le conditionnement des actes spontanés[2] et le façonnement (voir « L'apprentissage », page 326).

C'est très simple : quand le chien produit une action, on donne un code et on récompense, comme s'il avait obéi. Par exemple, le chien se couche, on dit « couché » et on récompense quand il est couché. Il suffit de répéter quelques fois pour obtenir une réponse stable ; le nombre de répétitions dépend de la corrélation que le chien a faite avec son comportement et le code que vous avez émis ; cela dépend en partie de son intelligence et de la difficulté de l'opération à encoder.

Le façonnement est l'apprentissage progressif d'une séquence d'actes. Pour cela, il faut analyser la séquence, la découper en actes simples et les associer. Par exemple, pour qu'un chien fasse un « assis, couché sur le ventre, couché sur le dos, se rouler sur le sol, se mettre debout », on doit apprendre chaque code séparément puis mettre les codes en séquence, les uns après les autres.

Le clicker training

Le clicker training (voir « L'apprentissage », page 326) est un conditionnement opérant symbolique : il associe un bruit mécanique (le « clic ») produit par un gadget (le « clicker » ou cliquet), au moment même où le chien produit un acte que l'on veut conditionner ; à chaque clic correspond une récompense (un bonbon), donnée, elle, *a posteriori*. Le « clic » est la récompense symbolique qui marque le moment précis de l'acte conditionné et aussi la fin de l'exercice.

Par exemple, on voit le chien s'asseoir à 3 mètres de distance, on dit « assis » et, quand le chien est assis, on clique « clic » ; le chien peut quitter la position et venir chercher le bonbon.

Motiver et faire du bien

Le chien n'est pas sur terre pour faire plaisir à son propriétaire mais pour se faire plaisir à lui-même. Il faut donc que chaque commande, ordre, demande, soit pour lui un plaisir. C'est pourquoi le conditionnement des actes spontanés surprend le chien avec une récompense, ce qui est plaisant et pousse le chien à reproduire l'acte.

Bien entendu, on peut pousser le chien à répondre plus facilement et plus vite en ayant la bonne récompense : ce qui marche avec 99 % des chiens (à jeun) est la récompense alimentaire ; plus le chien a faim, moins la récompense peut être appétante ; moins le chien a faim, plus appétante la récompense ; mais aussi plus l'exercice est difficile, plus le salaire (récompense) doit être élevé (bonbon appétant).

Les gadgets éducatifs punitifs

En complément de techniques positives, on utilise parfois des gadgets qui punissent à distance. Il est évident que si on désire respecter les règles d'une punition correcte, il faut utiliser une stimulation aversive immédiate au cours du comportement gênant ou (jugé) nuisant.

Le collier à jet d'air

Le collier antiaboiement

Le collier antiaboiement[3], un boîtier porté au cou du chien, donne une décharge de jet d'air comprimé (inodore ou parfumé à la citronnelle ou à la moutarde) vers le menton du chien, au moment où le chien aboie ; un laryngophone perçoit la vibration sonore et entraîne un déclenchement automatique de la décharge de gaz.

Ce collier est efficace sur un chien normal, pas sur un chien qui souffre d'inactivité ou en trouble obsessionnel-compulsif vocal. Dans tous les cas, le chien doit avoir une activité alternative motivante, comme un jouet alimentaire ou un os à mâcher.

Le collier éducatif à télécommande

Pour atteindre à distance un chien qui exprime un comportement (répréhensible) à punir (attaquer un chien, poursuivre un jogger, manger des excréments...), le boîtier du collier[4] donne une décharge de jet d'air comprimé vers le menton du chien, à la demande de l'éducateur lors de pression sur la télécommande. Les appareils plus sophistiqués possèdent un son qui permet de prévenir le chien de la décharge de gaz, afin qu'il puisse éviter celle-ci.

Le chien puni stoppe son comportement pour quelques (fractions de) secondes ; c'est à ce moment que l'éducateur doit rappeler le chien et lui proposer un comportement alternatif motivant qui sera récompensé.

Pour être correctement utilisé, la décharge de gaz doit être bien corrélée au comportement à punir ; elle doit aussi être d'intensité maximale au départ et, ensuite, peut être progressivement réduite. Idéalement, elle est associée à un son.

La barrière invisible

Le chien reçoit une décharge d'air comprimé punitive lorsqu'il s'approche d'un fil métallique qui entoure la propriété (fil enterré dans le sol ou placé en hauteur).

Les colliers électriques

Les colliers électriques ou électrostatiques donnent une décharge électrique aversive au cou du chien. Cette punition est douloureuse. Il s'agit d'une maltraitance. Ce gadget devrait être interdit ou réservé pour des éducateurs professionnels agréés.

Pour être correctement utilisé, la décharge électrique doit être bien corrélée au comportement à punir ; elle doit aussi être d'intensité maximale au départ (ce qui est très douloureux) et, ensuite, peut être progressivement réduite. Idéalement, elle est associée à un son, qui permet au chien d'éviter la décharge.

La plupart des gens qui utilisent le collier électrique font des décharges d'intensité progressive, ce qui est inefficace et nécessite d'utiliser des décharges de plus en plus violentes.

J'ai observé de nombreuses erreurs de corrélation et d'intensité, ce qui a engendré chez les chiens électrochoqués une montée d'irritabilité, d'agressivité, et une redirection de l'agression envers des stimuli neutres (indépendants du comportement puni) mais présents dans l'environnement (comme des enfants).

Quelques apprentissages spécifiques

L'apprentissage de la propreté

Tous les chiens de famille doivent être propres, dans le sens qu'ils doivent respecter – et ne pas souiller – les lieux d'habitation de leurs propriétaires. Le chien est naturellement « propre » lorsqu'il n'élimine pas dans ses lieux de couchage et d'alimentation. C'est dire que les notions sont très différentes pour le chien et l'humain. L'humain doit apprendre au chien à éliminer dans les lieux spécifiques, afin qu'il n'élimine pas n'importe où dans l'habitat.

J'ai discuté de cet apprentissage dans « L'apprentissage de la propreté », page 90. En quelques mots, c'est très simple. Il s'agit d'un conditionnement (classique et opérant) d'un comportement partiellement involontaire et volontaire, avec façonnement du lieu. Il faut déterminer l'endroit idéal (par exemple sur un carré d'herbe, dans la rigole) et l'endroit minimum (par exemple, dehors).

Par exemple, quand le chien élimine, il suffit de dire le code choisi (« pipi », « élimine ») et, une fois que le chien a fini, de récompenser. On récompense d'abord quand le chien élimine dehors, puis de plus en plus près de l'endroit idéal choisi.

Pour que le chiot soit propre, il faut le mettre dans la situation où il ne peut pas souiller : le sortir souvent, l'empêcher d'éliminer quand il doit rester seul (par exemple en chenil, cage...), et ne pas le laisser seul plus de 2 heures le jour et 6 heures la nuit.

Les exercices basiques : assis, couché, rapporte, donne

Assis

Le chien s'assied tout seul ; on ne doit pas le lui apprendre. Quand le chien s'assied, on dit « assis » et on récompense (saucisson). On répète la séquence de 5 à 10 fois.

Ensuite on propose au chien « assis » et s'il s'assied, on récompense. S'il ne s'assied pas, on reprend la séquence jusqu'à ce que ce soit efficace.

Si cela ne marche pas, c'est que le chien a mal associé les codes ou que la récompense n'est pas assez intéressante, ou qu'il a autre chose à faire.

L'assis, une posture spontanée, facile à conditionner.

Couché

Le chien se couche tout seul. Il suffit de lui dire « couché » quand il se couche spontanément et de récompenser pour qu'il comprenne ce code. Après une dizaine de répétitions, le chien doit obéir à la demande « couché » et se coucher ; alors il est récompensé. Sinon, on répète jusqu'à compréhension.

Rapporte

Pour le rapport d'objet, c'est tout aussi simple. Rapporter n'est pas donner ; les ordres (codes) sont différents. Rapporter, c'est s'approcher de l'éducateur avec un objet en gueule.

On attend que le chien apporte spontanément un objet, on dit « rapporte » et on récompense. Ou quand le chien a un objet en gueule, on l'incite à le rapporter (en lui faisant miroiter une friandise) ; quand il s'approche, on dit « rapporte » et on récompense.

On répète 10 fois ou plus jusqu'à compréhension. On teste la demande « rapporte » quand le chien a un objet en gueule et, s'il vient, il est récompensé. Sinon, on reprend la séquence d'association.

Donne

Quand le chien donne spontanément un objet, on dit « donne » et on récompense. On répète 10 fois. Puis on teste la demande : quand le chien est à proximité avec un objet en gueule, on dit « donne » et s'il le donne, il reçoit une récompense. S'il ne donne pas, il ne reçoit pas de récompense. Et on reprend jusqu'à compréhension du code.

La marche en laisse

Marcher en laisse est indispensable. Pourtant, si c'est un exercice simple pour de petits chiens ou des chiens géants, c'est un exercice épouvantable pour la majorité des chiens. Pourquoi ? La plupart des chiens ne marchent pas, ils trottent, sauf les chiens géants type bouvier ou berger qui marchent. Dès lors, un chien avance à 15-20 km par heure alors que son propriétaire traîne à 4-6 km par heure. Le chien doit ralentir pour rester au pied. D'autre part, le chien familier, qui vit en appartement, n'a l'occasion de se tenir informé des passages sociaux qu'en reniflant le chemin de balade ; dès lors, il traîne parfois à renifler ci et là, ou court d'une trace odorante à l'autre. Ce n'est dès lors pas facile de s'adapter l'un à l'autre pour se balader.

La solution la plus simple est de partager l'effort : 100 mètres pour le chien (et le propriétaire suit le chien où il va et à son rythme), 100 mètres pour l'homme (et c'est le chien qui suit son propriétaire en restant à sa hauteur).

Une autre solution est de garder l'attention du chien focalisée sur son guide (propriétaire, éducateur) en le motivant, par exemple, en lui tendant une balle si le chien aime les balles, en lui tendant un bout de saucisson si le chien aime ça.

Cet exercice doit être mis en place dans un lieu calme, sans distraction (à la maison, en jardin, en parc public mais isolé) ; ne jamais commencer sur une place publique à l'heure de pointe. Un truc intéressant est de tenir le chien non pas avec une laisse solide, mais avec un simple brin de laine[5], et d'essayer de se faire suivre par le chien sans briser le brin.

Récompensez votre chien qui répond à votre demande.

Préparer son chien pour les soins

Il ne suffit pas d'apprendre à son chien à s'asseoir et se coucher pour qu'il soit obéissant et gérable dans la société. Il faut aussi penser aux personnes qui vont entrer en interaction forcée, à votre demande, avec lui : vétérinaires et toiletteurs.

On apprendra à son chien à se laisser manipuler : porter le chien et le poser sur une table, ouvrir la bouche, retourner et pincer les pattes, retourner et nettoyer les oreilles, brosser et peigner le poil, brosser les dents, mettre un thermomètre dans l'anus, entre autres.

Pour y arriver, on procède par habituation et façonnement, tout en récompensant le chien dès qu'il a toléré une manipulation. On habituera le chiot très jeune à toutes ses manipulations ; c'est tellement plus simple.

Si le chien ne supporte pas une des manipulations, on procède à une désensibilisation.

Par exemple, le chien ne supporte pas qu'on lui nettoie les oreilles. On garde le chien à jeun, on prépare des récompenses (bonbon, saucisson, biscuits). On approche de l'oreille du chien, on voit la distance acceptable. Imaginons que ce soit 10 cm, on touche le poil à 10 cm de l'oreille, clic (en clicker training) ou « très bien » et bonbon. On répète. On touche ensuite le poil à 5 cm, clic et bonbon. On répète. On touche l'oreille, clic, bonbon. Répétitions. On retourne l'oreille sur l'encolure, clic, bonbon. Répéter autant de fois que nécessaire. On touche l'intérieur de l'oreille, clic, bonbon. On pince légèrement l'oreille. On tire légèrement sur l'oreille... On pose une éponge humide sur la face interne de l'oreille. On dépose 1 goutte d'eau tiède dans l'oreille... On dépose 2 gouttes, 3 gouttes, 10 gouttes, et on laisse le chien se secouer les oreilles. On dépose 20 gouttes (l'équivalent de 1 millilitre). Et ainsi de suite.

Il en est de même pour la désensibilisation au brossage du poil, par temps croissant, pour le contact avec les pattes ou la pose du thermomètre.

Apprendre n'importe quoi à son chien

On peut apprendre quasiment n'importe quoi à son chien, à condition que le chien soit capable physiquement de produire cet acte. Voici quelques exemples[6].

Ne pas sauter sur les gens

Quand on veut apprendre un ordre négatif, il faut apprendre son alternative positive : ne pas sauter sur les gens, c'est rester sur ses quatre pattes.

Quand on rentre à la maison, quand on rencontre des gens, quand des visiteurs viennent à la maison, le chien a tendance à faire un accueil face à face ; c'est sa façon éthologique normale d'accueillir quelqu'un ; il va donc sauter pour avoir son visage à hauteur de celui des gens. Il est plus simple de s'accroupir, afin que le chien ne saute pas et de récompenser l'accueil à quatre pattes. On peut codifier cela comme « ne pas sauter » ou « sol », ou comme on le veut.

Ensuite, par façonnement, on se mettra de plus en plus droit (debout) et on continuera à récompenser quand le chien garde les quatre pattes au sol.

Fais le beau/la belle

Le chien étant assis droit, lui proposer une friandise au-dessus du nez pour le faire se redresser jusqu'à ce que ses pattes avant ne touchent plus le sol, mais qu'il soit toujours assis avec son arrière-train. Dites-lui « Fais le beau/la belle » ou juste « le beau/la belle » (ou un autre code de votre choix) et récompensez. Répétez 10 fois ou plus, suivant nécessité.

Puis testez : lui demander « le beau/la belle » et récompenser s'il a compris et obtempère.

Le grand beau/la grande belle

Une fois que le chien fait le beau/la belle, on peut le faire tenir debout sur les pattes arrière, ce que j'appellerai « le grand beau/la grande belle ». Comment faire ?

Depuis la position « (faire) le beau/la belle », tenir une friandise au-dessus du nez du chien et la lever jusqu'à ce que le chien se tienne debout sur ses pattes arrière. Récompensez. Répétez 10 fois ou plus, si nécessaire. Ensuite testez l'ordre « le grand beau/la grande belle » et récompensez si le chien obéit. Sinon, reprenez la procédure pour plus d'essais.

Une fois que le chien fait le grand beau/la grande belle, on peut lui apprendre à rester en station bipède, debout, pendant quelques secondes, à le faire marcher ainsi en avant, en arrière, à tourner dans le sens des aiguilles d'une montre ou à reculons.

Faire le mort/pan

Quand le chien est couché de tout son long sans bouger, il « fait le mort ». Et bien, on peut lui apprendre à le faire à la demande. Comment ? Tout simplement en lui disant le code « fais le mort » ou « pan » (avec la main pointée dans sa direction et mimant un revolver ou avec un revolver jouet). Ensuite, bien entendu, on récompense après quelques secondes d'immobilité. Bien sûr, le chien va agiter la queue ; il aime jouer avec vous, mais on peut façonner une immobilité totale.

Répétez le conditionnement et, ensuite, testez en lui demandant de « faire le mort » à votre requête.

Rampe

Ramper, c'est marcher au ras du sol.

Si on utilise une chaise, on peut faire passer le chien par-dessous. Si c'est un chien de taille moyenne ou grande, il doit s'accroupir et marcher accroupi. On le conditionne au code « rampe ». Si c'est un petit chien, il faut trouver un obstacle pour qu'il s'accroupisse et avance en position accroupie.

Pour l'attirer de l'autre côté de l'obstacle, on peut utiliser de la nourriture.

Roule

Une fois le chien couché sur le côté, comment faire pour le faire se rouler sur le dos et se coucher de l'autre côté ? On peut attendre qu'il le fasse spontanément et le conditionner ou on peut le façonner. Il suffit de prendre un morceau de saucisson (ou de son aliment préféré) et de le mettre près de son nez. Le chien va le regarder. Ensuite on peut faire un arc de cercle au-dessus du chien pour qu'il tourne la tête vers le haut et, ensuite, vers l'autre côté. Le reste du corps a tendance à suivre le mouvement de la tête. Le chien tourne sur son dos et se couche sur l'autre flanc. On dit « roule », et on récompense. Et on répète jusqu'à acquisition.

Autres suggestions[7]

Voici d'autres exercices locomoteurs (psychomoteurs) que l'on peut faire quotidiennement avec son chien.

Exercices de base :

- Couché (sur le ventre).

- Debout (passer de couché ou assis, à debout).
- Reste.
- Viens.
- Marche au pied/genou.

Quelques favoris :
- Donne la patte gauche/droite.
- Donne une poignée de main.
- Va chercher/cherche.
- Cherche et rapporte.
- Lâche/laisse tomber.
- Va chercher, rapporte, donne.
- Côté (couché sur le côté).
- Fais le poirier (debout sur les pattes avant) et marche.
- Fais-moi un bisou.
- Tape dans ma main/high five.
- Baisse la tête.
- Couvre tes yeux (d'une patte).
- Dis au revoir.
- Reste immobile – avec un biscuit/une balle en équilibre sur le nez.

« Rapporte » est un exercice amusant pour chiens et éducateurs.

Un peu de travail utile :
- Cherche (et rapporte) mes pantoufles.
- Cherche (et rapporte) ta laisse.
- Cherche (et rapporte) mon journal.

- Cherche (et rapporte) une bière (dans le réfrigérateur).
- Cherche (et rapporte) mes clés (de voiture ou autres).
- Cherche (et rapporte) la télécommande (de la télévision, de la radio, du DVD...).
- Chenil/tipi/coin (va dans ton chenil, dans ta tente, dans ton coin).
- Porte mon sac.
- Range tes jouets (et porte-les dans le bac à jouets).
- Éteins la lumière.
- Ouvre/ferme la porte.
- Aboie trois fois si on sonne à la porte.

Quelques jeux de groupe :
- Le football.
- Va te cacher (et je te cherche).
- Cherche (et rapporte) tel objet caché.
- Dans quelle main se trouve le biscuit ?
- Sous quel bol – entre deux bols que l'on bouge de place – est caché le biscuit ?

Les sauts :
- Saute au-dessus d'une barre.
- Saute au-dessus de mon genou (éducateur accroupi, un genou plié à angle droit).
- Saute au-dessus de mon dos (éducateur à quatre pattes).
- Saute sur mon dos (éducateur à quatre pattes).
- Saute dans mes bras.
- Saute à travers un cerceau.
- Saute à travers un cerceau couvert de papier (et traverse le papier).
- Saute à travers mes bras placés comme un cerceau (éducateur accroupi, les bras faisant un cerceau sur le côté).
- Saute à la corde.

La course d'obstacles :
- Franchis le tunnel.
- Rampe sous un obstacle.
- Saute au-dessus d'un obstacle.
- Touche un objet.
- Le slalom entre piquets/obstacles.
- Grimpe sur un plan incliné.
- Grimpe sur une échelle.
- Roule sur un tonneau.
- Marche en équilibre sur un tonneau (qui roule).

La course d'obstacles dans la maison :

- Tourne autour de la chaise.
- Glisse-toi sous la chaise.
- Monte sur la chaise.
- Saute d'une chaise à l'autre.
- Saute d'une chaise à l'autre à travers un cerceau.
- Rampe sous la table.

Pas de base de danse :

- Marche au pied en avant.
- Marche au pied en arrière (en marche arrière).
- Recule.
- Tourne sur toi-même/spin à gauche/droite, en avant/arrière.
- Salue (pattes antérieures étendues comme dans la posture d'appel au jeu).
- Passe entre mes jambes écartées quand je marche/recule, en marche avant/arrière.
- Sautille en soulevant une patte antérieure.
- Roule sur le dos.
- Passe entre les jambes écartées de l'éducateur.
- Marche à reculons.
- Marche à reculons entre les jambes écartées de l'éducateur.

Les exercices difficiles :

- La marche sur les pattes avant.
- Le salto avant.
- Le salto arrière.
- Le skate-board.
- Les sauts en skate-board.

L'ARRIVÉE D'UN CHIEN À LA MAISON

Vous avez choisi un chiot ou un chien adulte ; vous allez le ramener à la maison. Vous vous posez quelques questions sur le transport et l'insertion à la maison.

Le transport du chien

Quel que soit le moyen de transport (voiture, train...), certains chiens sont malades en transport (vomissement, diarrhée) : prévoyez une alèze et du papier absorbant pour ramasser les éliminations involontaires éventuelles. Il vous faut aussi de quoi contrôler le chien : un collier ou un harnais et une laisse, au minimum. Si le chien est en voyage :

- Voiture : envisagez une cage de transport[1], surtout si vous voyagez seul ; si vous êtes accompagné, le chiot peut être sur les genoux ou aux pieds de l'accompagnant, afin de l'apaiser si besoin est.
- Avion ou bateau : voyez avec la compagnie de transport les obligations (cage de transport).
- International : voyez avec un vétérinaire local et le consulat ou l'ambassade du pays de destination les exigences sanitaires (vaccination antirabique, par exemple).

L'insertion à la maison

L'installation des lieux

Il vous faut organiser l'espace : lieu de couchage, lieu d'alimentation, lieux idéaux de toilette, et décider des pièces où l'accès est autorisé et celles où l'accès est interdit.

La présentation aux autres animaux

Si vous avez un ou plusieurs chiens ou chats, autant organiser les relations pour que tout se passe au mieux.

La présentation à un chien

La présentation de deux chiens sociables

Si le chien résident et le nouveau venu (chiot ou adulte) sont sociables, il ne devrait y avoir aucun problème relationnel. Il est préférable de faire les présentations en milieu neutre, comme dans un jardin. Laissez faire les chiens.

- Le chien adulte va explorer le chiot, qui devrait s'immobiliser au contact (voir « Le chiot apprend qu'il est un chien », page 139) et, parfois, uriner. Ensuite, il peut y avoir des jeux à moins que chaque chien n'aille de son côté, avant de se retrouver plus tard.
- Si ce sont deux mâles adultes, ils risquent de se jauger, se tourner le dos et marquer à l'urine, et même se bagarrer ; vous pouvez les distraire et les lancer dans un jeu.

La présentation à un chien associable

Si un des chiens est associable, il doit apprendre à tolérer l'autre et le chien sociable doit apprendre à respecter son congénère.

- La mise en contact doit se faire en terrain neutre.
- Le chien associable sera muselé, pour éviter un accident de morsure.
- Si le chien associable n'est pas muselé, il faut le contrôler par une laisse (et collier) et l'attacher afin qu'il ne puisse pas agresser le chien sociable.
- Il faut garder les deux chiens à jeun et les mettre à proximité tout en leur demandant des ordres simples (« assis », « couché ») et les récompenser ; ceci permet d'associer le congénère avec un plaisir et un comportement contrôlé. Répéter plusieurs dizaines de fois.

Si le chien associable est un challenger, il va harceler l'autre chien ; éviter les contacts sans muselière et donnez-lui beaucoup d'activité alternative motivante.

La présentation à un chat

Pour introduire un chien (chiot) à un (ou plusieurs) chat ou un chat (chaton) à un (ou plusieurs) chien, il y a quelques règles à suivre.

Le chien doit :

- Être socialisé aux chats.
- Être sociable.
- Ne pas avoir de patron-moteur de poursuite, de capture et de mise à mort.
- Contrôler ses mouvements et ses morsures.

Le chat doit :

- Être socialisé aux chiens.
- Être sociable.
- Contrôler ses griffades.

Comme le chat est plus à risque mortel que le chien, il convient de sécuriser le chat :

- Le chat devra avoir accès aux trois dimensions de l'espace : pouvoir échapper au chien au-dessus d'une armoire (sur une étagère), accessible par des montants verticaux, ou sous un meuble, ou dans des boîtes en carton ou en bois munies d'une ouverture que seul le chat peut franchir.
- Le chien sera tenu en laisse courte, et progressivement plus longue, afin de préserver le chat d'une attaque imprévisible et incontrôlable. Plus tard, le chien sera libéré mais muselé (muselière de type panier).
- On apprendra (par plusieurs centaines de répétitions) au chien (à jeun) à détourner le regard du chat, à prendre un comportement structuré (assis, couché, jeux de cirque), récompensé d'une friandise.
- Il faut que les besoins d'activité du chien et du chat soient rassasiés ; en effet, l'inactivité facilite le harcèlement mutuel entre chiens et chats.

Cette procédure est efficace même avec des chiens chasseurs, mais les chiens obnubilés par la chasse aux chats résisteront plus que les autres.

L'ÉCOLE DES CHIOTS

L'école des – ou classes pour – chiots[1] est un rassemblement multiracial éducatif organisé de chiots de même développement psychomoteur, qui sont mis en situation d'apprentissage.

Il ne s'agit pas d'un groupe de jeu libre, mais bien d'un apprentissage ludique. Le chiot va apprendre en groupe ce qu'il doit apprendre pendant cette période, à savoir : le concept d'espèce « chien », les concepts d'individus amis et d'environnements acceptables, le contrôle des morsures et des mouvements. En somme il doit apprendre qui il est, avec qui communiquer socialement, comment stopper des interactions sociales, éventuellement conflictuelles, et dans quels environnements se sentir à l'aise (voir « Le développement du chiot », page 136).

Voici quelques caractéristiques minimales des écoles de chiots.

La philosophie de la classe de chiots

La philosophie qui sous-tend la classe de chiots est de permettre de perfectionner les apprentissages du chiot pendant sa période sensible, dans une bonne humeur, par le jeu et en évitant les traumatismes. On va encourager et motiver le chiot à faire des expériences et vérifier qu'il maîtrise ces objectifs sans en subir des contrecoups.

Aucune punition n'est nécessaire ; il est préférable de réorienter et récompenser les comportements d'excitation redirigés que de les punir. Tout se fait dans une ambiance de jeu et avec encouragement, motivation et récompenses.

Le grand avantage des classes de chiots, par rapport à la portée de chiots, est la multiplicité des races. Le chiot apprend qu'il est un chien et il apprend aussi que les autres chiens sont des chiens et non des proies ; c'est particulièrement important pour les chiots de grandes races qui doivent apprendre plus que les autres que les chiots de petites races appartiennent à l'espèce (au concept) « chien » avec ses centaines de typologies différentes et non pas au concept « proie » (que l'on peut pourchasser, capturer, secouer par la peau du cou et tuer).

La place de la classe de chiots

Le lieu de la classe de chiots

La place où se déroulent les classes doit être :

- Sécurisée, sans danger : local intérieur, espace extérieur abrité ou non, (si possible) clôturé, barrières amovibles pour diviser les groupes.

- Hygiénique et propre (les propriétaires ramasseront les excréments aussi vite que possible).
- Saine : le lieu choisi ne doit pas être fréquenté par des chiens errants ou malades.

La place où se déroulent les classes doit permettre un apprentissage varié :
- Structure au sol variée : terre, herbe, carrelage, tapis, obstacles (tunnels, tables, bacs à eau), etc.
- Environnement acoustique varié : bruits de maison, de rue, de gare, etc.
- Environnement visuel varié : murs, arbres, broussailles, épouvantails, etc.
- Races de chiens différentes : morphotypes court, long, haut, bas, poil court, poil long, etc.
- Types humains variés : enfants, adolescents, hommes, femmes, personnes âgées, personnes de couleur, clowns, personnes avec sac à dos, canne, personnes en chaise roulante, etc.
- Mouvements variés : vélos, planche à roulette, jogger, voiture, etc.
- Types animaux différents : volaille, chats, lapins de couleurs et de types différents, etc.

Les éléments variés et différents (sol, sons, environnements, chiens, humains...) seront toujours au moins 7 : 7 sols différents, 7 types humains, 7 types d'enfants, 7 stimulations acoustiques, etc.

La place doit permettre des promenades en groupe, des visites de parc, en rue, en gare, en magasin (éventuellement).

La place doit aussi permettre de pouvoir séparer les chiots, en cas de peur ou de harcèlements.

Les conditions d'accès à la classe de chiots

Les chiots – et les chiens modérateurs – doivent être en bonne santé.

La vaccination est une question de règlement individuel à chaque école.

Fréquence et durée des classes de chiots

Idéalement, les classes de chiots devraient avoir lieu tous les jours, voire plusieurs fois par jour. Comme c'est rarement possible, on se limite à 1 heure deux fois par semaine.

Il faut encourager les propriétaires à favoriser, de façon intelligente et respectueuse, les rencontres de leur chiot avec d'autres chiens, humains et environnements en dehors des classes de jeu.

Les groupes

Le groupement des chiots

Les chiots sont groupés par taille et développement psychomoteur. Un nombre de 4 chiots minimum par classe est conseillé avec un maximum de 8 à 10.

Idéalement, on mettra ensemble des chiots de poids comparable (du simple au double, c'est-à-dire des chiots de 4 à 8 kg ensemble, mais pas de 4 et 15 kg). Cependant on osera mettre un chiot de 10 kg introverti (timide et doux) avec un chiot de 3 kg extraverti (aventureux, plein d'initiatives).

On fera des groupes séparés avec les chiots de 8 à 12 semaines et ceux de 12 à 16 semaines. Dans ce cas aussi, un chiot extraverti de 11 semaines pourra très bien aller dans le groupe plus âgé, alors qu'un chiot introverti de 15 semaines pourra rester avec les plus jeunes.

La présence de chiens adultes

Dans une portée, les chiots ne jouent pas seuls sans la supervision de leur mère et, parfois, de leur père. De même, une classe de chiots devrait avoir un chien éducateur (régulateur) pour 6 à 8 chiots.

Ce chien éducateur doit être très équilibré, intervenant sans être interventionniste, c'est-à-dire qu'il doit stopper les conflits qui dégénèrent sans empêcher les chiots de jouer. Un chien inactif, qui n'intervient pas du tout, permet aux chiots d'apprendre que tout est permis ; alors qu'un chien trop interventionniste risque d'être harcelant et traumatisant. Ce chien éducateur doit avoir un excellent contrôle de ses prises en gueule (de sa morsure) et ne jamais blesser les chiots. Il interviendra pour apprendre aux chiots à s'immobiliser, pour stopper une interaction sociale (parfois conflictuelle).

On peut aussi mettre ensemble plusieurs chiens adultes bien équilibrés avec les chiots ; mais il est déconseillé de laisser ensemble les chiots et les chiens adultes d'une classe d'obéissance ou de sport jouer sans contrôle ; le risque d'incidents traumatiques et d'accidents est trop important.

La présence d'êtres humains

La classe des chiots doit être supervisée par un éducateur (vigilant) pour 6 chiots ; un second éducateur est conseillé pour gérer les propriétaires et leur enseigner à observer leur chiot, les relations sociales entre chiots, et aussi quand et comment intervenir.

Chaque chiot est obligatoirement accompagné d'un propriétaire ou d'un représentant responsable, qui peut être un enfant de 12 ans ou plus, ou de moins de 12 ans mais accompagné d'un adulte. Le rôle du propriétaire est d'encourager le chiot à faire des expériences sociales et à contrôler le chiot en cas de fuite, de harcèlement ou d'agression. Il est recommandé aux propriétaires de contrôler leurs émotions, autant de peur que de colère ; si un chiot extraverti est plaqué au sol par le chien ou l'humain éducateur et pousse des « kaï » de surprise, le propriétaire doit apprendre à laisser faire, malgré ses craintes que le chiot soit traumatisé ; si le chiot harcèle les autres, le propriétaire doit apprendre à le plaquer au sol pour lui apprendre à s'immobiliser, et ceci sans colère, même si le chiot réagit avec véhémence, cris et tentatives de morsure.

La présence des enfants équilibrés et en contrôle de leurs émotions et de leurs mouvements est enrichissante pour les chiots. Ils doivent être supervisés afin de ne pas transformer la classe de chiots en classe de jeux pour enfants indociles.

Le déroulement d'une séance

Il n'y a pas de procédure typique pour une séance ; elle se fait en gardant en mémoire les différents apprentissages que l'on veut faire acquérir aux chiots.

Les chiots seront à jeun, afin d'augmenter la motivation à faire face à certaines situations éventuellement stressantes pour une récompense alimentaire, à remplacer si possible et si nécessaire par des jeux (le secouement d'une corde ou la capture d'une balle).

Voici quelques suggestions :

- Prise de contact libre des chiots, sous surveillance des adultes (chien modérateur, éducateur canin, propriétaires).
- Jeux des chiots entre eux (jeux de poursuite, jeux de combat), avec surveillance et intervention s'il y a un déséquilibre de forces et de tempéraments ; encouragement des chiots craintifs à s'engager dans les jeux (et pour cela prendre son temps).
- Courtes séances de parcours d'obstacles simples (en encourageant les chiots, sans jamais les forcer) : tunnel, saut, passerelle, rideaux (de perles, de bouteilles vides), surfaces inégales (talus, tapis, sol couvert de balles et de bouteilles)...
- Courtes séances de manipulations tactiles (entre deux phases de jeux) : caresses, prises dans les bras, retournements, pincements légers des oreilles, babines, pattes, ouverture de la bouche, brossage des dents. Pendant ces séances, on apprend aussi au chiot le port de la muselière, de façon ludique.
- Séances de rappel : le chiot est tenu par un éducateur (ou une autre personne mais pas par son propriétaire) et est encouragé à retourner vers son propriétaire (ses propriétaires) qui le récompense d'un jeu ou d'une friandise.

Au niveau matériel, les chiots porteront un collier simple et léger, une laisse légère. Il est inutile d'utiliser un collier métallique, un collier étrangleur. Par contre, l'apprentissage d'une muserolle[2] (collier facial) est déjà possible et recommandé.

La gestion des conflits

Les conflits entre chiots

Suivant le tempérament, la taille, l'âge psychomoteur du chiot, les interactions sociales, les jeux de combat, les poursuites, les mordillements peuvent être enthousiasmants ou stressants.

Dès qu'un chiot présente une posture basse, échappe à l'interaction, et évite d'y revenir, ou manque d'activité (chiot introverti, craintif), il faut intervenir, le séparer du chiot qui le stresse, l'encourager à entrer en interaction avec un chiot plus doux.

Dès qu'un chiot présente une posture haute, des harcèlements, des mordillements qui ne s'arrêtent pas avec les cris (« kaï ») du chiot mordu (chiot extraverti, proactif, voire agressif), il faut intervenir (ou laisser le chien modérateur intervenir), le stopper, le plaquer au sol jusqu'à ce qu'il s'immobilise, puis le relâcher et le laisser retourner au jeu avec des chiots de son gabarit, voire dans une classe d'âge supérieure et, si nécessaire, avec des chiens adultes.

Dès que les chiots se groupent à plus de deux (*ganging* ou *mobbing*) pour harceler un plus faible, il faut intervenir et stopper l'interaction et sécuriser le chiot plus faible tout en l'encourageant directement à renouer des interactions de jeu avec des chiots de tempérament semblable au sien.

Les conflits entre chiots et chiens adultes

Si on a sélectionné un chien adulte régulateur (éducateur) de qualité, on ne devrait pas avoir de conflits entre lui (elle) et les chiots. Cependant, certains chiots peuvent se rebeller et le chien adulte les laisser faire ; à ce moment l'éducateur doit intervenir et tenir le chiot au sol (debout, assis, couché) jusqu'à ce qu'il s'immobilise avant de le laisser repartir au jeu. Dans cette situation, également, il est bon d'avoir un second chien éducateur plus contrôlant, de mettre ce chiot dans un groupe d'âge ou de tempérament plus âgé, ou avec des chiens adultes.

Les conflits entre chiots et propriétaires

Un chiot peut se rebeller contre son propriétaire et le mordiller de façon douloureuse. L'éducateur peut intervenir ou demander au chien régulateur d'intervenir ; cependant il est préférable que le propriétaire lui-même intervienne en plaquant le chiot au sol jusqu'à immobilisation et/ou en le pinçant (le mordant) jusqu'à ce que le chiot pousse un cri (« kaï »), afin d'apprendre le contrôle de morsure. Cette procédure doit être répétée jusqu'à acquisition du contrôle de soi, si nécessaire par plusieurs dizaines de répétitions.

Un propriétaire peut s'émotionner si son chiot se fait harceler et mordiller par un autre chiot, ou plaquer par un chien modérateur ou l'éducateur canin, si son chiot s'enfuit de la place, s'il s'éloigne de lui ou ne veut pas revenir à l'appel. Il y a nombre de situations où le propriétaire peut stresser ou se fâcher, contre son chiot ou d'autres chiots. L'éducateur canin sert en même temps de coach au groupe de propriétaires ; comme il a beaucoup à faire et qu'il doit garder l'œil sur les chiots, il suffit au propriétaire de l'interpeller poliment pour se faire expliquer les comportements des chiots et se faire conseiller les stratégies d'intervention.

Les conflits entre propriétaires

Pour les mêmes raisons expliquées dans le paragraphe précédent, le propriétaire peut être stressé ou fâché avec d'autres propriétaires. L'éducateur canin doit gérer les chiots et les propriétaires et, au-delà de 7 individus (animaux et humains), c'est tâche quasi impossible. Il est alors conseillé d'avoir un éducateur (ou coach) plus orienté vers la communication humaine afin de pouvoir répondre aux questions et apaiser les émotions des – et les éventuels conflits entre les – propriétaires.

Troubles, problèmes et dangers

Les troubles observables à l'école des chiots sont les suivants (voir (« Les troubles de l'identification à l'espèce », page 140) :

- Le syndrome de privation.
- La dyssocialisation et la personnalité dyssociale.
- Le trouble hyperactivité.
- Le détachement pathologique, le stress post-traumatique et la dépression.
- Les morsures et la dyssocialisation.

Les classes de chiots peuvent prévenir et empêcher la partie non biologique (génétique) du syndrome de privation, de la dyssocialisation et du trouble hyperactivité ; elles favorisent aussi les attachements multiples.

Cependant, si les classes de chiots ne sont pas menées de façon experte, flexible et adaptée à chaque personnalité de chiot, on peut voir apparaître ou s'aggraver les troubles suivants, liés à des personnalités prédisposées :

- Les peurs et phobies.
- L'hyperactivité.

Peurs et phobies

Si un chiot craintif, timide, intraverti se fait harceler, agresser, mordre par d'autres chiots, des chiens adultes, des enfants, sa tendance craintive va s'aggraver dans plusieurs directions possibles :

- Crainte des chiots : ces chiots craintifs doivent être motivés et placés avec des chiots de même niveau psychomoteur, voire avec des sujets plus jeunes, afin d'être encouragés à aller au contact social ; il faut que chaque mini-expérience sociale soit une réussite.
- Crainte des humains adultes : le chiot sera encouragé à aller de lui-même vers des humains adultes ; on le motivera en le gardant à jeun et en lui présentant des friandises appétissantes.

- Crainte des enfants : on utilise la même procédure en présence des catégories d'enfants dont le chiot a peur, en sélectionnant des enfants calmes.
- Crainte des objets : on utilise la même procédure mais avec des objets en les rendant intéressants (friandises à proximité) et non dangereux.

Ces explorations des individus ou objets dont le chiot a peur doivent être répétées des dizaines de fois jusqu'à ce que la peur soit gérable et non handicapante ; elle ne disparaîtra cependant jamais totalement.

L'hyperactivité

Un chiot hyperactif aura tendance à harceler les autres chiots, surtout les plus craintifs ; il est aussi susceptible d'être hyperréactif et de développer des peurs. Ce chiot devra pouvoir écouler son besoin d'activité dans d'autres activités que les interactions sociales, par exemple en lui donnant un os à ronger ou en lui faisant faire une balade fatigante dans l'heure qui précède la classe pour chiot.

En cas de harcèlement, mordillement non contrôlé, le chiot harceleur sera plaqué au sol jusqu'à immobilisation (sans colère), aussi souvent que nécessaire et, parfois, plusieurs dizaines de fois en une heure de classe. Si le chiot est incontrôlable, il sera mis à la laisse par périodes afin de se calmer en se défoulant sur un os ou quelque autre objet à mastiquer.

Les morsures et la dyssocialisation

Les chiots peu sensibles à la douleur risquent de ne pas apprendre le contrôle de leur mâchoire et de devenir mordeurs. Ils ne sont pas spécialement agressifs ; ils manquent de contrôle dans l'interaction sociale, voire ils ne peuvent pas gérer leurs communications sociales par les postures appropriées et, surtout, par l'immobilisation et la compréhension de l'immobilisation du partenaire de jeu en tant que demande d'arrêt d'interaction.

C'est au chien modérateur, à l'éducateur canin et au propriétaire d'intervenir et de plaquer le chiot jusqu'à ce qu'il s'immobilise et/ou le pincer jusqu'à ce qu'il pousse un cri de douleur, indispensable à l'apprentissage du contrôle de morsure, et cela aussi souvent que nécessaire.

LE MATÉRIEL NÉCESSAIRE

Quand on a un chien, il faut un minimum de matériel. Certains éléments sont préférables à d'autres pour le bien-être et l'éducation du chien.

La liste de shopping pour un chiot

Dans l'espoir que vous lisiez ce chapitre avant l'acquisition d'un chiot, voici le matériel dont vous avez besoin pour un chiot[1] :

- Un bon livre qui vous explique ce qu'est un chien, les exigences du développement d'un chiot, comment sélectionner le chiot idéal pour votre système familial.
- Au moins 7 jouets et os à mâcher.
- À défaut d'espace réservé dans le jardin ou dans la rue, un grand bac en plastique (au moins 60 cm sur 60) avec de la litière, du sable ou du papier absorbant (la hauteur du bord du bac doit être en relation avec la taille du chiot).
- Un bol d'eau.
- De la nourriture pour chiot, à mettre dans des jouets creux à mâcher (type Kong®) ou dans un distributeur de croquettes (type Pipolino®).
- De la nourriture sèche et appétissante (viande séchée, saucisson) à faire donner au chiot par chaque visiteur et chaque personne rencontrée dans la rue.
- Des jouets interactifs.
- Une muserolle, un harnais ou un collier, et une laisse.
- Un clicker.

Le harnachement

La bride (muserolle)

Si on désire diriger un chien, il est plus aisé d'utiliser une bride qu'un collier.

La bride est composée d'une muserolle (bande qui passe autour du nez) et d'un collier (bande qui passe autour du haut du cou). La muserolle et le collier peuvent être joints (Gentle Leader®) ou séparés mais reliés par une bande (Halti®).

La laisse s'attache sous le cou, en avant de l'axe de rotation de la tête. Chaque traction sur la laisse entraîne une pression sur le nez (chanfrein). Si le chien est dans l'axe de la laisse, le nez (et la tête) s'abaisse. Si le chien est en dehors de l'axe de la laisse, la tête tourne vers la traction.

Avec ce système, il est interdit de donner des coups brutaux sur la laisse. La traction par le chien (lors d'une marche en laisse) suffit à lui faire tourner la tête. Cette bride permet à toute personne, quelle que soit sa force, de contrôler n'importe quel chien.

Dans certains modèles, la laisse s'attache au collier au niveau de la nuque ; une traction sur la laisse entraîne un serrage de la bride autour de la face et une compression éventuelle des carotides. C'est un système de contention efficace, un peu analogue à un collier étrangleur placé très haut, entre l'occiput et la première cervicale.

La muserolle Gentle Leader®.

Le Gentle Leader® n'empêche pas le chien de prendre des objets en gueule.

Les colliers

Le collier est une bande de tissu, de cuir ou une chaîne de métal qui entoure le cou du chien. On y attache la laisse.

Il y a plusieurs types de colliers : fixe et coulissant.

Le collier fixe permet de contrôler un chien à l'arrêt, par exemple lorsqu'il faut l'attacher. Le collier doit être serré de façon à pouvoir laisser un jeu de 1 doigt. Les chiens à tête allongée (dolichocéphales) comme les lévriers, setters, braques et pointers, peuvent assez facilement enlever leur tête du collier fixe.

Le collier coulissant se resserre s'il y a une traction sur la laisse, ce qui rend plus difficile l'échappement du chien. Si la traction est trop importante, le chien peut s'étrangler ; cependant la puissance musculaire du cou du chien est telle qu'un étranglement est rare – sauf pendaison, ce qui peut arriver lors d'un accident de voiture, le chien étant attaché par un collier coulissant.

Le collier coulissant, dit collier étrangleur ou aussi « choke chain », a été abusivement utilisé en dressage : le chien désobéissant reçoit une traction violente sur la laisse, ce qui entraîne un étranglement douloureux, surtout si le collier est fin et placé haut juste derrière les oreilles. Cette technique de dressage doit être considérée comme une maltraitance.

Certains colliers (fixes ou coulissants) sont munis de piques dirigées vers le cou du chien : la traction entraîne une douleur, ce qui force le chien à éviter de tirer sur la laisse. À part quelques rares cas où la bride est inutilisable et où la différence de force entre le chien et son gardien est à l'avantage du chien, ce collier à pointes doit être évité et être considéré comme un outil de maltraitance.

Le harnais

- Le *harnais fixe* est une bande de tissu ou de cuir qui comporte un collier (bande autour du bas du cou), une sous-ventrière (bande qui passe autour du thorax ou du ventre) et une bande dorsale qui joint le collier à la sous-ventrière. Ce harnais permet une contention et un contrôle aisé de petits chiens. En cas de nécessité, on peut attraper le chien par la bande dorsale et le soulever. Ce type de harnais est idéal pour le transport du chien en voiture : le harnais est attaché à un point fixe ou une ceinture de sécurité.
- Le *harnais d'éducation à la marche* est très différent des autres ; il est constitué d'une sous-ventrière (bande qui passe autour du thorax) jointe par une lanière qui passe juste en dessous de l'articulation des épaules. La laisse s'attache en avant au niveau du sternum, ce qui permet de diriger le chien. Une traction légère permet d'empêcher la pleine expansion des allures.
- Le *harnais coulissant* comporte deux bandes qui passent sous l'aisselle et se joignent entre les omoplates. La laisse s'attache à la jonction, entre les omoplates. Une traction sur la laisse entraîne une compression douloureuse des

muscles autour de l'aisselle et de la peau. Un usage excessif peut entraîner des brûlures aux aisselles.

- Le *harnais de course* de chien de traîneau comprend un collier (auquel s'attache la ligne de cou), une sous-ventrière démarrant au collier, se dirigeant vers la jonction thoraco-abdominale, et remontant le long des flancs vers la croupe, où s'attache la ligne de traction. La ligne principale (qui tire le traîneau) est jointe par la ligne de cou et la ligne de traction.

Harnais d'éducation à la marche Easy Walk®.

La laisse

La laisse est une bande de tissu ou de cuir, voire de métal, qui joint le gardien du chien et le chien, au niveau d'une bride, d'un collier ou d'un harnais.

La laisse est un outil relationnel, pas une contrainte.

Il y a des laisses fixes de longueurs variables, des laisses avec élastique et des laisses à enrouleur.

La laisse avec élastique permet de réduire les chocs au collier ou à la bride du chien lors de traction. Elles sont intéressantes, notamment, pour rouler en vélo avec le chien en laisse.

Les laisses à enrouleur permettent d'enrouler automatiquement (avec un ressort) 3, 5 à 10 mètres de laisse dans un boîtier. Elles donnent au chien que l'on ne veut pas lâcher un certain rayon d'action autour du propriétaire. Une mauvaise utilisation de ce type de laisse entraîne chaque année des accidents : chiens accidentés parce qu'ils sont trop loin du propriétaire qui ne peut les ramener à soi à temps, accidents du propriétaire parce que la laisse s'est enroulée autour de ses jambes...

La muselière

Chaque chien devrait être habitué à porter une muselière.

La muselière permet de sécuriser l'environnement. S'il est nécessaire de réaliser une manipulation contrainte ou douloureuse, il est préférable que le chien soit muselé. Pour une promenade en forêt, en montagne, en région de bétail ou de gibier, il est préférable que le chien soit muselé.

Pour des soins ou des manipulations désagréables ou douloureuses, une muselière de nylon ou un lacet sur le nez suffit amplement. Mais faire courir un chien avec ce type de muselière fermée est dangereux.

Si on désire que le chien coure avec une muselière, pour travailler (police), sprinter (lévrier de course), pour promener à travers des zones à bétail ou à gibier, il faut une muselière qui permette au chien d'éliminer la chaleur accumulée par l'exercice : il faut que le chien puisse haleter, tirer la langue et la refroidir en la mouillant et en la ventilant[2]. La seule muselière adaptée est une muselière de type panier, grillagée. Il en existe en cuir, en métal, mais je préfère celle en plastique.

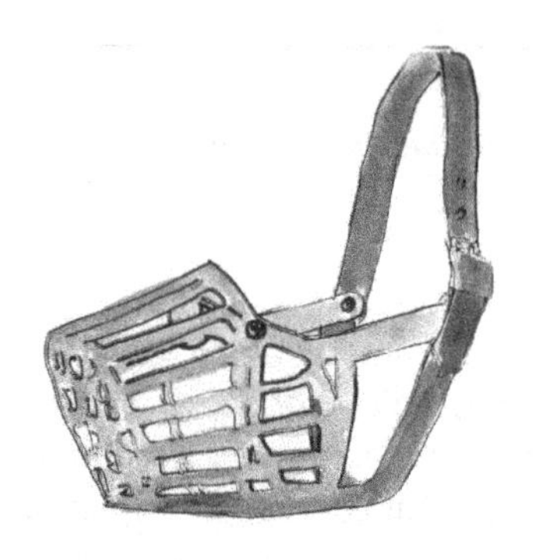

Une muselière « panier »
qui permet de haleter et boire.

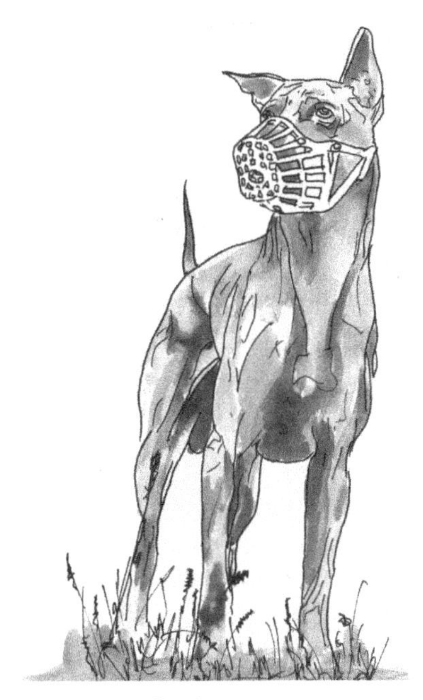

Un ridgeback thaïlandais portant une muselière en zone giboyeuse.

Le couchage

Vous avez le choix entre des centaines d'articles.

Il vous faut un tapis de couchage, idéalement avec une surface au sol antidérapante, isolante et imperméable, et une surface de couchage en duvet ou en fausse fourrure, lavable en machine et de séchage rapide. La couleur est à votre choix.

Le chien n'a pas besoin d'un panier. Il adore ronger les paniers en osier, éventrer les paniers mous en tissu, et parfois même ronger les paniers en plastic dur.

J'apprécie de donner au chien son coin à lui en plaçant son tapis de couchage dans une tente (type jouet d'enfant). Cela lui permet de s'isoler (visuellement), de ne pas être dérangé ; et pour le propriétaire cela a l'avantage que les odeurs restent limitées.

Gamelles et réservoirs

La gamelle d'eau

Il y a plusieurs modèles, notamment :

- La gamelle intérieur aluminium, extérieur en caoutchouc antidérapant.
- La gamelle de voyage pliable en toile épaisse.
- La gamelle à bord retourné vers l'intérieur, pour éviter les débordements d'eau en voyage ou pour les chiens qui jettent l'eau hors de la gamelle.

Gamelle, réservoir et distributeur d'aliment

Il y plusieurs modèles, notamment :

- La gamelle intérieur aluminium, extérieur en caoutchouc antidérapant.
- La gamelle de voyage refermable en plastique souple.
- La gamelle à bord retourné vers l'intérieur, pour éviter les débordements d'aliments pour les chiens qui jettent les aliments hors de la gamelle.

Parmi les réservoirs et distributeurs d'aliments, citons :

- Le distributeur mobile de croquettes, en forme d'haltère, type Pipolino®[3], créé pour les chats et intéressant pour des chiens non hyperactifs et des croquettes de maximum 12 mm.
- Le distributeur Aïkiou®[4], bol alimentaire interactif qui demande au chien un minimum de résolution de problème d'ouverture des compartiments où est cachée la nourriture.
- Les distributeurs automatiques (type Dog Tower®, KongTime Automatic®...).

Le sac à dos

Le chien randonneur peut transporter ses affaires (boisson, aliment) dans un sac à dos adapté à sa morphologie ; il s'agit de deux sacoches situées de part et d'autre du thorax, reliées par une bande dorsale et des lanières sous-ventrières. Il y a plusieurs modèles et couleurs.

Ridgeback thaïlandais portant un sac à dos pendant un trekking en montagne.

Les jouets

À défaut de vivre dans la nature, de pouvoir utiliser toutes les ressources que la nature met à la disposition des chiens – les partenaires sociaux, la chasse des proies, les restes des proies (les os, les pieds, les oreilles), les morceaux de bois –, il faut bien donner au chien de famille de quoi s'occuper dans un univers un peu trop stérilisé à son goût. C'est souvent une bonne raison pour lui de redécorer l'appartement à sa façon, en arrachant de-ci de-là une plinthe, en renversant la poubelle ou en transformant dans son imaginaire l'habitat en salle de gymnastique.

Les jouets et objets indispensables

Les jouets indispensables sont ceux qui seront utiles pour donner de l'activité masticatoire et cognitive à son chien :

- Les objets à mâcher consommables : les os (en os, en cuir), les lamelles de panse séchée.

- Les objets à mâcher non consommables distributeurs d'aliments : les Kong®[5] (en forme de pyramide, d'os...), Football®, jouet Pyramide® (à effet « culbuto », c'est-à-dire qui oscille et revient toujours en même position verticale), balle étoile®, balle Bento®, et autres objets en caoutchouc (si possible) indestructible.
- Les objets à mâcher non consommables : os en nylon (parfumé ou non à la viande), Fun balle®, Kong Bouncer®, Ultra Ball®.
- Les distributeurs mobiles d'aliments : Aïkiou®, Pipolino®[6] plus que les autres objets tels que le Buster Cube® (cube en plastique bruyant, avec une ouverture pour les croquettes) ou le Treatstick®[7].
- Les apportables et autres jouets à rapporter : une balle (de tennis, ou une balle en caoutchouc), un anneau, un Frisbee (en plastique ou de type Kong flyer®), un jouet flottant (pour jouer dans l'eau).
- Le lance-balle Chuckit !® pour lancer la balle (de tennis) à grande distance.
- Les emballages d'aliments : les bouteilles en plastique, les cartons, les emballages en plastique mou.
- Les jouets intelligents, type Dogtwister®, Dogtornado®, DogFighter®, Dog Brick® (certains créés par Nina Ottosson[8] en Suède) et leurs imitations en bois ou en plastique.
- Les jeux de traction : une corde, avec ou sans anneau, un Kong Tug®.

Série de Kong®.

Les jouets et objets accessoires

Voici quelques objets accessoires qui peuvent compléter le panier à jouets :

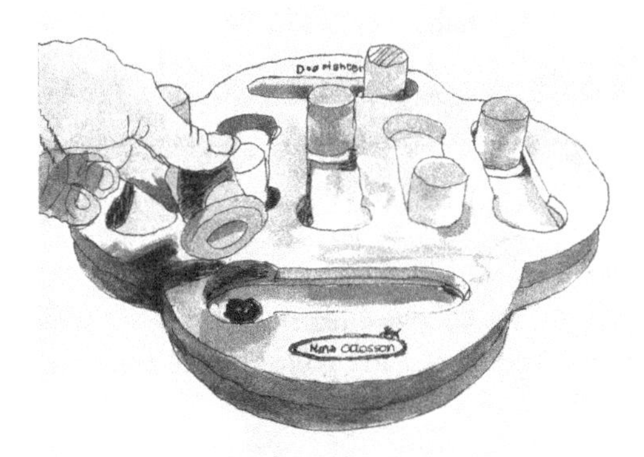

Le Dogfighter®.

- Les jouets qui font du bruit : balles avec clochette ou sifflet... Attention quand le chien arrache le sifflet ou la clochette et l'avale. Cependant, c'est un jouet intéressant pour les chiens aveugles.
- Les peluches : certaines sont transportées comme un doudou, d'autres sont éventrées, donnant beaucoup de plaisir au chien et un peu moins à ses propriétaires (lors du ramassage) ; elles sont intéressantes pour les activités intelligentes de discrimination de formes.
- Les (fausses) queues de lapin, de renard : à transporter, mâcher et dépiler.

Les jouets presque inutiles

Voici quelques objets presque inutiles, mais amusants pour les propriétaires :

- Les balles qui parlent, qui crient, qui clignotent.
- Le pistolet à bulles à odeur de viande.

Vous pouvez constater que les meilleurs objets sont souvent les moins chers et les moins sophistiqués.

LE CHIEN ET LES AUTRES ANIMAUX

Le chien familier est appelé à vivre en bonne entente avec les humains, les chiens, les chats, les lapins, les cobayes, les rats, mais aussi avec les moutons, les chèvres, les chevaux, les vaches. Et c'est bien difficile pour de nombreux chiens qui ont encore la chasse dans les gènes.

Le chien et le chat

De la nature du chien et du chat

Chiens et chats sont des prédateurs carnivores, mais le chien est un chasseur social et le chat est un chasseur solitaire. Cela implique que le chien a un bagage de communication sociale que le chat n'a pas, parce qu'il n'en a pas besoin. Ainsi, si tous les deux manifestent leur sûreté de soi par une posture haute et leur insécurité par une posture basse, le chien peut en user volontairement comme un rituel pour stopper un conflit, alors que le chat ne le peut pas. Quand le chien se couche, immobile, en cas de conflit, c'est pour demander de stopper l'interaction sociale (l'attaque) ; quand le chat se couche, immobile, c'est en défense maximale, toutes les armes prêtes à être dégainées. Si le chien se couche sur les antérieurs, le derrière relevé et la queue battante, c'est pour demander à jouer ; mais le chat ne connaît pas cette posture, sauf pour s'étirer, pétrir et aiguiser ses griffes.

Si chiens et chats sont tous deux des prédateurs de proies en mouvement, le chat chasse seul des proies plus petites que lui, et le chien chasse seul de petites proies ou en groupe des proies de sa taille ou plus grandes que lui. Le chien chasse le chat alors que le chat chasse peu le chien. Mais il n'est pas impossible pour un gros matou de chasser, tuer et manger un chiot d'une race naine. Les chiens tueurs de chats sont plus nombreux que les chats tueurs de chiens.

Malgré ces divergences dans la personnalité et la communication, chiens et chats peuvent cohabiter et même s'apprécier.

De la bonne entente du chien et du chat

La bonne entente entre chiens et chats dépend de plusieurs facteurs :

- La génétique de prédation du chien : la prédation est un ensemble de caractéristiques biologiques de fixation oculaire, poursuite, capture, mise à mort ; si le chien a peu ces caractéristiques, il fait un meilleur candidat pour la bonne entente.

- La génétique de sociabilité du chien et du chat : autre ensemble de caractéristiques biologiques, la socialité, la sociabilisation, la sociabilité qui font de bons candidats à la bonne entente.
- L'imprégnation en période de socialisation primaire : les meilleurs candidats sont les chiots et les chatons qui ont grandi ensemble, qui ont été socialisés dans un environnement riche de l'autre espèce, avec des interactions sociales ludiques plaisante.
- La peur et l'excitation (la colère) sont des émotions défavorables à la bonne entente.
- La fuite d'un chat active la poursuite chez (quasiment) tout chien, ce qui est défavorable à la bonne entente mutuelle.

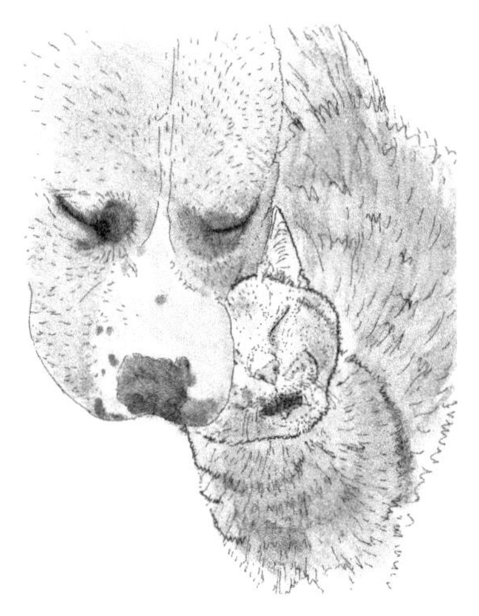

Ce chat se frotte les joues contre un chien pour le marquer de phéromones apaisantes.

De l'amitié entre chiens et chats

Il est fréquent que chiens et chats s'entendent bien, même si c'est juste pour faire semblant de se quereller. Pour ce faire il faut que chacun des compères ait été socialisé à l'autre espèce et même plus précisément au type morphologique de l'autre espèce.

Les amis se recherchent pour jouer, voire dormir ensemble. À la disparition (mort) de l'un, l'autre fait le deuil pendant 1 à 3 semaines ; si le deuil dure plus longtemps, il devient pathologique.

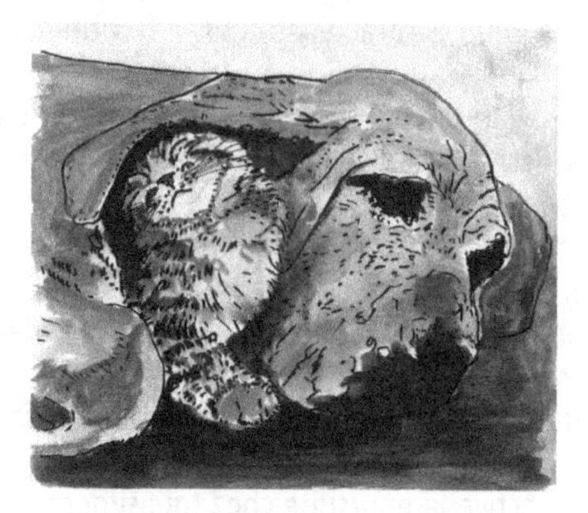

Chien et chaton dans un moment câlin.

Les troubles de la bonne entente entre chiens et chats

Si un chien et un chat ne se supportent pas, si l'un course l'autre, le poursuit, le harcèle... cela dégénère vite en mésentente, parfois obsessionnelle ; cela peut engendrer des accidents (blessures par griffades à la face et aux yeux du chien, morsures du chat et risque de décès).

Pour recréer la bonne entente, ou pour le moins l'indifférence, il faut faire un double contre-conditionnement, classique et opérant. Il faut associer l'autre (le chien pour le chat, le chat pour le chien) avec une ambiance calme, agréable et focaliser l'attention ailleurs que sur le compère du conflit : il suffit de garder les deux adversaires à jeun et de les nourrir, à la main, en présence de l'autre, pour autant qu'il n'y ait pas de comportement agressif ni de fixation du regard : dès que le chien ou le chat regarde le propriétaire, il reçoit un morceau d'aliment appétissant. Aucun aliment n'est donné en dehors de ces rencontres.

On peut aussi travailler sur les déclencheurs des mésententes et déterminer :

- Si le chat fuit, s'il a peur : il faut le sécuriser avec des boîtes en carton fermées (avec un trou d'accès de 15 cm, comme une chatière).
- Si chien et chat ont assez d'activité : en manque d'activité, ils risquent de se harceler l'un l'autre : il faut alors leur donner des activités en suffisance à l'un et/ou l'autre.

Le chien et les autres animaux

Quasiment tous les chiens peuvent vivre en bonne entente et dans le respect des autres animaux. Les conditions de bonne entente sont les mêmes que celles énoncées pour les chiens et les chats :

- Une génétique favorable à la sociabilité.
- Une génétique défavorable à la prédation.

- Une imprégnation plus que correcte dans le jeune âge.
- Des expériences plaisantes répétées.

Des poussins prennent un chien pour aire de jeu ;
le chien tolère avec patience.

Une rencontre sympa entre un chien et un orque.

Un chien à cheval…

NOTES BIBLIOGRAPHIQUES

Introduction

Petite histoire du chien avec l'homme

1. Voir http://en.wikipedia.org/wiki/Gray_Wolf

2. Coppinger R. et L., *Dogs, A New Understanding of Canine Origin, Behavior, and Evolution*, Chicago, The University of Chicago Press, 2001, p. 281.

3. Si le chien ancestral se nourrissait des restes alimentaires de l'homme, c'est que restes il y avait et que, donc, l'homme était déjà sédentarisé comme agriculteur. Cela date d'environ 5 000 ans avant J.-C.

4. Comme chez le chat, certaines lignées sont plus sociables ou tolérantes que d'autres – et ces lignées ont engendré le chat domestique, alors que les autres, comme le chat sauvage européen, n'ont jamais pu être domestiquées. Voir à ce sujet : Dehasse J., *Tout sur la psychologie du chat*, Paris, Odile Jacob, 2005.

5. Coppinger va beaucoup plus loin dans ses propositions : le loup est trop nerveux et craintif de l'homme pour être proche de lui ; dès lors ce nouveau loup « mutant » commensal doit avoir certaines caractéristiques pour vivre dans les dépotoirs humains : il doit être plus calme, moins sur le qui-vive, plus petit pour vivre des restes alimentaires moins énergétiques qu'une proie chassée ; il doit aussi avoir plus de petits pour que sa génétique survive. Voir Coppinger R. et L., *Dogs, A New Understanding of Canine Origin, Behavior, and Evolution*, *op. cit.*, p. 39-68.

6. Certaines de ces formes nouvelles, physiques et comportementales, apparues sous hybridation, sont des monstruosités génétiques qui entraînent la mort à court terme d'une lignée génétique si l'humain n'y apportait pas une aide permanente.

7. C'est l'origine du Westy (West Highland White terrier), qui n'était pas blanc à l'origine et se différenciait peu des autres terriers comme le cairn et le scottish.

8. « Les races pures sont des constructions artificielles des clubs de race ; la base est l'argent et l'orgueil. » Coppinger R. et L., *Dogs, A New Understanding of Canine Origin, Behavior, and Evolution*, *op. cit.*, p. 126.

9. Le poids d'un chien, nécessaire pour se défendre contre un prédateur, est de l'ordre de 20 kilos. Les prédateurs (loups, ours, panthères, babouins, etc.) attaquent rarement un groupe de chiens qui aboient et défendent sans fuir. Le risque de blessure est trop important ; et une blessure peut entraîner, à court terme, la mort du prédateur par incapacité de chasser et de se nourrir.

10. Comme chiens de garde de troupeau, on connaît le montagne des Pyrénées, le maremme-Abruzzes, le charplaninac, le berger d'Anatolie, le komondor, le puli... Il ne faut pas confondre ces chiens de garde avec les chiens de berger, qui rassemblent les troupeaux, type border colley.

Le culte du chien

1. Voir http://en.wikipedia.org/wiki/Gray_Wolf

2. Pour expliquer un phénomène d'apparition synchronisée multilocalisée, on en est réduit aux hypothèses énergétiques, quantiques : c'est comme si une énergie créatrice entraînait l'apparition de phénomènes physiques ou biologiques.

3. http://www.reportage.loup.org/html/mythologie/mythes.h tml

4. Dehasse J., *Chiens hors du commun*, Montréal, Le Jour Éditeur, 1996.

5. http://www.mfec.fr/mfec/index.php?pageid=1

6. Coppinger R. et L., *Dogs, A New Understanding of Canine Origin, Behavior, and Evolution*, *op. cit.*, p. 159.

Les modèles de compréhension du chien

1. Moles A., *Les Sciences de l'imprécis*, Paris, Seuil, 1995, p. 13.

2. http://fr.wikipedia.org/wiki/B%C3%A9haviorisme

3. Pour en savoir plus, lire Plomin, Defries, McClearn, Rutter, *Des gènes au comportement*, Bruxelles, DeBoeck Université, 1999.

4. http://fr.wikipedia.org/wiki/%C3%89thologie

5. Éditions Odile Jacob, 2009.

6. Dehasse J., *Mon chien est heureux*, Paris, Odile Jacob, 2009.

7. http://fr.wikipedia.org/wiki/Psychologie

8. Voir module 2.

9. http://fr.wikipedia.org/wiki/Th%C3%A9ori e_des_jeux

10. Dehasse J., *Mon chien est heureux, op. cit.*

11. http://fr.wikipedia.org/wiki/Th%C3%A9orie_du_chaos

12. http://fr.wikipedia.org/wiki/Fichier:Lorentz.PNG

13. Voir aussi http://fr.wikipedia.org/wiki/Syst%C3%A9mique

14. Triangle dramatique de Karpman. http://fr.wikipedia.org/wiki/Triangle_dramatique

15. http://fr.wikipedia.org/wiki/Psychopathologie

16. What the bleep do we know ? DVD et site internet http://www.whatthebleep.com/

17. Un patron-moteur est une posture, un mouvement, ou une séquence de mouvements instinctive et autorenforcée (autosatisfaction lors de la réalisation du comportement). Trotter, galoper, poursuivre un objet mobile, pointer, fixer un objet avec les antérieurs accroupis (comme le border collie)… sont des patrons-moteurs.

Première partie

Vivre avec un chien

Le chien biologique

Génétique et motivations biologiques

1. Il n'y a que les politiciens qui parlent de chiens ou de races agressives, comme si tous les chiens dans une race étaient des clones. C'est faire fi de la génétique quantitative.

2. UCSF : http://www.k9behavioralgenetics.com/NoisePhobia.php

3. Coppinger R. et L., *Dogs, A New Understanding of Canine Origin, Behavior, and Evolution*, *op. cit.*, p. 217.

4. Howell Book House. http://www.dogtron.com/book/continuing6.html

5. Coppinger R et L., *Dogs, A New Understanding of Canine Origin, Behavior, and Evolution*, *op. cit.*, chapitre 1 « Wolves evolve into dogs ».

6. Le tournis peut être un signe de trouble obsessionnel-compulsif (TOC), mais aussi de schizophrénie ou être tout simplement un comportement de substitution ou une relique d'un comportement sauvage devenu inutile.

7. Dehasse J., *Mon chien est heureux, op. cit.*

8. Maslow A., « Motivation and personality », New York, Harper and Collins, 1970, p. 285.

9. Dehasse J., *Mon chien est heureux, op. cit.*

Les comportements de chasse, la prédation

1. Dans un parc franco-suisse, j'ai observé deux loups – des frères – challenger un ours qui avait capturé un poulet. Les loups ont harcelé l'ours par-devant et par-derrière jusqu'à ce qu'il lâche le poulet, qu'un loup a emporté et que les frères se sont ensuite partagé. Cette technique nécessite entente (fraternité), coordination intelligente et partage.

2. Adapté de Coppinger R. et L., *Dogs, A New Understanding of Canine Origin, Behavior, and Evolution*, *op. cit.*, p. 199.

3. Coppinger R. et L., *ibid.*, p. 203.

Les comportements alimentaires

1. Dehasse J., *Mon chien est heureux*, *op. cit.*

2. http://fr.wikipedia.org/wiki/Ghr%C3%A9line

3. Basdevant A., *Obésité et génotype*, http://perso.wanadoo.fr/wakaziva/survenue/3.htm

4. Bluet Pajot *et al.*, *Ghréline : une nouvelle hormone impliquée dans la régulation de la sécrétion de l'hormone de croissance (GH), la prise alimentaire et le sommeil*, http://www.tours.inra.fr/societeneuroendocrino/colloques/Spa/Bluet-Pajot.htm

5. http://fr.wikipedia.org/wiki/Orexine

6. Tso P., Chen Q., Fujimoto K., Fukagawa K., Sakata T., « Apolipoprotein A-IV : A circulating satiety signal produced by the small intestine », *Obes. Res.*, décembre 1995, 3, suppl 5, p. 689S-695S.

7. Basdevant A., *Obésité et génotype*, *op. cit.*

8. Voir : ist.inserm.fr/BASIS/medsci/fqmb/medsci/DDD/8516.pdf

9. Dehasse J., *Mon chien est heureux*, *op. cit.*

10. *Ibid.*

11. Dehasse J., « Psychologie du propriétaire », *in* « Approche comportementale de l'obésité chez le chat », *Le Livre blanc de l'obésité féline*, Royal Canin, 2003, p. 11 (11-20).

Les comportements d'élimination

1. Dehasse J., *Mon chien est heureux*, *op. cit.*

Les comportements de confort

1. Walusinski O., www.baillement.com

2. http://espace.library.uq.edu.au/eserv/UQ:8523/jrp.pdf

3. Deputte B., communication personnelle.

4. Contrairement à ce que postule l'auteure norvégienne Thurid Rugaas, *On Talking Terms with Dogs : Calming Signals*, Dogwise Publ., 2006. Mais pour elle, tous les chiens sont stressés de vivre avec l'homme, dès lors le moindre signe devient un signal calmant, apaisant.

Les comportements de repos et de sommeil

1. Caston J., *Psychophysiologie II*, Paris, Ellipses, 1993, p. 21.

2. Beaver B., *Feline Behavior : A Guide for Veterinarians*, Toronto, W. B. Saunders Company, 1992, p. 246.

3. Lucas E. A., Powell E. W., Murphree O. D., « Baseline sleep-wake patterns in the pointer dog », *Physiology & Behavior*, 1977, 19 (2), p. 285-291. http://www.sciencedirect.com/science?_ob=ArticleURL&_

udi=B6T0P-485PC09RH&_user=10&_rdoc=1&_fmt=&_orig=search&_sort=d&view=c&_acct=C000050221&_version=1&_urlVersion=0&_userid=10&md5=9af1b233f43615147344c0fa87c07042

4. Caston J., 1993, *op. cit.*, p. 23.

5. Jouvet M., « Le sommeil paradoxal : est-il le gardien de l'individuation psychologique ? », *Revue canadienne de psychologie*, 1991, 45 (2), p. 148-168. http://sommeil.univ-lyon1.fr/articles/jouvet/cjp_91/intro.html

6. Caston J., 1993, *op. cit.*, p. 24.

7. Siegel J. M., Moore M.D., Thannickal T. R., Nienhuis B. S., « A brief history of hypocretin/Orexin and narcolepsy », *Neuropsychopharmacology*, 2001, 25, p. S14-S20. http://www.semel.ucla.edu/sleepresearch/neuropsychopharmacology25/ neuropsychopharmacology25.pdf

8. Jouvet M., « Behavioural and EEG effects of paradoxical sleep deprivation in the cat », *Excerpta Medica International Congress*, 1965, 87, XXIIIrd International Congress of Physiological Sciences, Tokyo, septembre 1965. http://sommeil.univ-lyon1.fr/articles/jouvet/picps_65/index.html

Les comportements locomoteurs

1. Un être humain évacue beaucoup mieux que le chien la surchauffe de l'exercice physique, grâce à sa surface corporelle sans pilosité et transpirante. Coppinger R. et L., *Dogs, A New Understanding of Canine Origin, Behavior, and Evolution*, *op. cit.*, p. 172.

2. Le mile (1 600 m) est couru en 3 minutes 20 secondes (Coppinger R. et L., *Dogs, A New Understanding of Canine Origin, Behavior, and Evolution*, *op. cit.*, p. 164).

3. http://fr.wikipedia.org/wiki/Cani-cross. http ://www.canicross.info/blog/; http://en.wikipedia.org/wiki/Canicross

4. http://en.wikipedia.org/wiki/Mushing

5. http://en.wikipedia.org/wiki/Iditarod_Trail_Sled_Dog_Race

6. http://en.wikipedia.org/wiki/Skijoring

7. http://en.wikipedia.org/wiki/Carting

8. La traction par le chien est interdite légalement en Belgique et en France ; pour la pratiquer, il faut une dérogation.

9. http://www.dogscooter.com/ ; http://en.wikipedia.org/wiki/Dog_scootering

10. http://en.wikipedia.org/wiki/Bikejoring

11. http://en.wikipedia.org/wiki/Greyhound_racing ; http://fr.wikipedia.org/wiki/Course_de_l%C3%A9vriers

12. http://en.wikipedia.org/wiki/Dock_jumping

13. Voir google.com images

14. Tan, 1987, et Wells, 2003, *in* Lindsay S. R., Burrows G. E., Voith V. L., *Handbook of Applied Dog Behavior and Training : Adaptation and Learning*, 2000, Blackwell Pub Professional, p. 560.

Les rythmes

1. Il s'agit de conditionnement classique ou pavlovien des activités non volontaires, des émotions, des horaires des organes internes.

2. http://cal.man.ac.uk/student_projects/1999/sanders/home1.htm

3. http://www.nimh.nih.gov/publicat/bioclock.cfm

4. Challamel M. J., Thirion M., *Les Horloges biologiques*, http://sommeil.univ-lyon1.fr/articles/challamel/sommenf/horloges.html

5. Cassidy K. M., *Dog Longevity*, 2007, http://users.pullman.com/lostriver/longhome.htm

6. Challamel M. J., Thirion M., *Chronobiologie et rythmes circadiens*, http://sommeil.univ-lyon1.fr/articles/challamel/sommenf/chronobiologie.html

Le chien social

L'attachement indispensable

1. C'est l'anxiété de séparation telle que définie par Patrick Pageat, *Pathologie du comportement du chien*, Point vétérinaire, Maisons-Alfort, 1995, et *L'Homme et le chien*, Paris, Odile Jacob, 1999.

2. Selon Patrick Pageat, *ibid.*

Le développement du chiot

1. Coppinger R. et L., *Dogs, A New Understanding of Canine Origin, Behavior, and Evolution*, *op. cit.*, p. 300.

2. Le processus d'empreinte est bien connu chez les poissons migrateurs comme le saumon et l'anguille (empreinte olfactive) ou chez les oiseaux comme le canard et l'oie (empreinte filiale) suite aux travaux et films de Konrad Lorenz.

3. Changeux J.-P., *L'Homme neuronal*, Paris, Fayard, 1983, p. 291.

4. Torsten Wiesel et David Hubel, tous deux prix Nobel de médecine en 1981, ont réalisé des expériences étonnantes sur la physiologie du système nerveux du chaton en développement. Ces expériences sont éthiquement discutables, mais ont permis de découvrir l'importance de l'expérience dans le développement du cerveau. L'expérience consistait à maintenir les paupières du chaton fermées par suture ; un seul œil était ainsi privé de vision d'image sans être totalement privé de lumière ; le chaton percevait une certaine luminosité à travers les paupières closes. Les sutures des paupières furent enlevées à l'âge de 3 mois. L'effet de cette privation de vision fut dramatique. L'œil privé d'image était devenu aveugle (Wiesel T., *The Postnatal Development of the Visual Cortex and the Influence of the Environment*, Nobel lecture, 8 décembre 1981, http://www.nobel.se/medicine/laureates/1981/wiesel-lecture.pdf). En fait l'œil lui-même était fonctionnel, mais le cortex visuel lié à cet œil était devenu inefficace pour décoder les images ; de plus les éléments neurologiques avaient partiellement disparu. L'effet d'une suture des paupières pendant trois mois sur un chat adulte n'a aucun effet sur sa vision. L'effet n'existe que pendant une période critique entre l'ouverture des yeux (vers 9 jours) et l'âge de 3 mois.

5. Toutes les voies nerveuses d'association depuis l'ère corticale primaire de décodage de l'information sensorielle jusqu'à son stockage en mémoire seront affectées. Les fonctions cognitives seront aussi handicapées.

6. Il s'agit d'une prouesse cognitive : catégorisation-conceptualisation par généralisation de l'appartenance d'un individu à un ensemble qui possède des caractéristiques comparables et différenciation d'une autre catégorie. Ici, le chiot généralise l'appartenance des chiens au concept « chien », et la différencie des chats, des lapins, des humains...

7. Selon la définition de Edelman G. M., *Biologie de la conscience*, Paris, Odile Jacob, « Poches Odile Jacob », 2000, p. 166.

8. Ces cartes sont de réels ensembles de neurones liés par des axones.

9. Le chiot qui a reçu des anticorps par le colostrum de sa mère immunisée sera lui-même immunisé depuis la naissance et jusqu'à 8 à 12 semaines. C'est pour cela qu'on vaccine les chiots à ces âges : on n'est pas certain que le vaccin injecté à 8 semaines soit efficace ; à 3 mois, on en est quasi certain.

10. Dehasse J., *L'Éducation du chien*, Montréal, Le Jour Éditeur, 1998 ; Dehasse J., *The Mother-Puppy Educational Relationship*, Proceedings of the second world meeting on ethology, Lyon, 21-22 septembre 1999, http ://www. joeldehasse.com/a-francais/inhibition.html
http :// joeldehasse.com/a-english/mother-puppy.html

11. Voir Pageat P., « Pathologie du comportement du chien », *op. cit.*, p. 20-21.

12. Cela a été démontré en laboratoire chez le chat : un scientifique apprit à une chatte à manger des bananes ; les chatons imitèrent leur mère et préférèrent les bananes à de la viande (Wyrwicka W., « Imitation of mother's inappropriate food preference in weaning kittens », *Pavlovian Journal of Biological*

Science, 1978, 13, p. 55-72). On pourrait dire qu'il s'agit d'une transmission culturelle d'une habitude alimentaire.

13. Tryon R. C., « Genetic differences in maze-learning abilities in rats », *The 39th Yearbook of the National Society for the Study of Education*, 1942, p. 111-119.

14. Graphique repris de Dehasse J., *Le Chien agressif*, Publibook.com, 2002, p. 86.

La communication sociale

1. Dehasse J., à partir de différentes définitions trouvées dans : Burghhardt et Wittenberger, *in* Barrows E. M., *Animal Behavior Desk Reference*, New Tork, CRC Press, 2001, p. 126.

2. Pageat P., « La communication chimique dans l'univers des carnivores domestiques », *Le Point vétérinaire*, 1997, 28 (181), p 1055-1063.

3. Sheppard G., Mills D., « Evaluation of dog-appeasing pheromone as a potential treatment for dogs fearful of fireworks », *The Veterinary Record*, 2003, 152, p. 432-436.

4. La DAP, ou Dog Appeasing Pheromone, produite par le laboratoire Phérosynthèse.

5. Hospitalisme chez l'enfant et le macaque, et pourquoi pas d'autres mammifères sociaux. Constatation clinique chez le chat et le chien. Heymer A., *Vocabulaire éthologique*, Paris, PUF, 1977, p. 89.

6. Une copuline a été mise en évidence chez le singe rhésus et la femme ; une copuline spécifique existe très probablement chez tous les mammifères. Voir Lenoir A., *Les Comportements reproducteurs*, http://www.univ-tours.fr/desco/Cptreproduct.htm

7. Chez certains primates (singe Marmouset), la parade de défense (territoriale) du groupe contre les étrangers de la même espèce se fait par présentation du postérieur et des testicules (de couleur claire), avec légère érection et projection d'urine ; chez d'autres singes (babouins, nasique, etc.), c'est une présentation de face des organes sexuels en érection. Chez les Papous l'usage d'un étui pénien renforce ce même comportement de parade ; et dans le Japon moderne, des amulettes présentant une face menaçante et renfermant un pénis en érection servent pour la préservation des conducteurs d'automobiles. Ainsi le comportement de marquage urinaire du chien pourrait bien être, par analogie au comportement de parade des primates, dérivé d'une présentation des organes génitaux.

8. Liberg O., *Predation and Social Behaviour in a Population of Domestic cats : An Evolutionary Perspective*, thèse, University of Lund (Suède), 1981, *in* Turner D., Bateson P., *The Domestic Cat. The Biology of its Behaviour*, Cambridge, Cambridge University Press, 1988, p. 37.

9. Beaver B., *Canine Behavior : Insights and Answers*, Toronto, W. B. Saunders Company, 2008, p. 108.

10. *Ibid.*, p .109 : on retrouve les vocalises suivantes, exprimées en anglais : bark, groan, growl, grunt, hiss, mew/click, pant, puffing, scream, tooth snap, whine/whimper, yelp.

11. Il ne s'agit plus d'une communication entre deux individus, mais d'un cri de détresse et d'une autoactivation ; on peut envisager qu'il s'agisse d'un appel ritualisé, qui étant sans réponse, évolue en stéréotypie.

12. Coppinger R. et L., *Dogs, A New Understanding of Canine Origin, Behavior, and Evolution*, *op. cit.*, p. 79-80 : « J'ai l'absolue conviction que quand le chien de mon domaine aboie la nuit et que j'entends le chien de la ferme voisine aboyer lui aussi, que cet aboiement est répondu par un autre aboiement plus loin, et ainsi de suite, jusqu'à ce que l'aboiement fasse le tour du monde. »

13. Cyrulnik B., *La Naissance du sens*, Paris, Hachette, 1991, p. 61.

14. Le néologisme « doggerel » a été inventé par le Dr Gleitman H., Hirsh-Pasek K., Treiman R., « Doggerel : motherese in a new context », *J. Child Lang.*, 1980, 9, p. 229-237.

15. C'est ce qui longtemps été nommé « bradycardie de contact » ; en fait il s'agit d'une activation parasympathique, entraînant un ralentissement cardiaque et respiratoire, une activation digestive, une hypotension, etc. Elle est déclenchée par l'être d'attachement, intra- ou interspécifique.

16. McFarland D., « Ritualisation », *in* McFarland D. (éd.), *Dictionnaire du comportement animal*, Paris, Robert Laffont, « Bouquins », 1990, p. 785-788 (*The Oxford Companion to Animal Behavior*, Oxford University Press, 1981, 1985, 1987).

17. Pageat P., *Pathologie du comportement du chien*, *op. cit.*, p. 32.

18. Schenkel R., « Ausdrucksstudien an Wölfen », *Behaviour*, 1947, 1, p. 81-129.

19. Pour Bolwig, le rire est une morsure ritualisée (intention de mordre pour jouer). Dans le rire se dissimule une certaine forme d'agression, bien sensible lorsque dans le rire d'un groupe dirigé contre une personne (comparable aux bruits et mimiques de primates qui menacent un ennemi). Le rire est aussi un puissant facteur de cohésion intragroupe.

20. Dehasse J., *Chiens hors du commun*, *op. cit.*

21. Dehasse J., « The role of the family in behavioural therapy », *in* Horwitz D., Mills D., Heath S., *BSAVA Manual of Canine and Feline Behavioural Medicine*, Londres, British Small Animal Vet. Association, 2002, p. 30-36.

La gestion de l'espace

1. Heymer A., *Vocabulaire éthologique*, Paris, Parey/PUF, 1977, p. 26.

2. Kaufmann 1971 (*in* Dewsbury 1978), *in* Barrows E. M., *Animal Behavior Desk Reference*, New York, CRC Press, 2001. Greenberg N., *Aggression, Territoriality and Social Dominance*, http://utk-bioweb.bio.utk.edu/Neils2.nsf/9b4b43f8789f39878525641900680 3bd/7eb87e5fe822a598852566a2007 3ce3e

3. Dans *Tout sur la psychologie du chat* (Odile Jacob, 2005 et nouvelle édition en 2008), j'ai parlé des 6 F (en anglais) : « Pour des raisons mnémotechniques, on peut parler des 6 "F" pour "flight, freeze, fight, feed, flirt, fuck". » *Flight*, c'est fuir ; *freeze*, c'est s'immobilier ; *fight*, c'est attaquer ; *feed*, c'est se nourrir ; *flirt*, c'est socialiser ; *fuck*, c'est le comportement sexuel.

Les comportements d'agression

1. Beaver B., *The Veterinarian's Encyclopedia of Animal Behavior*, Iowa, State University Press / Ames, 1994, p. 6.

2. L'étymologie d'agression est *adgredi*, « aller vers », de *ad* qui signifie « vers, en direction de » et de *gradus* qui signifie « pas » : « faire un pas vers ».

3. L'étymologie de victime est le latin *victima* qui est l'individu tué en sacrifice pour les dieux. L'interprétation « individu blessé ou tué » date de 1660. La définition de « individu qui subit un dommage » est récente. Elle sous-entend souvent une notion de « faute » de la partie responsable. Voir aussi www.etymonline.com/index.php?term=victim

4. Greenberg N., *Aggression, Territoriality and Social Dominance, op. cit.*

5. Expérience vécue en clientèle : un chat a chassé et mangé un chiot yorkshire.

6. Étude réalisée en Belgique francophone : Kahn A., « Child victims of dog bites treated in emergency departments : A prospective survey », *Eur. J. Pediatr.*, 2003, 162, p. 254-258 ; Peters V., Sottiaux M., Appelboom J., Kahn A., « Post-traumatic stress disorder following dog bites in children », *Journal of Pediatrics*, 2004, 144.

7. http://www.kleintiermedizin.ch/gtcd/pdf/Resumee_etude_morsure_des_chiens_2002.pdf

8. De Meester R., Laevens H. *et al.*, *Dog Aggression : An Inquiry on the Frequency of Dog Bites Towards Children in Flanders*, Proceedings of the 8th ESVCE Meeting on veterinary behavioural medicine, Grenade, 2 octobre 2002.

9. Dehasse J., *Le Chien agressif*, *op. cit.*

10. Dehasse J., Cornet A. C., *Dangerousness of Dog Bites, a Validated Evaluation*, 4th International veterinary behavioural meeting, 2003, n° 352, Caloundra, Australia, p. 135-141.

11. Netto W. J., Planta D. J. U., « Behavioural testing for aggression in the domestic dog », *Appl. Anim. Behav. Sci.*, 1997, 52, p. 243-263.

12. Kroll T. L., Houpt K. A., Erb H. N., « The use of novel stimuli as indicators of aggressive behavior in dogs », *Journal of the American Animal Hospital Association*, 2004, 40, p. 13-19.

13. http://home.wanadoo.nl/rashonden-nederland/downloads/UK_Planta.pdf

14. Le chien n'est pas un être virtuel de type Tamagotchi® ou Nintendogs®.

15. Horisberger U., « Accidents par morsure de chien, suivis d'une intervention médicale », *Medizinisch versorgte Hundebissverletzungen in der Schweiz, Opfer-Hunde-Unfallsituationen*, faculté de

médecine vétérinaire, Université de Berne, 2002, http://www.kleintiermedizin.ch/gtcd/pdf/Resumee_etude_morsure_des_chiens_2002.pdf

16. http://www.bvet.admin.ch/themen/tierschutz/00760/00763/index.html?lang=fr
17. http://www.enfants-et-chiens.com/nos_actions/attention_chien.htm
18. http://www.thebluedog.org/

Les comportements sexuels et érotiques

1. Barrows E., « Relict behavior », *in* Barrows E. M., *Animal Behavior Desk Reference*, New Tork, CRC Press, 2001, p .62.
2. Cette particularité facilite les pratiques zoophiliques entre chiens mâles et femmes.
3. L'érection dépend du bon fonctionnement de l'acétylcholine et de l'oxyde nitrique, un gaz létal pour l'organisme mais puissamment efficace pour l'engorgement des tissus érectiles. L'éjaculation est activée par la noradrénaline et inhibée par la sérotonine (récepteur 5HT2a).
4. Toates F., *Control of Behaviour*, Berlin, Springer Verlag, 1998, p. 101.
5. Dewsbury, D. A., « Effects of novelty on copulatory behavior : The Coolidge effect and related phenomena », *Psychological Bulletin*, 1981, 89, p. 464-482. Taflinger R., *Taking Advantage*, http :// www.wsu.edu :8080/~taflinge/advant.html
6. http://fr.wikipedia.org/wiki/Calvin_Coolidge
7. Implant antitestostérone, exemple desloreline, analogue GnRH (Gonadotropin-Releasing Hormone) qui bloque la production de FSH et LH, réduisant secondairement la production de sperme et de testostérone.
8. Neilson J. C., Eckstein R. A. et Hart B. L., « Effects of castration on problem behaviors in male dogs with reference to age and duration of behavior », *Journal of the American Veterinary Medical Association*, 1997, 211 (2), p. 180-182.
9. Hart B. L., « Effect of gonadectomy on subsequent development of age-related cognitive impairment in dogs », *J. Am. Vet. Med. Assoc.*, 2001, 219 (1), p. 51-56.
10. Dr. Kate E. Creed, « Effect of castration on penile erection in the dog », *Neurology and Urodynamics*, 8 (6), p. 607-614.
11. Voir http://www.neuticles.com/
12. http://www.geocities.com/poilsplumesecailles/hormones_sexuelles.html
13. Stocklin-Gautschi N. M., Hassig M., Reichler I. M., Hubler M., Arnold S., « The relationship of urinary incontinence to early spaying in bitches », *J. Reprod. Fertil. Suppl.*, 2001, 57, p. 233-236.
14. http://acc-d.org/2006%20Symposium%20Docs/Duffy2.pdf : Duffy D., Serpell J., « Non-reproductive effects of spaying and neutering on behavior in dogs », *Third International Symposium on Non-Surgical Contraceptive Methods for Pet Population Control*, 2009.
15. http://nexus404.com/Blog/2007/04/18/canine-designer-sex-doll/

Les comportements reproducteurs et parentaux

1. http://www.vetmed.lsu.edu/eiltslotus/theriogenology-5361/canine_pregnancy.htm
2. Barrows E., « Relict behavior », *op. cit.*, p. 478.
3. http://www.clickorlando.com/news/4112253/detail.html
4. Scott J. P., Fuller J. L., *Genetics and the Social Behaviour of the Dog*, Chicago, University of Chicago Press, 1974, p. 174, 181.
5. Coppinger R. et L., *Dogs, A New Understanding of Canine Origin, Behavior, and Evolution*, *op. cit.*, p. 217-218.
6. Pal S. K., « Parental care in free-ranging dogs, Canis familiaris », *Applied Animal Behaviour Science*, 2005, 90,1, p. 31-47.
7. Coppinger R. et L., *Dogs, A New Understanding of Canine Origin, Behavior, and Evolution*, *op. cit.*, p. 242.

Deuxième partie

Le monde du chien

Le chien psychologique

1. L'âme est ce qui anime (du latin *anima*, qu'on retrouve aussi dans « animal ») ; la *psychè* signifie « souffle » en grec : c'est ce qui insuffle la vie. Ces deux termes sont proches ; ils donnent bien la différence entre la machine (ou le mort) et le vivant ; ce dernier a un « souffle » qui l'anime.

2. http://fr.wikipedia.org/wiki/%C3%82me#L.E2.80.99.C3.A2me_en_psychologie

Les bases physiologiques de la psychologie

1. Edelman G. M., *Biologie de la conscience*, Paris, Odile Jacob, « Poches Odile Jacob », 2000, p. 127.

2. Je fais le pari que le processus de catégorisation est un pouvoir biologique, lié aux cellules, à leurs interfaces et à leurs interactions, et qu'il est dès lors comparable dans une certaine mesure à celui qui existe chez l'homme. Voir Edelman G. M., *Biologie de la conscience*, *op. cit.*, p. 361-366.

3. Range F., Aust U., Steurer M. et Huber L., « Visual discrimination of natural stimuli in domestic dogs », *Animal Cognition*, 2008, 11, p. 339-347.

4. Dans une métonymie, une partie est utilisée pour figurer le tout.

5. Vincent J.-D., *Biologie des passions*, Paris, Odile Jacob, 1986, p. 169.

6. Caston J., *Psychophysiologie II*, *op. cit.*, p. 50.

7. Edelman G. M., *Biologie de la conscience*, *op. cit.*, p. 157-158.

8. Abdi H., Tiberghien G., « Mémoire », *in* Tiberghien G. (éd.), *Dictionnaire des sciences cognitives*, Paris, Armand Colin, 2002, p. 165-167.

9. Roberts W. A., « Are animals stuck in time ? », *Psychol. Bull.*, 2002, 128 (3), p. 473-489.

Les émotions

1. Pat, communication en séminaire. L'interprétation triangulaire des émotions est une originalité qui permet de sortir de la dichotomie traditionnelle.

2. Beaver B., *Canine Behavior : Insights and Answers*, *op. cit.*, p. 88.

Les humeurs

1. Les mots « couleur » et « goût » sont métaphoriquement intéressants ; ne parle-t-on pas de voir la vie en noir ou en rose, ou d'avoir (perdu) le goût de vivre ?

2. Pageat P., « Pathologie du comportement du chien », *op. cit.*

3. *Ibid.*

4. Landsberg G., Hunthausen W., Ackerman L., *Handbook of Behaviour Problems of the Dog and Cat*, Oxford, Butterworth Heinemann, 1997, p. 131.

5. Pageat P., « Pathologie du comportement du chien », *op. cit.*

6. *Ibid.*

7. *Ibid.*, p. 323-324.

La personnalité

1. Tiberghien G. (éd.), *Dictionnaire des sciences cognitives*, *op. cit.*, p. 210.

2. Par exemple, un site assez extensif sur le sujet des ennéagrammes : http://www.enneagraminstitute.com

3. Les neuf attitudes universelles, développées dans les ennéagramme, se retrouvent en tout ou en partie partout dans notre culture, comme dans les sept péchés capitaux ou encore les sept nains accompagnants Blanche Neige.

4. American Psychiatric Association, *DSM-IV : Antisocial Personality Disorder*, APA, 1994, p. 279 et suiv. ; *Conduct Disorder*, p. 66 et suiv. ; Pageat P., *Primary Dyssocialisation*, *op. cit.*, 1998, 293 et suiv.

5. American Psychiatric Association, *DSM-IV : Dysthymic Personality Disorder*, APA, 1994, p. 169 et suiv.

6. American Psychiatric Association, *DSM-IV : Dependent Personality Disorder*, *op. cit.*, p. 284 et suiv.

Les perceptions sensorielles

1. Cyrulnik B., *La Naissance du sens*, *op. cit.*

2. http://en.wikipedia.org/wiki/Olfactio n

3. G. J. Romanes demanda à 11 hommes de le suivre, en plaçant chacun de ses pas dans les traces de celui qui le précède ; après plusieurs centaines de mètres, les hommes se cachèrent et la chienne de Romanes fut lâchée et retrouva son maître sans la moindre difficulté.

4. H epper P. G. et Wells D. L., « Many footsteps do dogs need to determine the direction of an odour trail ? », *Chemical Senses*, 2005, 30 (4), p. 291-298.

5. http://www.forensic-evidence.com/site/ID/ID_DogScent.html

6. Jacob T., *Taste, a Brief Tutorial*, http://www.cf.ac.uk/biosi/staff/jacob/teaching/sensory/taste.html

7. http://www.srut.org/index2_e.asp

8. Pickel D. *et al.*, « Evidence for canine olfactory detection of melanoma », *Applied Animal Behaviour Science*, 2004, 89 (1-2), p. 107-116.

9. Martel J., Gagnon J., « Altération du goût d'origine médicamenteuse », *Pharmactuel*, 2002, 35 (3), http://www.pharmactuel.com/sommaires%5C200205pt.pdf

10. Miller P. E., Murphy C. J., « Vision in dogs », *J. Am. Vet. Med. Assoc.*, 1995, 207 (12), p. 1623-1634, et http://psychlops.psy.uconn.edu/eric/class/dogvision.html

11. Neitz J., Geist T., Jacobs G. H., « Color vision in the dog », *Visual Neuroscience*, 1989, 3, p. 119-125.

12. Davis J., *Color and Acuity Differences Between Dogs and Humans*, http://www.uwsp.edu/psych/dog/LA/davis2.htm

13. Tanaka T. *et al.*, « Color discrimination in dogs », *Anim. Sci. J.*, 2000, 71 (3), p. 300-304.

14. Pageat P., « Pathologie du comportement du chien », *op. cit.*

15. Sabine Schroll, communication personnelle, 2002.

16. http://www.school-for-champions.com/senses/navigate_blind_dog.htm

17. Dehasse J., *Le Chat cet inconnu*, Bruxelles, Vander, 1985, 1989, 2000, p. 216.

18. La liste des races prédisposées à la surdité congénitale se trouve sur Internet : Strain G. M., http://www.lsu.edu/deafness/deaf.htm, http://www.lsu.edu/deafness/breeds.htm. Et la prévalence à http://www.lsu.edu/deafness/incidenc.htm

19. Sabine Schroll, communication personnelle, 2002.

20. BAER test http://www.lsu.edu/deafness/baerexpl.htm

21. Dehasse J., *Mon chien est bien élevé*, Montréal, Le Jour Éditeur, 2000.

22. http://www.lsu.edu/deafness/CollarInstructions.html

23. Colliers à jet d'air comprimé : Master Plus® Dynavet et Spray Commander® Multivet.

24. Franzius M., Sprekeler H., Wiskott L., « Slowness and sparseness lead to place, head-direction, and spatial-view cells », *PLoS Comput Biol.*, 2007, 3 (8), p. 166 (doi :10.1371) ; *Science Daily : The Emergence of a Sense of Orientation*, http://www.sciencedaily.com/releases/2007/08/070831093937.htm

25. Lackner J. R. et Graybiel A., « Parabolic flight : Loss of sense of orientation », *Science*, 206 (4422), p. 1105-1108, http://www.sciencemag.org/cgi/content/abstract/206/4422/1105?ck=nck

26. Caston J., *Psychophysiologie I*, Paris, Ellipses, 1993, p. 194-195.

27. Bekoff M., Wells M. C., « The social ecology of coyotes », *Scientific American*, 1980, 242 (4), p. 112-120.

28. Pour anecdotes et expériences, voir mon livre *Chiens hors du commun*, Montréal, Le Jour Éditeur, 1998.

29. Le professeur W. Bechterev, neurophysiologiste, président de l'Académie psychoneurologique et directeur de l'Institut pour la recherche sur le cerveau à Saint-Pétersbourg (et cofondateur de la réflexologie avec Pavlov), réalisa différents tests de télépathie sur des chiens. Son rapport original parut en 1924, dans la revue *Zeitschrift für Psychotherapie*. Une version abrégée fut publiée en anglais dans *The Journal of Parapsychology*, en 1949. C'est de cette version, intitulée « Influence directe d'une personne sur le comportement des animaux », que j'ai extrait des éléments publiés dans Dehasse J., *Chiens hors du commun*, *op. cit.*

30. Wood G. H. et Cadoret R. J., « Test of clairvoyance in a man-dog relationship », *Journal of Parapsychology*, 1958, 22, p. 29-39.

31. McFarland D. (éd.), *Dictionnaire du comportement animal*, *op. cit.*

32. http://en.wikipedia.org/wiki/Bobbie,_the_Wonder_Dog. Voir aussi Dehasse J., *Chiens hors du commun*, *op. cit.*

33. Sheldrake R., Lawlor C. et Turney J., « Perceptive pets : A survey in London », *Biology Forum*, 1998, 91, p. 57-74, http://www.sheldrake.org/papers/Animals/perceptivelondon_abs.html

34. Sheldrake R. et Smart P., « A dog that seems to know when his owner is coming home : Videotaped experiments and observations », *Journal of Scientific Exploration*, 2000, 14, p. 233-255, http://www.sheldrake.org/papers/Animals/dogvideo_abs.html

La cognition

1. Zayan R., Duncan, 1987, *in* Dawkins 1988, *in* Barrows E. M., *Animal Behavior Desk Reference*, *op. cit.*, p. 118.

2. Wilson 1975, *in* Barrows E. M., *Animal Behavior Desk Reference*, *op. cit.*, p. 374.

3. Vauclair J., *L'Intelligence de l'animal*, Paris, Seuil, « Points », 1995, p. 29.

4. Vauclair J., « Psychologie cognitive et représentations animales », *in* Gervet J., Livet P., Tête A., *La Représentation animale*, Nancy, Presses Universitaires de Nancy, 1992, p. 127-142.

5. Zayan R., « Représentation de la reconnaissance sociale chez l'animal », *in* Gervet J., Livet P., Tête A., *La Représentation animale*, *op. cit.*, p. 143-164.

6. Moles A., *Les Sciences de l'imprécis*, Seuil, « Points », 1995, p. 118.

7. *Ibid.*, p. 294-295.

8. *Ibid.*, p. 120.

9. Dehasse J., *L'Éducation du chat*, Montréal, Le Jour Éditeur, 2000/2004, p. 81-82.

10. Watson *et al.*, « Distinguishing logic from association in the solution of an invisible displacement task by children (homo sapiens) and dogs (Canis familiaris) : Using negation of disjunction », *J. Comp. Psychol.*, 2001, 115 (3), p. 219-226.

11. Collier-Baker E., Davis J., Suddendorf T., *Do Dogs (Canis familiaris) Understand Invisible Displacement ?*, http://www.cogs.indiana.edu/spackled/Dog_displace.pdf

12. Fiset S., LeBlanc V., « Invisible displacement understanding in domestic dogs (Canis familiaris) : The role of visual cues in search behaviour », *Animal Cognition*, 2007, 10 (2), p. 211-224.

13. Miller H. C. *et al.*, « Object permanence in dogs : Invisible displacement in a rotation task », *Psychonomic Bulletin & Review*, 2009, 16, p. 150-155.

14. *Grand Dictionnaire de la psychologie*, Paris, Larousse, 1999, p. 200.

15. *Ibid.*, p. 203.

16. Morton D. B., « Self-consciousness and animal suffering », *Biologist*, 2000, 47 (2), p. 77-80.

17. Bunge, 1984, *in* Barrows E. M., *Animal Behavior Desk Reference*, *op. cit.*, p. 144.

18. Engel P., « Les croyances des animaux », *in* Gervet J., Livet P., Tête A., *La Représentation animale*, *op. cit.*, p. 59-75.

19. Kubinyi E. *et al.*, « Social mimetic behaviour and social anticipation in dogs : preliminary results », *Anim. Cogn.*, 2003, 6 (1).

20. Vauclair J., « Psychologie cognitive et représentations animales », *op. cit.*, p. 127-142.

21. Je suis Dennet dans cette hypothèse continuiste : les états mentaux des humains et des animaux ne sont pas en discontinuité, mais en continuité, avec des différences quantitatives et, parfois, qualitatives.

22. Gallo A., Cuq C., « Une approche psycho-éthologique de la cognition animale », *in* Gervet J., Livet P., Tête A., *La Représentation animale*, *op. cit.*, p. 117-126.

23. Barrows E., *Animal Behavior Desk Reference*, *op. cit.*, p. 54.

24. West R. E., Young R. J., « Do domestic dogs show any evidence of being able to count ? », *Anim. Cogn.*, 2002, 5 (3), p. 183-186.

25. Goleman D., *Emotional Intelligence*, Londres, Bantam Books, 1995, p. 46-47.

26. Hare B. *et al.*, « The domestication of social cognition in dogs », *Science*, 2002, 298 (5598), p. 1634-1636.

27. Une cage de Skinner.

28. Coren S., *L'Intelligence des chiens*, Paris, Plon, 1995, p. 218-219 ; et *Le Manque de références scientifiques fait de ce livre un document anecdotique malgré les qualités scientifiques de l'auteur*, http://petrix.com/dogint/intelligence.html

29. Pageat P., « Pathologie du comportement du chien », *op. cit.*

30. Watzlawick P., *The Language of Change*, New York, Norton & Company, 1978, p. 40-43.

31. Tolle E., *Stillness Speaks*, Vancouver, Namaste Publishing, « New World Library », 2003, p. 17.

32. Dehasse J., *Senile Dementia or Generalised Cognitive Impairment Disorde*, 4th International Veterinary behavioural meeting, 2003, n° 352, Caloundra, Australia, p. 207-208.

33. Adams B., Chan A., Callahan H., Milgram N. W., « The canine as a model of human cognitive aging : Recent developments », *Prog. Neuropsychopharmacol. Biol. Psychiatry*, 2000, 24 (5), p. 675-692.

34. Neilson J. C., Hart B. L., Cliff K. D., Ruehl W. W., « Prevalence of behavioral changes associated with age-related cognitive impairment in dogs », *J. Am. Vet. Med. Assoc.*, 2001, 218 (11), p. 1787-1791. Azkona G., García-Belenguer S., Chacón G., Rosado B., León M., Palacio J., « Prevalence and risk factors of behavioural changes associated with age-related cognitive impairment in geriatric dogs », *JSAP*, 50 (2), p. 87-91.

35. Colle M. A., Hauw J. J., Crespeau F., Uchihara T., Akiyama, Checler F., Pageat P., Duykaerts C., « Vascular and parenchymal AE deposition in the ageing dog : Correlation with behavior », *Neurobiol. Aging*, 2000, 21, p. 695-704.

36. Tapp P. D., Siwak C. T., Estrada J., Head E., Muggenburg B. A., Cotman C. W., Milgram N. W., « Size and reversal learning in the beagle dog as a measure of executive function and inhibitory control in aging », *Learn Mem.*, 2003, 10 (1), p. 64-73 ; Milgram N. W., Head E., Muggenburg B., Holowachuk D., Murphey H., Estrada J., Ikeda-Douglas C. J., Zicker S. C., Cotman C. W., « Landmark discrimination learning in the dog : Effects of age, an antioxidant fortified food, and cognitive strategy », *Neurosci. Biobehav. Rev.*, 2002, 26 (6), p. 679-695 ; Chan A. D., Nippak P. M., Murphey H., Ikeda-Douglas C. J., Muggenburg B., Head E., Cotman C. W., Milgram N. W., « Visuospatial impairments in aged canines (Canis familiaris) : the role of cognitive-behavioral flexibility », *Behav. Neurosci.*, 2002, 116 (3), p. 443-454 ; Siwak C. T., Tapp P. D., Milgram N. W., « Effect of age and level of cognitive function on spontaneous and exploratory behaviors in the beagle dog », *Learn Mem.*, 2001, 8 (6), p. 317-325 ; Bain M. J., Hart B. L., Cliff K. D., Ruehl W. W., « Predicting behavioral changes associated with age-related cognitive impairment in dogs », *J. Am. Vet. Med. Assoc.*, 2001, 218 (11), p. 1792-1795 ; Neilson J. C., Hart B. L., Cliff K. D., Ruehl W. W., « Prevalence of behavioral changes associated with age-related cognitive impairment in dogs », *J. Am. Vet. Med. Assoc.*, 2001, 218 (11), p. 1787-1791.

37. Jewell D. E., « Effects of an investigational food on age-related behavioural changes in dogs », *in Hill's European Symposium on Canine Brain Ageing*, Barcelone, 12 mars 2002, p. 38-41 ; Milgram N. W. *et al.*, *Âge Dependent Cognitive Dysfunction in Canines : Dietary Intervention*, Proceedings of the Thrid International Congress on veterinary Behavioural medicine. Vancouver, 2001, p. 53-57 ; Ruehl W. W., DePaoli A., Bruyette D., « Pretreatment characterization of behavioral and cognitive problems in elderly dogs », *J. Vet. Int. Med.*, 1994, 8, p. 178 ; Cotman C. W., Head E., Muggenburg B. A., Zicker S., Milgram N. W., « Brain aging in the canine : A diet enriched in antioxidants reduces cognitive dysfunction », *Neurobiol. Aging*, 2002, 23 (5), p. 809-818 ; Milgram N. W., Zicker S. C., Head E., Muggenburg B. A., Mur-

phey H., Ikeda-Douglas C. J., Cotman C. W., « Dietary enrichment counteracts age-associated cognitive dysfunction in canines », *Neurobiol. Aging*, 2002, 23 (5), p. 737-745.

38. Milgram N. W. *et al.*, « The effect of L-deprenyl on behavior, cognitive function, and biogenic amines in the dog (review) »,. *Neurochem. Res.*, 1993, 18 (12), p. 1211-1219.

39. Voir par exemple Overall K., *Clinical Behavioral Medicine for Small Animals*, Mosby, 1997, p. 219-235.

40. APA, *Diagnostic Criteria from the DSM-IV*, 1994.

L'apprentissage

1. Doré F. Y., *L'Apprentissage. Une approche psycho-éthologique*, Paris, Chenelière et Stanké-Maloine, 1983, p. 23.

2. Doré F. Y., *L'Apprentissage, op. cit.*, p. 93.

3. Bechterev s'est aussi intéressé à la parapsychologie et a écrit des articles sur les compétences incroyables d'un chien de cirque. Voir Dehasse J., *Chiens hors du commun*, *op. cit.*

4. L'anecdote d'une personne allergique aux roses faisant une crise d'allergie quand elle est confrontée à une rose en papier est bien connue.

5. Dantzer R., *L'Illusion psychosomatique*, Paris, Odile Jacob, 1989, p. 240.

6. Doré F. Y., *L'Apprentissage, op. cit.*, p. 174.

7. *Ibid.*, p. 191.

8. Punir a des connotations spéciales pour l'être humain. Il y a une idée de justice, de vengeance, de moralité. « Il faut punir le chien qui a mal fait, qui a mal agi, et qui savait très bien qu'il ne pouvait pas agir ainsi. » On est proche des procès intentés aux animaux au Moyen Âge. Si on ne se débarrasse pas de ces idées morales pour revenir à une éthique d'éducation et d'apprentissage, on ne s'y retrouvera jamais.

9. Et parce que la nature fonctionne elle aussi avec des punitions et des (auto)récompenses dans son système hédoniste.

10. Premier communiqué de l'observatoire de la violence éducative ordinaire. http://www.editions-harmattan.fr/catalogue/complement_pop.asp ?popup=1&no=236

11. Herron *et al.*, « Survey of the use and outcome of confrontational and non-confrontational training methods in client-owned dogs showing undesired behaviours », *Applied Animal Behaviour Science*, 2009, 117 (1-2), p. 47. Voir aussi de nombreux sites dont : http://www.vetscite.org/publish/items/005105/index.html, http://www.sciencedaily.com/releases/2009/02/090217141540.htm

12. Bateson P. P. G., « The characteristics and context of imprinting », *Biological Review*, 1966, 41, p. 177-200, *in* Doré F. Y., *L'Apprentissage, op. cit.*, p. 261.

13. Doré F. Y., *L'Apprentissage, op. cit.*, p. 276.

14. Bandura A., *L'Apprentissage social*, Bruxelles, Mardaga, 1980.

15. Mckinley S., Young R. J., « The efficacy of the model-rival method when compared with operant conditioning for training domestic dogs to perform a retrieval-selection task », *Applied Animal behaviour Science*, 2003, 81, p. 357-365 ; Young R. J., *Studies into Dog Learning and Cognition*, 4th International Veterinary Behavioural Meeting, proceedings, n° 352, Caloundra, Australia, 2003, p. 110.

16. Range F., Viranyi Z., Huber L., « Selective imitation in domestic dogs », *Current Biology*, 2007, 17 (10), p. 868-872, http://www.newscientist.com/article/dn11720-dogs-show-humanlike-learning-ability.html

17. Slabbert J. M., Rasa O. A. E., « Observational learning of an acquired maternal behaviour pattern by working dog pups : An alternative training method ? », *Appl. Anim. Behav. Sci.*, 1997, 53, p. 309-316.

18. Dehasse J., *Mon chien est heureux*, *op. cit.*, voir « La puissance du jeu ».

19. Pryor K., http://www.clickertraining.com/

20. Chrétien D., *Click ! Bonbon. L'art de communiquer efficacement avec son chien*, Québec, auto-édition, 2002.

21. http://en.wikipedia.org/wiki/Clicker_training

Le jeu

1. http://www.dogstardaily.com/training/dog-play
2. Loizos 1966, *in* Barrows E. M., *Animal Behavior Desk Reference*, *op. cit.*, p. 554.
3. Voir Dehasse J., *Mon chien est heureux*, *op. cit.*
4. Voir Sondermann C., *Jouer avec son chien*, Paris, De Vecchi, 2007, p. 52.
5. http://www.dogstardaily.com/training/k9-games%C2%AE
6. http://www.animalin.net
7. http://www.dogstardaily.com/training/musical-chairs.
8. http://www.dogstardaily.com/training/doggy-dash
9. http://www.dogstardaily.com/training/kong-cup-challenge
10. http://www.dogstardaily.com/training/distance-catch
11. http://www.dogstardaily.com/training/take-and-drop
12. http://www.dogstardaily.com/training/joe-pup-relay
13. http://www.dogstardaily.com/training/recall-relay
14. http://www.dogstardaily.com/training/woof-relay
15. http://www.dogstardaily.com/training/waltzes-dogs
16. http://www.pilepoil.fr/accueil.htm et http://www.pilepoil.fr/nos_produits.htm

Les troubles psychologiques

1. Selye H., *Stress sans détresse*, Montréal, Éditions La Presse, 1974, *in* Caston J., *Psychophysiologie II*, *op. cit.*, p. 207.
2. Villemain F., *Stress et immunologie*, Paris, PUF, 1989, p. 83-84.
3. Toates F., *Control of Behaviour*, Springer & The Open University, 1998, p. 158-164.
4. Dantzer R., *L'Illusion psychosomatique*, *op. cit.*, p. 233.
5. *Ibid.*, p. 116-121.
6. Le terrain, une idée chère à Hahnemann, le créateur de l'homéopathie.

Le chien culturel

La relation entre l'homme et le chien

1. Théorie des jeux et de négociation, http://fr.wikipedia.org/wiki/Th%C3%A9orie_des_jeux
2. Coppinger R. et L., *Dogs, A New Understanding of Canine Origin, Behavior, and Evolution*, *op. cit.*, p. 232-236.
3. Évaluation personnelle des coûts alimentaires et du nombre de morsures annuelles.
4. Coppinger R. et L., *Dogs, A New Understanding of Canine Origin, Behavior, and Evolution*, *op. cit.*, p. 228.
5. Coévolution, http://fr.wikipedia.org/wiki/Co%C3%A9volution
6. L'homme s'est doté de règles et de structures sociales pour mieux vivre en groupe. Mais la structure a fini par prendre le pouvoir. Ou plutôt, l'homme a donné son pouvoir à la structure, par besoin de sécurisation. La somme des peurs individuelles de la perte de la sécurité donne le pouvoir à la structure de la société humaine. En même temps, on rejette la responsabilité à ce système virtuel (les lois, les structures sociales) et plus personne ne prend de responsabilité. L'individu est soumis à – esclave de – la structure-maître. Parfois l'individu revendique sa liberté, mais la structure (la justice) le remet dans le droit chemin. Impossible de sortir de la structure : chacun a – est – un numéro (national), personne ne peut travailler sans payer de Sécurité sociale, sans être dans le système, sinon il est mis en prison. La société décide de gérer les biens de chacun, de gérer l'argent de la retraite, de déterminer le système médical acceptable, de juger ce qui est convenable et éthique ou ne l'est pas. Et quand l'individu se sent trop contraint par la

structure, il propose de tout casser ; c'est la révolution. Et puis tout recommence. Parce que, à la base de la structure, l'homme a peur de vivre en être responsable, il refuse de vivre les expériences (qui pourraient engendrer de la souffrance), il veut contrôler la Vie et se dote alors de systèmes de contrôle en fonction de ses croyances (peur).

7. Dehasse J., *Mon chien est heureux, op. cit.*

8. Un exemple de coévolution coopérative se retrouve entre l'homme et le cheval dans le film *Hidalgo*, réalisé par Joe Johnston, avec Vigo Mortensen et le cheval Hidalgo, joué par cinq chevaux différents dont TJ, acquis par Vigo Mortensen après le tournage. C'est une épopée où l'homme et le cheval traversent des épreuves ensemble (dont une course à travers le désert arabe) ; à la fin du film, le cheval est libéré avec ses congénères mustangs sauvages pour continuer à vivre sa vie de cheval sauvage.

9. Voir la « Pyramide de Maslow », http://fr.wikipedia.org/wiki/Pyramide_des_besoins_de_Maslow

10. Voir http://fr.wikipedia.org/wiki/Amiti%C3%A9

11. Friedmann E., Katcher A., Kulick-Ciuffo D. *et al.*, « Social interaction and blood pressure : Influence of animal companions », *J. Nerv. Ment. Dis.*, 1983, 171 (8), p. 461-465.

12. Katcher A., Friedman E., « Potential health values of pet ownership », *Compend. Contin. Ed. Small Anim. Pract.*, 1980, 2 (2), p. 117-122.

13. Katcher A., « Physiologic and behavioral responses to companion animals », *in* Quackenbush J., Voith V., Symposium on the Human-animal bond, *The Vet. Clin. Of North AM. Small An. Prac.*, 1985, 15 (2), p. 403-410.

14. Smith S., « Interactions between pet dog and family members : an ethological study », in Katcher A., Beck A. (éds), *New Perspectives on our Lives with Companion Animals*, Philadelphia, U. of Penn. Press, 1983.

15. Lynch J., *The Broken Heart : The Medical Consequences of Loneliness*, New York, Basic Books, 1979, *in* Katcher A., *op. cit.*, 1985.

16. Katcher A. *et al.*, « Physiological and behavioural responses of pet dogs to human touch. Abstract », U. of Minnesota Conference on the human-animal bond, 1983, *in* Katcher A., *op. cit.*, 1985.

17. Adapté de Katcher A., « Physiologic and behavioral responses to companion animals », *op. cit.*, p. 403-410.

18. Turner D., Rieger G., Gygax L., « Spouses and cats and their effects on human mood », *Anthrozoös*, 16 (3), 2003, p. 213-228.

19. Robak W., *AIDS Patients with Pets, Less Depression*, http://www.newswise.com/articles/view/12358/

20. Meyer P. C., *État des lieux et données concernant l'épidémiologie psychiatrique en Suisse*, http://www.legislation-psy.com/spip.php?article836

21. Pragman J., *La Dépression et l'anxiété ciblent leurs victimes*, chiffres en Belgique, http://fr.vivat.be/sante/article.asp?pageid=726

L'acculturation du chien

1. http://fr.wikipedia.org/wiki/Acculturation

2. Guo K., Hall C., Hall S., Meints K., Mills D., « Left gaze bias in human infants, rhesus monkeys, and domestic dogs », *Perception*, 2007, 36.

Les organisations sociales imposées

1. Dehasse J., *Mon chien est-il dominant ?*, Montréal, Le Jour Éditeur, 2000.

2. La croyance en la hiérarchie chez le chien est une religion ; tous les arguments contre ce dogme sont contrés par un « c'est comme ça » dans la bible de la hiérarchie.

3. Coppinger R. et L., *Dogs, A New Understanding of Canine Origin, Behavior, and Evolution*, *op. cit.*, p. 185-187.

4. Voir Dehasse J., *Mon chien est heureux*, *op. cit.*, p. 20-22.

5. Par exemple, Pageat P., « Sociopathies dans les groupes homme-chien », *in* « Troubles de l'organisation hiérarchique », *in* « Pathologie du comportement du chien », *Le Point Vétérinaire*, 1995, p. 314-316.

6. *Ibid.*, p. 316.

Croyances et limites

1. http://fr.wikipedia.org/wiki/Effet_Pygmalion

2. http://www.learningtechnologies.co.uk/magazine/article_full.cfm?articleid=73&issueid=9§ion=0

3. Dehasse J., Schroll S., « The influence of the experimenter's expectancy in the results of the assessment of appeasing pheromones in stress of police dogs during training », *Current Issues and Research in veterinary Behavioral Medicine* (5th Int. Vet. Beh. Meeting, Minneapolis, 2005), Purdue U. Press., 2005, p. 23-26.

4. Dehasse J., *Mon chien est heureux*, *op. cit.*, p. 20.

5. Pour le modèle « activité », voir Dehasse J., *Mon chien est heureux*, *op. cit.*

6. Coppinger R. et L., *Dogs, A New Understanding of Canine Origin, Behavior, and Evolution*, *op. cit.*

7. Voir Dehasse J., *Mon chien est heureux*, *op. cit.*

Le chien d'assistance

1. Dehasse J., « Un chien enthousiaste en zoothérapie », CIZ (1er congrès international de zoothérapie), Montréal, 18 mai 2009.

2. Coppinger R. et L., *Dogs, A New Understanding of Canine Origin, Behavior, and Evolution*, *op. cit.*, p. 253-270.

3. http://fr.wikipedia.org/wiki/La%C3%AFka

4. http://www.passion-chien.com/Templates/chienscelebres.php

5. Pouchinka était-elle la fille de Laïka ou de Strelka ? A-t-elle été offerte à Jackie ou à Caroline Kennedy ? http://www.passion-chien.com/Templates/chienscelebres.php

6. Voir « L'apprentissage par imitation », page 347.

7. « They are wimps avoiding getting into troubles. » Coppinger R. et L., *Dogs, A New Understanding of Canine Origin, Behavior, and Evolution*, *op. cit.*, p. 258.

8. Arenstein G.-H., Gilbert G., *La Zoothérapie, une thérapie hors du commun*, Saint-Jérôme (Québec), Éditions Ressources, 2008.

9. Pelletier M., « La zoothérapie : enjeux éthiques », *in* Arenstein G.-H., Gilbert G., *La Zoothérapie, une thérapie hors du commun*, *op. cit.*, p. 151-152.

10. Dehasse J., « Un chien enthousiaste en zoothérapie », *op. cit.*

Le chien enfant et le chien objet

1. Voir Dehasse J., *Mon chien est heureux*, *op. cit.*, p. 22.

Le chien conscience

Le chien miroir de l'espèce humaine

1. Je parle gentiment de rééducation, c'est-à-dire de guider le chien à revenir dans les normes édictées par son propriétaire. Dans certains cas, on pourrait même parler de « lavage de cerveau », le propriétaire désirant transformer le chien à un tel point qu'il ne ressemble plus à un chien mais à la copie conforme de l'image qu'il attend de ce chien.

2. Kurdek L., « Pet dogs as attachment figures », *Journal of Social and Personal Relationships*, 2008, 25 (2), p. 247-266, http://spr.sagepub.com/cgi/content/abstract/25/2/247

3. Le mythe du lycanthrope se retrouve déjà dans les textes d'Hérodote, au ve siècle av. J.-C. Voir http://www.reportage.loup.org/html/peur/naissancepeur.html

4. Les Indiens Pawnee n'avaient qu'un seul mot pour désigner l'homme ou le loup : « pawnee », comme s'il n'y a avait pas de différence entre eux. Voir http://www.reportage.loup.org/html/mythologie/indiens.html#indiens1

5. http://www.reportage.loup.org/html/mythologie/mythes.html

Le chien miroir de son partenaire humain

1. Voir Dehasse J., *Chiens hors du commun*, *op. cit.*, http://en.wikipedia.org/wiki/Hachik%C5%8D ; http://www.jpn-miyabi.com/Vol.43/hachiko-1.html, et de nombreuses références sur Internet.

2. *Hachiko : a dog's story*, avec Richard Gere, sortie août 2009, http://en.wikipedia.org/wiki/Hachik%C5%8D

3. Dans la Bible, il est écrit : « Honore ton père et ta mère... » et « Tu aimeras ton prochain comme toi-même... » ; ce sont des obligations d'amour : c'est, en biologie de la communication, considéré comme un message paradoxal.

4. Melson G. F., Kahn P. H. *et al.*, « Children behaviour toward and understanding of robotic and living dogs », *Journal of Applied Developmental Psychology*, 2009, 30 (2), p. 92-102.

La conscience du chien

1. *Grand Dictionnaire de la psychologie*, Larousse, *op. cit.*, p. 200.

2. *Ibid.*, p. 203.

3. Morton D. B., « Self-consciousness and animal suffering », *Biologist* (Londres), 2000, 47 (2), p. 77-80.

4. Bunge, 1984, *in* Barrows E. M., *Animal Behavior Desk Reference*, *op. cit.*, p. 144.

5. http://fr.wikipedia.org/wiki/Morale

6. Dehasse J., *Chiens hors du commun*, *op. c it.*, p. 100-106.

7. Goleman D., *Emotional Intelligence*, *op. cit.*, p. 118-119.

8. http://en.wikipedia.org/wiki/Mirror_neuron

9. Grammont F., « Neurones miroirs et comprehension d'autrui », *in* Beata C. (éd.), *La Communication. De l'éthologie à la pathologie. Des neurosciences à la thérapie*, Paris, Solal, « Zoopsychiatrie », 2005, p. 203-208.

10. Barrows E. M., *Animal Behavior Desk Reference*, *op. cit.*, p. 16-18.

11. Gaddis V. et M., *The Strange World of Animals and Pets*, New York, Cowles Book Company, Inc., 1970, cité *in* Dehasse Joël, *Chiens hors du commun*, *op. cit.*, 1996.

12. Dehasse J., *Chiens hors du commun*, *op. cit.*

Le coaching assisté par chien

1. Voir Athias G., *Le Corps point par point*, Paris, Pictorus, 2005. Je m'en suis inspiré pour les informations psychologiques et émotionnelles des méridiens.

2. Bourguet J-P., *Délivrez vos troubles émotionnels par la kinésiologie harmonique*, Gap, Le Souffle d'or, 2008.

3. Publié chez Odile Jacob, en janvier 2009.

4. Notre culture donne un sens à la vie de l'humanité quand elle protège la terre ; elle lui enlève tout sens lorsqu'elle prétexte de croyance (religion ou eugénisme) pour exterminer les cultures différentes de la sienne.

5. http://psychology.wikia.com/wiki/Five_elements_(Chinese_philosophy)

6. Voir Béata C., *The Replacement Dog Syndrome*, Bruxelles, FECAVA (Federation of European Companion Animal Veterinary Associations), 1995, p. 225-226.

Troisième partie

Cahier pratique
Bien vivre avec son chien

1. Dehasse J., *L'Éducation du chien*, *op. cit.* ; Dehasse J., *Mon chien est heureux*, *op. cit.*

Choisir un chien

1. Voir Dehasse J., *Le Chien qui vous convient*, Montréal, Le Jour Éditeur, 2001.
2. En Suisse et au Luxembourg, depuis 2009, le nouveau propriétaire d'un chien doit suivre des cours de cynophilie élémentaire, et de comportement, en prévention de dangerosité.
3. Voir Dehasse J., *Le Chien qui vous convient*, *op. cit.*
4. *Ibid.*, p. 48.
5. Coppinger R. et L., *Dogs, A New Understanding of Canine Origin, Behavior, and Evolution*, *op. cit.*, p. 242.

L'enfant et le chien

1. Voir Dehasse J., *Le Chien agressif*, *op. cit.*, p. 245-252.
2. Le gène de l'amitié n'existe pas. Contrairement à ce que l'on écrit dans de nombreux livres sur les races de chien, que telle ou telle race est l'amie des enfants, ce qui est un mensonge grave, il n'y a pas de prédisposition génétique à aimer les enfants, chez aucun chien. C'est l'apprentissage en période d'imprégnation (socialisation primaire) qui permet de mettre en place les mécanismes cognitifs de reconnaissance des enfants en tant que (type) ami. Certaines races ont certainement une prédisposition à faire cet apprentissage plus facilement et plus longtemps et avec moins d'interactions (ludiques et sociales) que d'autres ; là se situe en effet une prédisposition génétique.
3. Sur le comportement de l'enfant de différents âges psychomoteurs face au chien, voir aussi la brochure *L'Enfant et le chien*, publiée par l'ONE (Organisation nationale de l'enfance, en Belgique francophone) : http://www.one.be/EDUCATIONSANTEDOCS/TEXTEDLONE.pdf
4. René Zayan, communication personnelle et conférences devant les gardiennes d'enfants de l'ONE, Belgique, 2005.
5. Voir Lavallée Marie-Christine, *La Solitude chez les enfants et les adolescents*, http://www.aqps.qc.ca/public/publications/bulletin/13/13-2-15.htm
6. Voir Dehasse J., *Le Chien qui vous convient*, *op. cit.*, p. 31-32.

Éduquer un chien

1. Étymologie : Berry, se dresser, se derser, s'habiller ; Normandie : se drechier, s'habiller ; Picardie : drécher ; Provence : dressar, dreissar, dreçar ; ancien espagnol : derezar ; italien : drizzare, dirizzare ; l'italien et l'espagnol indiquent l'étymologie : di-rizzare, de-rezar, du préfixe « di » ou « de », et un verbe fictif rectiare, rendre droit, dérivé de rectus, droit (voy.). Le français dresser, drecier, drechier est pour deresser,-recier,-rechier. Le sens d'habiller qu'a eu dresser est demeuré dans l'anglais : to dress, habiller. http://www.dico-definitions.com/dictionnaire/definition/20909/Dresser.php
2. Dehasse J., *Mon chien est bien élevé*, Montréal, Le Jour Éditeur, 2000.
3. Colliers à jet d'air comprimé : Aboitsop® Dynavet et AntiBark® Multivet.

4. Colliers à jet d'air comprimé : Master Plus® Dynavet et Spray Commander® Multivet.
5. Technique entendue de Michel Chanton, dans les années 1980. Pour ses références, voir http://www.michel-chanton-ethologiste.com
6. Exemples repris de Dehasse J., *Mon chien est heureux*, *op. cit.*, p. 167-170.
7. *Ibid.*, p. 170-174.

L'arrivée d'un chien à la maison

1. Vari Kennel ou autre système de transport.

L'école des chiots

1. Voir entre de nombreuses références : http://www.dogstardaily.com/training/what-makes-good-puppy-class-dr-ian-dunbar
2. Gentle Leader®, Halti® et autres marques.

Le matériel nécessaire

1. http://www.dogstardaily.com/training/shopping-list-what-your-new-puppy-will-need
2. Le refroidissement de la langue et de la truffe permet de garder le cerveau à une température de fonctionnement correcte même si la musculature s'échauffe au-delà des 40 °C.
3. Voir http://www.pipolino.be/ ; http://www.pipolino.eu/ ; http://www.pipolino.ch/ ; http://www.pipolino.ca
4. http://www.aikiou.com
5. http://www.companyofanimals.co.uk
6. www.pipolino.eu ; www.pipolino.be
7. www.treatstick.com
8. http://www.nina-ottosson.com

DU MÊME AUTEUR

Odile Jacob
Tout sur la psychologie du chat, 2005, nouvelle édition 2008.
Mon animal a-t-il besoin d'un psy ?, 2006.
Mon chien est heureux. Jeux, exercices, astuces, 2009.

Delcourt Productions
Ma vie de chat (dessins de Bruno Marchand), 1991.

Publibook.com éditeur
Le Chien agressif, 2002.

I'M éditions, Bruxelles
Je nage avec les dauphins sauvages, 2008.

Le Jour Éditeur, Montréal
Chiens hors du commun, 1996.
Chats hors du commun, 1998.
L'Éducation du chien, 1998.
Mon chien est bien élevé, 2000.
Mon jeune chien a des problèmes, 2000.
Mon chien est-il dominant ?, 2000.
L'Éducation du chat, 2000.
Le Chien qui vous convient, 2001.

Dans la collection « Mon chien de compagnie » :
48 titres sur les races de chien

Enke Verlag Stuttgart
Verhaltensmedizin beim Hund (avec Sabine Schroll), 2007.
Verhaltensmedizin bei der Katze (avec Sabine Schroll), 2004, 2009.

Site Internet de l'auteur : http://www.joeldehasse.com

Ouvrage proposé par Christophe André
Maquette - Mise en pages - Photogravure : Nord Compo (Villeneuve-d'Ascq)

Achevé d'imprimer par Dupli-Print
à Domont (95) en janvier 2017

N° d'impression : 2017012502
N° d'édition : 7381-2317-6
Dépôt légal : novembre 2009

Imprimé en France